高等学校新工科计算机类专业系列教材

离散数学

贾 晖 刘建元 张晓利 乔晓明 编著

西安电子科技大学出版社

内 容 简 介

本书系统地介绍了离散数学的理论与方法。全书共9章，内容包括命题逻辑、谓词逻辑、集合、二元关系和函数、代数系统、图论导论、特殊的图、树及其应用以及组合数学基础。为了帮助学生对庞杂的知识点进行理解记忆，本书在讲解知识点时配有丰富的、面向计算机科学技术发展的应用实例；同时，每一章都有典型例题解析，详细分析了该例题中所用到的基本概念和基本原理，为学生提供了解题思路和解题技巧；考虑到离散数学是计算机专业的核心课程，专门设置了和章节相关的上机实验，供学生练习。

本书知识结构严谨，证明推理严密，可作为普通高等学校计算机科学与技术、软件工程、网络工程等专业本科生离散数学课程的教材，也可供其他专业学生和科技人员参考。

图书在版编目(CIP)数据

离散数学／贾晖等编著. —西安：西安电子科技大学出版社，2019.12
(2022.9 重印)
ISBN 978-7-5606-5443-0

Ⅰ. ① 离…　Ⅱ. ① 贾…　Ⅲ. ① 离散数学—高等学校—教材
Ⅳ. ① O158

中国版本图书馆 CIP 数据核字(2019)第 259115 号

策　　划　陈　婷
责任编辑　王　瑛
出版发行　西安电子科技大学出版社(西安市太白南路 2 号)
电　　话　(029)88202421　88201467　　　邮　　编　710071
网　　址　www.xduph.com　　　电子邮箱　xdupfxb001@163.com
经　　销　新华书店
印刷单位　陕西博文印务有限责任公司
版　　次　2019 年 12 月第 1 版　2022 年 9 月第 2 次印刷
开　　本　787 毫米×1092 毫米　1/16　印张　17.5
字　　数　414千字
印　　数　3001～5000 册
定　　价　40.00 元
ISBN 978-7-5606-5443-0/O
XDUP 5745001-2

前　　言

一、课程说明

“离散数学”课程是计算机科学与技术、软件工程等计算机专业的基础理论核心课程，是现代数学的一个重要分支。离散数学是研究离散对象的结构、规律以及相互关系的学科，可帮助计算机专业学生识别、理解离散量的模型，并学会对数学模型进行求解和推理。离散数学课程着重培养和训练学生的抽象能力、推理能力、概括能力和运用数学方法解决实际问题的能力。同时，“离散数学”课程是计算机专业中许多专业课的先修课，如数据结构、编译原理、数据库原理、人工智能、算法分析与设计等，离散数学为学生提供了必不可少的数学基础，对学生学习后续其他专业课程大有帮助。

二、本书特色

本书主要包括逻辑学、集合论、代数系统、图论以及组合数学基础5部分内容。作者在多年的离散数学课程的教学实践基础上，参考国内外多个经典教材，结合自己的研究成果编写了本书，力求做到数学概念准确，证明严谨，实例得当，叙述浅显易懂。离散数学课程概念多且杂，逻辑推理严密，学习起来有一定的难度。本书在讲解概念时会举很多例子，以帮助学生对概念进行理解记忆；同时，每一章都有典型例题解析，详细分析了该例题中所用到的基本概念和基本原理，为学生提供了解题思路和解题技巧；考虑到离散数学是计算机专业的核心课程，专门设置了和章节相关的上机实验，供学生练习。

三、结构安排

本书共9章，各章内容安排如下：

第1章：命题逻辑。主要介绍命题、联结词、命题公式、等价和蕴含、范式以及命题逻辑的推理理论。

第2章：谓词逻辑。主要介绍谓词与量词、谓词公式、谓词演算的等价式和蕴含式以及谓词演算的推理理论。

第3章：集合。主要介绍集合、集合运算、集合的划分与覆盖以及集合中元素的计数等内容。

第4章：二元关系和函数。主要介绍序偶与笛卡尔积、关系、关系的性质、关系的运算、特殊的二元关系、函数、函数的性质与运算等内容。

第5章：代数系统。主要介绍代数系统的定义、运算的性质以及一些特殊的代数系统(如半群、群、阿贝尔群、循环群、置换群)等内容。

第6章：图论导论。主要介绍图的基本概念、图的连通性、图的矩阵表示等内容。

第7章：特殊的图。主要介绍典型的图模型(如欧拉图、汉密尔顿图、二分图、平面图)以及图的着色问题。

第 8 章：树及其应用。主要介绍无向树、生成树、根树以及相关算法。

第 9 章：组合数学基础。主要介绍排列与组合、生成函数、递推关系、容斥原理和抽屉原理等内容。

四、使用对象

本书可作为普通高等学校计算机科学与技术、软件工程、网络工程等专业本科生离散数学课程的教材，也可供其他专业学生和科技人员参考。

本书由贾晖确定大纲及统稿，并编写第 1、6、7 章，刘建元编写第 2、8 章，张晓利编写第 3、4 章，乔晓明编写第 5、9 章。

在编写过程中，编著者参考了中外多本离散数学教材，在此向有关作者表示衷心的感谢。同时，本书在编写过程中得到了相关领导、老师和学生的支持与帮助，在此一并表示感谢。

由于编著者水平有限，书中疏漏之处在所难免，恳请读者不吝指正（作者联系方式：jiahui@xupt.edu.cn）。

编著者

2019 年 6 月

目　录

第 1 章　命题逻辑 …… 1
1.1　命题 …… 1
1.2　联结词 …… 2
1.3　命题公式与翻译 …… 7
1.4　真值表与等价公式 …… 9
1.5　重言与蕴含 …… 13
1.6　其他联结词与全功能集 …… 15
1.7　对偶与范式 …… 19
1.8　命题逻辑的推理 …… 26
1.9　典型例题解析 …… 31
上机实验 1　命题演算的计算机实现 …… 35
习题 1 …… 36
第 2 章　谓词逻辑 …… 38
2.1　谓词与量词 …… 38
2.2　谓词公式与翻译 …… 41
2.3　变元的约束 …… 43
2.4　谓词演算的等价式与蕴含式 …… 45
2.5　前束范式 …… 51
2.6　谓词演算的推理理论 …… 53
2.7　典型例题解析 …… 57
习题 2 …… 60
第 3 章　集合 …… 65
3.1　集合的基本概念 …… 65
3.2　集合的运算与性质 …… 69
3.3　集合的划分与覆盖 …… 74
3.4　集合中元素的计数 …… 75
3.5　典型例题解析 …… 77
上机实验 2　编程实现任意两个集合的交、并、差和补运算 …… 81
习题 3 …… 81
第 4 章　二元关系和函数 …… 84
4.1　序偶与笛卡尔积 …… 84

4.2　关系及其表示 …… 87
4.3　关系的性质 …… 89
4.4　关系的复合 …… 92
4.5　逆关系 …… 96
4.6　关系的闭包运算 …… 98
4.7　等价关系与等价类 …… 104
4.8　相容关系 …… 108
4.9　偏序关系 …… 110
4.10　函数及其性质 …… 114
4.11　复合函数和逆函数 …… 116
4.12　典型例题解析 …… 120
上机实验 3　关系及函数性质的判定 …… 125
习题 4 …… 126
第 5 章　代数系统 …… 129
5.1　代数系统的概念 …… 129
5.2　运算及其性质 …… 131
5.3　半群 …… 138
5.4　群与子群 …… 143
5.5　阿贝尔群、循环群与置换群 …… 149
5.6　陪集与拉格朗日定理 …… 153
5.7　代数系统的同态与同构 …… 155
5.8　环与域 …… 160
5.9　格与布尔代数 …… 162
5.10　典型例题解析 …… 167
习题 5 …… 169
第 6 章　图论导论 …… 173
6.1　图的基本概念 …… 173
6.2　图中的路与图的连通性 …… 180
6.3　图的矩阵表示 …… 185
6.4　典型例题解析 …… 189
上机实验 4　图的连通性判定 …… 194
习题 6 …… 194
第 7 章　特殊的图 …… 197
7.1　欧拉图 …… 197
7.2　汉密尔顿图 …… 202
7.3　二分图 …… 208

7.4 平面图 …… 211
7.5 图的着色 …… 216
7.6 典型例题解析 …… 220
上机实验5 特殊图形的判定 …… 227
习题7 …… 227
第8章 树及其应用 …… 230
8.1 无向树与生成树 …… 230
8.2 根树及其应用 …… 235
8.3 典型例题解析 …… 243
上机实验6 树的有关算法 …… 245
习题8 …… 245
第9章 组合数学基础 …… 247
9.1 排列与组合 …… 247
9.2 生成函数 …… 251
9.3 递推关系 …… 255
9.4 容斥原理 …… 260
9.5 抽屉原理 …… 265
9.6 典型例题解析 …… 267
习题9 …… 269
参考文献 …… 272

第1章　命题逻辑

思维过程经历概念、判断和推理三个阶段。其中：概念是思维的基本单位；通过概念对事物是否具有某种属性进行肯定或者否定的回答就是判断；由一个或者多个判断推出另一个判断的思维形式就是推理。采用数学方法来研究思维过程的理论称为数理逻辑，即采用一整套数学符号来研究概念、判断、推理的思维过程。数理逻辑是所有数学推理的基础，逻辑语句给出数学语句的准确含义，逻辑规则用来区分有效和无效的逻辑推理，从而摒弃了采用自然语言研究思维过程中的二义性，根据准确的数学语句即可实现整个思维过程。

数理逻辑不仅仅对理解数学推理十分重要，而且在计算机科学中有许多应用。这些逻辑规则用于计算机电路设计、计算机程序构造、程序正确性证明等许多方面。

下面从数理逻辑的基本组成成分——命题开始我们的讨论。

1.1　命　　题

定义 1.1.1　一个具有确定真假值的陈述句，称为命题。命题是一个或者为真或者为假的陈述句，不能既真又假，也不能忽真忽假。

例 1.1.1　下述语句均为命题：

(1) 太阳从东方升起。

(2) 1＋3＝4。

(3) 雪是黑的。

(4) 北京是中国的首都。

(5) 今天下雨。

(6) 今天是星期四。

(7) 外星人是存在的。

命题总能够判定真假。将判定出的命题的真假值统称为命题的真值。真值只有“真”和“假”两种，分别用符号 T(1)和 F(0)表示。例 1.1.1 中，语句(1)、(2)、(4)为真命题，真值为 T；语句(3)为假命题，真值为 F；而语句(5)和(6)要根据今天的具体情况来判定命题的真假，语句(7)要根据科技的发展情况来判定命题的真假，语句(5)、(6)、(7)的真假值都是确定的，因此语句(5)、(6)、(7)都是命题。

只有具有确定真假值的陈述句才是命题。而祈使句、感叹句、疑问句都不能算作命题。例 1.1.2 给出了不是命题的若干语句。

例 1.1.2　下述语句不是命题：

(1) 今天是星期几？

(2) 请全体起立。

(3) 风景真美啊！

(4) 1＋101＝110。

(5) 我正在说谎。

例 1.1.2 中，语句(1)、(2)、(3)分别是疑问句、祈使句和感叹句，都不能判定真假，因此都不是命题；语句(4)没有说明加法是二进制还是十进制，真值不确定，因此不是命题；语句(5)是悖论，既可以为真也可以为假，因此不是命题。

命题可分为原子命题和复合命题。原子命题是不能分解为更简单的命题的命题。复合命题则是由原子命题、联结词以及标点符号复合构成的命题。例 1.1.3 给出了若干复合命题。

例 1.1.3　下述语句为复合命题：

(1) 今天不是星期四。

(2) 我学英语或者学日语。

(3) 如果天气好，那么我去看电影。

(4) 小李学习很好，而且身体也很好。

原子命题的真假根据实际情况来判定。复合命题的真假由原子命题的真假加上联结词的真假共同来确定。联结词与原子命题的真假都是确定的，因此复合命题的真值一定也是确定的，由此可知，复合命题一定是命题。

在数理逻辑中，我们引入大写字母来表示原子命题。例如：

P：2 是偶数

大写字母 P 称为命题标识符。如果命题标识符表示确定的命题，就称之为命题常元；如果命题标识符只表示任意命题的位置，就称之为命题变元。命题变元可以表示任意命题，因此命题变元的真值不确定，命题变元不是命题。当命题变元表示特定命题之后，具有了确定的真值，成为命题常元，称为对命题变元进行真值指派。此时，命题变元成为命题常元，具有了确定的真值，成为命题。

1.2　联　结　词

复合命题的真假是由联结词和原子命题共同决定的。数理逻辑除了将原子命题用命题标识符来表示之外，将联结词也用特定的符号表示出来，并赋予了特定的逻辑含义。下面介绍数理逻辑中所定义的联结词。

一、否定

定义 1.2.1　设 P 为一个命题，P 的否定是一个新的复合命题，记作 $\neg P$，读作“非 P”。若 P 为 T，则 $\neg P$ 为 F；若 P 为 F，则 $\neg P$ 为 T。联结词“$\neg$”表示命题的否定，是一元联结词。

原子命题及其否定联结词之间的逻辑关系如表 1.2.1 所示。

表 1.2.1

P	$\neg P$
T	F
F	T

例 1.2.1　否定联结词的含义举例：

P：上海是一个大城市。

Q：3 是偶数。

R：城市处处清洁。

S：在座的各位都是男同学。

注意　否定联结词表示对整个命题的否定，而不是对命题中某个特定词语的否定。

$\neg P$：上海不是一个大城市。（错误：上海是一个不大的城市。）

$\neg Q$：3 不是偶数。

$\neg R$：城市并非处处清洁。（错误：城市处处不清洁。）

$\neg S$：在座的各位不都是男同学。（错误：在座的各位都不是男同学。）

二、合取

定义 1.2.2　设 P 和 Q 为两个原子命题，P 合取 Q 构成了一个新的复合命题，记作 $P\wedge Q$，读作“P 合取 Q”。$P\wedge Q$ 为 T，当且仅当 P 与 Q 同时为 T；当 P 与 Q 至少一个为 F 时，$P\wedge Q$ 为 F。合取联结词为二元联结词。

原子命题及其合取联结词之间的逻辑关系如表 1.2.2 所示。

表 1.2.2

P	Q	$P\wedge Q$
T	T	T
T	F	F
F	T	F
F	F	F

注意　自然语言中表示“并且”意思的联结词，如“既……又……”“不但……而且……”“虽然……但是……”“一面……一面……”“……和……”“……与……”等，都可以符号化为“$\wedge$”。

例 1.2.2　将下列命题用联结词“$\wedge$”及“$\neg$”表示：

（1）张三既聪明又用功。

（2）张三虽然聪明，但不用功。

（3）张三不但聪明，而且用功。

（4）张三不是不聪明，而是不用功。

解 设 P：张三聪明，Q：张三用功，则命题(1)～(4)可符号化为

(1) $P \wedge Q$

(2) $P \wedge \neg Q$

(3) $P \wedge Q$

(4) $\neg\neg P \wedge \neg Q$

“∧”与自然语言中“与”或“和”的不同之处：

不要见到“与”或“和”就使用联结词“∧”，要具体分析是否具有合取的逻辑含义，有可能是不可分解的原子命题。例如，“我与你是兄弟。”“张三和李四是朋友。”这些命题都不可分解，并非合取关系。

数理逻辑中允许两个相互独立无关的，甚至互为否定的原子命题用联结词联结，产生一个新命题，而此命题在自然语言中往往不会出现。

例 1.2.3 试生成下列命题的合取式：

(1) P：房间里有张桌子，Q：今天是星期三。

(2) P：李平在吃饭，Q：张明在吃饭。

解 (1) $P \wedge Q$：房间里有张桌子并且今天是星期三。

(2) $P \wedge Q$：李平与张明在吃饭。

三、析取

定义 1.2.3 设 P 和 Q 为两个原子命题，P 析取 Q 构成了一个新的复合命题，记作 $P \vee Q$，读作“P 析取 Q”。$P \vee Q$ 为 F，当且仅当 P 与 Q 同时为 F；当 P 与 Q 至少一个为 T 时，$P \vee Q$ 为 T。析取联结词为二元联结词。

原子命题及其析取联结词之间的逻辑关系如表 1.2.3 所示。

表 1.2.3

P	Q	$P \vee Q$
T	T	T
T	F	T
F	T	T
F	F	F

注意 由析取联结词的定义可以看出，“∨”与汉语中的联结词“或”意义相近，但又不完全相同。在现代汉语中，联结词“或”实际上有“可兼或”和“排斥或”之分。“可兼或”为选择的两者可同时取真，复合命题真值为真。“排斥或”强调只能选择其一，当选择的两者同时为真时，复合命题的真值为假。

例 1.2.4 判断下列命题是可兼或还是排斥或：

(1) 小王爱打球或爱跑步。

(2) 张三学过英语或法语。

(3) 派小王或小李中的一人去开会。

(4) 人固有一死，或重于泰山或轻于鸿毛。

(5) $ab=0$，即 $a=0$ 或 $b=0$。

(6) 他们两个人中有且仅有一个是大学生。

解 (1) 可兼或。设 P：小王爱打球，Q：小王爱跑步，则复合命题可符号化为 $P \vee Q$。

(2) 可兼或。设 P：张三学过英语，Q：张三学过法语，则复合命题可符号化为 $P \vee Q$。

(3) 排斥或。

(4) 排斥或。

(5) 可兼或。设 P：$a=0$，Q：$b=0$，则复合命题可符号化为 $P \vee Q$。

(6) 排斥或。

由此可见，现在所讲的析取联结词表示的是"可兼或"。

注意 (1) 当原子命题 P 和 Q 客观上不能同时发生时，"P 或 Q"可符号化为 $P \vee Q$。例如：小王现在在宿舍或在图书馆。设 P：小王现在在宿舍，Q：小王现在在图书馆，则该命题可符号化为 $P \vee Q$。但当原子命题 P 和 Q 客观上能同时发生，而命题本身强调排斥性时，则不能符号化为析取。如例 1.2.4 中的(3)、(4)、(6)。

(2) 自然语言中有时在各种不同意义上使用联结词"或"，不能一概使用"$\vee$"来符号化。

例 1.2.5 符号化下列命题：

(1) 他昨天做了二十或三十道题。

(2) 张三或李四都能完成这项工作。

解 (1)"或"表示约数，是大概的意思，因此该命题是原子命题，不可再分解。符号为 P：他昨天做了二十或三十道题。

(2)"或"与后面的"都"搭配，是一种说话习惯，是"和"的意思。设 P：张三能完成这项工作，Q：李四能完成这项工作，则该命题可符号化为 $P \wedge Q$。

四、条件

定义 1.2.4 设 P 和 Q 为两个原子命题，P 条件 Q 构成了一个新的复合命题，记作 $P \to Q$，读作"P 条件 Q"。$P \to Q$ 为 F，当且仅当 P 为 T、Q 为 F；其他各种真值组合情况下，$P \to Q$ 均为 T。条件联结词为二元联结词。P 称为条件式的前件或前提，Q 称为条件式的后件或结论。

原子命题及其条件联结词之间的逻辑关系如表 1.2.4 所示。

表 1.2.4

P	Q	$P \to Q$
T	T	T
T	F	F
F	T	T
F	F	T

由表 1.2.4 可知，当前提 P 为假时，无论结论 Q 的取值是真是假，条件命题都为真。这在数理逻辑中规定为“善意的推定”，即前提为 F 时，条件命题的真值都取 T。

$P\to Q$ 表示的基本逻辑关系是：Q 是 P 的必要条件或 P 是 Q 的充分条件。因此复合命题“只要 P 就 Q”“因为 P，所以 Q”“P 仅当 Q”“Q 每当 P”“只有 Q 才 P”等都可以符号化为 $P\to Q$ 的形式。

例 1.2.6　符号化下列命题：

(1) 如果天不下雨，那么草木枯黄。

(2) 如果小明学日语，小华学英语，则小芳学德语。

(3) 只要不下雨，我就骑自行车上班。

(4) 只有不下雨，我才骑自行车上班。

解　(1) 设 P：天下雨，Q：草木枯黄，则复合命题可符号化为 $\neg P\to Q$。

(2) 设 P：小明学日语，Q：小华学英语，R：小芳学德语，则复合命题可符号化为 $P\wedge Q\to R$。

(3) 设 P：天下雨，Q：我骑自行车上班，则复合命题可符号化为 $\neg P\to Q$。

(4) 设 P：天下雨，Q：我骑自行车上班，则复合命题可符号化为 $Q\to\neg P$。

例 1.2.7　判断下列命题的真假值：

(1) 如果雪是黑的，那么太阳从西方升起。

(2) 如果雪是黑的，那么太阳从东方升起。

解　(1) 设 P：雪是黑的，Q：太阳从西方升起，则复合命题可符号化为 $P\to Q$。因为 P 为 F，所以复合命题的真值为 T。

(2) 设 P：雪是黑的，Q：太阳从东方升起，则复合命题可符号化为 $P\to Q$。因为 P 为 F，所以复合命题的真值为 T。

五、双条件

定义 1.2.5　设 P 和 Q 为两个原子命题，P 双条件 Q 构成了一个新的复合命题，记作 $P\rightleftarrows Q$，读作“P 双条件 Q”。$P\rightleftarrows Q$ 为 T，当且仅当 P 与 Q 的真值相同时；当 P 与 Q 的真值不相同时，$P\rightleftarrows Q$ 为 F。双条件联结词为二元联结词。双条件联结词亦可写成 $P\leftrightarrow Q$。

原子命题及其双条件联结词之间的逻辑关系如表 1.2.5 所示。

表 1.2.5

P	Q	$P\rightleftarrows Q$
T	T	T
T	F	F
F	T	F
F	F	T

双条件联结词表达了自然语言中的当且仅当的含义。“P 当且仅当 Q”可译为 $P\rightleftarrows Q$。双条件所表达的逻辑含义是 P 与 Q 互为充分必要条件，相当于 $(P\to Q)\wedge(Q\to P)$。只要 P

与 Q 的真值同时为 T 或同时为 F，$P \rightleftarrows Q$ 的真值就为 T，否则 $P \rightleftarrows Q$ 的真值为 F。双条件联结词连接的两个命题之间可以没有因果关系。

例 1.2.8 判断下列命题的真假值：

(1) 2+2=4 当且仅当 3 是奇数。

(2) 2+2=4 当且仅当 3 不是奇数。

(3) 2+2≠4 当且仅当 3 是奇数。

(4) 2+2≠4 当且仅当 3 不是奇数。

解 (1) 设 P：2+2=4，Q：3 是奇数，则复合命题可符号化为 $P \rightleftarrows Q$。因为 P 为 T，Q 为 T，所以 P 与 Q 的真值相同，复合命题的真值为 T。

(2) 设 P：2+2=4，Q：3 是奇数，则复合命题可符号化为 $P \rightleftarrows \neg Q$。因为 P 为 T，$\neg Q$ 为 F，所以 P 与 $\neg Q$ 的真值不相同，复合命题的真值为 F。

(3) 设 P：2+2=4，Q：3 是奇数，则复合命题可符号化为 $\neg P \rightleftarrows Q$。因为 $\neg P$ 为 F，Q 为 T，所以 $\neg P$ 与 Q 的真值不相同，复合命题的真值为 F。

(4) 设 P：2+2=4，Q：3 是奇数，则复合命题可符号化为 $\neg P \rightleftarrows \neg Q$。因为 $\neg P$ 为 F，$\neg Q$ 为 F，所以 $\neg P$ 与 $\neg Q$ 的真值相同，复合命题的真值为 T。

1.3 命题公式与翻译

在 1.1 节中介绍了命题可分为原子命题和复合命题。原子命题为不可分解的命题，复合命题则是由原子命题及联结词经过组合后产生的命题。原子命题和联结词可以经过形式多样的组合形成复杂的命题公式，从而表达更为广泛的逻辑含义。简单地说，命题公式是由命题常元、命题变元、联结词、括号组成的符号串。但是，并不是所有这样的符号串都是命题公式。我们将命题公式严格定义为合式公式。

一、命题公式

定义 1.3.1 命题演算的合式公式(wff，Well-Formed Formula)定义如下：

(1) 单个的命题常元 T、F 或命题变元 P，Q，R，…，P_i，Q_i，R_i，…是合式公式。

(2) 如果 A 是合式公式，则$(\neg A)$也是合式公式。

(3) 如果 A、B 均是合式公式，则$(A \wedge B)$、$(A \vee B)$、$(A \rightarrow B)$、$(A \rightleftarrows B)$也都是合式公式。

(4) 只有有限次地应用(1)～(3)组成的符号串才是合式公式。

今后我们将合式公式称为命题公式，或者简称为公式。

规定：

(1) 运算次序优先级：¬，∧，∨，→，⇄。

(2) 相同的运算符按从左至右次序计算，否则要加上括号。

(3) 公式最外层括号可以省去。

例 1.3.1 判断 $P \rightarrow (P \vee Q)$是否是命题公式，如果是，则具体说明。

解 由定义 1.3.1 的(1)知 P、Q 均是命题，由(3)知$(P \vee Q)$是命题，由(4)知 $P \rightarrow (P \vee Q)$

是命题。

由命题公式的定义可知，$\neg(P \wedge Q)$、$P \rightarrow (Q \rightarrow R)$、$(P \vee Q) \rightarrow R$ 等都是命题公式，而 $(P \vee) \rightarrow R \neg Q$、$\neg P \rightarrow (R \wedge Q \neg)$ 等都不是命题公式。

命题公式一般不是命题，仅当公式中的命题变元用确定的命题代入时，才得到一个命题。其真值由代换变元的那些命题的真值和联结词的真值共同决定。如命题公式 $\neg(P \wedge Q)$ 不是命题。若给命题变元 P 和 Q 进行赋值，如 P：2 是偶数，Q：4 是素数，则 P 为 T，Q 为 F，$\neg(P \wedge Q)$ 为 T，$\neg(P \wedge Q)$ 是命题。

二、命题符号化

将自然语言转化为命题公式，称为命题符号化，或者翻译。翻译是进行数理逻辑推理的第一步。这主要是因为自然语言往往具有"二义性"，将自然语言转化为命题公式可以消除二义性。进行翻译时也许要在句子含义的基础上做出某些合理的假设。此外，一旦完成了从句子到逻辑表达式的翻译，就可以分析这些逻辑表达式的真值，还可以依据推理规则进行推理分析。基本步骤如下：

(1) 分析各原子命题，将它们符号化。

(2) 使用合适的联结词，把简单命题逐个地联结起来，组成复合命题的符号化表示，注意恰当地使用括号。

下面以具体实例来讲解。

例 1.3.2　符号化下列命题：

(1) 尽管他生病了，但他仍然坚持工作。

(2) 说数理逻辑枯燥无味或毫无价值，那是不对的。

(3) 他虽然聪明，但不用功。

解　(1) 在自然语言中，"尽管……但……"表示并列关系，因此用合取联结词。设 P：他生病了，Q：他坚持工作，则该命题可符号化为 $P \wedge Q$。

(2) 本例只有两个原子命题，分别是 P：数理逻辑枯燥无味，Q：数理逻辑毫无价值。"那是不对的"是对整个命题的否定，不是一个单独的命题。因此该命题可符号化为 $\neg(P \vee Q)$。

(3) 在自然语言中，"虽然……但……"表示并列关系，聪明和不用功在他身上同时发生，因此用合取联结词。设 P：他聪明，Q：他不用功，则该命题可符号化为 $P \wedge Q$。

例 1.3.3　符号化下列命题：

(1) 除非你通知我，否则我不开会。

(2) 除非你努力，否则你将失败。

(3) 小王晚上回家，除非下大雨。

解　(1) "除非……否则……"可转述为"如果不……就……"，因此该命题与"如果你不通知我，我就不去开会"等价。设 P：你通知我，Q：我开会，则该命题可符号化为 $\neg P \rightarrow \neg Q$。

(2) 设 P：你努力，Q：你将失败，则该命题可符号化为 $\neg P \rightarrow Q$。

(3) 设 P：小王晚上回家，Q：下大雨，则该命题可符号化为 $\neg Q \rightarrow P$。

例 1.3.4　符号化下列命题：

(1) 只要功夫深，铁杵磨成针。

(2) 只有睡觉才能恢复体力。

(3) 仅当天黑我才回家。

(4) 燕子飞去南方了，冬天来了。

(5) 每当太阳从东方升起，人们就开始了一天的忙碌。

解　(1)“只要”表达了充分条件，即功夫深是铁杵磨成针的充分条件。设 P：功夫深，Q：铁杵磨成针，则该命题可符号化为 $P \rightarrow Q$。

(2)“只有”表达了必要条件，即睡觉是恢复体力的必要条件。设 P：睡觉，Q：恢复体力，则该命题可符号化为 $Q \rightarrow P$。

(3)“仅当”表达了必要条件，即天黑是我回家的必要条件。设 P：天黑，Q：我回家，则该命题可符号化为 $Q \rightarrow P$。

(4) 设 P：燕子飞去南方，Q：冬天来了。这两个原子命题之间是双条件的关系。因此该命题可符号化为 $P \rightleftarrows Q$。

(5)“每当”表达了充分条件，即太阳从东方升起是人们开始一天的忙碌的充分条件。设 P：太阳从东方升起，Q：人们开始了一天的忙碌，则该命题可符号化为 $P \rightarrow Q$。

1.4　真值表与等价公式

定义 1.4.1　设 P_1，P_2，…，P_n 是出现在公式 A 中的全部的命题变元，给 P_1，P_2，…，P_n 各指定一个真值，称为对公式 A 的一个真值指派或赋值。若指定的一组值使 A 的真值为真(假)，则称这组值为 A 的成真(假)指派。

例如：设公式 A 为$(P \rightarrow Q) \wedge R$，若指派真值 011(即令 $P=0$，$Q=1$，$R=1$)，则对公式 A 赋值为 1；若指派真值 110，则对公式 A 赋值为 0。还可对公式 A 指派真值 000，001，010 等。

定义 1.4.2　在命题公式 A 中，将命题变元的每一种可能的真值指派和由它们所确定的命题公式 A 的真值列成表，称为命题公式 A 的真值表。

对公式 A 构造真值表的具体步骤如下：

(1) 找出公式 A 中所有命题变元 P_1，P_2，…，P_n。

(2) 按从大到小(或从小到大)的顺序列出命题变元 P_1，P_2，…，P_n 的全部 2^n 组赋值。

(3) 对应各组赋值计算出公式 A 的真值，并将其列在对应赋值的后面。

例 1.4.1　构造 $\neg P \vee Q$ 的真值表。

解　$\neg P \vee Q$ 的真值表如表 1.4.1 所示。

表 1.4.1

P	Q	$\neg P$	$\neg P \vee Q$
1	1	0	1
1	0	0	0
0	1	1	1
0	0	1	1

例 1.4.2 构造$\neg(P \wedge Q) \rightleftarrows (\neg P \vee \neg Q)$的真值表。

解 $\neg(P \wedge Q) \rightleftarrows (\neg P \vee \neg Q)$的真值表如表 1.4.2 所示。

表 1.4.2

P	Q	$P \wedge Q$	$\neg(P \wedge Q)$	$\neg P \vee \neg Q$	$\neg(P \wedge Q) \rightleftarrows (\neg P \vee \neg Q)$
1	1	1	0	0	1
1	0	0	1	1	1
0	1	0	1	1	1
0	0	0	1	1	1

例 1.4.3 构造$(P \rightarrow Q) \wedge R$的真值表。

解 $(P \rightarrow Q) \wedge R$的真值表如表 1.4.3 所示。

表 1.4.3

P	Q	R	$P \rightarrow Q$	$(P \rightarrow Q) \wedge R$
1	1	1	1	1
1	1	0	1	0
1	0	1	0	0
1	0	0	0	0
0	1	1	1	1
0	1	0	1	0
0	0	1	1	1
0	0	0	1	0

从真值表中可以看出，命题公式取值的数目取决于公式中原子变元的数目。例如，有 2 个命题变元的命题公式共有 4 种可能的赋值，有 3 个命题变元的命题公式共有 8 种可能的赋值。一般来说，当一个命题公式中具有 n 原子变元时，该公式有 2^n 种赋值。

另外，从命题公式真值表中可以看出，存在一些命题公式，在对它们的所有原子变元做各种真值指派时，这些公式的赋值完全相同，如表 1.4.4 和表 1.4.5 所示。

表 1.4.4

P	Q	$P \rightarrow Q$	$\neg P \vee Q$
1	1	1	1
1	0	0	0
0	1	1	1
0	0	1	1

表 1.4.5

P	Q	$P\rightleftarrows Q$	$P\wedge Q$	$\neg P\wedge\neg Q$	$(P\wedge Q)\vee(\neg P\wedge\neg Q)$
1	1	1	1	0	1
1	0	0	0	0	0
0	1	0	0	0	0
0	0	1	0	1	1

定义 1.4.3 给定两个命题公式 A 和 B，设 P_1，P_2，…，P_n 为所有出现在 A 和 B 中的原子变元，若给 P_1，P_2，…，P_n 任一组指派真值，A 和 B 的真值都相同，则称 A 和 B 是等价的或逻辑相等，记作 $A\Leftrightarrow B$。

证明两个命题公式等价方法一：真值表法。

例 1.4.4 证明：$P\rightleftarrows Q\Leftrightarrow(P\rightarrow Q)\wedge(Q\rightarrow P)$。

证明 列出真值表，如表 1.4.6 所示。

表 1.4.6

P	Q	$P\rightleftarrows Q$	$P\rightarrow Q$	$Q\rightarrow P$	$(P\rightarrow Q)\wedge(Q\rightarrow P)$
1	1	1	1	1	1
1	0	0	0	1	0
0	1	0	1	0	0
0	0	1	1	1	1

由表 1.4.6 可知，$P\rightleftarrows Q$ 与$(P\rightarrow Q)\wedge(Q\rightarrow P)$的真值相同，命题得证。

证明两个命题公式等价方法二：命题定律。

表 1.4.7 列出了常见的等价式，这些等价式都可以用真值表法予以证明。

表 1.4.7

命题定律	表 达 式	序 号
对合律(双重否定律)	$\neg\neg P\Leftrightarrow P$	1
幂等律	$P\vee P\Leftrightarrow P$，$P\wedge P\Leftrightarrow P$	2
结合律	$(P\vee Q)\vee R\Leftrightarrow P\vee(Q\vee R)$ $(P\wedge Q)\wedge R\Leftrightarrow P\wedge(Q\wedge R)$	3
交换律	$P\vee Q\Leftrightarrow Q\vee P$ $P\wedge Q\Leftrightarrow Q\wedge P$	4
分配律	$P\vee(Q\wedge R)\Leftrightarrow(P\vee Q)\wedge(P\vee R)$ $P\wedge(Q\vee R)\Leftrightarrow(P\wedge Q)\vee(P\wedge R)$	5
吸收律	$P\vee(P\wedge Q)\Leftrightarrow P$ $P\wedge(P\vee Q)\Leftrightarrow P$	6

续表

命题定律	表达式	序号
德·摩根律	$\neg(P\vee Q)\Leftrightarrow\neg P\wedge\neg Q$ $\neg(P\wedge Q)\Leftrightarrow\neg P\vee\neg Q$	7
同一律	$P\vee \mathrm{F}\Leftrightarrow P$, $P\wedge \mathrm{T}\Leftrightarrow P$	8
零律	$P\vee \mathrm{T}\Leftrightarrow \mathrm{T}$, $P\wedge \mathrm{F}\Leftrightarrow \mathrm{F}$	9
否定律	$P\vee\neg P\Leftrightarrow \mathrm{T}$, $P\wedge\neg P\Leftrightarrow \mathrm{F}$	10
条件转化律	$P\rightarrow Q\Leftrightarrow\neg P\vee Q$	11
双条件转化律	$P\rightleftarrows Q\Leftrightarrow(P\rightarrow Q)\wedge(Q\rightarrow P)$	12
逆否律	$P\rightarrow Q\Leftrightarrow\neg Q\rightarrow\neg P$	13

定义 1.4.4 如果 X 是公式 A 的一部分，且 X 本身也是一个公式，则称 X 是公式 A 的子公式。

例如，$(P\rightarrow Q)\wedge R$ 有 5 个子公式，分别是 P、Q、R、$P\rightarrow Q$、$(P\rightarrow Q)\wedge R$，而 $Q\wedge R$ 不是该公式的子公式。

定理 1.4.1(替换规则) 设 X 是公式 A 的子公式，若 $X\Leftrightarrow Y$，则将 A 中的 X 用 Y 来置换，所得到的公式 B 与公式 A 等价。

证明 因为 $X\Leftrightarrow Y$，所以在任意一种真值指派下，X 与 Y 的真值相同，故用 Y 取代 X 后，公式 B 与公式 A 在任意一种真值指派下，其真值亦相同，由此可知 $A\Leftrightarrow B$。

例 1.4.5 证明：$Q\rightarrow(P\vee(P\wedge Q))\Leftrightarrow Q\rightarrow P$。

证明 $Q\rightarrow(P\vee(P\wedge Q))\Leftrightarrow Q\rightarrow P$ （吸收律）

例 1.4.6 证明：$(P\wedge\neg Q)\vee Q\Leftrightarrow P\vee Q$。

证明

$(P\wedge\neg Q)\vee Q$

$\Leftrightarrow(P\vee Q)\wedge(\neg Q\vee Q)$ （分配律）

$\Leftrightarrow(P\vee Q)\wedge \mathrm{T}$ （否定律）

$\Leftrightarrow P\vee Q$ （同一律）

例 1.4.7 证明：$(P\rightarrow Q)\rightarrow(Q\vee R)\Leftrightarrow P\vee Q\vee R$。

证明

$(P\rightarrow Q)\rightarrow(Q\vee R)$

$\Leftrightarrow(\neg P\vee Q)\rightarrow(Q\vee R)$ （条件转化律）

$\Leftrightarrow\neg(\neg P\vee Q)\vee(Q\vee R)$ （条件转化律）

$\Leftrightarrow(\neg\neg P\wedge\neg Q)\vee(Q\vee R)$ （德·摩根律）

$\Leftrightarrow(P\wedge\neg Q)\vee(Q\vee R)$ （对合律）

$\Leftrightarrow(P\vee Q\vee R)\wedge(\neg Q\vee Q\vee R)$ （分配律）

$\Leftrightarrow(P\vee Q\vee R)\wedge(\mathrm{T}\vee R)$ （否定律）

$\Leftrightarrow(P\vee Q\vee R)\wedge \mathrm{T}$ （零律）

$\Leftrightarrow P\vee Q\vee R$ （同一律）

例 1.4.8 证明：$P\rightarrow(Q\rightarrow R)\Leftrightarrow(P\wedge Q)\rightarrow R$。

证明

$$
\begin{aligned}
& P\rightarrow(Q\rightarrow R) & \\
\Leftrightarrow & P\rightarrow(\neg Q\vee R) & \text{（条件转化律）}\\
\Leftrightarrow & \neg P\vee(\neg Q\vee R) & \text{（条件转化律）}\\
\Leftrightarrow & (\neg P\vee\neg Q)\vee R & \text{（结合律）}\\
\Leftrightarrow & \neg(P\wedge Q)\vee R & \text{（德·摩根律）}\\
\Leftrightarrow & (P\wedge Q)\rightarrow R & \text{（条件转化律）}
\end{aligned}
$$

1.5 重言与蕴含

一、重言式

根据命题公式真值的取值情况可以将命题公式进行分类。

定义 1.5.1 设 A 为任一命题公式。

(1) 若 A 在其各种赋值下的取值均为真，则称 A 为重言式或永真式，记为 T 或 1。

(2) 若 A 在其各种赋值下的取值均为假，则称 A 为矛盾式或永假式，记为 F 或 0。

(3) 若 A 不是矛盾式，则称 A 为可满足式。

(4) 若 A 既不是重言式，也不是矛盾式，则称 A 为偶然式。

判断命题公式类型的方法如下：

(1) 真值表法：列出公式的真值表，查看其取值情况。

(2) 等值演算法：将所给命题公式通过等值演算化为最简单的形式，然后进行判断。

例 1.5.1 判断下列公式的类型：

(1) $Q\vee\neg((\neg P\vee Q)\wedge P)$；

(2) $(P\vee\neg P)\rightarrow(Q\wedge\neg Q)\wedge R$；

(3) $(P\rightarrow Q)\wedge\neg P$。

解 (1) 由于

$$
\begin{aligned}
& Q\vee\neg((\neg P\vee Q)\wedge P)\\
\Leftrightarrow & Q\vee(\neg(\neg P\vee Q)\vee\neg P)\\
\Leftrightarrow & Q\vee((P\wedge\neg Q)\vee\neg P)\\
\Leftrightarrow & Q\vee((P\vee\neg P)\wedge(\neg Q\vee\neg P))\\
\Leftrightarrow & Q\vee(\neg Q\vee\neg P)\\
\Leftrightarrow & \mathrm{T}\vee\neg P\\
\Leftrightarrow & \mathrm{T}
\end{aligned}
$$

因此该公式为重言式。

(2)、(3)题请自行练习。

定理 1.5.1 任何两个重言式的合取或析取，仍然是重言式。

证明 设 A 和 B 为两个重言式，根据重言式的定义，无论 A 和 B 中的原子变元指派任何真值，总有 A 为 T，B 为 T，故 $A\wedge B\Leftrightarrow\mathrm{T}$，$A\vee B\Leftrightarrow\mathrm{T}$。

定理 1.5.2 对一个重言式的同一分量都用任何合式公式置换，其结果仍为重言式。

证明 由于重言式的真值与对变元的赋值无关，因此对同一变元以任何合式公式置换后，重言式的真值仍永为 T。例如，$Q\vee\neg((\neg P\vee Q)\wedge P)$为重言式，则 $S\vee\neg((\neg P\vee S)\wedge P)$也是重言式，$(S\to Q)\vee\neg((\neg P\vee(S\to Q))\wedge P)$也是重言式。

对于矛盾式，也有类似定理 1.5.1 和定理 1.5.2 的结论。

定理 1.5.3 A 和 B 是两个命题公式，$A\Leftrightarrow B$ 的充要条件是 $A\rightleftarrows B$ 为重言式。

证明 若 $A\rightleftarrows B$ 为重言式，则 $A\rightleftarrows B$ 永为 T，即 A 和 B 的真值表相同，所以 $A\Leftrightarrow B$。反之，若 $A\Leftrightarrow B$，则 A 和 B 的真值表相同，$A\rightleftarrows B$ 永为 T，从而 $A\rightleftarrows B$ 为重言式。

二、蕴含式

定义 1.5.2 当且仅当 $P\to Q$ 是重言式时，我们称"P 蕴含 Q"，并记作 $P\Rightarrow Q$。

$P\to Q$ 不是对称的，对 $P\to Q$ 来说，$Q\to P$ 称为它的逆换式，$\neg P\to\neg Q$ 称为它的反换式，$\neg Q\to\neg P$ 称为它的逆反式，并且有

$$P\to Q\Leftrightarrow\neg Q\to\neg P$$
$$Q\to P\Leftrightarrow\neg P\to\neg Q$$

证明 $P\Rightarrow Q$ 有以下三种方法：

(1) 真值表法：列出 $P\to Q$ 的真值表，观察其是否为永真。

(2) 直接证法：假定前件 P 是真，推出后件 Q 是真。

(3) 间接证法：假定后件 Q 是假，推出前件 P 是假。

例 1.5.2 证明$\neg Q\wedge(P\to Q)\Rightarrow\neg P$。

证明 方法一：真值表法(略)。

方法二：直接证法。假设前件$\neg Q\wedge(P\to Q)$为真，则$\neg Q$ 为真，$P\to Q$ 为真，即 Q 为假，所以 P 为假，因此后件$\neg P$ 为真，从而$\neg Q\wedge(P\to Q)\Rightarrow\neg P$。

方法三：间接证法。若$\neg P$ 为假，则 P 为真，再分两种情况：

① 若 Q 为真，则$\neg Q$ 为假，从而$\neg Q\wedge(P\to Q)$为假；

② 若 Q 为假，则 $P\to Q$ 为假，从而$\neg Q\wedge(P\to Q)$为假，

根据①、②，有$\neg Q\wedge(P\to Q)\Rightarrow\neg P$。

表 1.5.1 所列出的各个蕴含式都可以用上述方法证明。

表 1.5.1

蕴 含 式	序 号	蕴 含 式	序 号
$P\wedge Q\Rightarrow P$	1	$P\wedge(P\to Q)\Rightarrow Q$	8
$P\wedge Q\Rightarrow Q$	2	$\neg Q\wedge(P\to Q)\Rightarrow\neg P$	9
$P\Rightarrow P\vee Q$	3	$\neg P\wedge(P\vee Q)\Rightarrow Q$	10
$\neg P\Rightarrow P\to Q$	4	$(P\to Q)\wedge(Q\to R)\Rightarrow P\to R$	11
$Q\Rightarrow P\to Q$	5	$(P\vee Q)\wedge(P\to R)\wedge(Q\to R)\Rightarrow R$	12
$\neg(P\to Q)\Rightarrow P$	6	$(P\to Q)\wedge(R\to S)\Rightarrow(P\wedge R)\to(Q\wedge S)$	13
$\neg(P\to Q)\Rightarrow\neg Q$	7	$(P\rightleftarrows Q)\wedge(Q\rightleftarrows R)\Rightarrow P\rightleftarrows R$	14

三、等价与蕴含的关系

定理 1.5.4 设 P 和 Q 为任意两个命题公式，$P\Leftrightarrow Q$ 的充要条件为 $P\Rightarrow Q$ 且 $Q\Rightarrow P$。

证明 若 $P\Leftrightarrow Q$，则 $P\rightleftarrows Q$ 为永真式，因为 $P\rightleftarrows Q\Leftrightarrow(P\rightarrow Q)\wedge(Q\rightarrow P)$，所以 $P\rightarrow Q$，$Q\rightarrow P$为永真式，从而 $P\Rightarrow Q$，$Q\Rightarrow P$。

反之，若 $P\Rightarrow Q$，$Q\Rightarrow P$，则 $P\rightarrow Q$，$Q\rightarrow P$ 为永真式，所以$(P\rightarrow Q)\wedge(Q\rightarrow P)$为永真式，从而 $P\rightleftarrows Q$ 为永真式，即 $P\Leftrightarrow Q$。

蕴含式有以下几个常用的性质：

设 A、B、C 为任意命题公式。

(1) 若 $A\Rightarrow B$，且 A 为永真式，则 B 必为永真式。

(2) 若 $A\Rightarrow B$，$B\Rightarrow C$，则 $A\Rightarrow C$。

(3) 若 $A\Rightarrow B$，$A\Rightarrow C$，则 $A\Rightarrow B\wedge C$。

(4) 若 $A\Rightarrow B$，$C\Rightarrow B$，则 $A\vee C\Rightarrow B$。

证明留作练习。

1.6 其他联结词与全功能集

考虑到实际的应用，除了 1.2 节介绍的 5 个联结词外，本节再介绍 4 个联结词。

一、不可兼析取/排斥或

定义 1.6.1 设 P、Q 为两个命题，复合命题“P、Q 之中恰有一个为真”称为 P 与 Q 的不可兼析取，记作 $P\,\overline{\vee}\,Q$，符号“$\overline{\vee}$”称为不可兼析取/排斥或联结词。$P\,\overline{\vee}\,Q$ 为 T，当且仅当 P 和 Q 的真值不同。“$\overline{\vee}$”为二元联结词。

不可兼析取的真值表如表 1.6.1 所示。

表 1.6.1

P	Q	$P\,\overline{\vee}\,Q$
T	T	F
T	F	T
F	T	T
F	F	F

例 1.6.1 符号化命题“派小王或小李中的一人去开会。”

解 设 P：派小王去开会，Q：派小李去开会。本例中的“或”是排斥或，因此该命题可符号化为 $P\,\overline{\vee}\,Q$。

由不可兼析取的真值表可知它有如下性质：

(1) $P\bar{\vee}Q \Leftrightarrow Q\bar{\vee}P$（交换律）；

(2) $(P\bar{\vee}Q)\bar{\vee}R \Leftrightarrow P\bar{\vee}(Q\bar{\vee}R)$（结合律）；

(3) $P\wedge(Q\bar{\vee}R) \Leftrightarrow (P\wedge Q)\bar{\vee}(P\wedge R)$（分配律）；

(4) $P\bar{\vee}Q \Leftrightarrow (P\wedge\neg Q)\vee(\neg P\wedge Q)$；

(5) $P\bar{\vee}Q \Leftrightarrow \neg(P\rightleftarrows Q)$；

(6) $P\bar{\vee}P \Leftrightarrow \mathrm{F}$，$\mathrm{F}\bar{\vee}P \Leftrightarrow P$，$\mathrm{T}\bar{\vee}P \Leftrightarrow \neg P$。

二、条件否定

定义 1.6.2 设 P、Q 为两个命题，复合命题“$P\xrightarrow{c}Q$”称为 P 与 Q 的条件否定。$P\xrightarrow{c}Q$ 为 T，当且仅当 P 为 F、Q 为 T。“$\xrightarrow{c}$”为二元联结词。

条件否定的真值表如表 1.6.2 所示。

表 1.6.2

P	Q	$P\xrightarrow{c}Q$
T	T	F
T	F	T
F	T	F
F	F	F

由条件否定的真值表可知 $P\xrightarrow{c}Q \Leftrightarrow \neg(P\rightarrow Q)$。

三、与非

定义 1.6.3 设 P、Q 为两个命题，复合命题“$P\uparrow Q$”称为 P 与 Q 的“与非”。$P\uparrow Q$ 为 F，当且仅当 P 和 Q 的真值都是 T，否则 $P\uparrow Q$ 为 T。“$\uparrow$”为二元联结词。

与非的真值表如表 1.6.3 所示。

表 1.6.3

P	Q	$P\uparrow Q$
T	T	F
T	F	T
F	T	T
F	F	T

由与非的真值表可知 $P \uparrow Q \Leftrightarrow \neg(P \wedge Q)$。

联结词“$\uparrow$”有以下几个性质：

(1) $P \uparrow P \Leftrightarrow \neg(P \wedge P) \Leftrightarrow \neg P$；

(2) $(P \uparrow Q) \uparrow (P \uparrow Q) \Leftrightarrow \neg(P \uparrow Q) \Leftrightarrow P \wedge Q$；

(3) $(P \uparrow P) \uparrow (Q \uparrow Q) \Leftrightarrow \neg P \uparrow \neg Q \Leftrightarrow \neg(\neg P \wedge \neg Q) \Leftrightarrow P \vee Q$。

四、或非

定义 1.6.4 设 P、Q 为两个命题，复合命题“$P \downarrow Q$”称为 P 与 Q 的“或非”。$P \downarrow Q$ 为 T，当且仅当 P 和 Q 的真值都是 F，否则 $P \downarrow Q$ 为 F。“$\downarrow$”为二元联结词。

或非的真值表如表 1.6.4 所示。

表 1.6.4

P	Q	$P \downarrow Q$
T	T	F
T	F	F
F	T	F
F	F	T

由或非的真值表可知 $P \downarrow Q \Leftrightarrow \neg(P \vee Q)$。

联结词“$\downarrow$”有以下几个性质：

(1) $P \downarrow P \Leftrightarrow \neg(P \vee P) \Leftrightarrow \neg P$；

(2) $(P \downarrow Q) \downarrow (P \downarrow Q) \Leftrightarrow \neg(P \downarrow Q) \Leftrightarrow P \vee Q$；

(3) $(P \downarrow P) \downarrow (Q \downarrow Q) \Leftrightarrow \neg P \downarrow \neg Q \Leftrightarrow \neg(\neg P \vee \neg Q) \Leftrightarrow P \wedge Q$。

五、联结词全功能集

至此，对于一元和二元逻辑运算，一共定义了 9 个联结词“$\neg$、$\wedge$、$\vee$、$\rightarrow$、$\rightleftarrows$、$\bar{\vee}$、$\xrightarrow{c}$、$\uparrow$、$\downarrow$”，为了直接表达命题之间的联系，是否还需要定义其他联结词呢？

如果不需要定义其他联结词，那么这 9 个联结词是否都是必需的？如果不是，那么哪些是必不可少的？

n 个原子命题，共有 2^n 种赋值，由于每个赋值命题演算后的结果非 0 即 1，因此 n 个原子命题共可形成 2^{2^n} 个不同的命题演算结果。例如，公式 A 有两个原子命题 P 和 Q，则它共有 4 种赋值，A 的命题演算结果共有 16 种。其他无穷多种命题公式的真值都和这 16 种中的某一种等价。现以两个原子变元为例，将这 16 种可能的真值列出，如表 1.6.5 所示。

表 1.6.5

P	Q	F_1	F_2	F_3	F_4	F_5	F_6	F_7	F_8
1	1	0	0	0	0	0	0	0	0
1	0	0	0	0	0	1	1	1	1
0	1	0	0	1	1	0	0	1	1
0	0	0	1	0	1	0	1	0	1
P	Q	F_9	F_{10}	F_{11}	F_{12}	F_{13}	F_{14}	F_{15}	F_{16}
1	1	1	1	1	1	1	1	1	1
1	0	0	0	0	0	1	1	1	1
0	1	0	0	1	1	0	0	1	1
0	0	0	1	0	1	0	1	0	1

由表 1.6.5 可以看出：

F_1 表示永假式 F；

F_2 表示 $P\downarrow Q$；

F_3 表示 $Q\xrightarrow{c}P$；

F_4 表示 $\neg P$；

F_5 表示 $P\xrightarrow{c}Q$；

F_6 表示 $\neg Q$；

F_7 表示 $P\bar{\vee}Q$；

F_8 表示 $P\uparrow Q$；

F_9 表示 $P\wedge Q$；

F_{10} 表示 $P\rightleftarrows Q$；

F_{11} 表示 Q；

F_{12} 表示 $P\rightarrow Q$；

F_{13} 表示 P；

F_{14} 表示 $Q\rightarrow P$；

F_{15} 表示 $P\vee Q$；

F_{16} 表示永真式 T。

因此，为了直接表达命题之间的联系，不需要定义其他联结词了。

定义 1.6.5 在一个联结词的集合中，如果一个联结词可由集合中的其他联结词定义，则称此联结词为冗余的联结词，否则称为独立的联结词。

在 1.2 节中，我们定义了 5 个联结词{ $\neg$，$\wedge$，$\vee$，$\rightarrow$，$\rightleftarrows$ }，由于

$$P\rightarrow Q\Leftrightarrow\neg P\vee Q$$

$$P\rightleftarrows Q\Leftrightarrow(P\rightarrow Q)\wedge(Q\rightarrow P)$$

$$\Leftrightarrow(\neg P\vee Q)\wedge(\neg Q\vee P)$$

因此{$\rightarrow$，$\rightleftarrows$}都是冗余的联结词。又考虑{$\neg$，$\wedge$，$\vee$}中，由于

$$P\vee Q\Leftrightarrow\neg\neg(P\vee Q)\Leftrightarrow\neg(\neg P\wedge\neg Q)$$

因此$\vee$可看成冗余的联结词。但是{$\neg$，$\wedge$}中没有冗余的联结词。类似地，可以得出{$\neg$，$\vee$}中也没有冗余的联结词。

根据以上讨论，可以给出联结词的全功能集及极小全功能集的定义。

定义 1.6.6　若任何一个命题公式都可用仅含某一联结词集中的联结词的命题公式表示，则称该联结词集为全功能集。若一个联结词的全功能集中不含冗余的联结词，则称它是极小全功能集。

可以证明{$\neg$，$\vee$}，{$\neg$，$\wedge$}，{$\uparrow$}，{$\downarrow$}等都是极小全功能集。

例 1.6.2　已知{$\neg$，$\vee$}是全功能集，证明{$\neg$，$\rightarrow$}也是全功能集。

证明　由{$\neg$，$\vee$}是全功能集可知，任意命题公式都可用仅含{$\neg$，$\vee$}中的联结词的命题公式表示，于是对于任意的命题公式 A、B，有

$$A\vee B\Leftrightarrow\neg\neg A\vee B\Leftrightarrow\neg A\rightarrow B$$

即任意命题公式都可用仅含{$\neg$，$\rightarrow$}中的联结词的命题公式表示，所以{$\neg$，$\rightarrow$}是全功能集。

1.7　对偶与范式

一、对偶

在 1.4 节中我们给出了命题定律(表 1.4.7)，其中多数等价公式都是成对出现的(仅含联结词$\neg$、$\wedge$、$\vee$)，每一对公式的不同之处是将$\wedge$与$\vee$互换，T 与 F 互换，我们把这样的公式称为是对偶的。

定义 1.7.1　设命题公式 A 仅含有联结词$\neg$、$\wedge$、$\vee$，在 A 中将$\wedge$、$\vee$、T、F 分别换成$\vee$、$\wedge$、F、T，得出公式 A^*，则 A^* 称为 A 的对偶式。

由对偶式的定义可知$(A^*)^*=A$，即命题公式 A 和其对偶式是互为对偶的。

例 1.7.1　写出下列公式的对偶式：

(1) $\neg P\vee(Q\wedge R)$；

(2) $(P\vee Q)\wedge \mathrm{T}$；

(3) $P\uparrow Q$；

(4) $P\downarrow Q$。

解　(1) $(\neg P\vee(Q\wedge R))^*$为$\neg P\wedge(Q\vee R)$。

(2) $((P\vee Q)\wedge \mathrm{T})^*$为$(P\wedge Q)\vee \mathrm{F}$。

(3) 因为 $P\uparrow Q\Leftrightarrow\neg(P\wedge Q)$，而$(\neg(P\wedge Q))^*$为$\neg(P\vee Q)$，$\neg(P\vee Q)\Leftrightarrow P\downarrow Q$，所以$(P\uparrow Q)^*$为 $P\downarrow Q$。

(4) $(P\downarrow Q)^*$为 $P\uparrow Q$。

定理 1.7.1　设 A 和 A^* 互为对偶式，$P_1, P_2, \cdots, P_n$ 是出现于 A 和 A^* 中的所有原子变元，则

(1) $\neg A(P_1, P_2, \cdots, P_n) \Leftrightarrow A^*(\neg P_1, \neg P_2, \cdots, \neg P_n)$；

(2) $A(\neg P_1, \neg P_2, \cdots, \neg P_n) \Leftrightarrow \neg A^*(P_1, P_2, \cdots, P_n)$。

例 1.7.2　设 $A^*(P, Q, R)$ 是 $(P \wedge \neg Q) \vee R$，证明 $A^*(\neg P, \neg Q, \neg R) \Leftrightarrow \neg A(P, Q, R)$。

证明　因为 $A^*(P, Q, R)$ 是 $(P \wedge \neg Q) \vee R$，所以 $A^*(\neg P, \neg Q, \neg R)$ 是 $(\neg P \wedge Q) \vee \neg R$。

又 $A(P, Q, R)$ 是 $(P \vee \neg Q) \wedge R$，$\neg A(P, Q, R)$ 是 $\neg((P \vee \neg Q) \wedge R) \Leftrightarrow (\neg P \wedge Q) \vee \neg R$，所以 $A^*(\neg P, \neg Q, \neg R) \Leftrightarrow \neg A(P, Q, R)$。

定理 1.7.2(对偶原理)　设 A 和 B 为两个仅含有联结词 $\neg$、$\wedge$、$\vee$ 的命题公式，若 $A \Leftrightarrow B$，则 $A^* \Leftrightarrow B^*$。

证明　因为 $A \Leftrightarrow B$，则

$$A(P_1, P_2, \cdots, P_n) \leftrightarrow B(P_1, P_2, \cdots, P_n)$$

为重言式，即

$$A(\neg P_1, \neg P_2, \cdots, \neg P_n) \leftrightarrow B(\neg P_1, \neg P_2, \cdots, \neg P_n)$$

为重言式，故

$$A(\neg P_1, \neg P_2, \cdots, \neg P_n) \Leftrightarrow B(\neg P_1, \neg P_2, \cdots, \neg P_n)$$

由定理 1.7.1 知

$$\neg A^*(P_1, P_2, \cdots, P_n) \Leftrightarrow \neg B^*(P_1, P_2, \cdots, P_n)$$

因此

$$A^* \Leftrightarrow B^*$$

例如：$\neg(P \vee Q) \Leftrightarrow \neg P \wedge \neg Q$，而

$$(\neg(P \vee Q))^* \Leftrightarrow \neg(P \wedge Q)$$

$$(\neg P \wedge \neg Q)^* \Leftrightarrow \neg P \vee \neg Q$$

则由对偶原理知 $\neg(P \wedge Q) \Leftrightarrow \neg P \vee \neg Q$。

二、命题公式的析(合)取范式

从前面的讨论可知，存在大量不相同的命题公式，实际上互相等价。因此，有必要引入命题公式的标准形式，使得相互等价的命题公式具有唯一相同的形式。这无疑对判别两个命题公式是否等价以及判定命题公式的类型是一种好方法，同时对命题公式的简化和推证也十分有益。

定义 1.7.2　(1) 文字：命题变元及其否定式(如 P、$\neg P$)。

(2) 简单析取式：仅由有限个文字组成的析取式(如 P、$\neg P \vee Q$、$P \vee \neg P$、$\neg Q \vee P \vee \neg P$、$\neg Q \vee P \vee \neg P \vee R$ 等)。

(3) 简单合取式：仅由有限个文字组成的合取式(如 P、$\neg P \wedge Q$、$P \wedge \neg P$、$\neg Q \wedge P \wedge \neg P$、$\neg Q \wedge P \wedge \neg P \wedge R$ 等)。

由定义 1.7.2 可以得出一个简单析取式是重言式当且仅当它同时含有某个命题变元及其否定式。一个简单合取式是矛盾式当且仅当它同时含有某个命题变元及其否定式。

定义 1.7.3　(1) 析取范式：一个命题公式称为析取范式，当且仅当它具有形式：

$$A_1 \vee A_2 \vee A_3 \cdots \vee A_n \quad (n \geqslant 1)$$

其中 $A_i(i=1, 2, \cdots, n)$为简单合取式。

(2) 合取范式：一个命题公式称为合取范式，当且仅当它具有形式：

$$A_1 \wedge A_2 \wedge A_3 \cdots \wedge A_n \quad (n \geqslant 1)$$

其中 $A_i(i=1, 2, \cdots, n)$为简单析取式。

(3) 范式：析取范式与合取范式统称为范式。

由范式的定义可知，一个析取范式的对偶式是合取范式，一个合取范式的对偶式是析取范式；一个析取范式是矛盾式，当且仅当每个简单合取式是矛盾式；一个合取范式是重言式，当且仅当每个简单析取式是重言式。

定理 1.7.3(范式存在定理)　任意一个命题公式都存在着与之等价的析取范式与合取范式。

求解命题公式的范式的基本步骤如下：

(1) 将公式中的联结词全部化归成¬、∧及∨。

(2) 利用双重否定律、德·摩根律将否定联结词消去或移到各命题变元之前。

$$\neg\neg A \Leftrightarrow A$$

$$\neg(A \vee B) \Leftrightarrow \neg A \wedge \neg B$$

$$\neg(A \wedge B) \Leftrightarrow \neg A \vee \neg B$$

(3) 利用分配律、结合律将公式转化为合取范式或析取范式。

$$C \wedge (A \vee B) \Leftrightarrow (C \wedge A) \vee (C \wedge B)$$

$$C \vee (A \wedge B) \Leftrightarrow (C \vee A) \wedge (C \vee B)$$

例 1.7.3　求$(P \to Q) \leftrightarrow R$的析取范式与合取范式。

解　求$(P \to Q) \leftrightarrow R$的析取范式：

$$\begin{aligned}
&(P \to Q) \leftrightarrow R \\
\Leftrightarrow &((P \to Q) \wedge R) \vee (\neg(P \to Q) \wedge \neg R) && \text{(消去↔联结词)} \\
\Leftrightarrow &((\neg P \vee Q) \wedge R) \vee (\neg(\neg P \vee Q) \wedge \neg R) && \text{(消去→联结词)} \\
\Leftrightarrow &((\neg P \vee Q) \wedge R) \vee (P \wedge \neg Q \wedge \neg R) && \text{(否定深入)} \\
\Leftrightarrow &(\neg P \wedge R) \vee (Q \wedge R) \vee (P \wedge \neg Q \wedge \neg R) && \text{(分配律)}
\end{aligned}$$

求$(P \to Q) \leftrightarrow R$的合取范式：

$$\begin{aligned}
&(P \to Q) \leftrightarrow R \\
\Leftrightarrow &((P \to Q) \to R) \wedge (R \to (P \to Q)) && \text{(消去↔联结词)} \\
\Leftrightarrow &(\neg(\neg P \vee Q) \vee R) \wedge (\neg R \vee (\neg P \vee Q)) && \text{(消去→联结词)} \\
\Leftrightarrow &((P \wedge \neg Q) \vee R) \wedge (\neg P \vee Q \vee \neg R) && \text{(否定深入)} \\
\Leftrightarrow &(P \vee R) \wedge (\neg Q \vee R) \wedge (\neg P \vee Q \vee \neg R) && \text{(分配律)}
\end{aligned}$$

值得注意的是单个命题变元 P 和 Q 既是简单合取式，又是简单析取式。公式 $P \wedge Q \wedge R$ 既可看成合取范式，也可看成由 1 项构成的析取范式。因此合取范式和析取范式的形式不唯一。为了能得到公式的唯一规范表达形式，下面介绍主析取范式和主合取范式。

三、命题公式的主析(合)取范式

1. 主析取范式

定义 1.7.4　在含有 n 个命题变元的简单合取式中，若每个命题变元和它的否定式不同时出现，且二者之一必出现且仅出现一次，则称这样的简单合取式为小项。

例如，由 P、Q、R 3 个变元形成的小项为 $\neg P\wedge\neg Q\wedge\neg R$、$\neg P\wedge\neg Q\wedge R$、$\neg P\wedge Q\wedge\neg R$、$\neg P\wedge Q\wedge R$、$P\wedge\neg Q\wedge\neg R$、$P\wedge\neg Q\wedge R$、$P\wedge Q\wedge\neg R$、$P\wedge Q\wedge R$；由 P 和 Q 2 个变元形成的小项为 $\neg P\wedge\neg Q$、$\neg P\wedge Q$、$P\wedge\neg Q$、$P\wedge Q$。若有 n 个命题变元，则形成的小项数为 2^n 个。

以 3 个变元为例，说明小项与其编号的对应关系，如表 1.7.1 所示。

表 1.7.1

小　项	编　码	小　项	编　码
$\neg P\wedge\neg Q\wedge\neg R$	m_{000}/m_0	$P\wedge\neg Q\wedge\neg R$	m_{100}/m_4
$\neg P\wedge\neg Q\wedge R$	m_{001}/m_1	$P\wedge\neg Q\wedge R$	m_{101}/m_5
$\neg P\wedge Q\wedge\neg R$	m_{010}/m_2	$P\wedge Q\wedge\neg R$	m_{110}/m_6
$\neg P\wedge Q\wedge R$	m_{011}/m_3	$P\wedge Q\wedge R$	m_{111}/m_7

以 2 个变元为例，说明小项的性质，如表 1.7.2 所示。

表 1.7.2

P	Q	$\neg P\wedge\neg Q(m_{00})$	$\neg P\wedge Q(m_{01})$	$P\wedge\neg Q(m_{10})$	$P\wedge Q(m_{11})$
0	0	1	0	0	0
0	1	0	1	0	0
1	0	0	0	1	0
1	1	0	0	0	1

从表 1.7.2 中，可得出小项有如下三个性质：

(1) 任意两个小项都是不等价的，且每个小项当且仅当真值指派与编码相同时，其真值为 T(1)，其余 2^n-1 种指派情况下为 F(0)。即：若某小项记作 m_i(i 为二进制数)，则该小项唯一的成真指派为 i。

(2) 任意两个不同的小项的合取为矛盾式。

(3) 全体小项的析取为重言式，即

$$\sum_{i=0}^{2n-1} m_i = m_0\vee m_1\vee\cdots\vee m_{2n-1}\Leftrightarrow \mathrm{T}$$

今后用 $\sum$ 符号表示主析取范式。如$(\neg P\wedge Q)\vee(P\wedge\neg Q)\vee(P\wedge Q)$可表示为 $\sum_{1,2,3}$。

定义 1.7.5　设命题公式 A 中含有 n 个命题变元，如果 A 的析取范式中所有的简单合取式都是小项，则称该析取范式为 A 的主析取范式。

定理 1.7.4(主析取范式存在定理) 任何命题公式都存在着与之等价的主析取范式，并且是唯一的。

2. 主析取范式的求法

主析取范式有两种求法，分别是真值表法和等值演算法。

真值表法：

定理 1.7.5 在命题公式 A 的真值表中，真值为 1 的指派对应的小项的析取，即为 A 的主析取范式。

例 1.7.4 求 $P\rightarrow Q$、$P\vee Q$、$P\leftrightarrow Q$、$P\wedge Q$ 的主析取范式。

解 列出各命题公式的真值表，如表 1.7.3 所示。

表 1.7.3

P	Q	$P\rightarrow Q$	$P\vee Q$	$P\leftrightarrow Q$	$P\wedge Q$
0	0	1	0	1	0
0	1	1	1	0	0
1	0	0	1	0	0
1	1	1	1	1	1

由定理 1.7.5 知以上各式的主析取范式为

$$P\rightarrow Q\Leftrightarrow m_{00}\vee m_{01}\vee m_{11}\Leftrightarrow \sum\nolimits_{0,1,3}\Leftrightarrow(\neg P\wedge\neg Q)\vee(\neg P\wedge Q)\vee(P\wedge Q)$$

$$P\vee Q\Leftrightarrow m_{01}\vee m_{10}\vee m_{11}\Leftrightarrow \sum\nolimits_{1,2,3}\Leftrightarrow(\neg P\wedge Q)\vee(P\wedge\neg Q)\vee(P\wedge Q)$$

$$P\leftrightarrow Q\Leftrightarrow m_{00}\vee m_{11}\Leftrightarrow \sum\nolimits_{0,3}\Leftrightarrow(\neg P\wedge\neg Q)\vee(P\wedge Q)$$

$$P\wedge Q\Leftrightarrow m_{11}\Leftrightarrow \sum\nolimits_{3}\Leftrightarrow P\wedge Q$$

等值演算法：

(1) 将 A 公式化为析取范式 A'；

(2) 消除 A'中的冗余项，如永假项以及重复项；

(3) 若 A'中某简单合取式 B 中不含命题变元 P_i，则添加 $P_i\vee\neg P_i$ 后应用分配律展开，即

$$B\Leftrightarrow B\wedge 1\Leftrightarrow B\wedge(P_i\vee\neg P_i)\Leftrightarrow(B\wedge P_i)\vee(B\wedge\neg P_i)$$

例 1.7.5 求公式$(P\rightarrow Q)\leftrightarrow R$ 的主析取范式。

解

$$\begin{aligned}
&(P\rightarrow Q)\leftrightarrow R\\
\Leftrightarrow&(\neg P\wedge R)\vee(Q\wedge R)\vee(P\wedge\neg Q\wedge\neg R)\\
\Leftrightarrow&(\neg P\wedge R\wedge(Q\vee\neg Q))\vee(Q\wedge R\wedge(P\vee\neg P))\vee(P\wedge\neg Q\wedge\neg R)\\
\Leftrightarrow&(\neg P\wedge R\wedge Q)\vee(\neg P\wedge R\wedge\neg Q)\vee(Q\wedge R\wedge P)\vee(Q\wedge R\wedge\neg P)\vee(P\wedge\neg Q\wedge\neg R)\\
\Leftrightarrow&(\neg P\wedge\neg Q\wedge R)\vee(\neg P\wedge Q\wedge R)\vee(P\wedge\neg Q\wedge\neg R)\vee(P\wedge Q\wedge R)\\
\Leftrightarrow&\sum\nolimits_{1,3,4,7}
\end{aligned}$$

3. 主合取范式

定义 1.7.6 在含有 n 个命题变元的简单析取式中，若每个命题变元和它的否定式不

同时出现，且二者之一必出现且仅出现一次，则称这样的简单析取式为大项。

例如，由 P、Q、R 3 个变元形成的大项为 $\neg P\vee\neg Q\vee\neg R$、$\neg P\vee\neg Q\vee R$、$\neg P\vee Q\vee\neg R$、$\neg P\vee Q\vee R$、$P\vee\neg Q\vee\neg R$、$P\vee\neg Q\vee R$、$P\vee Q\vee\neg R$、$P\vee Q\vee R$；由 P 和 Q 2 个变元形成的大项为 $\neg P\vee\neg Q$、$\neg P\vee Q$、$P\vee\neg Q$、$P\vee Q$。若有 n 个命题变元，则形成的大项数为 2^n 个。

以 3 个变元为例，说明大项与其编号的对应关系，如表 1.7.4 所示。

注意 大项命题变元肯定形式编号为 0，否定形式编号为 1。这一点与小项的编号相反。

表 1.7.4

大 项	编 码	大 项	编 码
$\neg P\vee\neg Q\vee\neg R$	M_{111}/M_7	$P\vee\neg Q\vee\neg R$	M_{011}/M_3
$\neg P\vee\neg Q\vee R$	M_{110}/M_6	$P\vee\neg Q\vee R$	M_{010}/M_2
$\neg P\vee Q\vee\neg R$	M_{101}/M_5	$P\vee Q\vee\neg R$	M_{001}/M_1
$\neg P\vee Q\vee R$	M_{100}/M_4	$P\vee Q\vee R$	M_{000}/M_0

以 2 个变元为例，说明大项的性质，如表 1.7.5 所示。

表 1.7.5

P	Q	$\neg P\vee\neg Q(M_{11})$	$\neg P\vee Q(M_{10})$	$P\vee\neg Q(M_{01})$	$P\vee Q(M_{00})$
0	0	1	1	1	0
0	1	1	1	0	1
1	0	1	0	1	1
1	1	0	1	1	1

从表 1.7.5 中，可得出大项有如下三个性质：

(1) 任意两个大项都是不等价的，且每个大项当且仅当真值指派与编码相同时，其真值为 F(0)，其余 2^n-1 种指派情况下为 T(1)。即：若某大项记作 M_i（i 为二进制数），则该大项唯一的成假指派为 i。

(2) 任意两个不同的大项的析取为重言式。

(3) 全体大项的合取为矛盾式，即

$$\prod_{i=0}^{2n-1} M_i = M_1\wedge M_2\wedge\cdots\wedge M_{2n-1}\Leftrightarrow \mathrm{F}$$

今后用符号 $\prod$ 表示主合取范式。如 $(\neg P\vee Q)\wedge(\neg P\vee\neg Q)$ 可表示为 $\prod_{2,3}$。

定义 1.7.7 设命题公式 A 中含有 n 个命题变元，如果 A 的合取范式中，所有的简单析取式都是大项，则称该合取范式为 A 的主合取范式。

定理 1.7.6(主合取范式存在定理) 任何命题公式都存在着与之等价的主合取范式，并且是唯一的。

4. 主合取范式的求法

主合取范式有两种求法，分别是真值表法和等值演算法。

真值表法：

定理 1.7.7　在命题公式 A 的真值表中，真值为 0 的指派对应的大项的合取，即为 A 的主合取范式。

例 1.7.6　求 $P \to Q$、$P \vee Q$、$P \leftrightarrow Q$、$P \wedge Q$ 的主合取范式。

解　列出各命题公式的真值表，如表 1.7.3 所示。

由定理 1.7.7 知以上各式的主合取范式为

$$P \to Q \Leftrightarrow M_{10} \Leftrightarrow \prod\nolimits_{2} \Leftrightarrow \neg P \vee Q$$

$$P \vee Q \Leftrightarrow M_{00} \Leftrightarrow \prod\nolimits_{0} \Leftrightarrow P \vee Q$$

$$P \leftrightarrow Q \Leftrightarrow M_{01} \wedge M_{10} \Leftrightarrow \prod\nolimits_{1,2} \Leftrightarrow (P \vee \neg Q) \wedge (\neg P \vee Q)$$

$$P \wedge Q \Leftrightarrow M_{00} \wedge M_{01} \wedge M_{10} \Leftrightarrow \prod\nolimits_{0,1,2} \Leftrightarrow (P \vee Q) \wedge (P \vee \neg Q) \wedge (\neg P \vee Q)$$

等值演算法：

(1) 将 A 公式化为合取范式 A'；

(2) 消除 A' 中的冗余项，如永真项以及重复项；

(3) 若 A' 中某简单合取式 B 中不含命题变元 P_i，则添加 $P_i \wedge \neg P_i$ 后应用分配律展开，即

$$B \Leftrightarrow B \vee 0 \Leftrightarrow B \vee (P_i \wedge \neg P_i) \Leftrightarrow (B \vee P_i) \wedge (B \vee \neg P_i)$$

例 1.7.7　求公式 $(P \to Q) \leftrightarrow R$ 的主合取范式。

解

$$\begin{aligned}
&(P \to Q) \leftrightarrow R \\
\Leftrightarrow &((P \to Q) \to R) \wedge (R \to (P \to Q)) \\
\Leftrightarrow &(\neg(\neg P \vee Q) \vee R) \wedge (\neg R \vee (\neg P \vee Q)) \\
\Leftrightarrow &((P \wedge \neg Q) \vee R) \wedge (\neg P \vee Q \vee \neg R) \\
\Leftrightarrow &(P \vee R) \wedge (\neg Q \vee R) \wedge (\neg P \vee Q \vee \neg R) \\
\Leftrightarrow &((P \vee R) \vee (Q \wedge \neg Q)) \wedge ((\neg Q \vee R) \vee (P \wedge \neg P)) \wedge (\neg P \vee Q \vee \neg R) \\
\Leftrightarrow &(P \vee Q \vee R) \wedge (P \vee \neg Q \vee R) \wedge (P \vee \neg Q \vee R) \wedge (\neg P \vee \neg Q \vee R) \wedge (\neg P \vee Q \vee \neg R) \\
\Leftrightarrow &(P \vee Q \vee R) \wedge (P \vee \neg Q \vee R) \wedge (P \vee \neg Q \vee R) \wedge (\neg P \vee \neg Q \vee R) \wedge (\neg P \vee Q \vee \neg R) \\
\Leftrightarrow &(P \vee Q \vee R) \wedge (P \vee \neg Q \vee R) \wedge (\neg P \vee Q \vee \neg R) \wedge (\neg P \vee \neg Q \vee R) \\
\Leftrightarrow &\prod\nolimits_{0,2,5,6}
\end{aligned}$$

5. 主合取范式与主析取范式的关系

回顾两种范式的求法，主析取范式查找真值为 1 的指派对应的小项的析取；主合取范式查找真值为 0 的指派对应的大项的合取。真值表不是为真，就是为假，因此如果已经求得主析取范式，主合取范式就自然求出了，反之亦然。如我们求出 $(P \to Q) \leftrightarrow R$ 的主析取范式为 $\sum_{1,3,4,7}$，该公式的主合取范式为 $\prod_{0,2,5,6}$。

设 Z 为命题公式 A 的主析取范式中所有小项的足标集合，R 为命题公式 A 的主合取范式中所有大项的足标集合，A 中有 n 个命题变元，则

$$R = \{0, 1, 2, \cdots, 2^{n-1}\} - Z$$

或

$$Z = \{0, 1, 2, \cdots, 2^{n-1}\} - R$$

若我们规定大项或小项的足标顺序(如升序)，并规定大项或小项中字母的出现顺序(如按照字典顺序)，则可以写出公式的唯一规范形式。

例 1.7.8 已知公式 A 的真值表如表 1.7.6 所示，写出公式 A。

表 1.7.6

P	Q	R	A
0	0	0	0
0	0	1	1
0	1	0	1
0	1	1	1
1	0	0	0
1	0	1	0
1	1	0	1
1	1	1	1

解 由主析取范式和主合取范式存在定理知，公式 A 可唯一地等价于其主析取范式和主合取范式。由真值表法可得

$$A \Leftrightarrow \sum\nolimits_{1,2,3,6,7}$$

$$\Leftrightarrow (\neg P \wedge \neg Q \wedge R) \vee (\neg P \wedge Q \wedge \neg R) \vee (\neg P \wedge Q \wedge R) \vee (P \wedge Q \wedge \neg R) \vee (P \wedge Q \wedge R)$$

主析取范式

$$\Leftrightarrow \prod\nolimits_{0,4,5}$$

$$\Leftrightarrow (P \vee Q \vee R) \wedge (\neg P \vee Q \vee R) \wedge (\neg P \vee Q \vee \neg R) \qquad \text{主合取范式}$$

1.8 命题逻辑的推理

数理逻辑是用数学方法研究推理规律的学科，命题逻辑则是用命题公式实现这种推理。首先我们给出有效论证的定义。

定义 1.8.1 设 A 和 C 是两个命题公式，当且仅当 $A \to C$ 为重言式，即 $A \Rightarrow C$，称 C 是 A 的有效结论，或称 C 可由 A 逻辑推出。

一般地，如果有 n 个前提 H_1，H_2，H_3，…，H_n，若

$$H_1 \wedge H_2 \wedge H_3 \wedge \cdots \wedge H_n \Rightarrow C$$

则称 C 是一组前提 H_1，H_2，H_3，…，H_n 的有效结论。判断前提是否能推出结论的过程就是有效论证过程。在这个过程中，基本推理公式是确定论证有效性的依据，常以命题公式的等价式和蕴含式的形式出现。

注意 在数理逻辑有效性论证过程中，人们并不关心结论是否真实，而主要关心结论是否可以由给定的前提推出。从任何前提出发，无论前提是否为真，只要按照基本推理公式推出的任何结论都是有效结论。因此推理规则成为有效性推理的核心。

一、基本推理公式和推理规则

基本推理公式为常见的等价式和蕴含式，如表 1.8.1 和表 1.8.2 所示。

表 1.8.1

代号	等价式	代号	等价式
E_1	$\neg\neg P \Leftrightarrow P$	E_{12}	$R \vee (P \wedge \neg P) \Leftrightarrow R$
E_2	$P \wedge Q \Leftrightarrow Q \wedge P$	E_{13}	$R \wedge (P \vee \neg P) \Leftrightarrow R$
E_3	$P \vee Q \Leftrightarrow Q \vee P$	E_{14}	$R \vee (P \vee \neg P) \Leftrightarrow \mathrm{T}$
E_4	$(P \wedge Q) \wedge R \Leftrightarrow P \wedge (Q \wedge R)$	E_{15}	$R \wedge (P \wedge \neg P) \Leftrightarrow \mathrm{F}$
E_5	$(P \vee Q) \vee R \Leftrightarrow P \vee (Q \vee R)$	E_{16}	$P \rightarrow Q \Leftrightarrow \neg P \vee Q$
E_6	$P \wedge (Q \vee R) \Leftrightarrow (P \wedge Q) \vee (P \wedge R)$	E_{17}	$\neg(P \rightarrow Q) \Leftrightarrow P \wedge \neg Q$
E_7	$P \vee (Q \wedge R) \Leftrightarrow (P \vee Q) \wedge (P \vee R)$	E_{18}	$P \rightarrow Q \Leftrightarrow \neg Q \rightarrow \neg P$
E_8	$\neg(P \wedge Q) \Leftrightarrow \neg P \vee \neg Q$	E_{19}	$P \rightarrow (Q \rightarrow R) \Leftrightarrow (P \wedge Q) \rightarrow R$
E_9	$\neg(P \vee Q) \Leftrightarrow \neg P \wedge \neg Q$	E_{20}	$P \rightleftarrows Q \Leftrightarrow (P \rightarrow Q) \wedge (Q \rightarrow P)$
E_{10}	$P \vee P \Leftrightarrow P$	E_{21}	$P \rightleftarrows Q \Leftrightarrow (P \wedge Q) \vee (\neg P \wedge \neg Q)$
E_{11}	$P \wedge P \Leftrightarrow P$	E_{22}	$\neg(P \rightleftarrows Q) \Leftrightarrow P \rightleftarrows \neg Q$

表 1.8.2

代号	蕴含式	代号	蕴含式
I_1	$P \wedge Q \Rightarrow P$	I_9	$P, Q \Rightarrow P \wedge Q$
I_2	$P \wedge Q \Rightarrow Q$	I_{10}	$\neg P, P \vee Q \Rightarrow Q$
I_3	$P \Rightarrow P \vee Q$	I_{11}	$P, P \rightarrow Q \Rightarrow Q$
I_4	$Q \Rightarrow P \vee Q$	I_{12}	$\neg Q, P \rightarrow Q \Rightarrow \neg P$
I_5	$\neg P \Rightarrow P \rightarrow Q$	I_{13}	$P \rightarrow Q, Q \rightarrow R \Rightarrow P \rightarrow R$
I_6	$Q \Rightarrow P \rightarrow Q$	I_{14}	$P \vee Q, P \rightarrow R, Q \rightarrow R \Rightarrow R$
I_7	$\neg(P \rightarrow Q) \Rightarrow P$	I_{15}	$A \rightarrow B \Rightarrow (A \vee C) \rightarrow (B \vee C)$
I_8	$\neg(P \rightarrow Q) \Rightarrow \neg Q$	I_{16}	$A \rightarrow B \Rightarrow (A \wedge C) \rightarrow (B \wedge C)$

基本推理公式是逻辑推理的基础，结合推理规则即可进行逻辑推证。主要的推理规则有两个，分别是前提引入规则(P 规则)和结论引入规则(T 规则)。

P 规则：前提在推导过程中的任何时候都可以引用。

T 规则：在推导过程中，如果有一个或多个公式重言蕴含着某个公式，则该公式可以引入到推导过程中，并可以作为后续证明的前提。

在证明的过程中，主要使用的证明方法有两种，分别是直接证法和间接证法。

二、直接证法

顾名思义，直接证法就是直接从前提出发，根据基本推理公式和推理规则，推出结论的证明方法。我们以实例来说明。

例 1.8.1　证明：$A \to B$，$\neg(B \vee C) \Rightarrow \neg A$。

证明
(1) $A \to B$　　P
(2) $\neg(B \vee C)$　　P
(3) $\neg B \wedge \neg C$　　T(2)E
(4) $\neg B$　　T(3)I
(5) $\neg A$　　T(1，4)I

从例 1.8.1 可以看出，直接证法从前提出发，首先引入了两个前提，然后运用了基本推理公式的 E_9、I_1 和 I_{12} 推出了最终结论(E_9、I_1、I_{12} 等编号只为了讲解方便，规则顺序并不固定，因此在推理过程中不做标注)。推理一共分为三列，分别是第一列序号列，第二列推理内容列和第三列使用规则列。三列缺一不可。

例 1.8.2　证明：$(W \vee R) \to V$，$V \to C \vee S$，$S \to U$，$\neg C \wedge \neg U \Rightarrow \neg W$。

例 1.8.2 的前提很多，结论简洁，直接证法是最适合的证明方法。

证明
(1) $\neg C \wedge \neg U$　　P
(2) $\neg C$　　T(1)I
(3) $\neg U$　　T(1)I
(4) $S \to U$　　P
(5) $\neg S$　　T(3，4)I
(6) $\neg C \wedge \neg S$　　T(2，5)I
(7) $\neg(C \vee S)$　　T(6)E
(8) $V \to C \vee S$　　P
(9) $\neg V$　　T(7，8)I
(10) $(W \vee R) \to V$　　P
(11) $\neg(W \vee R)$　　T(9，10)I
(12) $\neg W \wedge \neg R$　　T(11)E
(13) $\neg W$　　T(12)I

例 1.8.3　证明：R 是前提 $P \to Q \vee R$、$\neg S \to \neg Q$、P、$\neg S$ 的有效结论。

证明
(1) $\neg S$　　P
(2) $\neg S \to \neg Q$　　P
(3) $\neg Q$　　T(1，2)I
(4) $P \to Q \vee R$　　P
(5) P　　P
(6) $Q \vee R$　　T(4，5)I
(7) R　　T(3，6)I

三、间接证法

1. 反证法(归谬法)

定义 1.8.2 设命题公式集合为$\{H_1, H_2, H_3, \cdots, H_n\}$，若 $H_1 \wedge H_2 \wedge H_3 \wedge \cdots \wedge H_n$ 为永假式，则称$\{H_1, H_2, H_3, \cdots, H_n\}$是不相容的，否则称为相容的。

由于

$$
\begin{aligned}
&(H_1 \wedge H_2 \wedge H_3 \wedge \cdots \wedge H_n) \to C \\
&\Leftrightarrow \neg(H_1 \wedge H_2 \wedge H_3 \wedge \cdots \wedge H_n) \vee C \\
&\Leftrightarrow \neg(H_1 \wedge H_2 \wedge H_3 \wedge \cdots \wedge H_n \wedge \neg C)
\end{aligned}
$$

因此要证明$(H_1 \wedge H_2 \wedge H_3 \wedge \cdots \wedge H_n) \to C$为永真，只要证明 $H_1 \wedge H_2 \wedge H_3 \wedge \cdots \wedge H_n \wedge \neg C$ 为永假。

由此可知，反证法是将结论 C 的否定式作为附加前提引入，和前 n 个前提一起，得出矛盾式。

例 1.8.4 证明：$(P \to \neg Q) \wedge (\neg R \vee Q) \wedge (R \wedge \neg S) \Rightarrow \neg P$。

证明

(1) P	P(附加前提)
(2) $(P \to \neg Q)$	P
(3) $\neg Q$	T(1，2)I
(4) $\neg R \vee Q$	P
(5) $R \to Q$	T(4)E
(6) $\neg R$	T(3，5)I
(7) $R \wedge \neg S$	P
(8) R	T(7)I
(9) $R \wedge \neg R$	T(6，8)I 矛盾

例 1.8.5 证明：$P \to (Q \to R) \wedge (S \to P) \wedge Q \Rightarrow S \to R$。

证明

(1) $\neg(S \to R)$	P(附加前提)
(2) S	T(1)I
(3) $\neg R$	T(1)I
(4) $S \to P$	P
(5) P	T(2，4)I
(6) $P \to (Q \to R)$	P
(7) $Q \to R$	T(5，6)I
(8) Q	P
(9) R	T(7，8)I
(10) $\neg R \wedge R$	T(3，9)I 矛盾

2. 条件证明规则(CP 规则)

对于结论是条件式的问题，也可以使用 CP 规则进行证明。如：

$$(H_1 \wedge H_2 \wedge H_3 \wedge \cdots \wedge H_n) \Rightarrow R \to C$$

由于

$$
\begin{aligned}
&(H_1 \land H_2 \land H_3 \land \cdots \land H_n) \to (R \to C) \\
\Leftrightarrow &\neg(H_1 \land H_2 \land H_3 \land \cdots \land H_n) \lor (R \to C) \\
\Leftrightarrow &\neg(H_1 \land H_2 \land H_3 \land \cdots \land H_n) \lor (\neg R \lor C) \\
\Leftrightarrow &\neg H_1 \lor \neg H_2 \lor \neg H_3 \lor \cdots \lor \neg H_n \lor \neg R \lor C \\
\Leftrightarrow &\neg(H_1 \land H_2 \land H_3 \land \cdots \land H_n \land R) \lor C \\
\Leftrightarrow &(H_1 \land H_2 \land H_3 \land \cdots \land H_n \land R) \to C
\end{aligned}
$$

因此要证明$(H_1 \land H_2 \land H_3 \land \cdots \land H_n) \to (R \to C)$为永真，只要证明$(H_1 \land H_2 \land H_3 \land \cdots \land H_n \land R) \to C$为永真。也就是将$R$作为附加前提引入，和$H_1$，$H_2$，$H_3$，…，$H_n$都作为前提，证明$C$为真。该证明方法称为CP规则。

例 1.8.6　用CP规则证明：$P \to (Q \to R) \land (S \to P) \land Q \Rightarrow S \to R$。

证明
(1) S　　P(附加前提)
(2) $S \to P$　　P
(3) P　　T(1，2)I
(4) $P \to (Q \to R)$　　P
(5) $Q \to R$　　T(3，4)I
(6) Q　　P
(7) R　　T(5，6)I
(8) $S \to R$　　CP(1，7)

需要注意的是，当证明出R并没有完成证明，要使用CP规则得出$S \to R$，才算真正证明完成。

例 1.8.7　证明：$A \to C \Rightarrow (B \to C) \to ((A \lor B) \to C)$。

例1.8.7的结论是条件式，故选用CP规则证明。CP规则可以嵌套使用，简化证明过程。

证明
(1) $B \to C$　　P(附加前提)
(2) $A \lor B$　　P(附加前提)
(3) $A \to C$　　P
(4) C　　T(1，2，3)I
(5) $(A \lor B) \to C$　　CP(2，4)
(6) $(B \to C) \to ((A \lor B) \to C)$　　CP(1，5)

例 1.8.8　判断下面的推理过程是否有效，并证明：

如果4是偶数，则7被2除不尽。或者7不是奇数，或7被2除尽，但7是奇数，所以4不是偶数。

解　先将命题符号化。令P：4是偶数，Q：7被2除尽，R：7是奇数。

前提：$P \to \neg Q$，$\neg R \lor Q$，R

结论：$\neg P$

证明如下：

(1) $\neg R \lor Q$　　P

(2) $R \to Q$	T(1)E
(3) R	P
(4) Q	T(2, 3)I
(5) $P \to \neg Q$	P
(6) $Q \to \neg P$	T(5)E
(7) $\neg P$	T(4, 6)I

所以该推理是有效推理。

1.9　典型例题解析

例 1.9.1　判断下列语句中哪些是命题：

(1) 今天是星期几?

(2) 外星人是存在的。

(3) $x+3>6$。

(4) 本命题为真。

(5) 太阳从西方升起。

(6) 如果明天天气晴朗，我们就去郊游。

相关知识　命题

分析与解答　一个具有确定真假值的陈述句，称为命题。因此，命题必须具备两个条件：一个是陈述句，另一个就是具有确定的真假值。

(1) 不是命题，因为不是陈述句。

(2) 是命题。首先这是陈述句，其次外星人存在与否是确定的，具体是真还是假我们还不知道，但不影响存在的确定性。

(3) 不是命题。x 的取值不确定，导致是否大于 6 的真假不确定。

(4) 不是命题。“本命题”没有确定地说明是哪个命题，导致真值不确定。

(5) 是命题。真值确定。

(6) 是命题。该命题为复合命题，真值由原子命题和联结词的真值共同确定。

例 1.9.2　小丽买了一条新裙子，她没有告诉大家裙子的颜色，让大家来猜。

小丽说：“我买的裙子的颜色是红、黄、蓝三种颜色之一。”

小张说：“你一定不会买红色。”

小王说：“那一定是黄色或蓝色。”

小李说：“一定是蓝色。”

小丽说：“你们三个人中间至少有一个人说对了，至少有一个人说错了。”

请问，小丽的新裙子是什么颜色?

相关知识　联结词，命题公式

分析与解答　根据逻辑关系，以及“你们三个人中间至少有一个人说对了，至少有一个人说错了”判断命题真假值。

若小张说错了，则小王、小李也说错了。这与“三人中至少有一个人说对了”矛盾。所以小张说对了，裙子不是红色的。

若小李说对了，裙子是蓝色的，则小王、小张也说对了。这与“至少有一个人说错了”矛盾。所以小李说错了。

最终推理分析的结果是小张说对了，小王说对了，小李说错了。因此，裙子是黄色的。

例 1.9.3 符号化下列命题：

(1) 假如上午不下雨，我去看电影，否则就在家里读书或看报。

(2) 除非你陪我或代我叫辆车，否则我不出去。

(3) 一个人起初说：“占据空间的、有质量的而且不断变化的叫作物质。”后来他改说：“占据空间的有质量的叫作物质，而物质是不断变化的。”问他前后主张的差异在什么地方，试以命题形式进行分析。

(4) 上海到北京的 14 次列车是下午五点半开或六点开。

(5) 若要人不知，除非己莫为。

相关知识 命题公式与翻译

分析与解答 (1) 这个命题主要在“否则”这个词的理解，可以把它转述为“假如上午不下雨，我去看电影；假如上午下雨，我就在家里读书或看报。”这样就是两种情况的并列。

设 P：上午下雨，Q：我去看电影，R：我在家读书，S：我在家看报，则该命题可符号化为$(\neg P\rightarrow Q)\wedge(P\rightarrow(R\vee S))$。

(2) 你陪我或者代我叫辆车是我去的必要条件。也就是说，如果你这样做了，我未必会出去，但若你不这样做，我一定不出去。

设 P：你陪我，Q：你代我叫辆车，R：我出去，则该命题可符号化为$\neg(P\vee Q)\rightarrow\neg R$。

(3) 根据表达含义的不同写出不同的命题公式。

设 P：它占据空间，Q：它有质量，R：它不断变化，W：它是物质，则第一句话可符号化为$(P\wedge Q\wedge R)\rightleftarrows W$，第二句话可符号化为$(P\wedge Q\rightleftarrows W)\wedge(W\rightarrow R)$。

(4) 这个命题中“或”是排斥或，而联结词“$\vee$”只能表示可兼或，因此不能用“$\vee$”来联结两个原子命题。

设 P：上海到北京的 14 次列车是下午五点半开，Q：上海到北京的 14 次列车是下午六点开。从逻辑关系(见表 1.9.1)可得，该命题不能用 5 个联结词的一种写出，要用联结词的组合才能表达，本命题可符号化为$\neg(P\rightleftarrows Q)$。

表 1.9.1

P	Q	$P\rightleftarrows Q$	$\neg(P\rightleftarrows Q)$
T	T	T	F
T	F	F	T
F	T	F	T
F	F	T	F

(5) 这句话的意思是如果你做坏事，别人迟早会知道。

设 P：人知，Q：己为，则该命题可符号化为 $Q\rightarrow P$。

例 1.9.4 证明下列等价公式成立：

(1) $A \to (B \vee C) \Leftrightarrow (A \wedge \neg B) \to C$；

(2) $((A \wedge B \wedge C) \to D) \wedge (C \to (A \vee B \vee D)) \Leftrightarrow (C \wedge (A \rightleftarrows B)) \to D$。

相关知识 真值表与等价公式

分析与解答 证明等价公式有两种方法：列出等价符号两边公式的真值表，若真值完全相同，则说明等价；或者利用命题定律和替换规则进行证明。

(1) $A \to (B \vee C)$

$\Leftrightarrow \neg A \vee (B \vee C)$ （条件转化律）

$\Leftrightarrow (\neg A \vee B) \vee C$ （结合律）

$\Leftrightarrow \neg (A \wedge \neg B) \vee C$ （德·摩根律）

$\Leftrightarrow (A \wedge \neg B) \to C$ （条件转化律）

(2) $((A \wedge B \wedge C) \to D) \wedge (C \to (A \vee B \vee D))$

$\Leftrightarrow (\neg (A \wedge B \wedge C) \vee D) \wedge (\neg C \vee (A \vee B \vee D))$ （条件转化律）

$\Leftrightarrow (\neg A \vee \neg B \vee \neg C \vee D) \wedge (\neg C \vee A \vee B \vee D)$ （德·摩根律）

$\Leftrightarrow (\neg C \vee ((\neg A \vee \neg B) \wedge (A \vee B))) \vee D$ （分配律、结合律、交换律）

$\Leftrightarrow \neg (C \wedge ((A \wedge B) \vee (\neg A \wedge \neg B))) \vee D$ （德·摩根律）

$\Leftrightarrow \neg (C \wedge (A \rightleftarrows B)) \vee D$ （双条件转化律）

$\Leftrightarrow (C \wedge (A \rightleftarrows B)) \to D$ （条件转化律）

例 1.9.5 检验下述论证的有效性：

(1) $P \to Q \Rightarrow P \to (P \wedge Q)$；

(2) $(P \to Q) \to Q \Rightarrow P \vee Q$。

相关知识 重言与蕴含

分析与解答 检验有效性的方法有两种：直接证法和间接证法。直接证法假设前提为真，证明结论为真。间接证法假设结论为假，证明前提为假。具体根据题目选择合适的证明方法。(1)和(2)如果用直接证法，则需要做大量的讨论，因此选用间接证法。

(1) 假设 $P \to (P \wedge Q)$ 为假，则 P 为真，$P \wedge Q$ 为假，所以 Q 为假，$P \to Q$ 为假，$P \to Q \Rightarrow P \to (P \wedge Q)$ 成立。

(2) 假设 $P \vee Q$ 为假，则 P 为假，Q 为假，所以 $P \to Q$ 为真，$(P \to Q) \to Q$ 为假，$(P \to Q) \to Q \Rightarrow P \vee Q$ 成立。

例 1.9.6 A、B、C、D 四个人中要派两个人出差，按照下述三个条件有几种派法，如何派？

(1) 若 A 去，则 C 也要去；

(2) B 和 C 不能都去；

(3) C 去，则 D 要留下。

相关知识 对偶与范式

分析与解答 将每一个条件符号化，三个条件应同时满足，所以可将三个条件用合取联结。最后求命题公式的主析取范式，取满足条件的组合就是最终的派法。

设 A、B、C、D 分别表示 A 去、B 去、C 去和 D 去，$\neg A$、$\neg B$、$\neg C$、$\neg D$ 分别表示 A 不去、B 不去、C 不去和 D 不去。

"若 A 去，则 C 也要去"可符号化为 $A \to C$，"B 和 C 不能都去"可符号化为 $\neg(B \wedge C)$，"C 去，则 D 要留下"可符号化为 $C \to \neg D$，那么原命题为 $(A \to C) \wedge \neg(B \wedge C) \wedge (C \to \neg D)$。

求 $(A \to C) \wedge \neg(B \wedge C) \wedge (C \to \neg D)$ 的主析取范式。

令 $P = (A \to C) \wedge \neg(B \wedge C) \wedge (C \to \neg D)$，真值表如表 1.9.2 所示。

表 1.9.2

A	B	C	D	$A \to C$	$\neg(B \wedge C)$	$C \to \neg D$	P
T	T	T	T	T	F	F	F
T	T	T	F	T	F	T	F
T	T	F	T	F	T	T	F
T	T	F	F	F	T	T	F
T	F	T	T	T	T	F	F
T	F	T	F	T	T	T	T
T	F	F	T	F	T	T	F
T	F	F	F	F	T	T	F
F	T	T	T	T	F	F	F
F	T	T	F	T	F	T	F
F	T	F	T	T	T	T	T
F	T	F	F	T	T	T	T
F	F	T	T	T	T	F	F
F	F	T	F	T	T	T	T
F	F	F	T	T	T	T	T
F	F	F	F	T	T	T	T

主析取范式为真值表中为真的指派所对应的小项的析取，即

$$P \Leftrightarrow m_{1010} \vee m_{0101} \vee m_{0100} \vee m_{0010} \vee m_{0001} \vee m_{0000}$$

因为 4 个人中派 2 人出差，删去不满足要求的，剩下的小项为 m_{1010} 和 m_{0101}，则该问题有两种派法，分别是 A、C 去和 B、D 去。

例 1.9.7　证明推理关系的有效性：

如果 6 是偶数，则 7 被 2 除不尽。7 被 2 除尽，或者 5 不是奇数。但 5 是奇数，所以 6 是奇数。

相关知识　命题逻辑的推理

分析与解答　首先对命题进行符号化，使用逻辑推理证明推证命题的有效性。

设 P：6 是偶数，Q：7 被 2 除尽，R：5 是奇数。

"如果 6 是偶数，则 7 被 2 除不尽"可符号化为 $P \to \neg Q$，"7 被 2 除尽，或者 5 不是奇数"可符号化为 $Q \vee \neg R$，"5 是奇数"可符号化为 R，"6 是奇数"可符号化为 $\neg P$，则原命题

等价于证明

$$(P\to\neg Q)\wedge(Q\vee\neg R)\wedge R\Rightarrow\neg P$$

证明如下：

(1) $Q\vee\neg R$	P
(2) $\neg R\vee Q$	T(1)E
(3) $R\to Q$	T(2)E
(4) R	P
(5) Q	T(3,4)I
(6) $P\to\neg Q$	P
(7) $\neg\neg Q$	T(5)E
(8) $\neg P$	T(6,7)I

例 1.9.8　证明推理关系的有效性：

如果乙不参加篮球赛，那么甲就不参加篮球赛；如果乙参加篮球赛，那么甲和丙就参加。因此如果甲参加篮球赛，那么丙就参加篮球赛。

相关知识　命题逻辑的推理

分析与解答　设 P：甲参加篮球赛，Q：乙参加篮球赛，R：丙参加篮球赛。

"如果乙不参加篮球赛，那么甲就不参加篮球赛"可符号化为 $\neg Q\to\neg P$，"如果乙参加篮球赛，那么甲和丙就参加"可符号化为 $Q\to P\wedge R$，"甲参加篮球赛，那么丙就参加篮球赛"可符号化为 $P\to R$，则原命题等价于证明

$$(\neg Q\to\neg P)\wedge(Q\to P\wedge R)\Rightarrow P\to R$$

证明如下：

(1) P	P(附加前提)
(2) $\neg Q\to\neg P$	P
(3) $P\to Q$	T(2)E
(4) Q	T(1,3)I
(5) $Q\to P\wedge R$	P
(6) $P\wedge R$	T(4,5)I
(7) R	T(6)I
(8) $P\to R$	CP(1, 7)

上机实验 1　命题演算的计算机实现

1. 实验目的

真值表是命题逻辑的重要工具，利用真值表几乎可以解决命题逻辑中的所有问题。例如等价公式、范式、有效性论证等问题。本实验通过计算机编程，自动判定给定命题公式的真值情况，并对其进行应用。

2. 实验内容

(1) 从文件读入字符串，判定所读入的字符串是否为命题公式。

(2) 构造命题公式的真值表。

(3) 由命题公式的真值表生成主合取范式和主析取范式。

(4) 判断两个命题公式是否等价。

(5) 输入推理规则，利用规则实现例 1.9.8 的有效性推理。

习 题 1

1.1 判断下列语句哪些是命题，哪些是原子命题，哪些是复合命题：

(1) 请勿乱扔垃圾。

(2) 他一边看书，一边听音乐。

(3) 明天下雨。

(4) 小王和小刘是好朋友。

(5) 这本书能借给我吗？

(6) 黄色和蓝色可以调配成绿色。

(7) 除非你努力学习，否则很难通过考试。

(8) 他在图书馆里大声喧哗，那是不对的。

(9) 没有最大的实数。

(10) $x+8>7$。

1.2 判断下列命题的真值：

(1) 如果 $1+1=3$，那么太阳从东方升起。

(2) 如果 $1+1=3$，那么太阳从西方升起。

(3) 4 是 2 的倍数或是 3 的倍数。

(4) 2 既是偶数又是质数。

(5) 4 能被 2 除尽当且仅当雪是黑的。

1.3 设 P 表示“下雪”，Q 表示“我将去图书馆”，R 表示“我有时间”，符号化下列命题：

(1) 如果不下雪，我也有时间，我将去图书馆。

(2) 我将去图书馆，仅当我有时间。

(3) 如果下雪，我就不去图书馆了。

1.4 符号化下列命题：

(1) 只要我努力学习，就能通过考试。

(2) 只有努力学习，才有可能通过考试。

(3) 小刘和小王不能都去出差。

(4) 他能按时到达目的地，除非飞机晚点。

(5) 今天他虽然起晚了，但是因为没堵车，所以他没有迟到。

(6) 数学并非枯燥无味，毫无用处。

1.5 列出下列命题公式的真值表：

(1) $(P\wedge R)\vee(P\rightarrow Q)$；

(2) $P \to (Q \wedge R)$。

1.6　证明下列公式等价：

(1) $A \to (B \to A) \Leftrightarrow \neg A \to (A \to \neg B)$；

(2) $\neg (A \rightleftarrows B) \Leftrightarrow (A \vee B) \wedge (\neg A \vee \neg B)$；

(3) $(A \to D) \wedge (B \to D) \Leftrightarrow (A \vee B) \to D$。

1.7　化简下列各式：

(1) $((A \to B) \rightleftarrows (\neg B \to \neg A)) \wedge C$；

(2) $(A \wedge B \wedge C) \vee (\neg A \wedge B \wedge C)$。

1.8　如果 $A \vee C \Leftrightarrow B \vee C$，是否有 $A \Leftrightarrow B$？如果 $A \wedge C \Leftrightarrow B \wedge C$，是否有 $A \Leftrightarrow B$？如果 $\neg A \Leftrightarrow \neg B$，是否有 $A \Leftrightarrow B$？

1.9　判断下列各式是否是重言式：

(1) $(P \wedge (P \to Q)) \to Q$；

(2) $(P \to Q) \to (P \to (P \wedge Q))$；

(3) $\neg P \to (P \to Q)$。

1.10　将命题公式 $P \uparrow Q$ 化为只出现联结词“$\downarrow$”的等价公式。

1.11　证明$\{\neg, \to\}$是最小联结词组。

1.12　求下列各命题的主合取范式和主析取范式：

(1) $(\neg P \vee \neg Q) \to Q$；

(2) $Q \wedge (P \vee \neg Q)$；

(3) $P \vee (\neg P \to (Q \vee (\neg Q \to R)))$；

(4) $(P \to (Q \wedge R)) \wedge (\neg P \to (\neg Q \wedge \neg R))$；

(5) $P \vee (\neg P \wedge Q \wedge R)$。

1.13　三个人估计比赛结果，甲说“A 第一，B 第二”，乙说“C 第二，D 第四”，丙说“A 第二，D 第四”。结果三个人估计得都不全对，但都对了一个，问 A、B、C 和 D 的名次。

1.14　判断下述推理是否有效：

或者天晴，或者下雨。如果是天晴，我就去打球；如果我打球，那么我就不读书。所以，如果我在读书，那么天就在下雨。

1.15　灵灵、欢欢和乐乐一起吃早饭，他们吃的不是包子就是面条，已知：

(1) 如果灵灵吃包子，那么欢欢就吃面条。

(2) 灵灵或乐乐吃包子，但是两个人不会都吃包子。

(3) 欢欢和乐乐两个人不会都吃面条。

请问：灵灵在吃面条吗？

1.16　推证下列公式：

(1) $A \to (B \to C)$，$(C \wedge D) \to E$，$\neg F \to (D \wedge \neg E) \Rightarrow A \to (B \to F)$；

(2) $S \to \neg Q$，$S \vee R$，$\neg R$，$\neg P \rightleftarrows Q \Rightarrow P$；

(3) $A \vee B \to C \wedge D$，$D \vee E \to F \Rightarrow A \to F$；

(4) $B \wedge C$，$(B \rightleftarrows C) \to (H \vee G) \Rightarrow G \vee H$。

第2章 谓词逻辑

在命题演算中，原子命题是最基本的组成单元，不再对原子命题做进一步的分解，而只研究命题之间的逻辑关系和推理，不涉及命题的内部结构和命题间的内在联系，因此无法反映出某些原子命题的共同特征和相互关系，既难以表达一些简单的推理，也无法判断这些推理的正确性。

例如，用 P 表示命题“小李是大学生”，用 Q 表示命题“小王是大学生”，在命题逻辑中它们是两个独立的原子命题，P 和 Q 之间没有任何关系。但是，命题“小李是大学生”和“小王是大学生”之间有着相同的结构，它们谓语部分都刻画了主语“是大学生”这样一个共同的特性，只是主语不同；而使用原子命题表示时无法将这一共性刻画出来。

再比如著名的苏格拉底三段论：

所有人都是要死的。苏格拉底是人。所以，苏格拉底是要死的。

这个推理显然是正确的。但是，如果用 P、Q、R 分别表示上面3个命题，由于 $P \wedge Q \rightarrow R$ 不是永真式，因此它不是正确的推理。造成矛盾的根本原因在于命题逻辑不能将命题 P、Q、R 间的内在的联系反映出来。

为了解决命题逻辑的局限性问题，有必要将原子命题做进一步分析，分解出其中的个体词、谓词和量词，并研究它们的形式结构、逻辑关系以及适当的推理规则，由此产生了谓词逻辑。谓词逻辑亦称一阶逻辑，它同命题逻辑一样，是数理逻辑中最基础的内容。

2.1 谓词与量词

一、谓词

在命题逻辑中，命题是具有真假意义的陈述句。从语法上分析，一个陈述句由主语和谓语两部分构成。在谓词逻辑中，为揭示命题内部结构及不同命题的内部结构关系，按照这两部分对命题进行分析，并且把主语称为个体或客体，把谓语称为谓词。

定义 2.1.1 在原子命题中，所描述的对象称为个体或客体；用以描述个体的性质或个体间关系的部分称为谓词。

例如：

(1) 张明是个劳动模范。

(2) 李华是个劳动模范。

(3) 王红是个大学生。

(4) 小董比小佟高 2 cm。

(5) 点 a 在 b 与 c 之间。

(6) 张明与李华同岁。

个体是指可以独立存在的事物，它可以是具体的，也可以是抽象的，例如张明、李华、王红，其他如计算机、实数、中国、思想、精神等。

上例中，“是个劳动模范”“是个大学生”“……比……高 2 cm”“……在……与……之间”“……与……同岁”都是谓词。

一个谓词与一个个体相关联时，称为一元谓词，如“是个劳动模范”“是个大学生”。一个谓词与两个或两个以上有序的个体相关联时，称为多元谓词，如“……比……高 2 cm”“……在……与……之间”“……与……同岁”。一般来说，一元谓词刻画了个体的性质，多元谓词刻画了个体之间的关系。

一般我们用大写英文字母表示谓词，用小写英文字母表示个体名称。

例如，用大写字母 F、G、H、R、S 分别表示“是个劳动模范”“是个大学生”“……比……高 2 cm”“……在……与……之间”“……与……同岁”，而用小写字母 z、l、w、d、t 分别表示张明、李华、王红、小董、小佟，则“张明是个劳动模范”“李华是个劳动模范”“王红是个大学生”“小董比小佟高 2 cm”“点 a 在 b 与 c 之间”“张明与李华同岁”可分别表示为 $F(z)$、$F(l)$、$G(w)$、$H(d, t)$、$R(a, b, c)$、$S(z, l)$，其中 F、G 为一元谓词，H、S 为二元谓词，R 为三元谓词。

值得注意的是，单独一个谓词是没有含义的，如“……是个大学生”，谓词必须跟随一定数量的个体才有明确的含义，并能分辨真假。另外，个体在谓词中的次序是不能随意交换的，如设命题 $H(d, t)$为真，则 $H(t, d)$ 为假。

二、命题函数

一个谓词所关联的个体是可以变化的。

例如，设谓词 H 表示“是劳动模范”，a 表示个体名称张明，b 表示个体名称李华，c 表示个体这只老虎，那么 $H(a)$、$H(b)$、$H(c)$表示了三个不同的命题，但它们有一个共同的模式，即 $H(x)$。

同理，若 $L(x, y)$表示“x 小于 y”，则 $L(2, 3)$表示了一个真命题“2 小于 3”，而 $L(5, 1)$ 表示了一个假命题“5 小于 1”。

从上述两例可以看出，$H(x)$、$L(x, y)$本身不是命题，当变元 x、y 取确定的个体时，才确定了一个命题。

一般地，$A(x)$表示个体 x 具有性质 A。$B(x, y)$表示个体 x 与个体 y 具有关系 B，这里 x、y 等表示抽象的或泛指的客体，称为个体变元或客体变元。个体变元通常用小写英文字母 x、y、z 等表示。表示具体或特定的个体的词称为个体常元或客体常元，常用小写英文字母 a、b、c 等表示。

定义 2.1.2　由一个谓词 P 及 n 个个体变元 $x_1, x_2, \cdots, x_n$ 所组成的表达式称为 n 元简单命题函数，简称 n 元命题函数或 n 元谓词，记为 $P(x_1, x_2, \cdots, x_n)$。

n 元谓词就是有 n 个个体变元的命题函数。一般情况下，命题函数不是命题。当 $n=0$ 时，称为 0 元谓词。0 元谓词本身就是命题，故命题是 n 元谓词的特殊情况。

由一个或多个简单命题函数以及逻辑联结词组合而成的表达式称为复合命题函数。

逻辑联结词$\neg$、$\wedge$、$\vee$、$\rightarrow$、$\rightleftarrows$的意义与命题演算中的解释完全相同。

例 2.1.1 在谓词逻辑中将“若 x 的学习好，则 x 的工作好”符号化。

解 设 $S(x)$：x 学习好，$W(x)$：x 工作好，则“若 x 的学习好，则 x 的工作好”可符号化为 $S(x)\rightarrow W(x)$。

n 元谓词不是命题，只有其中的个体变元用确定的个体或个体常元所取代，才能称为一个命题，但个体变元在什么范围内取特定的值，对命题函数是否成为命题以及命题的真值有影响。

例 2.1.2 若 $P(x, y)$表示“x 小于 y”，当 x、y、z 都在实数域中取值时，则

$$P(x, y)\wedge P(y, z)\rightarrow P(x, z)$$

表示“若 x 小于 y 且 y 小于 z，则 x 小于 z”，这是个真命题。

若 $P(x, y)$表示“x 是 y 的儿子”，当 x、y、z 都指人时，则上式表示“若 x 是 y 的儿子且 y 是 z 的儿子，则 x 是 z 的儿子”，这是个假命题。

若 $P(x, y)$表示“x 距离 y 50 米”，当 x、y、z 都指地上的房子时，则上式表示“若 x 距离 y 50 米且 y 距离 z 50 米，则 x 距离 z 50 米”，其真值由 x、y、z 的具体位置来确定。

定义 2.1.3 在命题函数中，个体变元的取值范围称为个体域或客体域，又称为论域。个体域可以是有限事物的集合，称为有限个体域，也可以是无限事物的集合。所有个体域的个体组成的论域称为全总个体域或全总客体域。

不同的个体变元可能来自不同的个体域，定义全总个体域，为深入研究命题提供了方便。当一个命题没有指明论域时，一般都把全总个体域作为论域，而这时又常常要采用一个谓词 $P(x)$来限制个体变元的取值范围，此时称 $P(x)$为特性谓词。

三、量词

利用 n 元谓词和它的论域概念，有时还不能用符号来准确地表达某些命题。例如 $G(x)$ 表示 $x>0$，x 的论域为全体实数，那么 $x>0$ 表示的是全体实数都大于 0，还是表示有些实数大于 0？为了消除歧义，在谓词逻辑中引入了用以刻画“所有的”“存在一些”等表示不同概念的量词。

定义 2.1.4 符号$\forall$称为全称量词，$\forall x$ 用来表示“对一切 x”“对所有 x”“对每一个 x”“对任意 x”等。符号$\exists$称为存在量词，$\exists x$ 用来表示日常语言中的“存在一些 x”“有一个 x”“某个 x”“至少有一个 x”等。符号$\exists !$称为存在唯一量词，$\exists ! x$ 用来表示“恰有一个 x”“存在唯一 x”等。

$\forall xP(x)$表示对个体域中的所有个体 x，谓词 $P(x)$均为真。

$\exists xP(x)$表示个体域中存在某些个体 x，使得谓词 $P(x)$为真。

$\exists ! xP(x)$表示个体域中有且仅有一个 x，使得谓词 $P(x)$为真。

例 2.1.3 在谓词逻辑中将下列命题符号化：

(1) 所有人都是要呼吸的。

(2) 每个学生都要参加考试。

(3) 所有偶数都能被 2 整除。

解 (1) 当个体域为人类集合时，令 $H(x)$：x 呼吸，则该命题可符号化为$\forall xH(x)$。

当个体域为全总个体域时，令 $M(x)$：x 是人，则该命题可符号化为 $\forall x(M(x)\rightarrow H(x))$。

(2) 当个体域为全体学生的集合时，令 $E(x)$：x 要参加考试，则该命题可符号化为 $\forall xE(x)$。

当个体域为全总个体域时，令 $S(x)$：x 是学生，则该命题可符号化为 $\forall x(S(x)\rightarrow E(x))$。

(3) 当个体域为全体偶数的集合时，令 $D(x)$：x 能被 2 整除，则该命题可符号化为 $\forall xD(x)$。

当个体域为全总个体域时，令 $E(x)$：x 是偶数，则该命题可符号化为 $\forall x(E(x)\rightarrow D(x))$。

例 2.1.3 中，$M(x)$、$S(x)$、$E(x)$为特性谓词。

例 2.1.4　在谓词逻辑中将下列命题符号化：

(1) 存在一些数是有理数。

(2) 有些人活百岁以上。

(3) 有些大学生要学离散数学。

解　(1) 当个体域为实数集合时，令 $Q(x)$：x 是有理数，则该命题可符号化为 $\exists xQ(x)$。

当个体域为全总个体域时，令 $R(x)$：x 是实数，则该命题可符号化为 $\exists x(R(x)\land Q(x))$。

(2) 当个体域为人类集合时，令 $G(x)$：x 活百岁以上，则该命题可符号化为 $\exists xG(x)$。

当个体域为全总个体域时，令 $H(x)$：x 是人，则该命题可符号化为 $\exists x(H(x)\land G(x))$。

(3) 当个体域为全体大学生集合时，令 $D(x)$：x 要学离散数学，则该命题可符号化为 $\exists xD(x)$。

当个体域为全总个体域时，令 $G(x)$：x 是大学生，则该命题可符号化为 $\exists x(G(x)\land D(x))$。

例 2.1.4 中，$R(x)$、$H(x)$、$G(x)$为特性谓词。

从上述有关量词的例子中可以看出，每个由量词确定的表达式都与个体域有关。例如当个体域为全总个体域时，$\forall x(M(x)\rightarrow H(x))$表示所有人都要呼吸。如果把个体域限制在人类这个范围内，那么亦可简单地表示为 $\forall xH(x)$。在这个例子中指定论域，不仅与表达式形式有关，而且不同的论域，命题的真值也会不同。如设论域为“人类”，则该命题的真值为 T，如设论域为实数集合，则该命题的真值为 F。

此外，使用全总个体域时，一般地，对全称量词，特性谓词常作为条件式的前件，对存在量词，特性谓词常作为合取项。例如：$\forall xH(x)$在全总个体域中可表示为 $\forall x(M(x)\rightarrow H(x))$，$\exists xQ(x)$在全总个体域中可表示为 $\exists x(R(x)\land Q(x))$，其中 $M(x)$、$R(x)$为特性谓词，分别用来限定 $H(x)$和 $Q(x)$中个体变元 x 的取值范围。

2.2　谓词公式与翻译

在命题演算中，我们学习了如何把自然语言翻译成命题公式。而为了解决命题逻辑的局限性，产生了谓词逻辑，引入了个体、谓词、命题函数以及量词等概念。此时，将语句翻译成逻辑表达式会变得更复杂，因此，本节我们给出谓词演算的合式公式的严格定义。

定义 2.2.1　n 元谓词 $A(x_1, x_2, \cdots, x_n)$称为谓词演算的原子公式，其中 $x_1, x_2, \cdots, x_n$

为个体变元。

从定义可以看出，原子谓词公式就是不含命题联结词的简单命题函数，包括单个的命题常元 T、F 或命题变元 P、Q、R。

定义 2.2.2 谓词演算的合式公式(wff，Well-Formed Formula)定义如下：

(1) 原子谓词公式是合式公式。

(2) 如果 A 是合式公式，则$(\neg A)$是合式公式。

(3) 如果 A 和 B 是合式公式，则$(A \land B)$、$(A \lor B)$、$(A \to B)$、$(A \rightleftarrows B)$也是合式公式。

(4) 如果 A 是合式公式，x 是 A 中出现的任何变元，则 $\forall xA$ 和 $\exists xA$ 都是合式公式。

(5) 只有有限次地应用规则(1)～(4)得到的符号串才是合式公式。

今后我们将合式公式称为命题公式，或者简称为公式。

例 2.2.1 $\neg P$、$P(x) \land \neg Q(x, y)$、$\forall xP(x) \to Q(x, y)$、$\forall x(P(x) \rightleftarrows Q(x))$、$\forall xP(x) \to \exists yQ(x, y)$等都是谓词公式，而$\forall P(x)$、$P(\forall xQ(x), \exists yR(y))$不是合式公式。

例 2.2.2 在谓词逻辑中将下列命题符号化：

(1) 所有正数都大于零。

(2) 存在小于 2 的素数。

(3) 没有不能表示成分数的有理数。

(4) 并不是所有参加考试的人都能取得好成绩。

解 (1) 令 $P(x)$：x 是正数，$Q(x)$：x 大于零。该命题中，论域为全总个体域，$P(x)$是特性谓词，且使用全称量词，故该命题可符号化为$\forall x(P(x) \to Q(x))$。

(2) 令 $L(x)$：x 小于 2，$P(x)$：x 是素数。该命题中，论域为全总个体域，$P(x)$是特性谓词，且使用存在量词，故该命题可符号化为$\exists x(L(x) \land P(x))$，真值为 F。

(3) 令 $Q(x)$：x 是有理数，$F(x)$：x 能表示成分数。该命题中，论域为全总个体域，$Q(x)$是特性谓词，由于“没有”即是“不存在”，因此使用存在量词，故该命题可符号化为$\neg\exists x(Q(x) \land \neg F(x))$，真值为 T。该命题也可以表述为“所有有理数都能表示成分数”，故也可使用全称量词，符号化为$\forall x(Q(x) \to F(x))$。

(4) 令 $M(x)$：x 是人，$E(x)$：x 参加考试，$G(x)$：x 取得好成绩。该命题中，论域为全总个体域，$M(x)$和 $E(x)$是特性谓词，故该命题可符号化为$\neg\forall x(M(x) \land E(x) \to G(x))$。

例 2.2.3 在谓词逻辑中将下列命题符号化：

(1) 尽管有人聪明，但未必所有人都聪明。

(2) 不存在最大的自然数。

(3) 有些运动员不钦佩教练。

(4) 如果有限个数的乘积为零，那么至少有一个因子等于零。

解 (1) 令 $M(x)$：x 是人，$C(x)$：x 聪明，则该命题可符号化为

$$\exists x(M(x) \land C(x)) \land \neg\forall x(M(x) \to C(x))$$

(2) 该命题亦可表述为“对任意自然数，都可以找到比它还大的自然数”，故可令 $N(x)$：x是自然数，$G(x, y)$：$x>y$，则该命题可符号化为

$$\forall x(N(x)\to\exists y(N(y)\wedge G(y,x)))$$

可以看出，该命题的个体变元的论域为全总个体域，对出现的两个量词 $\forall x$ 和 $\exists y$，$N(x)$和 $N(y)$是特性谓词，$N(x)$和 $N(y)$分别作为条件式的前件和合取项出现。

(3) 令 $L(x)$：x 是运动员，$J(y)$：y 是教练，$A(x,y)$：x 钦佩 y，则该命题可符号化为

$$\exists x(L(x)\wedge\forall y(J(y)\to\neg A(x,y)))$$

(4) 令 $M(x)$：x 是有限个数的乘积，$Z(x)$：x 等于 0，$F(x,y)$：y 是 x 的因子，则该命题可符号化为

$$\forall x(M(x)\wedge Z(x)\to\exists y(F(x,y)\wedge Z(y)))$$

例 2.2.4　把公式 $\forall x\forall y(A(x,y)\leftrightarrow(P(x,y)\vee\exists E(A(x,E)\wedge A(z,y))))$译成文字语句，其中 $A(x,y)$：x 是 y 的祖先，$P(x,y)$：x 是 y 的父母，x、y 的论域为全人类。

解　该命题可表述为“父母是祖先，祖先的祖先还是祖先”。

2.3　变元的约束

一、自由变元和约束变元

定义 2.3.1　给定谓词公式 A，其中有一部分公式形如 $\forall xB(x)$或 $\exists xB(x)$，称它为 A 的 x 约束部分，$\forall x$ 或 $\exists x$ 中的 x 称为相应量词的指导变元或作用变元，$B(x)$称为相应量词的作用域或辖域。在 $\forall x$ 和 $\exists x$ 的辖域中 x 的一切出现称为约束出现，相应的 x 称为约束变元，亦称 x 被相应量词中的指导变元所约束。A 中不是约束出现的其他个体变元的出现称为自由出现，自由出现的变元称为自由变元。

通常，一个量词的辖域是公式 A 的一部分，称为 A 的子公式。如果一个量词后面有括号，则括号内的子公式就是该量词的辖域；如果没有括号，该量词的辖域就是紧跟在量词之后最小的子公式。

自由变元是不受约束的变元，虽然它有时也在量词的辖域中出现，但它不受相应量词的指导变元的约束，故可把自由变元看作是公式中的参数。

例 2.3.1　说明下列公式中的量词辖域和变元约束的情况：

(1) $\forall x(M(x)\to\exists yF(x,y))$；

(2) $\forall x\forall y(P(x,y)\wedge Q(y,z))\wedge\exists xR(x,y)$；

(3) $\forall x(P(x)\wedge\exists xQ(x,z)\to\exists yR(x,y))\vee S(x,y)$。

解　(1) $\forall x$ 的辖域是$M(x)\to\exists yF(x,y)$，$\exists y$ 的辖域是 $F(x,y)$，x 和 y 都是约束变元。

(2) $\forall x$ 的辖域是 $\forall y(P(x,y)\wedge Q(y,z))$，$\forall y$ 的辖域是 $P(x,y)\wedge Q(y,z)$，其中 x 和 y 是约束出现，z 是自由出现。$\exists x$ 的辖域是 $R(x,y)$，其中 x 是约束出现，y 是自由出现。整个公式中，x 是约束出现、约束变元，y 既是约束出现又是自由出现，z 是自由出现、自由变元。

(3) $\forall x$ 的辖域是 $P(x)\wedge\exists xQ(x,z)\to\exists yR(x,y)$，其中 z 是自由出现，x 和 y 是约

束出现，$P(x)$及$R(x, y)$中x受$\forall x$的约束。$\exists x$的辖域是$Q(x, z)$，其中x是约束出现，受$\exists x$的约束，而不受$\forall x$的约束。$\exists y$的辖域是$R(x, y)$，y是约束出现。$S(x, y)$中的x和y都是自由出现。整个公式中，x和y既是约束出现又是自由出现，z是自由出现、自由变元。

从约束变元的概念可以看出，$P(x_1, x_2, \cdots, x_n)$是n元谓词，它有n个相互独立的自由变元，若对其中的k个变元进行约束，则成为$n-k$元谓词。一个谓词公式，当其中所有变元都为约束出现时，该公式就称为命题，可以判别其真假。

定义 2.3.2 设A为任一公式，若A中无自由变元，则称A为封闭的公式，简称闭式。

例如，$\exists x(L(x) \land \neg G(x))$、$\forall x(M(x) \rightarrow \exists yF(x, y))$是闭式，而$\forall x\forall y(P(x, y) \land Q(y, z))$、$\forall xP(x) \rightarrow \exists yR(x, y)$不是闭式。

二、改名与代入

从前面的讨论可以看出，在同一个谓词公式中，有的个体变元既可约束出现又可自由出现，约束出现时又可受不同量词的约束，这就容易产生混淆。为了避免混淆，我们通常通过换名规则，使一个公式中的一个变元仅以一种形式出现。

我们知道，一个公式的约束变元所使用的符号是无关紧要的，$\forall xP(x)$与$\forall yP(y)$具有相同的意义。如设$P(x)$表示“是素数”，论域为全体整数，那么，

$\forall xP(x)$表示论域中的所有x都是素数；

$\forall yP(y)$表示论域中的所有y都是素数。

这两个命题都表示了所有整数都是素数这个为假的命题。同理，$\exists xP(x)$与$\exists yP(y)$意义相同。

所以，一个公式中的变元名称可以更改，既可以更改约束变元，也可以更改自由变元。对约束变元进行的更改，称为改名或换名；对自由变元进行的更改，称为代入。

1. 谓词公式中约束变元的改名规则

(1) 对约束变元可以改名，其更改的变元名称范围是相应量词中的指导变元，以及量词作用域中受该指导变元约束的所有变元，而公式的其余部分不变。

(2) 改名时一定要更改为该量词的辖域中没有出现过的符号，最好是公式中未出现过的新符号。

例 2.3.2 将公式$\forall x(P(x) \land \exists xQ(x, z) \rightarrow \exists yR(x, y)) \lor S(x, y)$中的约束变元改名。

解 该公式中x和y既约束出现，又自由出现，所以将约束出现的进行改名。改名结果如下：

$$\forall x(P(x) \land \exists xQ(x, z) \rightarrow \exists yR(x, y)) \lor S(x, y)$$
$$\Leftrightarrow \forall u(P(u) \land \exists vQ(v, z) \rightarrow \exists wR(u, w)) \lor S(x, y)$$

2. 谓词公式中自由变元的代入规则

(1) 对谓词公式中的自由变元可以作代入，代入时需对公式中出现该变元的每一处进

行代入。

(2) 用以代入的变元符号与原公式中所有变元的名称不能相同。

例 2.3.3　将公式 $\forall x(P(x)\rightarrow Q(x, y))\wedge R(x, y)$ 中的自由变元代入。

解　对自由变元 y 实施代入，代入后公式变为 $\forall x(P(x)\rightarrow Q(x, z))\wedge R(x, z)$。由于 $R(x, y)$ 中的 x 也是自由变元，因此也可对 x 实施代入，代入后公式变为

$$\forall x(P(x)\rightarrow Q(x, y))\wedge R(z, y)$$

改名和代入都不能改变约束关系，它们之间的不同点是：

(1) 实施的对象不同。改名针对约束变元，代入针对自由变元。

(2) 实施的范围不同。改名可以只对公式中的一个量词及其辖域实施，而代入必须对整个公式同一个自由变元的所有出现实施。

(3) 实施的结果不同。改名后约束关系没有改变，所以公式的含义不变。约束变元不能更改为个体常元，而代入不仅可以用另一个个体变元进行代入，而且可以用个体常元进行代入，从而使公式由具有普遍意义变为仅对该个体常元有意义，即公式的含义改变了。

三、量化断言与命题的关系

量词辖域中的约束变元，当论域的元素是有限时，客体变元的所有可能的取代是可枚举的。

设论域为 $\{a_1, a_2, \cdots, a_n\}$，则

$$\forall xA(x)\Leftrightarrow A(a_1)\wedge A(a_2)\wedge\cdots\wedge A(a_n)$$

$$\exists xA(x)\Leftrightarrow A(a_1)\vee A(a_2)\vee\cdots\vee A(a_n)$$

量词对变元的约束，往往与量词的次序有关。对于命题中出现的多个量词，我们约定按从左到右的次序读出。需要注意的是，量词的次序不能随意颠倒，否则将可能与原命题不符。如设 $A(x, y)$ 表示 x 是 y 的父亲，x 和 y 的论域为全人类，则 $\forall x\exists yA(x, y)$ 表示所有人都有父亲，是为真的命题，而 $\exists x\forall yA(x, y)$ 表示有人是所有人的父亲，显然是为假的命题。

2.4　谓词演算的等价式与蕴含式

一、谓词公式的解释与分类

类似于命题逻辑中对命题公式进行的真值指派，可以对谓词逻辑公式赋予不同的解释。一般情况下，谓词逻辑中的公式含有命题常元、命题变元、个体常元、个体变元(约束变元或自由变元)、函数变元及谓词变元等，对各种变元用相应的常元去取代，就构成了一个公式的解释或赋值。

定义 2.4.1　谓词公式的一个解释 I，是为使公式成为有确定真值的命题而指定的有关约定，由下面 4 个部分组成：

(1) 非空的论域 D；

(2) D 中特定的元素；

（3）D 上函数变项所取的特定函数；

（4）D 上每个谓词变项所取的特定谓词。

注意 解释规定了相应的个体常元、个体变元、函数符号和谓词符号的具体意义以及个体变项的取值范围。如果两个解释的 4 个组成部分中至少有一部分不同，则这两个解释是不同的。一个公式可以用不同的解释给定含义，一个解释可以对应多个不同的公式。

例 2.4.1 给定解释 I 如下：

（1）个体域为自然数集 $\mathbf{N}$；

（2）$\mathbf{N}$ 中元素 $a=0$；

（3）$\mathbf{N}$ 上函数变元 $f(x, y)$：$x+y$，$g(x, y)$：$x \cdot y$；

（4）$\mathbf{N}$ 上的谓词 $E(x, y)$：$x=y$ 变元所取的具体谓词。

在解释 I 下，确定下列各公式的真值。

（1）$\forall xE(g(x, a), x)$；

（2）$\forall x\forall yE(f(x, y), g(x, y))$；

（3）$\forall x\forall y\exists zE(f(x, y), z)$；

（4）$\forall x\forall y(E(f(x, a), y)\rightarrow E(f(y, a), x))$；

（5）$E(f(x, y), f(y, z))$。

解 在解释 I 下各公式及相应的真值分别为

（1）$\forall x(x\cdot 0=x)$ F

（2）$\forall x\forall y(x+y=x\cdot y)$ F

（3）$\forall x\forall y\exists z(x+y=z)$ T

（4）$\forall x\forall y((x+0=y)\rightarrow(y+0=x))$ T

（5）$E(f(x, y), f(y, z))$不是闭式，I 中未指明自由变元的取值方式，将 I 中相应的变元代入后该式化为 $x+y=y+z$，其真值无法确定，因而，I 不能作为该公式的解释。

例 2.4.2 对公式 A：$\exists x(P(f(x))\wedge Q(x, f(x)))$，给定解释 I 如下：

（1）$D=\{2, 3\}$；

（2）D 上函数 $f(x)$：$f(2)=3$，$f(3)=2$；

（3）谓词 $P(x)$：$P(2)\Leftrightarrow \mathrm{F}$，$P(3)\Leftrightarrow \mathrm{T}$；$Q(x, y)$：$Q(2, 2)\Leftrightarrow Q(2, 3)\Leftrightarrow Q(3, 2)\Leftrightarrow Q(3, 3)\Leftrightarrow \mathrm{T}$。

求 A 的真值。

解 $\exists x(P(f(x))\wedge Q(x, f(x)))$

$\Leftrightarrow(P(f(2))\wedge Q(2, f(2)))\vee(P(f(3))\wedge Q(3, f(3)))$

$\Leftrightarrow(P(3)\wedge Q(2, 3))\vee(P(2)\wedge Q(3, 2))$

$\Leftrightarrow(\mathrm{T}\wedge \mathrm{T})\vee(\mathrm{F}\wedge \mathrm{T})$

$\Leftrightarrow \mathrm{T}$

类似于命题逻辑，我们可以对谓词逻辑公式进行分类。

定义 2.4.2 设 A 为一个谓词公式。

（1）若 A 在任何解释下真值均为真，则称 A 为永真式（或逻辑有效式）。

（2）若 A 在任何解释下真值均为假，则称 A 为永假式（矛盾式或不可满足式）。

(3) 若至少存在一个解释使 A 为真，则称 A 为可满足式。

从定义可以看出，逻辑有效式一定是可满足式，反之不然。

谓词逻辑的判定问题指的是谓词逻辑任一公式的逻辑有效性的判定问题。若说谓词逻辑是可判定的，就要求给出一个可行的方法，使得对任一谓词公式都能判定是否是逻辑有效的。

在命题逻辑中，一个公式是否是重言式是很容易验证的，至少可以使用真值表列出该公式在所有真值指派下的真值。但是由于谓词公式的复杂性以及对公式的解释的多样性，目前还没有一个可行的判断算法。对此有如下重要结论：

定理 2.4.1(Church-Turing 定理)　谓词逻辑是不可判定的。即：对任一谓词公式而言，没有一个可行的方法判明它是否是逻辑有效的。

但对于谓词公式的一些子类，有时借助命题逻辑中的某些已知的事实能够判定。下面的定义可以将谓词公式与命题公式联系起来。

定义 2.4.3　设命题公式 A_0 含命题变项 p_0，p_1，…，p_n，用 n 个谓词公式 P_0，P_1，…，P_n 分别处处代换 p_0，p_1，…，p_n，所得公式 A 称为 A_0 的代换实例。

如 $P(x)\rightarrow Q(x)$，$\forall xP(x)\rightarrow\exists yQ(y)$都是命题公式 $p\rightarrow q$ 的代换实例。

定理 2.4.2　命题公式中的重言式的代换实例都是逻辑有效式，在谓词公式中可仍称为重言式；命题公式中的矛盾式的代换实例都是矛盾式。

例 2.4.3　判断以下公式类型：

(1) $\forall xP(x)\rightarrow\exists xP(x)$；

(2) $\forall xP(x)\rightarrow(\forall x\exists yQ(x, y)\rightarrow\forall xP(x))$；

(3) $\neg(\forall xP(x, y)\rightarrow\exists yQ(x, y))\wedge\exists yQ(x, y)$；

(4) $\forall x\exists yQ(x, y)\rightarrow\exists x\forall yQ(x, y)$。

解　(1) 是逻辑有效式，意指如果论域 D 中所有个体都具有性质 P，则一定至少有一个个体具有性质 P。

(2) 是逻辑有效式，是命题逻辑中重言式 $P\rightarrow(Q\rightarrow P)$的代换实例。

(3) 是不可满足式，是命题逻辑中矛盾式$\neg(P\rightarrow Q)\wedge Q$ 的代换实例。

(4) 不是逻辑有效式也不是不可满足式，是可满足式。

先取公式的解释 I_1：个体域为正整数集合，$Q(x, y)$：$x=y$。在解释 I_1 下，前件 $\forall x\exists yQ(x, y)$为真，后件$\exists x\forall yQ(x, y)$为假，则该条件式为假。

再取解释 I_2：个体域为正整数集合，$Q(x, y)$：$x\leqslant y$。在解释 I_2 下，前件$\forall x\exists yQ(x, y)$为真，后件$\exists x\forall yQ(x, y)$亦为真，则该条件式为真。

二、谓词公式的等价式与蕴含式

在谓词逻辑中，有些命题公式的形式化表述可能不止一种，但它们的含义都是相同的，因此需在谓词逻辑中引入“等价”的概念。

定义 2.4.4　设 A、B 是两个谓词公式，若 $A\leftrightarrow B$ 是逻辑有效式，则称 A 与 B 等价，记作 $A\Leftrightarrow B$。

定理 2.4.3　两个谓词公式 A、B 等价当且仅当在任何解释下，A 与 B 的真值都相同。

在第 1 章中曾列举了一系列命题演算的等价式与蕴含式。而谓词逻辑中的等价式与蕴含式主要分为两类：一类是命题逻辑中基本等价式与蕴含式的代换实例，如

$$\forall xP(x) \to \exists yQ(y) \Leftrightarrow \neg \forall xP(x) \lor \exists yQ(y)$$

$$\neg(\forall xP(x) \lor \exists yQ(y)) \Leftrightarrow \neg \forall xP(x) \land \neg \exists yQ(y)$$

等；另一类是谓词逻辑所特有的等价式与蕴含式，与量词有关。

1. 量词否定转化律

量词否定转化律如下：

(1) $\neg \forall xA(x) \Leftrightarrow \exists x \neg A(x)$；

(2) $\neg \exists xA(x) \Leftrightarrow \forall x \neg A(x)$。

$\neg \forall xA(x)$表示“并非论域中所有个体都具有性质 A”，$\exists x \neg A(x)$表示“论域中存在一些个体不具有性质 A”，二者含义完全相同。同理，$\forall x \neg A(x)$ 表示“论域中所有个体都不具有性质 A”，$\neg \exists xA(x)$表示“论域中不存在具有性质 A 的个体”，二者含义也完全相同。以上两个等价公式说明了全称量词和存在量词是可以互相转化的，而且在谓词逻辑中只要一个量词就够了。

量词否定转化律可在有限个体域上证明。

设 $D=\{a_1, a_2, \cdots, a_n\}$，则

$$\begin{aligned}\neg \forall xA(x) &\Leftrightarrow \neg(A(a_1) \land A(a_2) \land \cdots \land A(a_n)) \\ &\Leftrightarrow \neg A(a_1) \lor \neg A(a_2) \lor \cdots \lor \neg A(a_n) \\ &\Leftrightarrow \exists x \neg A(x)\end{aligned}$$

$$\begin{aligned}\neg \exists xA(x) &\Leftrightarrow \neg(A(a_1) \lor A(a_2) \lor \cdots \lor A(a_n)) \\ &\Leftrightarrow \neg A(a_1) \land \neg A(a_2) \land \cdots \land \neg A(a_n) \\ &\Leftrightarrow \forall x \neg A(x)\end{aligned}$$

对无限个体域，量词否定转化律能做同样的推广。

例 2.4.4　设 $S(x)$：x 是学生，$D(x)$：x 学过离散数学。试分别用全称量词和存在量词符号化命题“所有学生都学过离散数学”。

解　本命题用全称量词可表示为$\forall x(S(x) \to D(x))$。本命题等价于“不存在没学过离散数学的学生”，所以用存在量词可表示为$\neg \exists x(S(x) \land \neg D(x))$。

2. 量词辖域的扩张律与收缩律

量词辖域的扩张律与收缩律如下(其中 B 是不包含 x 的公式)：

(1) $\forall x(A(x) \lor B) \Leftrightarrow \forall xA(x) \lor B$；

(2) $\forall x(A(x) \land B) \Leftrightarrow \forall xA(x) \land B$；

(3) $\exists x(A(x) \lor B) \Leftrightarrow \exists xA(x) \lor B$；

(4) $\exists x(A(x) \land B) \Leftrightarrow \exists xA(x) \land B$；

(5) $\forall x(A(x) \to B) \Leftrightarrow \exists xA(x) \to B$；

(6) $\exists x(A(x) \to B) \Leftrightarrow \forall xA(x) \to B$；

(7) $\forall x(B \to A(x)) \Leftrightarrow B \to \forall xA(x)$；

(8) $\exists x(B \to A(x)) \Leftrightarrow B \to \exists xA(x)$。

量词辖域的扩张律与收缩律可在有限个体域上证明。

设 $D=\{a_1, a_2, \cdots, a_n\}$，仅证(1)、(5)、(7)，其他证明留作练习。

(1) $\forall x(A(x) \vee B) \Leftrightarrow (A(a_1) \vee B) \wedge (A(a_2) \vee B) \wedge \cdots \wedge (A(a_n) \vee B)$

$\Leftrightarrow (A(a_1) \wedge A(a_2) \wedge A(a_n)) \vee B$

$\Leftrightarrow \forall xA(x) \vee B$

(5) $\forall x(A(x) \to B) \Leftrightarrow (A(a_1) \to B) \wedge (A(a_2) \to B) \wedge \cdots \wedge (A(a_n) \to B)$

$\Leftrightarrow (\neg A(a_1) \vee B) \wedge (\neg A(a_2) \vee B) \wedge \cdots \wedge (\neg A(a_n) \vee B)$

$\Leftrightarrow (\neg A(a_1) \wedge \neg A(a_2) \wedge \cdots \wedge \neg A(a_n)) \vee B$

$\Leftrightarrow \neg(A(a_1) \vee A(a_2) \vee \cdots \vee A(a_n)) \vee B$

$\Leftrightarrow \neg \exists xA(x) \vee B$

$\Leftrightarrow \exists xA(x) \to B$

(7) $\forall x(B \to A(x)) \Leftrightarrow (B \to A(a_1)) \wedge (B \to A(a_2)) \wedge \cdots \wedge (B \to A(a_n))$

$\Leftrightarrow (\neg B \vee A(a_1)) \wedge (\neg B \vee A(a_2)) \wedge \cdots \wedge (\neg B \vee A(a_n))$

$\Leftrightarrow \neg B \vee (A(a_1) \wedge A(a_2) \wedge \cdots \wedge A(a_n))$

$\Leftrightarrow \neg B \vee \forall xA(x)$

$\Leftrightarrow B \to \forall xA(x)$

3. 量词的分配形式

量词的分配形式如下：

(1) $\forall x(A(x) \wedge B(x)) \Leftrightarrow \forall xA(x) \wedge \forall xB(x)$；

(2) $\exists x(A(x) \vee B(x)) \Leftrightarrow \exists xA(x) \vee \exists xB(x)$；

(3) $\exists x(A(x) \wedge B(x)) \Rightarrow \exists xA(x) \wedge \exists xB(x)$；

(4) $\forall xA(x) \vee \forall xB(x) \Rightarrow \forall x(A(x) \vee B(x))$。

量词的分配可在有限个体域上证明。

设 $D=\{a_1, a_2, \cdots, a_n\}$，仅证(1)，类似可以证明(2)。

(1) $\forall x(A(x) \wedge B(x)) \Leftrightarrow (A(a_1) \wedge B(a_1)) \wedge (A(a_2) \wedge B(a_2)) \wedge \cdots \wedge (A(a_n) \wedge B(a_n))$

$\Leftrightarrow (A(a_1) \wedge \cdots \wedge A(a_n)) \wedge (B(a_1) \wedge \cdots \wedge B(a_n))$

$\Leftrightarrow \forall xA(x) \wedge \forall xB(x)$

(2) $\exists x(A(x) \vee B(x)) \Leftrightarrow (A(a_1) \vee B(a_1)) \vee (A(a_2) \vee B(a_2)) \vee \cdots \vee (A(a_n) \vee B(a_n))$

$\Leftrightarrow (A(a_1) \vee A(a_2) \vee \cdots \vee A(a_n)) \vee (B(a_1) \vee B(a_2) \vee \cdots \vee B(a_n))$

$\Leftrightarrow \exists xA(x) \vee \exists xB(x)$

(1)、(2)表明，全称量词对合取满足分配律，存在量词对析取满足分配律。对于全称量词对析取是否满足分配律，存在量词对合取是否满足分配律，通过下例予以说明。

例如，设论域为正整数集合，$A(x)$：x 是合数，$B(x)$：x 是素数，则 $\exists xA(x) \wedge \exists xB(x)$表示"有些整数为合数，有些整数为素数"，$\forall x(A(x) \vee B(x))$表示"任意整数，或者是合数，或者是素数"，均为真命题。而 $\exists x(A(x) \wedge B(x))$表示"有些整数既是合数又是素数"，$\forall xA(x) \vee \forall xB(x)$

表示“所有整数都是合数，或者所有整数都是素数”，均为假命题。故全称量词对析取不满足分配律，存在量词对合取不满足分配律，但有(3)、(4)蕴含式成立。

与量词有关的常用等价式或蕴含式见表2.4.1。

表 2.4.1

代　号	等价式或蕴含式
E_{23}	$\exists x(A(x)\vee B(x))\Leftrightarrow\exists xA(x)\vee\exists xB(x)$
E_{24}	$\forall x(A(x)\wedge B(x))\Leftrightarrow\forall xA(x)\wedge\forall xB(x)$
E_{25}	$\neg\exists xA(x)\Leftrightarrow\forall x\neg A(x)$
E_{26}	$\neg\forall xA(x)\Leftrightarrow\exists x\neg A(x)$
E_{27}	$\forall x(A\vee B(x))\Leftrightarrow A\vee\forall xB(x)$
E_{28}	$\exists x(A\wedge B(x))\Leftrightarrow A\wedge\forall xB(x)$
E_{29}	$\exists x(A(x)\rightarrow B(x))\Leftrightarrow\forall xA(x)\rightarrow\exists xB(x)$
E_{30}	$\forall xA(x)\rightarrow B\Leftrightarrow\exists x(A(x)\rightarrow B)$
E_{31}	$\exists xA(x)\rightarrow B\Leftrightarrow\forall x(A(x)\rightarrow B)$
E_{32}	$A\rightarrow\forall xB(x)\Leftrightarrow\forall x(A\rightarrow B(x))$
E_{33}	$A\rightarrow\exists xB(x)\Leftrightarrow\exists x(A\rightarrow B(x))$
I_{17}	$\forall xA(x)\vee\forall xB(x)\Rightarrow\forall x(A(x)\vee B(x))$
I_{18}	$\exists x(A(x)\wedge B(x))\Rightarrow\exists xA(x)\wedge\exists xB(x)$
I_{19}	$\exists xA(x)\rightarrow\forall xB(x)\Rightarrow\forall x(A(x)\rightarrow B(x))$

4. 有关量词的交换律

有关量词的交换律如下：

(1) $\forall x\forall yA(x,y)\Leftrightarrow\forall y\forall xA(x,y)$；

(2) $\exists x\exists yA(x,y)\Leftrightarrow\exists y\exists xA(x,y)$。

这两个式子在有限个体域上容易证明。

设x的个体域为$D_1=\{a_1,a_2,\cdots,a_m\}$，$y$的个体域为$D_2=\{b_1,b_2,\cdots,b_n\}$，则

$$
\begin{aligned}
(1)\ \forall x\forall yA(x,y)&\Leftrightarrow\forall x(A(x,b_1)\wedge A(x,b_2)\wedge\cdots\wedge A(x,b_n))\\
&\Leftrightarrow(A(a_1,b_1)\wedge A(a_1,b_2)\wedge\cdots\wedge A(a_1,b_n))\\
&\quad\wedge(A(a_2,b_1)\wedge A(a_2,b_2)\wedge\cdots\wedge A(a_2,b_n))\\
&\quad\wedge\cdots\wedge(A(a_m,b_1)\wedge A(a_m,b_2)\wedge\cdots\wedge A(a_m,b_n))\\
&\Leftrightarrow\forall yA(a_1,y)\wedge\forall yA(a_2,y)\wedge\cdots\wedge\forall yA(a_m,y)\\
&\Leftrightarrow\forall y(A(a_1,y)\wedge A(a_2,y)\wedge\cdots\wedge A(a_m,y))\\
&\Leftrightarrow\forall y\forall xA(x,y)
\end{aligned}
$$

类似可证明(2)，只需将上述推演中的$\forall$都换成$\exists$，同时$\wedge$都换成$\vee$即可。

(1)、(2)表明，同时使用两个量词，当两个量词都是全称量词，或两个量词都是存在量词时，量词次序可以交换，但当两个量词不同时，一般情况下不满足交换律，但有如下蕴含式：

(3) $\forall x\forall yA(x, y)\Rightarrow\exists y\forall xA(x, y)$；

(4) $\forall y\forall xA(x, y)\Rightarrow\exists x\forall yA(x, y)$；

(5) $\exists y\forall xA(x, y)\Rightarrow\forall x\exists yA(x, y)$；

(6) $\exists x\forall yA(x, y)\Rightarrow\forall y\exists xA(x, y)$；

(7) $\forall x\exists yA(x, y)\Rightarrow\exists y\exists xA(x, y)$；

(8) $\forall y\exists xA(x, y)\Rightarrow\exists x\exists yA(x, y)$。

2.5　前束范式

一、前束范式

在命题逻辑中，我们研究过命题公式的规范的、标准的形式，即范式。在谓词逻辑中，谓词公式也有与之相对应的范式。

定义 2.5.1　设 A 为一个谓词公式，如果满足：

(1) 所有量词都位于该公式的最左边；

(2) 所有量词前都不含否定词；

(3) 量词的辖域都延伸到整个公式的末尾，

则称 A 为前束范式。

前束范式的一般形式为

$$(\square x_1)(\square x_2)\cdots(\square x_n)M$$

其中：$\square$为量词$\forall$或$\exists$；x_1，x_2，…，x_n 为个体变元；$(\square x_1)(\square x_2)\cdots(\square x_n)$称为前束或首标；$M$ 为不含量词的公式，称为公式 A 的基式或母式。

例如，$\forall x\forall y(P(x)\wedge Q(y)\to R(x, y))$、$\forall x\forall y\exists z(P(x)\wedge Q(y)\to R(x, y, z))$等是前束范式，而$\forall xP(x)\to\exists yQ(y)$、$\neg\forall x\forall y\exists z(P(x)\to Q(y, z))$不是前束范式。

定理 2.5.1(前束范式存在定理)　任意一个谓词公式，均和一个前束范式等价。

将一个谓词公式转化为前束范式的基本步骤如下：

第一步：否定深入。即利用德·摩根律和量词转化公式，把否定联结词深入到命题变元和谓词填式的前面。

第二步：改名。即利用换名规则、代入规则更换一些变元的名称，以便消除混乱。

第三步：量词前移。即利用量词辖域的扩张与收缩律将量词移到前面。

例 2.5.1　求下列公式的前束范式：

(1) $\forall xP(x)\wedge\neg\exists xQ(x)$；

(2) $\forall xP(x)\vee\neg\exists xQ(x)$；

(3) $\forall xP(x)\to\neg\forall xQ(x)$；

(4) $\exists xP(x)\to\neg\forall xQ(x)$；

(5) $(\forall xP(x, y)\to\exists yQ(y))\to\forall xR(x, y)$。

解　(1) $\forall xP(x)\land\neg\exists xQ(x)\Leftrightarrow\forall xP(x)\land\forall x\neg Q(x)$　（量词否定转化律）

$\Leftrightarrow\forall x(P(x)\land\neg Q(x))$　（量词分配律）

(2) $\forall xP(x)\lor\neg\exists xQ(x)\Leftrightarrow\forall xP(x)\lor\forall x\neg Q(x)$　（量词否定转化律）

$\Leftrightarrow\forall xP(x)\lor\forall y\neg Q(y)$　（改名）

$\Leftrightarrow\forall x(P(x)\lor\forall y\neg Q(y))$　（辖域扩张）

$\Leftrightarrow\forall x\forall y(P(x)\lor\neg Q(y))$　（辖域扩张）

(3) $\forall xP(x)\to\neg\forall xQ(x)\Leftrightarrow\neg\forall xP(x)\lor\neg\forall xQ(x)$

$\Leftrightarrow\exists x\neg P(x)\lor\exists x\neg Q(x)$　（量词否定转化律）

$\Leftrightarrow\exists x(\neg P(x)\lor\neg Q(x))$　（量词分配律）

(4) $\exists xP(x)\to\neg\forall xQ(x)\Leftrightarrow\neg\exists xP(x)\lor\neg\forall xQ(x)$

$\Leftrightarrow\forall x\neg P(x)\lor\exists x\neg Q(x)$　（量词否定转化律）

$\Leftrightarrow\forall x\neg P(x)\lor\exists y\neg Q(y)$　（改名）

$\Leftrightarrow\forall x(\neg P(x)\lor\exists y\neg Q(y))$　（辖域扩张）

$\Leftrightarrow\forall x\exists y(\neg P(x)\lor\neg Q(y))$　（辖域扩张）

(5)　$(\forall xP(x,y)\to\exists yQ(y))\to\forall xR(x,y)$

$\Leftrightarrow\neg(\neg\forall xP(x,y)\lor\exists yQ(y))\lor\forall xR(x,y)$

$\Leftrightarrow(\forall xP(x,y)\land\neg\exists yQ(y))\lor\forall xR(x,y)$

$\Leftrightarrow(\forall xP(x,y)\land\forall y\neg Q(y))\lor\forall xR(x,y)$

$\Leftrightarrow(\forall xP(x,z)\land\forall y\neg Q(y))\lor\forall xR(x,z)$　（代入）

$\Leftrightarrow(\forall xP(x,z)\land\forall y\neg Q(y))\lor\forall uR(u,z)$　（改名）

$\Leftrightarrow\forall x\forall y(P(x,z)\land\neg Q(y))\lor\forall uR(u,z)$　（辖域扩张）

$\Leftrightarrow\forall x\forall y((P(x,z)\land\neg Q(y))\lor\forall uR(u,z))$　（辖域扩张）

$\Leftrightarrow\forall x\forall y\forall u((P(x,z)\land\neg Q(y))\lor R(u,z))$　（辖域扩张）

二、前束析取范式和前束合取范式

定义 2.5.2　一个谓词公式如果具有如下形式，则称为前束合取范式：

$$(\square x_1)(\square x_2)\cdots(\square x_n)[(A_{11}\lor A_{12}\lor\cdots\lor A_{1m_1})\land(A_{21}\lor A_{22}\lor\cdots\lor A_{2m_2})\land\cdots\land(A_{n1}\lor A_{n2}\lor\cdots\lor A_{nm_n})]$$

其中：A_{ij} ($i=1, 2, \cdots, n$; $j=1, 2, \cdots, m_i$) 为原子谓词公式或其否定式；$\square$为量词$\forall$或$\exists$；$x_1, x_2, \cdots, x_n$ 为个体变元。

定理 2.5.2　任意一个谓词公式，均和一个前束合取范式等价。

类似地，有如下定义：

定义 2.5.3　一个谓词公式如果具有如下形式，则称为前束析取范式：

$$(\square x_1)(\square x_2)\cdots(\square x_n)[(A_{11}\land A_{12}\land\cdots\land A_{1m_1})\lor(A_{21}\land A_{22}\land\cdots\land A_{2m_2})\lor\cdots\lor(A_{n1}\land A_{n2}\land\cdots\land A_{nm_n})]$$

其中：A_{ij} ($i=1, 2, \cdots, n$; $j=1, 2, \cdots, m_i$) 为原子谓词公式或其否定式；$\square$为量词$\forall$或$\exists$；$x_1, x_2, \cdots, x_n$ 为个体变元。

例 2.5.2　求$\neg\forall x(\exists yP(x,y)\to\exists x\forall y(Q(x,y)\wedge\forall y(P(y,x)\to Q(x,y))))$的前束析取范式和前束合取范式。

解　$\neg\forall x(\exists yP(x,y)\to\exists x\forall y(Q(x,y)\wedge\forall y(P(y,x)\to Q(x,y))))$

$\Leftrightarrow\neg\forall x(\neg\exists yP(x,y)\vee\exists x\forall y(Q(x,y)\wedge\forall y(\neg P(y,x)\vee Q(x,y))))$

$\Leftrightarrow\exists x(\exists yP(x,y)\wedge\forall x\exists y(\neg Q(x,y)\vee\exists y(P(y,x)\wedge\neg Q(x,y))))$

$\Leftrightarrow\exists x(\exists yP(x,y)\wedge\forall z\exists u(\neg Q(z,u)\vee\exists v(P(v,z)\wedge\neg Q(z,v))))$（改名）

$\Leftrightarrow\exists x(\exists yP(x,y)\wedge\forall z\exists u\exists v(\neg Q(z,u)\vee(P(v,z)\wedge\neg Q(z,v))))$（辖域扩张）

$\Leftrightarrow\exists x\exists y(P(x,y)\wedge\forall z\exists u\exists v(\neg Q(z,u)\vee(P(v,z)\wedge\neg Q(z,v))))$（辖域扩张）

$\Leftrightarrow\exists x\exists y\forall z\exists u\exists v(P(x,y)\wedge(\neg Q(z,u)\vee(P(v,z)\wedge\neg Q(z,v))))$（辖域扩张）

$\Leftrightarrow\exists x\exists y\forall z\exists u\exists v((P(x,y)\wedge\neg Q(z,u))\vee(P(x,y)\wedge P(v,z)\wedge\neg Q(z,v)))$

（前束析取范式）

$\Leftrightarrow\exists x\exists y\forall z\exists u\exists v(P(x,y)\wedge(\neg Q(z,u)\vee P(v,z))\wedge(\neg Q(z,u)\vee\neg Q(z,v)))$

（前束合取范式）

2.6　谓词演算的推理理论

与命题逻辑推理相同，谓词逻辑推理也是由某些给定的前提出发，根据一些基本的推理规则推导出相应结论的过程，是命题逻辑的深入和发展。因而，谓词逻辑推理的形式与命题逻辑推理的形式是一致的。

在谓词逻辑中，推理的形式结构仍是

$$H_1\wedge H_2\wedge H_3\wedge\cdots\wedge H_n\Rightarrow C$$

若$H_1\wedge H_2\wedge H_3\wedge\cdots\wedge H_n\to C$是逻辑有效，则称由前提$H_1$，$H_2$，$H_3$，…，$H_n$逻辑地推出结论$C$，或称$C$是前提$H_1$，$H_2$，$H_3$，…，$H_n$的有效结论，其中，$H_1$，$H_2$，$H_3$，…，$H_n$及$C$均为谓词公式。

判断前提是否能推出结论的过程就是有效论证过程。在这个过程中，基本推理公式是确定论证有效性的依据，常以命题公式的等价式和蕴含式的形式出现。这些等价式和蕴含式除命题逻辑中基本推理公式的代换实例外，还有一些前面介绍的谓词逻辑所特有的、与量词有关的推理公式。而命题演算中的 P 规则、T 规则和 CP 规则在谓词演算的推理理论中同样可以使用。另外，在谓词逻辑中某些前提和结论可能受到量词的约束，所以，还包括 4 条有关量词的消去和引入规则。

一、量词的消去与产生规则

1. 全称量词消去规则(全称指定规则，简称 US 或 UI 规则)

全称量词消去规则有两种形式：

$$\forall xA(x)\Rightarrow A(y)$$

$$\forall xA(x)\Rightarrow A(c)$$

使用此规则时，可根据需要选择以上两式之一，但要满足以下条件：

(1) x 是 $A(x)$中的自由变元；

(2) $A(y)$中的 y 不能是 $A(x)$中的约束变元；

(3) c 是论域中的任意个体常元。

若不满足以上条件，将导致错误的推理。

例 2.6.1 设谓词 $L(x, y)$：$x<y$，x 和 y 的论域为全体实数。若令 $A(x)$：$\exists yL(x, y)$，则 $\forall xA(x)$：$\forall x\exists yL(x, y)$为真命题，但使用 US 规则得

$$\forall x\exists yL(x, y)\Rightarrow\exists yL(y, y)$$

结论为“存在实数 y，$y<y$”，这是假命题，出错的原因是 y 在 $A(x)$中约束出现，不满足条件(2)。正确的做法是

$$\forall x\exists yL(x, y)\Rightarrow\exists yL(z, y)$$

2. 存在量词消去规则(存在指定规则，简称 ES 或 SI 规则)

存在量词消去规则的形式为

$$\exists xA(x)\Rightarrow A(c)$$

使用此规则的条件如下：

(1) c 是使 $A(x)$为真的特定的个体常元；

(2) c 不能在 $A(x)$以及之前的推导步骤中出现过；

(3) $A(x)$中除自由出现的 x 外，不能有其他自由变元出现。

若不满足以上条件，将导致错误的推理。

例 2.6.2 设谓词 $L(x, y)$：$x=y$，x 和 y 的论域为全体实数。若令 $A(x)$：$L(x, y)$，则 $\exists xA(x)$：$\exists xL(x, y)$表示“对任意实数 y，存在一实数 x，$x=y$”，为真命题，但使用 ES 规则得

$$\exists xL(x, y)\Rightarrow L(c, y)$$

结论为“有一实数 c，等于任意实数 y”，这是假命题，出错的原因是不满足条件(3)。正确的做法是

$$\exists x\exists yL(x, y)\Rightarrow\exists yL(z, y)$$

例 2.6.3 设 $E(x)$：x 是偶数，$O(x)$：x 是奇数，x 的论域为整数集合。考察以下推理：

(1) $\exists xE(x)$	P
(2) $E(c)$	ES(1)
(3) $\exists xO(x)$	P
(4) $O(c)$	ES(3)
(5) $E(c)\wedge O(c)$	T(2, 4)I
(6) $\exists x(E(x)\wedge O(x))$	EG(5)

结论“存在整数既是偶数又是奇数”是错误的，其原因是不满足条件(2)，$E(c)$中的 c 与$O(c)$中的 c 应分别对应不同的客体，因而不能使用同一符号。

3. 全称量词产生规则(全称推广规则，简称 UG 规则)

全称量词产生规则的形式为

$$A(y) \Rightarrow \forall x A(x)$$

使用此规则的条件如下：

(1) y 在 $A(y)$ 中自由出现，且 y 取个体域中的任何值时 $A(y)$ 均为真；

(2) 取代 y 的 x 不能在 $A(y)$ 中约束出现，最好是不在 $A(y)$ 中出现；

(3) 若在之前的步骤中 y 是使用 US 规则引入的，则后续步骤中，$A(y)$ 中不能含有由使用 ES 规则引入的自由变元。

例 2.6.4　设谓词 $L(x, y)$：$x<y$，x 和 y 的论域为全体实数。若令 $A(y)$：$\exists x L(x, y)$，则对任意实数 y，$A(y)$：$\exists x L(x, y)$ 为真命题，但使用 UG 规则得

$$\exists x L(x, y) \Rightarrow \forall x \exists x L(x, x)$$

结论为“对任意实数 x，存在实数 x，$x<x$”，这是假命题，出错的原因是不满足条件(2)。正确的做法是

$$\exists x L(x, y) \Rightarrow \forall z \exists x L(x, z)$$

例 2.6.5　设 $F(x, y)$：y 是 x 的父亲，x 和 y 的论域为人。考察以下推理：

(1) $\forall x \exists y F(x, y)$	P
(2) $\exists y F(x, y)$	US(1)
(3) $F(x, c)$	ES(2)
(4) $\forall x F(x, c)$	UG(3)
(5) $\exists y \forall x F(x, y)$	EG(4)

结论“有个人是所有人的父亲”是错误的，其原因是步骤(4)违反了条件(3)，其实在步骤(3)已违反了 ES 成立的条件(2)。

4. 存在量词产生规则(存在推广规则，简称 EG 规则)

存在量词产生规则的形式为

$$A(c) \Rightarrow \exists x A(x)$$

使用此规则的条件如下：

(1) c 是特定的个体常元；

(2) 取代 c 的 x 不曾在 $A(c)$ 中出现过。

例 2.6.6　设谓词 $L(x, y)$：$x<y$，x 和 y 的论域为全体实数。若令 $A(5)$：$\exists x L(x, 5)$，则 $\exists x L(x, 5)$ 是真命题，但使用 EG 规则得

$$A(5) \Rightarrow \exists x L(x, x)$$

结论为“存在实数 x，$x<x$”，这是假命题，出错的原因是不满足条件(2)。正确的做法是

$$\exists x L(x, 5) \Rightarrow \exists y \exists x L(x, y)$$

谓词演算中推理的一般过程是：先利用量词的消去规则把带量词前提中的量词去掉，变成命题逻辑中的推理，推出结果后，再利用量词的产生规则把量词加上去，得出谓词逻辑的结论。

使用量词的消去和产生规则时，除了每条规则本身需要注意满足的条件外，还要注意以下两点：

(1) 量词的消去和产生规则仅对谓词公式的前束范式适用。

(2) 要弄清去掉量词后引入的个体 c 或 y 是特定的还是任意的。使用全称量词消去规

则和存在量词消去规则时，先使用存在量词消去规则。

二、推理应用实例

例 2.6.7 证明苏格拉底三段论：

所有人都是要死的。苏格拉底是人。所以，苏格拉底是要死的。

证明 首先将命题符号化。设 $M(x)$：x 是人，$D(x)$：x 是要死的，a：苏格拉底，则得到如下推理形式：

前提：$\forall x(M(x)\rightarrow D(x))$，$M(a)$

结论：$D(a)$

证明如下：

(1) $M(a)$	P
(2) $\forall x(M(x)\rightarrow D(x))$	P
(3) $M(a)\rightarrow D(a)$	US(2)
(4) $D(a)$	T(1，3)I

例 2.6.8 证明 $\forall x(P(x)\vee Q(x))\wedge\neg\exists xQ(x)\Rightarrow\exists xP(x)$。

证明

(1) $\neg\exists xQ(x)$	P
(2) $\forall x\neg Q(x)$	T(1)E
(3) $\neg Q(a)$	US(2)
(4) $\forall x(P(x)\vee Q(x))$	P
(5) $P(a)\vee Q(a)$	US(4)
(6) $P(a)$	T(3，5)I
(7) $\exists xP(x)$	EG(6)

注意 第(2)步不能省略。使用量词消去规则时被消去的量词应在公式的最左边，其辖域要一直延伸到公式的末尾。

例 2.6.9 证明 $\forall x(P(x)\rightarrow Q(x)\wedge R(x))\wedge\exists x(P(x)\wedge S(x))\Rightarrow\exists x(S(x)\wedge R(x))$。

证明

(1) $\exists x(P(x)\wedge S(x))$	P
(2) $\forall x(P(x)\rightarrow Q(x)\wedge R(x))$	P
(3) $P(a)\wedge S(a)$	ES(1)
(4) $P(a)\rightarrow Q(a)\wedge R(a)$	US(2)
(5) $P(a)$	T(3)I
(6) $Q(a)\wedge R(a)$	T(3，5)I
(7) $R(a)$	T(6)I
(8) $S(a)$	T(2)I
(9) $S(a)\wedge R(a)$	T(7，8)I
(10) $\exists x(S(x)\wedge R(x))$	EG(9)

注意 第(3)步与第(4)步的顺序不能颠倒，若先用 US 规则得到 $P(a)\rightarrow Q(a)\wedge R(a)$，则再用 ES 规则就无法得到 $P(a)\wedge S(a)$，否则就违反了 ES 规则的条件(2)，所以只能一般地得到 $P(b)\wedge S(b)$，从而无法往下推证。

例 2.6.10　证明$\forall x(F(x)\vee G(x))\wedge\forall x(\neg R(x)\vee\neg G(x))\wedge\forall xR(x)\Rightarrow\forall xF(x)$。

证明
(1) $\neg\forall xF(x)$　　P(附加前提)
(2) $\exists x\neg F(x)$　　T(1)E
(3) $\neg F(a)$　　ES(2)
(4) $\forall x(F(x)\vee G(x))$　　P
(5) $F(a)\vee G(a)$　　US(4)
(6) $G(a)$　　T(3，5)I
(7) $\forall xR(x)$　　P
(8) $R(a)$　　US(7)
(9) $\forall x(\neg R(x)\vee\neg G(x))$　　P
(10) $\neg R(a)\vee\neg G(a)$　　US(9)
(11) $R(a)\rightarrow\neg G(a)$　　T(10)E
(12) $\neg G(a)$　　T(8，11)I
(13) $G(a)\wedge\neg G(a)$(矛盾)　　T(6，12)I

例 2.6.11　证明$\forall x(P(x)\vee Q(x))\Rightarrow\neg\forall xP(x)\rightarrow\exists xQ(x)$。

证明
(1) $\neg\forall xP(x)$　　P(附加前提)
(2) $\exists x\neg P(x)$　　T(1)E
(3) $\neg P(a)$　　ES(2)
(4) $\forall x(P(x)\vee Q(x))$　　P
(5) $P(a)\vee Q(a)$　　US(3)
(6) $Q(a)$　　T(3，5)I
(7) $\exists xQ(x)$　　EG(6)
(8) $\neg\forall xP(x)\rightarrow\exists xQ(x)$　　CP(1，7)

2.7　典型例题解析

例 2.7.1　在谓词逻辑中将下列命题符号化：

(1) 发光的不都是金子。
(2) 猫必捕鼠。
(3) 没有最大的自然数。
(4) 如果某人是女性而且有子女，那么此人一定是某人的母亲。
(5) 每个人恰有一个最好的朋友。

相关知识　符号化，量词，等价，辖域

分析与解答　符号化时要先确定个体域，然后找出各种谓词，确定采用什么量词。一般不特别说明，个体域就是全总个体域。当个体域是全总个体域时，常用到特性谓词。对全称量词，特性谓词常作为条件式的前件；对存在量词，特性谓词常作为合取项。特别要注意每个量词的辖域。

(1) 该命题亦可表述为“并非所有发光的东西都是金子”或“有些发光的东西不是金子”。令$L(x)$：x 发光，$G(x)$：x 是金子，且 $L(x)$是特性谓词，则该命题可符号化为

$$\neg\forall x(L(x)\to G(x)) \quad 或 \quad \exists x(L(x)\land\neg G(x))$$

(2) 该命题亦可表述为“所有的猫必捕所有的鼠”。令 $C(x)$：x 是猫，$M(y)$：y 是鼠，$S(x, y)$：x捕 y，且 $C(x)$和 $M(y)$都是特性谓词，则该命题可符号化为

$$\forall x(C(x)\to\forall y(M(y)\to S(x, y)))$$

(3) 该命题亦可表述为“对任意自然数，找到比它还大的自然数”。令 $N(x)$：x 是自然数，$G(x, y)$：$x>y$，则该命题可符号化为

$$\forall x(N(x)\to\exists y(N(x)\land G(y, x)))$$

(4) 若论域确定为全人类，则可令 $F(x)$：x 是女性，$P(x)$：x 有子女，$M(x, y)$：x 是 y 的母亲。于是该命题可符号化为

$$\forall x(F(x)\land P(x)\to\exists yM(x, y))$$

(5) 令 $H(x)$：x 是人，$F(x, y)$：y 是 x 的好朋友，则该命题可符号化为

$$\forall x(H(x)\to\exists !y(H(y)\land F(x, y)))$$

或

$$\forall x(M(x)\to\exists y(M(y)\land F(x, y)\land\forall z(M(z)\land F(x, z)\to z=y)))$$

例 2.7.2 (1) 把公式$\forall x(C(x)\lor\exists y(C(y)\land F(x, y)))$译成文字语言，其中，$C(x)$：$x$ 有台计算机，$F(x, y)$：x 和 y 是朋友，x 和 y 的论域为全体学生。

(2) 令 $P(x, y)$：$x+y=y+x$，$Q(x, y)$：$x+y=0$，x 和 y 的论域为全体实数，分别判断公式$\forall x\forall yP(x, y)$、$\exists x\forall yQ(x, y)$、$\forall x\exists yQ(x, y)$的真值。

相关知识 符号化，量词，公式类型

分析与解答 我们不但要掌握把自然语言翻译成公式，也要能把公式用文字语言准确地表达出来。具体做法可以是把公式先从左往右读出来，然后整理成自然语言。

(1) 本公式即表示“对每个学生 x，或者 x 有台计算机，或者存在一个学生 y，y 是 x 的朋友，并且 y 有台计算机”，亦即“每个学生要么自己有台计算机，要么他的某个朋友有台计算机”。

(2) $\forall x\forall yP(x, y)$表示实数的数字加法满足交换律，为真命题。$\exists x\forall yQ(x, y)$表示“某个实数与任意实数相加都等于 0”，为假命题。$\forall x\exists yQ(x, y)$表示“对任意实数 x，都存在一个实数 y，使得 $x+y=0$”，为真命题。

例 2.7.3 设个体域为 $D=\{0, 1\}$，证明$\forall x(P(x)\leftrightarrow Q(x))\Rightarrow\forall xP(x)\leftrightarrow\forall xQ(x)$，并证明该蕴含式之逆不成立。

相关知识 蕴含式，等价式

分析与解答 本题属于在有限个体域下谓词公式的求值问题。

证明如下：

$$\forall x(P(x)\leftrightarrow Q(x))\Leftrightarrow(P(0)\leftrightarrow Q(0))\land(P(1)\leftrightarrow Q(1)) \tag{1}$$

$$\forall xP(x)\leftrightarrow\forall xQ(x)\Leftrightarrow(P(0)\land P(1))\leftrightarrow(Q(0)\land Q(1)) \tag{2}$$

若(1)式为真，则 $P(0)$与 $Q(0)$、$P(1)$与 $Q(1)$的真值相同，于是 $P(0)\land P(1)$与 $Q(0)\land Q(1)$的真值相同，所以(2)式为真，故蕴含式成立。反之，令 $P(0)$和 $Q(1)$为真，

$P(1)$与$Q(0)$为假，则(2)式为真，而(1)式为假，所以反之不成立。

例 2.7.4　求公式$\forall x(P(x)\rightarrow Q(x))\rightarrow(\exists xP(x)\rightarrow\exists xQ(x))$的前束范式。

相关知识　前束范式，等值演算，改名

分析与解答　公式中多个量词的指导变元都是x，需要对其进行改名。

$$\begin{aligned}
&\forall x(P(x)\rightarrow Q(x))\rightarrow(\exists xP(x)\rightarrow\exists xQ(x))\\
\Leftrightarrow&\neg\forall x(\neg P(x)\vee Q(x))\vee(\neg\exists xP(x)\vee\exists xQ(x))\\
\Leftrightarrow&\exists x(P(x)\wedge\neg Q(x))\vee(\forall x\neg P(x)\vee\exists xQ(x))\\
\Leftrightarrow&\exists x(P(x)\wedge\neg Q(x))\vee(\forall y\neg P(y)\vee\exists zQ(z))\\
\Leftrightarrow&\exists x(P(x)\wedge\neg Q(x))\vee\forall y\exists z(\neg P(y)\vee Q(z))\\
\Leftrightarrow&\exists x((P(x)\wedge\neg Q(x))\vee\forall y\exists z(\neg P(y)\vee Q(z)))\\
\Leftrightarrow&\exists x\forall y\exists z((P(x)\wedge\neg Q(x))\vee(\neg P(y)\vee Q(z)))
\end{aligned}$$

例 2.7.5　符号化下列命题并用形式推理的标准格式验证推理的有效性：

(1) 每位科学家都是勤奋的。每个勤奋又身体健康的人在事业中都会获得成功。存在着身体健康的科学家。所以存在着事业获得成功的人或者事业半途而废的人。

(2) 桌上的每本书都是杰作。写出杰作的人都是天才。某个不出名的人写了桌上的某本书。因此，某个不出名的人是天才。

相关知识　符号化，推理规则

分析与解答　先写出命题的逻辑表达式，再根据推理规则进行推证。对不同的个体域，符号化的结果也不同，采用适当的个体域会使符号化的结果以及推理变得简单。

(1) 设$D(x)$：x勤奋，$H(x)$：x身体健康，$S(x)$：x是科学家，$C(x)$：x事业获得成功，$F(x)$：x事业半途而废，x的论域为人。这里要注意，事业没获得成功不代表事业半途而废。

前提：$\forall x(S(x)\rightarrow D(x))$，$\forall x(D(x)\wedge H(x)\rightarrow C(x))$，$\exists x(S(x)\wedge H(x))$

结论：$\exists x(C(x)\vee F(x))$

证明如下：

(1) $\exists x(S(x)\wedge H(x))$	P
(2) $S(a)\wedge H(a)$	ES(1)
(3) $S(a)$	T(2)I
(4) $H(a)$	T(2)I
(5) $\forall x(S(x)\rightarrow D(x))$	P
(6) $S(a)\rightarrow D(a)$	US(5)
(7) $D(a)$	T(3，6)I
(8) $D(a)\wedge H(a)$	CP(1，7)
(9) $\forall x(D(x)\wedge H(x)\rightarrow C(x))$	P
(10) $D(a)\wedge H(a)\rightarrow C(a)$	US(9)
(11) $C(a)$	T(8，10)I
(12) $C(a)\vee F(a)$	T(11)I

(13) $\exists x(C(x)\vee F(x))$ EG(12)

(2) 设 $D(x)$：x 在桌上，$B(x)$：x 是书，$P(x)$：x 是杰作，$T(y)$：y 是天才，$F(y)$：y 出名，$W(x, y)$：y 写 x，y 的论域为人。

前提：$\forall x(B(x)\wedge D(x)\rightarrow P(x))$，$\forall y(\exists x(P(x)\wedge W(x, y))\rightarrow T(y))$，

$\exists y(\neg F(y)\wedge \exists x(B(x)\wedge D(x)\wedge W(x, y)))$

结论：$\exists x(\neg F(x)\wedge T(x))$

证明如下：

(1) $\exists y(\neg F(y)\wedge \exists x(B(x)\wedge D(x)\wedge W(x, y)))$ P

(2) $\neg F(b)\wedge \exists x(B(x)\wedge D(x)\wedge W(x, b))$ ES(1)

(3) $\neg F(b)$ T(2)I

(4) $\exists x(B(x)\wedge D(x)\wedge W(x, b))$ T(2)I

(5) $B(a)\wedge D(a)\wedge W(a, b)$ P

(6) $B(a)\wedge D(a)$ T(5)I

(7) $W(a, b)$ T(5)I

(8) $\forall x(B(x)\wedge D(x)\rightarrow P(x))$ P

(9) $B(a)\wedge D(a)\rightarrow P(a)$ US(8)

(10) $P(a)$ T(6, 9)I

(11) $P(a)\wedge W(a, b)$ T(7, 10)I

(12) $\exists x(P(x)\wedge W(x, b))$ EG(11)

(13) $\forall y(\exists x(P(x)\wedge W(x, y))\rightarrow T(y))$ P

(14) $\exists x(P(x)\wedge W(x, b))\rightarrow T(b)$ US(13)

(15) $T(b)$ T(12, 14)I

(16) $\neg F(b)\wedge T(b)$ T(3, 15)I

(17) $\exists x(\neg F(x)\wedge T(x))$ EG(16)

习 题 2

2.1 在谓词逻辑中符号化下列命题：

(1) 有些自然数是素数。

(2) 每个整数都是有理数。

(3) 没有不犯错误的人。

(4) 并非每个大学生都能找到工作。

(5) 有些有理数是整数但不是偶数。

(6) 并非所有的人都一样高。

(7) 所有学生都认识某位教授。

(8) 有些学生认识所有的教授。

(9) 每个自然数都有唯一的一个后继数。

(10) 每个大于 2 的偶数都可以表示成两个素数之和。

(11) 不管白猫黑猫，抓住老鼠就是好猫。

(12) 父母是祖先，祖先的祖先还是祖先。

(13) 至多存在一个偶素数。

2.2 设个体域是整数集，令 $P(x, y, z)$：$xy=z$，$E(x)$：x 是偶数，$O(x)$：x 是奇数，$E(x, y)$：$x=y$，$G(x, y)$：$x>y$，将下列命题符号化：

(1) 若 $y=1$，对任何 x 都有 $xy=x$；

(2) 若 $xy\neq 0$，则 $x\neq 0$ 并且 $y\neq 0$；

(3) 若 $xy=0$，则 $x=0$ 或 $y=0$；

(4) 若 $x\leqslant y$ 和 $y\leqslant x$，则 $x=y$。

2.3 设论域为自然数集，令 $P(x)$：x 是素数，$E(x)$：x 是偶数，$O(x)$：x 是奇数，$D(x, y)$：x整除 y，将下列各式译成自然语言，并判断其真值：

(1) $\forall x(D(2, x)\rightarrow E(x))$；

(2) $\exists x(E(x)\land D(x, 6))$；

(3) $\forall x(E(x)\rightarrow \forall y(D(x, y)\rightarrow E(y)))$；

(4) $\forall x(P(x)\rightarrow \exists y(E(y)\land D(x, y)))$；

(5) $\forall x(O(x)\rightarrow \forall y(P(y)\rightarrow \neg D(x, y)))$。

2.4 指出下列公式中量词的辖域，并指出个体变元是约束变元还是自由变元：

(1) $\forall x(P(x)\land \exists xQ(x))\lor \forall x(P(x)\rightarrow Q(x))$；

(2) $\forall x(P(x, y)\land \exists yQ(y))\land(\forall xR(x)\rightarrow Q(x))$；

(3) $\forall x(P(x, y)\lor Q(z))\land \exists y(R(y, x)\rightarrow \forall zQ(z))$。

2.5 对下列公式进行约束变元改名或自由变元代入，使下列公式中的每个个体变元只以一种形式出现：

(1) $\forall x(P(x)\rightarrow Q(y))\rightarrow \exists y(R(y)\land S(x))$；

(2) $\exists xP(x, y)\land \forall y(Q(y, z)\rightarrow \exists z\forall xR(x, y, z))$；

(3) $\forall x(P(x, y)\rightarrow \exists yQ(y, y))\land \forall zR(x, z)$。

2.6 设个体域为 $D=\{a, b, c\}$，消去下列公式中的量词：

(1) $\forall x(P(x)\rightarrow Q(x))$；

(2) $\forall x\neg P(x)\lor \forall xP(x)$。

2.7 给定解释 I 如下：

(1) 个体域为 $D=\{1, 2\}$；

(2) 元素 $a=1$，$b=2$；

(3) 函数 $f(1)=2$，$f(2)=1$；

(4) 谓词 $P(1, 1)\Leftrightarrow P(1, 2)\Leftrightarrow P(2, 2)\Leftrightarrow \mathrm{T}$，$P(2, 1)\Leftrightarrow \mathrm{F}$。

在解释 I 下，求下列各式的真值。

(1) $P(a, f(a))\rightarrow P(b, f(b))$；

(2) $\forall x \exists y P(y, x)$；

(3) $\forall x \forall y (P(x, y) \rightarrow P(f(x), f(y)))$。

2.8　给定解释 I 如下：

(1) 个体域为实数集合 $\mathbf{R}$；

(2) 元素 $a=0$；

(3) 函数 $f(x, y)=x-y$；

(4) 谓词 $P(x, y)$：$x<y$。

在解释 I 下，求下列各式的真值。

(1) $\forall x P(f(a, x), a)$；

(2) $\forall x \forall \exists y \neg P(f(x, y), x)$；

(3) $\forall x \exists y P(x, f(f(x, y), y))$；

(4) $\forall x \forall y \forall z (P(x, y) \rightarrow P(f(x, z), f(y, z)))$。

2.9　在不同个体域中确定下列公式的真值：

(1) $\forall x \exists y (x \cdot y=0)$；

(2) $\exists x \forall y (x \cdot y=0)$；

(3) $\forall x \exists y (x \cdot y=1)$；

(4) $\exists x \forall y (x \cdot y=1)$；

(5) $\forall x \exists y (x \cdot y=x)$；

(6) $\exists x \forall y (x \cdot y=x)$；

(7) $\forall x \forall y \forall z (x-y=z)$。

个体域分别为实数集 $\mathbf{R}$、非零实数集 $\mathbf{R}-\{0\}$、整数集 $\mathbf{Z}$、正整数集 $\mathbf{Z}^{+}$。

2.10　分别找出使下列公式为真的解释和为假的解释：

(1) $\forall x (P(x) \rightarrow \exists y (Q(x) \wedge R(x, y)))$；

(2) $\forall x \forall y (R(x, y) \rightarrow \neg R(y, x))$；

(3) $\forall x \forall y (R(x, y) \rightarrow R(y, x))$；

(4) $\exists x P(x) \rightarrow P(a)$。

2.11　判断下列公式的类型：

(1) $\neg \exists x P(x) \rightarrow \forall x P(x)$；

(2) $\neg \forall x P(x) \leftrightarrow \exists x \neg P(x)$；

(3) $\exists x (P(x) \wedge Q(x)) \rightarrow (\exists x P(x) \rightarrow \neg Q(x))$；

(4) $\forall x (P(x) \rightarrow Q(x)) \rightarrow (\forall x P(x) \rightarrow \forall x Q(x))$；

(5) $\neg (\forall x P(x) \vee \exists y Q(y)) \leftrightarrow (\neg \forall x P(x) \wedge \neg \exists y Q(y))$；

(6) $\exists x \forall y (R(x, y) \rightarrow R(y, x))$。

2.12　证明下列各等价式：

(1) $\forall x (P(x) \wedge \neg Q(x)) \Leftrightarrow \neg \exists x (P(x) \rightarrow Q(x))$；

(2) $\forall x \forall y (P(x) \rightarrow Q(y)) \Leftrightarrow \exists x P(x) \rightarrow \forall y Q(y)$；

(3) $\exists x P(x) \downarrow \exists x Q(x) \Leftrightarrow \forall x (P(x) \downarrow Q(x))$。

2.13　求下列公式的前束范式：

(1) $\forall x(P(x) \to (\exists yQ(y) \to \exists yR(x, y)))$；

(2) $\forall x(P(x) \to Q(x)) \to (\exists xP(x) \to \exists xQ(x))$；

(3) $\forall x \forall y(\exists zP(x, z) \land P(y, z)) \to \forall zQ(x, y, z)$。

2.14　求下列公式的前束析取范式和前束合取范式：

(1) $(\exists xP(x) \lor \exists xQ(x)) \to \exists x(P(x) \lor Q(x))$；

(2) $\forall xP(x) \land \forall y(\forall z \neg Q(x, z) \to \neg \forall zR(y, z))$；

(3) $\forall xP(x) \to \exists y(\forall zQ(x, z) \lor \forall zR(x, y, z))$。

2.15　判断下列推理是否正确：

(1) 前提：$\forall x(P(x) \to Q(x))$，$\exists yP(y)$

　　结论：$\exists yQ(y)$

(2) 前提：$\exists xP(x)$，$\exists xQ(x)$

　　结论：$\exists y(P(y) \land Q(y))$

(3) 前提：$\forall x(P(x) \to Q(x))$，$\neg Q(y)$

　　结论：$\forall x \neg P(y)$

2.16　指出下列推理中的错误：

1. (1) $\forall xA(x) \to B(x)$　　P

　(2) $A(y) \to B(y)$　　US(1)

2. (1) $\forall x(A(x) \lor B(x))$　　P

　(2) $A(a) \to B(b)$　　US(1)

3. (1) $A(x) \to B(c)$　　P

　(2) $\exists x(A(x) \to B(x))$　　EG(1)

4. (1) $A(a) \to B(b)$　　P

　(2) $\exists x(A(x) \to B(x))$　　EG(1)

5. (1) $\exists x(A(x) \land B(x))$　　P

　(2) $\exists x(C(x) \land D(x))$　　P

　(3) $A(a) \land B(a)$　　ES(1)

　(4) $A(a)$　　T(3)I

　(5) $C(a) \land D(a)$　　ES(2)

　(6) $C(a)$　　T(5)I

　(7) $A(a) \land C(a)$　　T(4, 6)I

　(8) $\exists x(A(x) \land C(x))$　　EG(7)

6. (1) $\forall x(A(x) \to B(x))$　　P

　(2) $\forall x(B(x) \to C(x))$　　P

　(3) $\forall x(A(x) \to C(x))$　　T(1, 2)I

2.17　在谓词逻辑中构造以下推理的证明：

(1) 有理数和无理数都是实数。虚数不是实数。因此，虚数既不是有理数也不是无理数。

(2) 所有的整数都是有理数。有些整数不是偶数。所以，有些有理数不是偶数。

(3) 不存在不能表示成分数的有理数。无理数都不能表示成分数。所以，无理数都不是有理数。

(4) 每个不努力的学生都考不上研究生。小王考上了研究生。因此，小王如果是学生就一定是努力的学生。

(5) 一个人如果喜欢看手机，他就不喜欢看电脑。每个人或者喜欢看电脑或者喜欢看电视。有的人不喜欢看电视，所以有的人不喜欢看手机。

(6) 研究生院的学生不是硕士生就是博士生。有的学生是高材生。刘晖不是博士生但是高材生。因此，如果乐乐是研究生院的学生，他就是硕士生。

(7) 每个程序员都编写过程序。木马是一种程序。有的程序员没有编写过木马。因此，有些程序不是木马。

(8) 所有叫得好听的鸟都是色彩鲜艳的。没有大鸟以蜂蜜为主食。不以蜂蜜为主食的鸟色彩是暗淡的。所以，叫得好听的鸟是小鸟。

(9) 除了高等数学以外我的书都是计算机方面的书。我买的书都是我喜欢的。我不喜欢高等数学书。所以，我买的书都是计算机方面的书。

第3章　集　　合

集合的概念和方法被广泛地应用于各种学科和技术领域中，它也是计算机科学与软件工程的理论基础，在程序设计、形式语言、关系数据库和操作系统等计算机学科中都有重要的应用。

3.1　集合的基本概念

一、集合的概念

集合是数学中最基本的概念，无法给出严格精确的定义。一般认为，一个集合指的是由一些可确定的、可分辨的对象构成的无序整体。对于给定的集合和对象，应该可以断定这个特定的对象是否属于这个集合。如果属于，就称它为这个集合的元素。集合可以由各种类型的元素构成。例如：

学习离散数学的学生的集合；

26 个英文字母的集合；

全体中国人的集合；

……

集合通常用大写的英文字母表示。例如：

N 代表全体自然数组成的集合；

Z 代表全体整数组成的集合；

Q 代表全体有理数组成的集合；

R 代表全体实数组成的集合；

C 代表全体复数组成的集合。

集合中的元素通常用小写的英文字母表示。

二、集合的表示

表示一个集合通常有两种方法：列举法和描述法。

1. 列举法(或枚举法)

列举法即列出集合中的所有元素，元素之间用逗号隔开，并把它们用花括号括起来。例如：

$$A=\{a, b, c, d\}$$

其中 a 是 A 的元素，记作 $a\in A$，同样有 $b\in A$，$c\in A$ 和 $d\in A$，但 e 不是 A 的元素，可记作 $e\notin A$。

2. 描述法(或谓词表示法)

描述法即用谓词概括该集合中元素的属性，并用花括号括起来。例如：

$$B=\{x \mid P(x)\}$$

表示 B 由使 $P(x)$ 为真的全体 x 构成。又如：

$$B=\{x \mid x\in \mathbf{R} \land x^2-1=0\}$$

一般来说，集合的元素可以是任何类型的对象，一个集合也可以作为另一个集合的元素。例如：对于集合

$$A=\{a, \{b, c\}, d, \{\{d\}\}\}$$

有 $a\in A$，$\{b, c\}\in A$，$d\in A$，$\{\{d\}\}\in A$，但 $b\notin A$，$\{d\}\notin A$，$b\in\{b, c\}$，即 b 不是 A 的元素，而是 A 的元素 $\{b, c\}$ 的元素。

可以用一种树形结构把集合和它的元素之间的关系表示出来。在每个层次上，把集合作为一个结点，它的元素则作为它的儿子。这样，集合 A 的结构如图 3.1.1 所示。不难看出，A 有 4 个儿子，所以 A 只有 4 个元素，而 b、c 和 $\{d\}$ 都是 A 的元素的元素，不是 A 的元素。

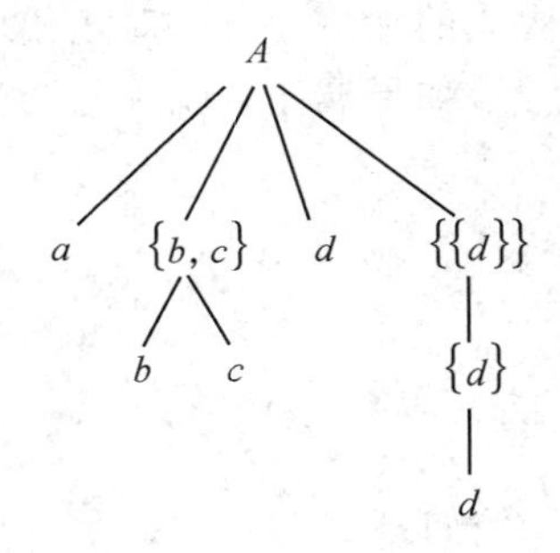

图 3.1.1

在集合论中，我们还规定元素之间是彼此相异的，并且是没有次序关系的。例如，集合 $\{3, 4, 5\}$，$\{3, 4, 4, 4, 5\}$ 和 $\{5, 3, 4\}$ 都是同一个集合。

注意　(1) 组成一个集合的条件是能够明确地判断任意一个对象是或者不是该集合的元素，二者必居其一。

(2) 集合中的元素没有次序，一个集合中也没有相同的元素，如果一个集合中出现若干个相同的元素，则将它们作为一个元素。

(3) 同一个集合中的各个元素不一定存在确定的关系。

三、集合的包含与相等

包含与相等是集合间的两种基本关系，也是集合论中的两个基本概念。两个集合相等是按照下述原理定义的。

定理 3.1.1(外延性原理)　两个集合是相等的，当且仅当它们有相同的元素。

两个集合 A 和 B 相等，记作 $A=B$；两个集合不相等，记作 $A\neq B$。

例如，若 $A=\{x\in \mathbf{R} \land x^2-1=0\}$，$B=\{1, -1\}$，则 $A=B$。

定义 3.1.1 设 A 和 B 是两个集合，如果 B 中的每个元素都是 A 中的元素，则称 B 为 A 的子集。这时也称 B 包含于 A，或 A 包含 B，记作 $B\subseteq A$。如果 B 不包含于 A，则记作 $B\not\subseteq A$。包含可符号化为

$$B\subseteq A\Leftrightarrow\forall x(x\in B\rightarrow x\in A)$$

例如：$A=\{0, 1, 2\}$，$B=\{0, 1\}$，$C=\{1, 2\}$，则有 $B\subseteq A$，$C\subseteq A$，但 $B\not\subseteq C$。

注意 $\subseteq$表示集合与集合之间的关系，而$\in$表示元素与集合之间的关系。

定理 3.1.2 设 A 和 B 是两个集合，集合 A 和集合 B 相等的充分必要条件是这两个集合互为子集。其可符号化为

$$A=B\Leftrightarrow A\subseteq B\land B\subseteq A$$

证明 设任意两个集合 A、B 相等，则由外延性原理知集合 A、B 有相同的元素，故 $\forall x(x\in A\rightarrow x\in B)$为真，且 $\forall x(x\in B\rightarrow x\in A)$也为真，即 $A\subseteq B$ 且 $B\subseteq A$。

反之，若 $A\subseteq B$ 且 $B\subseteq A$，假设 $A\neq B$，则 A 与 B 的元素不完全相同，设有某一元素 $x\in A$但 $x\notin B$，这与 $A\subseteq B$ 条件相矛盾；或设某一元素 $x\in B$ 但 $x\notin A$，这与 $B\subseteq A$ 条件相矛盾。故 A、B 的元素必须相同，即 $A=B$。

这个定理很重要，今后证明两个集合相等，主要利用这个互为子集的判定条件。

定理 3.1.3 设 A、B 和 C 是三个集合，则

(1) $A\subseteq A$(自反性)；

(2) $(A\subseteq B)\land(B\subseteq C)\Rightarrow A\subseteq C$ (传递性)。

证明 (1) 根据子集的定义显然成立。

(2)
$$\begin{aligned}(A\subseteq B)\land(B\subseteq C)&\Leftrightarrow\forall x(x\in A\rightarrow x\in B)\land\forall x(x\in B\rightarrow x\in C)\\&\Leftrightarrow\forall x((x\in A\rightarrow x\in B)\land(x\in B\rightarrow x\in C))\\&\Leftrightarrow\forall x(x\in A\rightarrow x\in C)\\&\Leftrightarrow A\subseteq C\end{aligned}$$

定义 3.1.2 如果集合 A 的每一个元素都属于集合 B，但集合 B 中至少有一个元素不属于集合 A，则称 A 是 B 的真子集，记作 $A\subset B$。其可符号化为

$$A\subset B\Leftrightarrow\forall x(x\in A\rightarrow x\in B)\land\exists x(x\in B\land x\notin A)$$

$$A\subset B\Leftrightarrow A\subseteq B\land A\neq B$$

如果 A 不是 B 的真子集，则记作 $A\not\subset B$。这时，或者 $A\subseteq B$，或者 $A=B$。

例如：设集合 $A=\{1, 2, 3, 4, 5\}$，$B=\{1, 2, 3, 4, 5, 7\}$，由于对于任意 $x\in A$，均有 $x\in B$，因此 $A\subseteq B$。又 $7\in B$ 而 $7\notin A$，故 $A\subset B$。

四、全集、空集和幂集

定义 3.1.3 在讨论的具体问题中，所讨论的对象全体称为全集，记作 U 或 E。其可符号化为

$$\forall x(x\in E)\text{恒真}$$

故 $E=\{x\mid p(x)\lor\neg p(x)\}$，$p(x)$为任何谓词。

全集的概念相当于论域，例如，在考虑某大学的部分学生组成的集合(如系、班级等)

时，该大学的全体学生组成了全集。

定义 3.1.4 不包含任何元素的集合称为空集，记作$\varnothing$。空集可符号化为

$$\varnothing=\{x \mid x\neq x\}$$

空集是客观存在的，例如：

$$A=\{x \mid x\in \mathbf{R}\wedge x^2+1=0\}$$

是方程 $x^2+1=0$ 的实数解集，因为该方程没有实数解，所以 $A=\varnothing$。

定理 3.1.4 设 A 是任意一个集合，$\varnothing$是空集，则有$\varnothing\subseteq A$。

证明 方法一：由子集的定义有

$$\varnothing\subseteq A\Leftrightarrow \forall x(x\in\varnothing\rightarrow x\in A)$$

右边的蕴含式中因前件 $x\in\varnothing$为假，所以整个蕴含式对一切 x 为真，因此$\varnothing\subseteq A$ 为真。

方法二：假设$\varnothing\subseteq A$ 是假，则至少存在一个元素 x，使 $x\in\varnothing$且 $x\notin A$。因为空集$\varnothing$不包含任何元素，所以这是不可能的。

推论 空集是唯一的。

证明 假设存在空集$\varnothing_1$ 和$\varnothing_2$，由定理 3.1.4 知$\varnothing_1\subseteq\varnothing_2$ 和$\varnothing_2\subseteq\varnothing_1$，根据集合相等的定义得$\varnothing_1=\varnothing_2$。

由空集和子集的定义可以看出，对于每个非空集合 A，至少有两个不同的子集，A 和$\varnothing$，即 $A\subseteq A$ 和$\varnothing\subseteq A$，我们称 A 和$\varnothing$是 A 的平凡子集。

定义 3.1.5 一个集合 A 所包含的元素的数目称为该集合的基数或势，记作$|A|$。

定义 3.1.6 若$|A|<\infty$，则称 A 为有限集或有穷集，否则称 A 为无限集或无穷集。

例如：自然数集合 **N**、有理数集合 **Q** 是无限集。

例 3.1.1 确定下列命题是否为真：

(1) $\varnothing\subseteq\varnothing$；(2) $\varnothing\in\varnothing$；(3) $\varnothing\subseteq\{\varnothing\}$；(4) $\varnothing\in\{\varnothing\}$。

解 (1)、(3)、(4)为真，(2)为假。

由例 3.1.1 不难看出$\varnothing$与$\{\varnothing\}$的区别。$\varnothing$中不含有任何元素，而$\{\varnothing\}$中有一个元素$\varnothing$，所以$\varnothing\neq\{\varnothing\}$。

定义 3.1.7 给定集合 A，由集合 A 的所有子集为元素构成的集合，称为集合 A 的幂集，记作 $P(A)$ 或者 2^A。其可符号化为

$$P(A)=\{x \mid x\subseteq A\}$$

例 3.1.2 设 $A=\{a, b, c\}$，求 A 的全部子集和 $P(A)$。

解 将 A 的子集从小到大分类：

0 个元素子集(即空集)只有一个：$\varnothing$；

1 个元素子集有 C_3^1 个：$\{a\}$，$\{b\}$，$\{c\}$；

2 个元素子集有 C_3^2 个：$\{a, b\}$，$\{b, c\}$，$\{c, a\}$；

3 个元素子集有 C_3^3 个：$\{a, b, c\}$。

$P(A)$为

$$P(A)=\{\varnothing, \{a\}, \{b\}, \{c\}, \{a, b\}, \{b, c\}, \{c, a\}, \{a, b, c\}\}$$

定理 3.1.5 对于集合 A，若$|A|=n$，则 $|P(A)|=2^n$。

证明　对于有 n 个元素的集合 A，它的 $m(0\leqslant m\leqslant n)$ 个元素子集有 C_n^m 个，所以不同的子集总数有

$$C_n^0+C_n^1+\cdots+C_n^n$$

由二项式定理

$$(x+y)^n=\sum_{k=0}^{n}C_n^k\cdot x^k\cdot y^{n-k}$$

令 $x=1$，$y=1$，得

$$C_n^0+C_n^1+\cdots+C_n^n=2^n=\sum_{k=0}^{n}C_n^k$$

所以，n 个元素的集合有 2^n 个子集，故 $P(A)$ 的元素个数是 2^n。

例 3.1.3　计算以下幂集：

(1) $P(\varnothing)$；

(2) $P(\{\varnothing\})$；

(3) $P(\{\varnothing, \{\varnothing\}\})$；

(4) $P(\{1, \{2, 3\}\})$。

解　(1) $P(\varnothing)=\{\varnothing\}$；

(2) $P(\{\varnothing\})=\{\varnothing, \{\varnothing\}\}$；

(3) $P(\{\varnothing, \{\varnothing\}\})=\{\varnothing, \{\varnothing\}, \{\{\varnothing\}\}, \{\varnothing, \{\varnothing\}\}\}$；

(4) $P(\{1, \{2, 3\}\})=\{\varnothing, \{1\}, \{\{2, 3\}\}, \{1, \{2, 3\}\}\}$。

3.2　集合的运算与性质

一、集合的运算

集合的运算，就是以给定集合为对象，按照确定的规则得到另外一些集合。集合的运算包括集合的交、并、相对补、绝对补和对称差等。

定义 3.2.1　设任意两个集合 A 和 B，由集合 A 和 B 的所有共同元素组成的集合 S，称为 A 和 B 的交集，记作 $A\cap B$。其可符号化为

$$S=A\cap B=\{x\mid(x\in A)\wedge(x\in B)\}$$

定义 3.2.2　设任意两个集合 A 和 B，所有属于 A 或属于 B 的元素组成的集合 S，称为 A 和 B 的并集，记作 $A\cup B$。其可符号化为

$$S=A\cup B=\{x\mid(x\in A)\vee(x\in B)\}$$

定义 3.2.3　设任意两个集合 A 和 B，所有属于 A 而不属于 B 的元素组成的集合 S，称为 B 对 A 的补集，或相对补，记作 $A-B$。其可符号化为

$$S=A-B=\{x\mid(x\in A)\wedge(x\notin B)\}=\{x\mid(x\in A)\wedge\neg(x\in B)\}$$

例如，$A=\{a, b, c\}$，$B=\{a, d\}$，$C=\{c\}$，则有

$$A\cup B=\{a, b, c, d\}$$

$$A\cap B=\{a\}$$

$$A-B=\{b, c\}$$
$$B-A=\{d\}$$
$$C-A=\varnothing$$
$$B\cap C=\varnothing$$

当两个集合的交集是空集时，称它们是不相交的。上面例子中的集合 B 和 C 是不相交的。

把以上定义加以推广，可得到 n 个集合的交集和并集，即

$$A_1\cap A_2\cap\cdots\cap A_n=\{x\mid(x\in A_1)\wedge(x\in A_2)\wedge\cdots\wedge(x\in A_n)\}$$
$$A_1\cup A_2\cup\cdots\cup A_n=\{x\mid(x\in A_1)\vee(x\in A_2)\vee\cdots\vee(x\in A_n)\}$$

例如，

$$\{a, b\}\cap\{b, c\}\cap\{\{a, b\}, \{b, c\}\}=\varnothing$$
$$\{a, b\}\cup\{b, c\}\cup\{\{a, b\}, \{b, c\}\}=\{a, b, c, \{a, b\}, \{b, c\}\}$$

可以把 n 个集合的交和并简记为 $\bigcap\limits_{i=1}^{n} A_i$ 和 $\bigcup\limits_{i=1}^{n} A_i$，即

$$\bigcap_{i=1}^{n} A_i=A_1\cap A_2\cap\cdots\cap A_n$$
$$\bigcup_{i=1}^{n} A_i=A_1\cup A_2\cup\cdots\cup A_n$$

定义 3.2.4 设 E 为全集，$A\subseteq E$，集合 A 关于 E 的补 $E-A$，称为集合 A 的绝对补，记作 $\overline{A}$ 或 $\sim A$。其可符号化为

$$\overline{A}=E-A=\{x\mid(x\in E)\wedge(x\notin A)\}$$

因为 E 为全集，在所研究的问题中，任何集合的元素 $x\in E$ 是真命题，所以 $\overline{A}$ 可以定义为

$$\overline{A}=\{x\mid x\notin A\}$$

例如，$E=\{a, b, c, d\}$，$A=\{a, b, c\}$，$B=\{a, b, c, d\}$，$C=\varnothing$，则

$$\overline{A}=\{d\}, \overline{B}=\varnothing, \overline{C}=E$$

定义 3.2.5 设 A、B 为任意两个集合，A 和 B 的对称差为集合 S，其元素或属于 A，或属于 B，但不能既属于 A 又属于 B，记作 $A\oplus B$。其可符号化为

$$S=A\oplus B=(A-B)\cup(B-A)=\{x\mid(x\in A)\bar{\vee}(x\in B)\}$$

例如，$A=\{a, b, c\}$，$B=\{c, d\}$，则

$$A\oplus B=\{a, b, d\}$$

二、文氏图

集合之间的相互关系和运算还可以用文氏图来描述，它有助于我们理解问题，有时对解题也很有帮助。在不要求有求解步骤的题目中，可以使用文氏图求解，但它不能用于题目的证明。

在文氏图中，用矩形表示全集 U，矩形内部的点均为全集中的元素，用圆或椭圆表示 U 的子集，其内部的点表示不同集合的元素，并将运算结果得到的集合用阴影部分表示。图 3.2.1 表示了集合的 5 种基本运算。

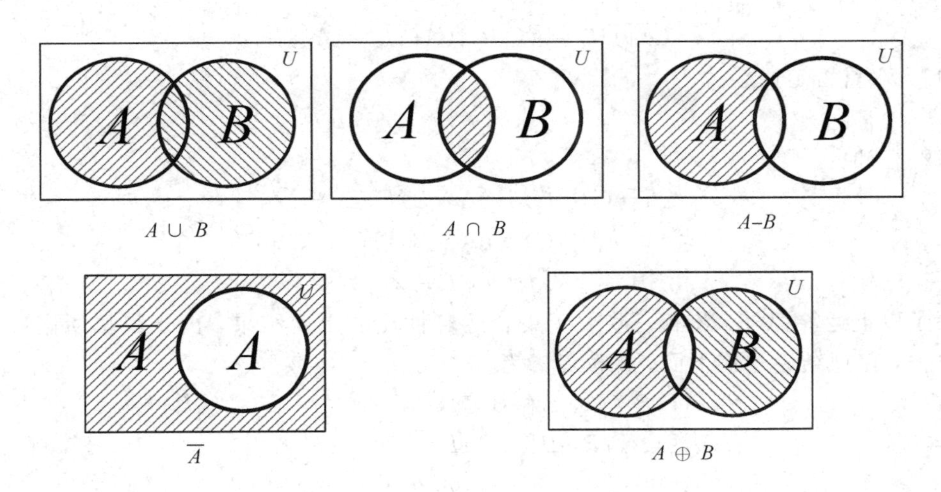

图 3.2.1

三、集合运算的性质

任何代数运算都遵从一定的运算律，集合运算也不例外，下面列出的是集合运算的主要运算律，其中的 A、B、C 表示任意集合。

(1) 幂等律：

$$A \cup A = A,\ A \cap A = A$$

(2) 结合律：

$$(A \cup B) \cup C = A \cup (B \cup C)$$
$$(A \cap B) \cap C = A \cap (B \cap C)$$

(3) 交换律：

$$A \cup B = B \cup A,\ A \cap B = B \cap A$$

(4) 分配律：

$$A \cup (B \cap C) = (A \cup B) \cap (A \cup C)$$
$$A \cap (B \cup C) = (A \cap B) \cup (A \cap C)$$

(5) 同一律：

$$A \cup \varnothing = A,\ A \cap E = A$$

(6) 零律：

$$A \cup E = E,\ A \cap \varnothing = \varnothing$$

(7) 排中律：

$$A \cup \overline{A} = E$$

(8) 矛盾律

$$A \cap \overline{A} = \varnothing$$

(9) 吸收律：

$$A \cup (A \cap B) = A,\ A \cap (A \cup B) = A$$

(10) 德·摩根律：

$$(\overline{A\cup B})=\overline{A}\cap\overline{B},\ (\overline{A\cap B})=\overline{A}\cup\overline{B}$$

(11) 双重否定律：

$$\overline{\overline{A}}=A$$

(12) 其他：

$$A-(B\cup C)=(A-B)\cap(A-C)$$

$$A-(B\cap C)=(A-B)\cup(A-C)$$

$$\overline{\varnothing}=E,\ \overline{E}=\varnothing$$

除了以上运算律外，还有一些关于集合运算性质的重要结果，由于篇幅所限，有关的证明略去，仅把结论列在下面，供读者参考。

$$A\cap B\subseteq A,\ A\cap B\subseteq B$$

$$A\subseteq A\cup B,\ B\subseteq A\cup B$$

$$A-B\subseteq A$$

$$A-B=A\cap\overline{B}=A-(A\cap B)$$

$$A\cup B=B\Leftrightarrow A\subseteq B\Leftrightarrow A\cap B=A\Leftrightarrow A-B=\varnothing$$

$$A\oplus B=B\oplus A$$

$$(A\oplus B)\oplus C=A\oplus(B\oplus C)$$

$$A\oplus\varnothing=A$$

$$A\oplus A=\varnothing$$

$$A\oplus B=A\oplus C\Leftrightarrow B=C$$

以上恒等式的证明主要用到命题演算的等值式。证明的基本思想是：欲证 $P=Q$，即证

$$P\subseteq Q\wedge Q\subseteq P$$

也就是要证明对任意的 x，

$$x\in P\Rightarrow x\in Q \text{ 和 } x\in Q\Rightarrow x\in P$$

成立，把这两个式子合到一起就是

$$x\in P\Leftrightarrow x\in Q$$

例 3.2.1 证明分配律：

(1) $A\cap(B\cup C)=(A\cap B)\cup(A\cap C)$；

(2) $A\cup(B\cap C)=(A\cup B)\cap(A\cup C)$。

证明 (1) 对任意的 x，

$$\begin{aligned}&x\in A\cap(B\cup C)\\ \Leftrightarrow\ &x\in A\wedge x\in(B\cup C)\\ \Leftrightarrow\ &x\in A\wedge(x\in B\vee x\in C)\\ \Leftrightarrow\ &(x\in A\wedge x\in B)\vee(x\in A\wedge x\in C)\\ \Leftrightarrow\ &(x\in A\cap B)\vee(x\in A\cap C)\\ \Leftrightarrow\ &x\in(A\cap B)\cup(A\cap C)\end{aligned}$$

故

$$A\cap(B\cup C)=(A\cap B)\cup(A\cap C)$$

(2) 其证明与(1)类似。

例 3.2.2　证明：$(\overline{A\cup B})=\overline{A}\cap\overline{B}$。

证明　对任意的 x，

$$
\begin{aligned}
&x\in\overline{A\cup B}\\
\Leftrightarrow &x\notin A\cup B\\
\Leftrightarrow &\neg(x\in A\cup B)\\
\Leftrightarrow &\neg(x\in A\vee x\in B)\\
\Leftrightarrow &\neg x\in A\wedge\neg x\in B\\
\Leftrightarrow &x\notin A\wedge x\notin B\\
\Leftrightarrow &x\in\overline{A}\cap x\in\overline{B}
\end{aligned}
$$

故

$$(\overline{A\cup B})=\overline{A}\cap\overline{B}$$

例 3.2.3　证明：$A-(B\cup C)=(A-B)\cap(A-C)$。

证明　对任意的 x，

$$
\begin{aligned}
&x\in A-(B\cup C)\\
\Leftrightarrow &x\in A\wedge x\notin(B\cup C)\\
\Leftrightarrow &x\in A\wedge\neg(x\in B\cup C)\\
\Leftrightarrow &x\in A\wedge\neg(x\in B\vee x\in C)\\
\Leftrightarrow &x\in A\wedge(\neg x\in B\wedge\neg x\in C)\\
\Leftrightarrow &x\in A\wedge(x\notin B\wedge x\notin C)\\
\Leftrightarrow &(x\in A\wedge x\notin B)\wedge(x\in A\wedge x\notin C)\\
\Leftrightarrow &x\in(A-B)\wedge x\in(A-C)\\
\Leftrightarrow &x\in(A-B)\cap(A-C)
\end{aligned}
$$

故

$$A-(B\cup C)=(A-B)\cap(A-C)$$

集合的相等除了上述证明方法，还可以通过运算律进行等式推导，下面举例说明。

例 3.2.4　证明：$A\cap(B-C)=(A\cap B)-(A\cap C)$。

证明

$$
\begin{aligned}
A\cap(B-C)&=A\cap(B\cap\overline{C})\\
&=(A\cap B\cap\overline{A})\cup(A\cap B\cap\overline{C})=(A\cap B)\cap(\overline{A}\cup\overline{C})\\
&=(A\cap B)\cap(\overline{A\cap C})=(A\cap B)-(A\cap C)
\end{aligned}
$$

例 3.2.5　证明：$(A-B)\cup B=A\cup B$。

证明　$(A-B)\cup B=(A\cap\overline{B})\cup B=(A\cup B)\cap(\overline{B}\cup B)=(A\cup B)\cap E=A\cup B$

例 3.2.6　已知 $A\oplus B=A\oplus C$，证明 $B=C$。

证明　由于

$$A\oplus B=A\oplus C$$

则有

$$
\begin{aligned}
&A\oplus(A\oplus B)=A\oplus(A\oplus C)\\
&(A\oplus A)\oplus B=(A\oplus A)\oplus C\\
&\varnothing\oplus B=\varnothing\oplus C
\end{aligned}
$$

所以

$$B=C$$

3.3 集合的划分与覆盖

在集合的研究中，除了进行集合之间的比较外，还要对集合的元素进行分类，也就是集合的划分问题。

定义 3.3.1 若把一个集合 A 分成若干个称为分块的非空子集，使得 A 中的每个元素至少属于一个分块，那么这些分块的全体构成的集合称为 A 的一个覆盖；如果 A 中的每个元素属于且仅属于一个分块，那么这些分块的全体构成的集合称为 A 的一个划分。

上述定义与下面的定义是等价的。

定义 3.3.2 令 A 为给定非空集合，$S=\{A_1, A_2, \cdots, A_m\}$，若满足

(1) $A_i \subseteq A$；

(2) $A_i \neq \varnothing (i=1, 2, \cdots, m)$；

(3) $\bigcup\limits_{i=1}^{m} A_i = A$，

则集合 S 称为集合 A 的覆盖。

如果除以上条件外，另有(4)$A_i \cap A_j = \varnothing (i \neq j)$，则称 S 是 A 的划分。

由以上定义知，划分一定是覆盖，但反过来，覆盖不一定是划分。

例 3.3.1 设 $A=\{a, b, c\}$，考虑下列集合哪些是覆盖，哪些是划分？

$$Q=\{\{a\}, \{a, b\}, \{a, c\}\},\ S=\{\{a, b\}, \{b, c\}\},\ G=\{\{a, b, c\}\}$$

$$D=\{\{a\}, \{b, c\}\},\ E=\{\{a\}, \{b\}, \{c\}\},\ F=\{\{a\}, \{a, c\}\}$$

解 Q、S、G、D、E 是 A 的覆盖，D、G、E 是 A 的划分，F 既不是覆盖也不是划分。

例 3.3.2 求集合 $A=\{a, b, c\}$的所有划分。

解 其不同的划分共有 5 个：

$$A_1=\{\{a\}, \{b\}, \{c\}\},\ A_2=\{\{a, b\}, \{c\}\},\ A_3=\{\{a\}, \{b, c\}\}$$

$$A_4=\{\{a, c\}, \{b\}\},\ A_5=\{\{a, b, c\}\}$$

由例 3.3.2 可知，一个给定集合的覆盖和划分不是唯一的。任一个集合的最小划分是由这个集合的全部元素组成一个分块的集合，如例 3.3.2 中 A_5 是 A 的最小划分。任一个集合的最大划分是由每个元素构成一个单元素分块的集合，如例 3.3.2 中 A_1 是 A 的最大划分。

注意 给定集合 A 的划分虽然不唯一，但是已知一个集合很容易构造出一种划分；反过来，已知集合的划分，也可以确定唯一的集合。

定义 3.3.3 若$\{A_1, A_2, \cdots, A_r\}$与$\{B_1, B_2, \cdots, B_s\}$是同一个集合 A 的两种划分，则其中所有 $A_i \cap B_j \neq \varnothing$组成的集合称为原来两种划分的交叉划分。

例如：所有人的集合 Q 可分割成$\{A, B\}$，其中 A 表示男人的集合，B 表示女人的集合，Q 也可分割成$\{C, D\}$，其中 C 表示已婚人的集合，D 表示未婚人的集合，则其交叉划分为

$$Q=\{A \cap C, A \cap D, B \cap C, B \cap D\}$$

其中 $A\cap C$ 表示已婚男人，$A\cap D$ 表示未婚男人，$B\cap C$ 表示已婚女人，$B\cap D$ 表示未婚女人。

定理 3.3.1　设$\{A_1, A_2, \cdots, A_r\}$与$\{B_1, B_2, \cdots, B_s\}$是同一个集合 P 的两种划分，则其交叉划分也是原集合的一种划分。

证明　因为题设的交叉划分是：

$\{A_1\cap B_1, A_1\cap B_2, \cdots, A_1\cap B_s, A_2\cap B_1, A_2\cap B_2, \cdots, A_2\cap B_s, \cdots, A_r\cap B_1, A_r\cap B_2, \cdots, A_r\cap B_s\}$

所以在交叉划分中，任取两个元素，$A_i\cap B_h$，$A_m\cap B_k$，考察$(A_i\cap B_h)\cap(A_m\cap B_k)$：

(1) 当 $i\neq m$ 且 $h=k$ 时，因为 $A_i\cap A_m=\varnothing$，所以

$$A_i\cap B_h\cap A_m\cap B_k=\varnothing\cap B_h\cap B_k=\varnothing$$

(2) 当 $i\neq m$ 且 $h\neq k$ 时，因为 $A_i\cap A_m=\varnothing$，$B_h\cap B_k=\varnothing$，所以

$$A_i\cap B_h\cap A_m\cap B_k=\varnothing\cap\varnothing=\varnothing$$

(3) 当 $i=m$ 且 $h\neq k$ 时，情况与(1)相同。

综上所述，在交叉划分中，任取两个元素，其交为

$$A_i\cap B_h\cap A_m\cap B_k=\varnothing$$

其次，交叉划分中所有元素的并为

$$\begin{aligned}&(A_1\cap B_1)\cup(A_1\cap B_2)\cup\cdots\cup(A_1\cap B_s)\cup\cdots\cup(A_r\cap B_1)\cup(A_r\cap B_2)\cup\cdots\cup(A_r\cap B_s)\\&=(A_1\cap(B_1\cup B_2\cup\cdots\cup B_s))\cup(A_2\cap(B_1\cup B_2\cup\cdots\cup B_s))\cdots(A_r\cap(B_1\cup B_2\cup\cdots\cup B_s))\\&=(A_1\cup A_2\cup\cdots\cup A_r)\cap(B_1\cup B_2\cup\cdots\cup B_s)\\&=P\cap P\\&=P\end{aligned}$$

定义 3.3.4　给定 P 的任意两个划分$\{A_1, A_2, \cdots, A_r\}$和$\{B_1, B_2, \cdots, B_s\}$，若对于每一个 A_m 均有 B_k 使 $A_m\subseteq B_k$，则$\{A_1, A_2, \cdots, A_r\}$称为$\{B_1, B_2, \cdots, B_s\}$的加细。

定理 3.3.2　任何两种划分的交叉划分，都是原来各划分的一种加细。

证明　设$\{A_1, A_2, \cdots, A_r\}$与$\{B_1, B_2, \cdots, B_s\}$的交叉划分为 T，对 T 中任意元素 $A_i\cap B_h$，必有 $A_i\cap B_h\subseteq A_i$ 和 $A_i\cap B_h\subseteq B_h$，故 T 必是原划分的加细。

3.4　集合中元素的计数

集合 $A=\{1, 2, \cdots, n\}$，它含有 n 个元素，可以说这个集合的基数是 n，记作

$$\text{Card } A=n \text{ 或 } |A|=n$$

所谓基数，是表示集合中所含元素的个数。如果 A 的基数是 n，则记为 $|A|=n$，显然空集的基数是 0，即 $|\varnothing|=0$。

定义 3.4.1　设 A 为集合，若 A 所包含的元素个数是有限个，则称 A 为有限集，否则称 A 为无限集。

例如，$\{a, b, c\}$是有限集，而 $\mathbf{N}$、$\mathbf{Z}$、$\mathbf{Q}$、$\mathbf{R}$ 是无限集。

有限集的基数很容易确定，而无限集的基数就比较复杂了，这里不讨论这个问题。本节所涉及的计数问题是针对有限集而言的。有限个元素的计数问题是集合运算的一个应

用。在有限集的元素计数问题中，容斥原理有着广泛的应用。

定理 3.4.1(容斥原理)　对有限集合 A_1 和 A_2，其元素个数分别为 $|A_1|$、$|A_2|$，则

$$|A_1 \cup A_2| = |A_1| + |A_2| - |A_1 \cap A_2|$$

证明　(1) 若 A_1 与 A_2 不相交，即 $A_1 \cap A_2 = \varnothing$，则

$$|A_1 \cup A_2| = |A_1| + |A_2|$$

(2) 若 $A_1 \cap A_2 \neq \varnothing$，则

$$|A_1| = |A_1 \cap \overline{A}_2| + |A_1 \cap A_2|, \quad |A_2| = |\overline{A}_1 \cap A_2| + |A_1 \cap A_2|$$

所以

$$|A_1| + |A_2| = |A_1 \cap \overline{A}_2| + |\overline{A}_1 \cap A_2| + 2|A_1 \cap A_2|$$

又

$$|A_1 \cap \overline{A}_2| + |\overline{A}_1 \cap A_2| + |A_1 \cap A_2| = |A_1 \cup A_2|$$

故

$$|A_1 \cup A_2| = |A_1| + |A_2| - |A_1 \cap A_2|$$

这个定理也称作包含排斥原理，实际生活中经常用到。

例 3.4.1　有 100 名程序员，其中 60 名程序员熟悉 C 语言，45 名程序员熟悉 Java 语言，25 名程序员熟悉这两种语言。问有多少人对这两种语言都不熟悉？

解　设 A 表示熟悉 C 语言的程序员的集合，B 表示熟悉 Java 语言的程序员的集合，则 $|A| = 60$，$|B| = 45$，$|A \cap B| = 25$，从而得到

$$|A \cup B| = |A| + |B| - |A \cap B| = 60 + 45 - 25 = 80$$

$$|\overline{A \cup B}| = 100 - 80 = 20$$

所以，两种语言都不熟悉的有 20 人。

例 3.4.2　一个班有 50 名学生，在第一次考试中得 95 分的有 26 人，在第二次考试中得 95 分的有 21 人，如果两次考试中没有得 95 分的有 17 人，那么两次考试中都得 95 分的有多少人？

解　设 A 和 B 分别表示在第一次和第二次考试中得 95 分的学生的集合，则 $|A| = 26$，$|B| = 21$，$|\overline{A \cup B}| = 17$。因为

$$|\overline{A \cup B}| = 50 - |A \cup B| = 50 - (|A| + |B| - |A \cap B|)$$

所以

$$|A \cap B| = |\overline{A \cup B}| - 50 + |A| + |B| = 17 - 50 + 26 + 21 = 14$$

由此可知，两次考试都得 95 分的有 14 人。

例 3.4.3　从{1, 2, 3, 4, 5, 6, 7, 8, 9}中取 7 个不同的数字构成七位数，如不允许 5 和 6 相邻，总共有多少种方法？

解　任取 7 个不同的数字构成七位数的个数为 $\mathrm{P}_9^7 = 9!/2$，5 和 6 相邻的个数为 $6!(2!\mathrm{C}_7^5) = 6 \times 7!$，根据容斥原理，总共有 $9!/2 - 6 \times 7! = 151\,200$ 种方法。

例 3.4.4　某班有 25 名学生，其中 14 人会打篮球，12 人会打排球，6 人会打篮球和排球，5 人会打篮球和网球，还有 2 人会打这三种球，且 6 个会打网球的人都会打另外一种球。求不会打这三种球的人数。

解　设 A、B、C 分别表示会打篮球、排球和网球的学生集合，则

$$|A|=14,\ |B|=12,\ |C|=6,\ |A\cap B|=6,\ |A\cap C|=5$$

$$|A\cap B\cap C|=2,\ |(A\cup B)\cap C|=6$$

因为

$$\begin{aligned}|(A\cup B)\cap C|&=|(A\cap C)\cup(B\cap C)|=|(A\cap C)|+|(B\cap C)|-|A\cap B\cap C|\\&=5+|(B\cap C)|-2=6\end{aligned}$$

所以 $|B\cap C|=3$。于是

$$\begin{aligned}|A\cup B\cup C|&=|A|+|B|+|C|-|A\cap B|-|A\cap C|-|B\cap C|+|A\cap B\cap C|\\&=14+12+6-6-5-3+2=20\end{aligned}$$

$$|\overline{A\cup B\cup C}|=25-20=5$$

故不会打这三种球的共有 5 人。

在不要求严格步骤的情况下，以上各题也可通过文氏图的方法来求解，请读者自己尝试。

3.5　典型例题解析

例 3.5.1　设 A、B 和 C 为任意 3 个集合，判断下列句子的真假。

(1) 若 $A\subseteq B$，$B\subseteq C$，则 $A\in C$；

(2) 若 $A\in B$，$B\in C$，则 $A\in C$；

(3) 若 $A\in B$，$B\subseteq C$，则 $A\in C$；

(4) 若 $A\in B$，$B\subseteq C$，则 $A\subseteq C$。

相关知识　属于，包含

分析与解答　属于是元素与集合的关系，包含是集合与集合的关系。

(1) 假。例如：$A=\{a\}$，$B=\{a, b\}$，$C=\{a, b, c\}$，则 $A\subseteq B$，$B\subseteq C$，但 $A\notin C$。

(2) 假。例如：$A=\{a\}$，$B=\{\{a\}, b\}$，$C=\{\{\{a\}, b\}\}$，则 $A\in B$，$B\in C$，但 $A\notin C$。

(3) 真。因为 $B\subseteq C\Leftrightarrow\forall x(x\in B\rightarrow x\in C)$，对 $\forall x\in B$ 有 $x\in C$，所以结论成立。

(4) 假。例如：$A=\{a\}$，$B=\{\{a\}, b\}$，$C=\{\{a\}, b, c\}$，则 $A\in B$，$B\subseteq C$，但 $A\not\subseteq C$。

例 3.5.2　设 S 为集合，若 $P(S)-\{\varnothing\}$是划分，则 S 必然是单元素集合。

相关知识　划分，幂集

分析与解答　反证法。

若 S 不是单元素集合，不妨设 A 是 S 的子集且只含有一个元素，则 A 与 S 都是$P(S)-\{\varnothing\}$的元素，但 $A\cap S\neq\varnothing$，与 $P(S)-\{\varnothing\}$是划分相矛盾，故 S 是单元素集合。

例 3.5.3　设 A 和 B 为集合，且 $A\cap B=\varnothing$，求：

(1) $P(\varnothing\cup\{\varnothing\})$；

(2) $P(A)\cap P(B)$。

相关知识　空集，幂集

分析与解答　根据集合的运算和幂集的定义求解。

(1) $P(\varnothing\cup\{\varnothing\})=P(\{\varnothing\})=\{\varnothing, \{\varnothing\}\}$；

(2) $P(A)\cap P(B)=\{\varnothing\}$。

例 3.5.4 设 F 表示一年级大学生的集合，S 表示二年级大学生的集合，R 表示计算机科学系学生的集合，M 表示数学系学生的集合，T 表示选修离散数学的学生的集合，L 表示爱好文学的学生的集合，P 表示爱好体育运动的学生的集合，则下列句子所对应的集合表达式分别是什么？

(1) 所有计算机科学系二年级的学生都选离散数学；

(2) 数学系的学生或者爱好文学或者爱好体育运动；

(3) 数学系一年级的学生都没有选修离散数学；

(4) 只有一、二年级的学生才爱好体育运动；

(5) 除去数学系和计算机科学系二年级的学生外都不选离散数学。

供选择的答案：

A. $T\subseteq(M\cup R)\cap S$　　B. $R\cap S\subseteq T$　　C. $(M\cap F)\cap T=\varnothing$

D. $P\subseteq F\cup S$　　E. $M\subseteq L\cup P$　　F. $S-(M\cup R)\subseteq P$

相关知识 集合间的关系，集合的运算

分析与解答 (1)计算机科学系二年级学生的集合为 $R\cap S$，选修离散数学的学生的集合为 T，前者为后者的子集，故选 B。

(2) 数学系学生的集合为 M，爱好文学或爱好体育运动的学生的集合为 $L\cup P$，前者为后者的子集，故选 E。

(3) 数学系一年级学生的集合为 $M\cap F$，选修离散数学学生的集合为 T，这两个集合不交，故选 C。

(4) 只有 P 才 Q，这种句型的逻辑含义是如果 Q 则 P，所以，这句话解释为“爱好体育运动的学生一定是一、二年级的学生”。爱好体育运动的学生构成集合 P，一、二年级的学生构成集合 $F\cup S$，前者是后者的子集，故选 D。

(5) 除去 P 都不 Q，这种句型的逻辑含义是如果 Q 则 P，原来的句子就变成“选修离散数学的学生都是数学系和计算机科学系二年级的学生”，符号化为 $T\subseteq(M\cup R)\cap S$，故选 A。

例 3.5.5 对 24 名科技人员进行掌握外语情况的调查，其统计结果如下：会英语、日语、德语和法语的人数分别为 13、5、10 和 9 人。其中同时会英语和日语的有 2 人，同时会英语、法语和德语中任两种语言的都是 4 人。已知会日语的人既不懂法语也不懂德语，分别求只会一种语言（英语、日语、德语、法语）的人数和会英语、德语和法语三种语言的人数。

相关知识 集合中元素的计数

分析与解答 利用容斥原理，文氏图法求解。

方法一：文氏图法。

令 A、B、C、D 分别表示会英语、法语、德语、日语的人的集合，根据题意画出文氏图（如图 3.5.1 所示）。设同时会三种语言的有 x 人，只会英语、法语或德语一种语言的分别为 y_1、y_2、y_3 人。将 x、y_1、y_2 和 y_3 填入图 3.5.1 相应的区域中，然后依次填入其他区域的人数。

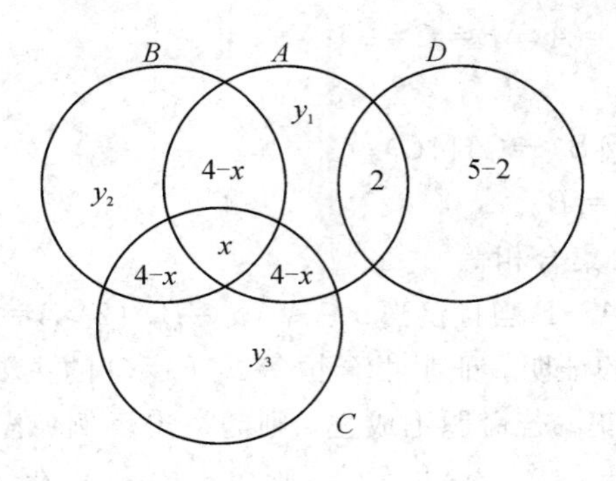

图 3.5.1

由图 3.5.1 列写方程组：

$$\begin{cases} y_1+2(4-x)+x+2=13 & ① \\ y_2+2(4-x)+x=9 & ② \\ y_3+2(4-x)+x=10 & ③ \\ y_1+y_2+y_3+3(4-x)+x+5=24 & ④ \end{cases}$$

将式①、式②和式③相加，得

$$y_1+y_2+y_3+6(4-x)+3x+2=32 \qquad ⑤$$

⑤－④，解得

$$x=1$$

将其代入式①、式②、式③，解得

$$y_1=4,\ y_2=2,\ y_3=3$$

所以只会英语的有 4 人，只会法语的有 2 人，只会德语的有 3 人，只会日语的有 3 人，同时会英语、德语、法语三种语言的有 1 人。

方法二：包含排斥原理法。

由题意知，只会日语的有 5－2＝3 人，因此会英语、法语或德语的有 24－3＝21 人。先不考虑会日语的人，设 A、B、C 分别表示会英语、法语、德语的人的集合，由已知条件有

$$|A\cup B\cup C|=21,\ |A|=13,\ |B|=9,\ |C|=10$$

$$|A\cap B|=4,\ |A\cap C|=4,\ |B\cap C|=4$$

令 $|A\cap B\cap C|=x$，由包含排斥原理有

$$|A\cup B\cup C|=(|A|+|B|+|C|)-(|A\cap B|+|A\cap C|+|B\cap C|)+|A\cap B\cap C|$$

代入相应的数值解得 $|A\cap B\cap C|=1$，从而得到

$$|A-(B\cup C)|=|A|-(|A\cap B|+|A\cap C|)+|A\cap B\cap C|=13-(4+4)+1=6$$

因为这 6 人中还有 2 人会日语，所以只会英语的人数应该是 6－2＝4。同理求得

$$|B-(A\cup C)|=|B|-(|A\cap B|+|B\cap C|)+|A\cap B\cap C|=9-(4+4)+1=2$$

$$|C-(A\cup B)|=|C|-(|A\cap C|+|B\cap C|)+|A\cap B\cap C|=10-(4+4)+1=3$$

例 3.5.6　设 A、B 和 C 为任意集合，判断下列命题是否恒真，如果恒真给出证明，否则举出反例。

(1) $A-B=\varnothing \Leftrightarrow A=B$；

(2) $(A-B)\cup(A-C)=A\Leftrightarrow B=C=\varnothing$;

(3) $A\oplus B=A\Rightarrow B=\varnothing$;

(4) $A\cap(B-C)=(A\cap B)-(A\cap C)$;

(5) $(A\cap B)\cup(B-A)=B$。

相关知识 集合运算，集合相等

分析与解答 (1) $x\in A-B$ 当且仅当 $x\in A\wedge x\notin B$；(2) $A=B$ 当且仅当 $x\in A\Leftrightarrow x\in B$；(3)、(4)、(5)涉及恒等式的证明，证明集合恒等式 $P=Q$ 的主要方法有三种：反证法、恒等变形法及 P 和 Q 互为子集。若命题不成立，则需举出反例；若命题成立，则需要证明。

(1) 不成立。例如：$A=\{a\}$, $B=\{a, b\}$, 则 $A-B=\varnothing$, 但 $A\neq B$。

(2) 不成立。例如：$A=\{a, b, c, d\}$, $B=\{c, d\}$, $C=\varnothing$, 则$(A-B)\cup(A-C)=A$, 但 $B\neq C=\varnothing$。

(3) 恒真。证明如下：

假设 $B\neq\varnothing$, 则存在 $x\in B$。若 $x\in A$, 则 $x\notin A\oplus B$, 与 $A\oplus B=A$ 矛盾。若 $x\notin A$, 则 $x\in A\oplus B$, 也与 $A\oplus B=A$ 矛盾。

(4) 恒真。证明如下：

$$\begin{aligned}(A\cap B)-(A\cap C)&=(A\cap B)\cap(\overline{A\cap C})=(A\cap B)\cap(\overline{A}\cup\overline{C})\\&=(A\cap B\cap\overline{A})\cup(A\cap B\cap\overline{C})=\varnothing\cup(A\cap B\cap\overline{C})\\&=A\cap B\cap\overline{C}=A\cap(B\cap\overline{C})=A\cap(B-C)\end{aligned}$$

(5) 恒真。证明如下：

$$(A\cap B)\cup(B-A)=(A\cap B)\cup(B\cap\overline{A})=B\cap(A\cup\overline{A})=B\cap E=B$$

例 3.5.7 设 A、B 为集合，试确定下列各式成立的充分必要条件。

(1) $A-B=B$;

(2) $A-B=B-A$;

(3) $A\cap B=A\cup B$。

相关知识 集合恒等式，不同集合之间的包含关系

分析与解答 已知集合相等关系，求解集合相等的条件。

(1) 由 $A-B=B$ 得

$$(A-B)\cap B=B\cap B$$

化简得 $B=\varnothing$，再将这个结果代入已知等式得 $A=\varnothing$，从而得到必要条件 $A=B=\varnothing$。

下面再验证充分性。如果 $A=B=\varnothing$成立，则 $A-B=\varnothing=B$ 也成立。

因此，$A-B=B$ 成立的充要条件是 $A=B=\varnothing$。

(2) $A=B$，充分性是显然的，下面验证必要性。由 $A-B=B-A$ 得

$$(A-B)\cup A=(B-A)\cup A$$

从而有 $A=A\cup B$，即 $B\subseteq A$。同理可证 $A\subseteq B$，即 $A=B$。

因此，$A-B=B-A$ 成立的充要条件是 $A=B$。

(3) $A=B$，充分性是显然的，下面验证必要性。由 $A\cap B=A\cup B$ 得

$$A\cup(A\cap B)=A\cup(A\cup B)$$

化简得 $A=A\cup B$，从而有 $B\subseteq A$。同理可证 $A\subseteq B$，即 $A=B$。

因此，$A \cap B = A \cup B$ 成立的充要条件是 $A = B$。

上机实验 2　编程实现任意两个集合的交、并、差和补运算

1. 实验目的

集合论是一切数学的基础，也是计算机科学不可或缺的基础，在数据结构、数据库理论、开关理论、自动机理论和可计算理论等领域都有广泛的应用。集合的运算规则是集合论中的重要内容。通过该组实验，让学生加深理解集合的概念和性质，并掌握集合的运算规则等，同时掌握用计算机求集合的交、并、差和补运算的方法。

2. 实验内容

(1) 用数组 A、B、C、E(全集)表示集合。输入数组 A、B、E，输入数据时要求检查数据是否重复(集合中的数据要求不重复)，要求集合 A、B 是集合 E 的子集。以下每一个运算都要求先将集合 C 置成空集。

(2) 两个集合的交运算：把数组 A 中的元素逐一与数组 B 中的元素进行比较，将相同的元素放在数组 C 中，数组 C 便是集合 A 和集合 B 的交。

(3) 两个集合的并运算：把数组 A 中的各个元素先保存在数组 C 中，然后将数组 B 中的元素逐一与数组 A 中的元素进行比较，把不相同的元素添加到数组 C 中，数组 C 便是集合 A 和集合 B 的并。

(4) 两个集合的差运算：把数组 A 中的各个元素先保存在数组 C 中，然后将数组 B 中的元素逐一与数组 A 中的元素进行比较，把相同的元素从数组 C 中删除，数组 C 便是集合 A 和集合 B 的差。

(5) 集合的补运算：将数组 E 中的元素逐一与数组 A 中的元素进行比较，把不相同的元素保存到数组 C 中，数组 C 便是集合 A 关于集合 E 的补集。求补集是一种特殊的集合差运算。

习　题　3

3.1　写出下列集合的表达式：

(1) 所有一元一次方程的解组成的集合；

(2) x^3-1 在实数域中的因式解；

(3) 直角坐标系中，单位圆内(不包括单位圆)的点集；

(4) 能被 3 整除的整数集。

3.2　下列论断是否正确？为什么？

(1) $\varnothing \in \varnothing$；

(2) $\varnothing \subseteq \varnothing$；

(3) $\{a\} \in \{a, b, \{c\}, \{a\}, \{a, b\}\}$；

(4) $\{a\} \subseteq \{a, b, \{c\}, \{a\}, \{a, b\}\}$；

(5) $\{a, b\} \in \{a, b, \{c\}, \{a\}, \{a, b\}\}$；

(6) $\{a, b\} \subseteq \{a, b, \{c\}, \{a\}, \{a, b\}\}$；

(7) $a \in \{a\} - \{\{a\}\}$；

(8) $\{a\} \subseteq \{a\} - \{\{a\}\}$。

3.3 对于任意集合 A、B 和 C，下述论断是否正确？为什么？

(1) 若 $A \subseteq B$ 且 $B \in C$，则 $A \in C$；

(2) 若 $A \subseteq B$ 且 $B \in C$，则 $A \subseteq C$；

(3) 若 $A \in B$ 且 $B \not\subseteq C$，则 $A \notin C$；

(4) 若 $A \subseteq B$ 且 $B \in C$，则 $A \notin C$。

3.4 确定下列集合的幂集：

(1) $\{a, \{a\}\}$；

(2) $\{\{1, \{2, 3\}\}\}$；

(3) $\{\varnothing, a, \{b\}\}$；

(4) $P(\varnothing)$；

(5) $P(P(\varnothing))$。

3.5 设 $A = P(\varnothing)$，$B = P(P(\varnothing))$，问：

(1) 是否 $\varnothing \in B$？是否 $\varnothing \subseteq B$？

(2) 是否 $\{\varnothing\} \in B$？是否 $\{\varnothing\} \subseteq B$？

(3) 是否 $\{\{\varnothing\}\} \in B$？是否 $\{\{\varnothing\}\} \subseteq B$？

3.6 设某集合有 101 个元素，试问：

(1) 可构成多少个子集？

(2) 其中有多少个子集的元素为奇数？

(3) 是否会有 102 个元素的子集？

3.7 下列论断是否正确？为什么？

(1) 若 $A \cup B = A \cup C$，则 $B = C$；

(2) 若 $A \cap B = A \cap C$，则 $B = C$；

(3) 若 $A \oplus B = A \oplus C$，则 $B = C$。

3.8 下列论断是否正确？为什么？

(1) $\varnothing \cup \{\varnothing\} = \varnothing$；

(2) $\{\varnothing, \{\varnothing\}\} - \{\varnothing\} = \{\varnothing\}$；

(3) $\{\varnothing, \{\varnothing\}\} - \{\varnothing\} = \{\varnothing, \{\varnothing\}\}$。

(4) $\{\varnothing, \{\varnothing\}\} - \{\varnothing\} = \{\{\varnothing\}\}$。

3.9 设 A、B 和 C 为三个集合，在什么条件下，下列论断正确：

(1) $(A-B) \cup (A-C) = A$；

(2) $(A-B) \cup (A-C) = \varnothing$；

(3) $(A-B) \cap (A-C) = \varnothing$；

(4) $(A-B) \oplus (A-C) = \varnothing$。

3.10 证明：对所有集合 A、B 和 C，有

$$(A\cap B)\cup C=A\cap(B\cup C) \quad \text{iff} \quad C\subseteq A$$

3.11 设$|A|=3$，$|P(B)|=64$，$|P(A\cup B)|=256$，求$|B|$、$|A\cap B|$、$|A-B|$、$|A\oplus B|$。

3.12 4个元素的集合的划分有多少种？

3.13 设$A=\{2, 3, 4, 8, 9, 10, 15\}$，定义$A$的如下子集：

$$A_2=\{x \mid x\in A \text{ 且 } x \text{ 能被 2 整除}\}$$

$$A_3=\{x \mid x\in A \text{ 且 } x \text{ 能被 3 整除}\}$$

$$A_5=\{x \mid x\in A \text{ 且 } x \text{ 能被 5 整除}\}$$

试问$\{A_2, A_3, A_5\}$是否为A的一个划分？$\{A_2, A_3\}$是划分吗？

3.14 1到1000之间(包含1和1000在内)既不能被5和6整除，也不能被8整除的数有多少个？

3.15 对60个人的调查表明，有25人阅读《每周新闻》杂志，26人阅读《时代》杂志，26人阅读《幸运》杂志，9人阅读《每周新闻》和《幸运》杂志，11人阅读《每周新闻》和《时代》杂志，8人阅读《时代》和(幸运》杂志，还有8人什么杂志也不阅读。求阅读全部三种杂志的人数和只阅读一种杂志的人数。

第 4 章 二元关系和函数

二元关系是一个很重要的概念，它在很多数学领域中都有应用，而且计算机科学的很多理论都离不开它，如数据库理论、信息检索、逻辑设计、数据结构、编译原理、软件工程、算法分析、操作系统等。本章主要介绍关系的概念、性质、运算和三种重要关系。

4.1 序偶与笛卡尔积

序偶的概念在实际应用中经常使用。例如，用序偶表示平面直角坐标系中一个坐标点(a, b)。设 x 表示上衣，y 表示裤子，则(x, y)可以表示一个人的着装。一般地说，两个具有固定次序的客体组成一个序偶，它常常表示两个客体之间的关系。

定义 4.1.1 由两个对象 x 和 y 按照一定的顺序排列成的二元组称为一个有序对，也称为序偶，记作$\langle x, y\rangle$。其中，x 称为序偶的第一个元素，y 称为序偶的第二个元素。

定义 4.1.2 两个序偶相等，$\langle x, y\rangle=\langle u, v\rangle$，当且仅当 $x=u$，$y=v$。

注意 当 $x\neq y$ 时，$\langle x, y\rangle\neq\langle y, x\rangle$，但在集合中，$\{x, y\}=\{y, x\}$。也就是说，序偶中的元素是有次序的，而在集合中元素的次序是无关紧要的。

在实际应用中有时会用到有序 3 元组，有序 4 元组，……，有序 n 元组，可以用序偶来定义有序 n 元组。

定义 4.1.3 有序 3 元组是一个序偶，其第一个元素也是个序偶。有序 3 元组$\langle\langle a, b\rangle, c\rangle$可以简记为$\langle a, b, c\rangle$，但 $\langle a, \langle b, c\rangle\rangle$不是有序 3 元组。

定义 4.1.4 有序 n 元组是一个序偶，其第一个元素本身是个 $n-1$ 元组，记作

$$\langle\langle x_1, x_2, \cdots, x_{n-1}\rangle, x_n\rangle$$

可以简记为$\langle x_1, x_2, \cdots, x_{n-1}, x_n\rangle$。

序偶$\langle x, y\rangle$中的元素可以分别属于不同的集合，因此任给两个集合 A 和 B，我们可以定义一种序偶的集合。

定义 4.1.5 令 A 和 B 是任意两个集合，若序偶的第一个元素来自集合 A，序偶的第二个元素来自集合 B，则所有这样的序偶集合称作集合 A 和 B 的笛卡尔积或直积，记作$A\times B$，即

$$A\times B=\{\langle a, b\rangle \mid (a\in A)\wedge(b\in B)\}$$

当 $A=B$ 时，记作 A^2。

例如，$A=\{a, b\}$，$B=\{1, 2, 3\}$，则

$$A\times B=\{\langle a, 1\rangle, \langle a, 2\rangle, \langle a, 3\rangle, \langle b, 1\rangle, \langle b, 2\rangle, \langle b, 3\rangle\}$$

$$B\times A=\{\langle 1, a\rangle, \langle 1, b\rangle, \langle 2, a\rangle, \langle 2, b\rangle, \langle 3, a\rangle, \langle 3, b\rangle\}$$

$$A^2=\{\langle a, a\rangle, \langle a, b\rangle, \langle b, a\rangle, \langle b, b\rangle\}$$

$$B^2=\{\langle 1, 1\rangle, \langle 1, 2\rangle, \langle 1, 3\rangle, \langle 2, 1\rangle, \langle 2, 2\rangle, \langle 2, 3\rangle, \langle 3, 1\rangle, \langle 3, 2\rangle, \langle 3, 3\rangle\}$$

由排列组合的知识不难证明，如果 A 中有 m 个元素，B 中有 n 个元素，则 $A\times B$ 和 $B\times A$中都有 mn 个元素。

笛卡尔积运算具有以下性质：

(1) 如果 A、B 都是有限集，且$|A|=m$，$|B|=n$，则 $|A\times B|=mn$。

此性质可由笛卡尔积的定义及排列组合知识直接推得。

(2) 若 A、B 中有一个空集，则它们的笛卡尔积是空集，即

$$\varnothing\times B=A\times\varnothing=\varnothing$$

(3) 当 $A\neq B$ 且 A、B 都不是空集时，有

$$A\times B\neq B\times A$$

此性质说明笛卡尔积运算不满足交换律。

(4) 当 A、B、C 都不是空集时，有

$$(A\times B)\times C\neq A\times(B\times C)$$

设 $x\in A$，$y\in B$，$z\in C$，则 $\langle\langle x, y\rangle, z\rangle\in(A\times B)\times C$，$\langle x, \langle y, z\rangle\rangle\in A\times(B\times C)$。根据序偶相等的充分必要条件，显然$\langle\langle x, y\rangle, z\rangle$一般不会等于$\langle x, \langle y, z\rangle\rangle$。如果 A、B、C 中有一个是空集，那么上面式子的左右两边都是空集。这条性质说明笛卡尔积运算不满足结合律。

(5) 笛卡尔积运算对$\cup$或$\cap$运算满足分配律，即

$$A\times(B\cup C)=(A\times B)\cup(A\times C)$$
$$(B\cup C)\times A=(B\times A)\cup(C\times A)$$
$$A\times(B\cap C)=(A\times B)\cap(A\times C)$$
$$(B\cap C)\times A=(B\times A)\cap(C\times A)$$

这里只证明其中的第一个等式，其余的留给读者完成。等式的两边都是集合，我们仍然使用第 3 章的集合相等的方法来证明它们相等，只不过集合中的元素都用序偶来标记。

证明　对于任意$\langle x, y\rangle$，有

$$\begin{aligned}&\langle x, y\rangle\in A\times(B\cup C)\\ \Leftrightarrow&x\in A\wedge y\in B\cup C\\ \Leftrightarrow&x\in A\wedge(y\in B\vee y\in C)\\ \Leftrightarrow&(x\in A\wedge y\in B)\vee(x\in A\wedge y\in C)\\ \Leftrightarrow&\langle x, y\rangle\in A\times B\vee\langle x, y\rangle\in A\times C\\ \Leftrightarrow&\langle x, y\rangle\in(A\times B)\cup(A\times C)\end{aligned}$$

所以

$$A\times(B\cup C)=(A\times B)\cup(A\times C)$$

(6) 若 $C\neq\varnothing$，则

$$A\subseteq B\Leftrightarrow(A\times C)\subseteq(B\times C)\Leftrightarrow(C\times A)\subseteq(C\times B)$$

证明　若 $x\in A$，$y\in C$，且 $A\subseteq B$，有

$$\begin{aligned}&\langle x, y\rangle\in A\times C\\ \Leftrightarrow&x\in A\wedge y\in C\\ \Rightarrow&x\in B\wedge y\in C\\ \Rightarrow&\langle x, y\rangle\in B\times C\end{aligned}$$

因此

$$(A\times C)\subseteq(B\times C)$$

反之，若 $C\neq\varnothing$，$(A\times C)\subseteq(B\times C)$，取 $x\in A$，$y\in C$，有

$$\begin{aligned}x\in A &\Rightarrow x\in A\wedge y\in C\\ &\Leftrightarrow\langle x, y\rangle\in A\times C\\ &\Rightarrow\langle x, y\rangle\in B\times C\\ &\Leftrightarrow x\in B\wedge y\in C\\ &\Rightarrow x\in B\end{aligned}$$

因此

$$A\subseteq B$$

同样，$A\subseteq B\Leftrightarrow(C\times A)\subseteq(C\times B)$可以类似证明，留给读者自己完成。

(7) 设 A、B、C、D 为非空集合，则 $A\times B\subseteq C\times D\Leftrightarrow A\subseteq C\wedge B\subseteq D$。

证明 首先由 $A\times B\subseteq C\times D$，证明 $A\subseteq C$，$B\subseteq D$。

任取 $x\in A$，$y\in B$，则

$$\begin{aligned}&x\in A\wedge y\in B\\ &\Leftrightarrow\langle x, y\rangle\in A\times B\\ &\Rightarrow\langle x, y\rangle\in C\times D\quad(\text{由 } A\times B\subseteq C\times D \text{ 知})\\ &\Leftrightarrow x\in C\wedge y\in D\end{aligned}$$

所以

$$A\subseteq C,\ B\subseteq D$$

其次，由 $A\subseteq C$，$B\subseteq D$，证明 $A\times B\subseteq C\times D$。

任取$\langle x, y\rangle\in A\times B$，有

$$\begin{aligned}&\langle x, y\rangle\in A\times B\\ &\Leftrightarrow x\in A\wedge y\in B\\ &\Rightarrow x\in C\wedge y\in D\quad(\text{由 } A\subseteq C,\ B\subseteq D \text{ 知})\\ &\Leftrightarrow\langle x, y\rangle\in C\times D\end{aligned}$$

所以

$$A\times B\subseteq C\times D$$

例 4.1.1 设 $A=\{1, 2\}$，求 $P(A)\times A$。

解
$$\begin{aligned}P(A)\times A&=\{\varnothing, \{1\}, \{2\}, \{1, 2\}\}\times\{1, 2\}\\ &=\{\langle\varnothing, 1\rangle, \langle\varnothing, 2\rangle, \langle\{1\}, 1\rangle, \langle\{1\}, 2\rangle, \langle\{2\}, 1\rangle, \langle\{2\}, 2\rangle,\\ &\quad\ \langle\{1, 2\}, 1\rangle, \langle\{1, 2\}, 2\rangle\}\end{aligned}$$

例 4.1.2 设 A、B、C、D 为任意集合，判断以下等式是否成立，并说明理由。

(1) $(A\cap B)\times(C\cap D)=(A\times C)\cap(B\times D)$；

(2) $(A\cup B)\times(C\cup D)=(A\times C)\cup(B\times D)$；

(3) $(A-B)\times(C-D)=(A\times C)-(B\times D)$；

(4) $(A\oplus B)\times(C\oplus D)=(A\times C)\oplus(B\times D)$。

解　(1) 成立。因为对任意$\langle x, y\rangle$，有

$$\langle x, y\rangle \in (A\cap B)\times(C\cap D)$$
$$\Leftrightarrow x\in((A\cap B))\wedge y\in(C\cap D)$$
$$\Leftrightarrow x\in A\wedge x\in B\wedge y\in C\wedge y\in D$$
$$\Leftrightarrow \langle x, y\rangle\in A\times C\wedge\langle x, y\rangle\in B\times D$$
$$\Leftrightarrow \langle x, y\rangle\in(A\times C)\cap(B\times D)$$

所以

$$(A\cap B)\times(C\cap D)=(A\times C)\cap(B\times D)$$

(2) 不成立。反例：若 $A=D=\varnothing$，$B=C=\{1\}$，则有

$$(A\cup B)\times(C\cup D)=B\times C=\{\langle 1, 1\rangle\}$$
$$(A\times C)\cup(B\times D)=\varnothing\cup\varnothing=\varnothing$$

(3) 不成立。反例：若 $B=\varnothing$，$A=C=D=\{1\}$，则有

$$(A-B)\times(C-D)=A\times\varnothing=\varnothing$$
$$(A\times C)-(B\times D)=\{\langle 1, 1\rangle\}-\varnothing=\{\langle 1, 1\rangle\}$$

(4) 不成立。请读者给出反例。

定义 4.1.6　设 $A_1, A_2, \cdots, A_n$ 是集合($n\geqslant 2$)，其 n 阶笛卡尔积记作 $A_1\times A_2\times\cdots\times A_n$，其中 $A_1\times A_2\times\cdots\times A_n=\{\langle x_1, x_2, \cdots, x_{n-1}, x_n\rangle \mid x_1\in A_1\wedge x_2\in A_2\wedge\cdots\wedge x_n\in A_n\}$。

当 $A_1=A_2=\cdots=A_n=A$ 时，可将它们的 n 阶笛卡尔积记作 A^n。

4.2　关系及其表示

关系是一个基本概念，例如日常生活中的师生关系、位置关系、兄弟关系、上下级关系等，数学中的大于关系、整除关系等。我们知道，序偶可以表达两个客体或多个客体之间的联系，因此用序偶表达关系的概念是非常自然的。

一、关系的基本概念

定义 4.2.1　如果一个集合为空集或者它的元素都是序偶，则称这个集合是一个二元关系，记作 R。如果$\langle x, y\rangle\in R$，则记作 xRy，读作 x 对 y 具有关系 R。如果$\langle x, y\rangle\notin R$，则记作 $x\not R y$，读作 x 对 y 不具有关系 R。

定义 4.2.2　设 A、B 为集合，若 $R\subseteq A\times B$，则称 R 为从 A 到 B 的二元关系。特别地，当 $A=B$ 时，则称 R 为 B 上的二元关系。

思考：对任意集合 A、B，如果$|A|=m$，$|B|=n$，则可以定义多少个从 A 到 B 的不同关系？

$A\times B$ 的集合有 mn 个元素，$A\times B$ 的子集有 2^{mn} 个，每个子集代表一个关系，所以可以定义 2^{mn} 个从 A 到 B 的不同关系。

例如，在实数中关系$>$可记作：$>=\{\langle x, y\rangle \mid x, y$ 是实数且 $x>y\}$。

定义 4.2.3　令 R 为二元关系，由$\langle x, y\rangle\in R$ 的所有 x 组成的集合 $\mathrm{dom}R$ 称为 R 的前域，即

$$\mathrm{dom}R=\{x \mid \exists y\langle x, y\rangle\in R\}$$

由$\langle x, y\rangle \in R$的所有$y$组成的集合$\mathrm{ran}R$称为$R$的值域，即

$$\mathrm{ran}R=\{y \mid \exists x\langle x, y\rangle \in R\}$$

R的前域和值域一起称为R的域，记作$\mathrm{FLD}R$，即

$$\mathrm{FLD}R=\mathrm{dom}R \cup \mathrm{ran}R$$

例 4.2.1　设$A=\{1, 2\}$，$B=\{a, b\}$，则从A到B有多少个关系，并写出每个关系及其前域、值域。

解　　$$A \times B=\{\langle 1, a\rangle, \langle 1, b\rangle, \langle 2, a\rangle, \langle 2, b\rangle\}$$

从A到B有$2^{2\times 2}=16$个关系，分别为

$R_0=\varnothing$，　$\mathrm{dom}R_0=\varnothing$，　$\mathrm{FLD}R_0=\varnothing$

$R_1=\{\langle 1, a\rangle\}$，　$\mathrm{dom}R_1=\{1\}$，　$\mathrm{FLD}R_1=\{a\}$

$R_2=\{\langle 1, b\rangle\}$，　$\mathrm{dom}R_2=\{1\}$，　$\mathrm{FLD}R_2=\{b\}$

$R_3=\{\langle 2, a\rangle\}$，　$\mathrm{dom}R_3=\{2\}$，　$\mathrm{FLD}R_3=\{a\}$

$R_4=\{\langle 2, b\rangle\}$，　$\mathrm{dom}R_4=\{2\}$，　$\mathrm{FLD}R_4=\{b\}$

$R_5=\{\langle 1, a\rangle, \langle 1, b\rangle\}$，　$\mathrm{dom}R_5=\{1\}$，　$\mathrm{FLD}R_5=\{a, b\}$

$R_6=\{\langle 2, a\rangle, \langle 2, b\rangle\}$，　$\mathrm{dom}R_6=\{2\}$，　$\mathrm{FLD}R_6=\{a, b\}$

$R_7=\{\langle 1, a\rangle, \langle 2, b\rangle\}$，　$\mathrm{dom}R_7=\{1, 2\}$，　$\mathrm{FLD}R_7=\{a, b\}$

$R_8=\{\langle 2, a\rangle, \langle 1, b\rangle\}$，　$\mathrm{dom}R_8=\{1, 2\}$，　$\mathrm{FLD}R_8=\{a, b\}$

$R_9=\{\langle 1, a\rangle, \langle 2, a\rangle\}$，　$\mathrm{dom}R_9=\{1, 2\}$，　$\mathrm{FLD}R_9=\{a\}$

$R_{10}=\{\langle 1, b\rangle, \langle 2, b\rangle\}$，　$\mathrm{dom}R_{10}=\{1, 2\}$，　$\mathrm{FLD}R_{10}=\{b\}$

$R_{11}=\{\langle 1, a\rangle, \langle 1, b\rangle, \langle 2, a\rangle\}$，　$\mathrm{dom}R_{11}=\{1, 2\}$，　$\mathrm{FLD}R_{11}=\{a, b\}$

$R_{12}=\{\langle 1, a\rangle, \langle 1, b\rangle, \langle 2, b\rangle\}$，　$\mathrm{dom}R_{12}=\{1, 2\}$，　$\mathrm{FLD}R_{12}=\{a, b\}$

$R_{13}=\{\langle 2, a\rangle, \langle 2, b\rangle, \langle 1, a\rangle\}$，　$\mathrm{dom}R_{13}=\{1, 2\}$，　$\mathrm{FLD}R_{13}=\{a, b\}$

$R_{14}=\{\langle 2, a\rangle, \langle 2, b\rangle, \langle 1, b\rangle\}$，　$\mathrm{dom}R_{14}=\{1, 2\}$，　$\mathrm{FLD}R_{14}=\{a, b\}$

$R_{15}=\{\langle 1, a\rangle, \langle 1, b\rangle, \langle 2, a\rangle, \langle 2, b\rangle\}$，　$\mathrm{dom}R_{15}=\{1, 2\}$，　$\mathrm{FLD}R_{15}=\{a, b\}$

从例 4.2.1 可以看出，R_0和R_{15}是$A \times B$的平凡子集，所以它们也是从A到B的关系中具有特殊地位的关系。

二、三个特殊关系

1. 空关系$\varnothing$

因为$\varnothing \subseteq A \times B$(或$\varnothing \subseteq A \times A$)，所以$\varnothing$也是从$A$到$B$(或$A$上)的关系，称之为空关系。

2. 全域关系

$A \times B$(或$A \times A$)本身也是从A到B(或A上)的关系，称之为全域关系，即含有全部序偶的关系。

3. A上的恒等关系I_A

$I_A=\{\langle x, x\rangle \mid x \in A\}$且$I_A \subseteq A \times A$，称之为$A$上的恒等关系。

例如$A=\{1, 2, 3\}$，则$I_A=\{\langle 1, 1\rangle, \langle 2, 2\rangle, \langle 3, 3\rangle\}$。

三、关系的表示方法

1. 枚举法

枚举法是将关系中的所有序偶列举出，并写在大括号内。如例 4.2.1 中的 $R_{12}=\{\langle 1, a\rangle, \langle 1, b\rangle, \langle 2, b\rangle\}$等。

2. 谓词公式法

谓词公式法即用谓词公式表示序偶的第一个元素与第二个元素间的关系。例如，$R=\{\langle x, y\rangle \mid x<y\}$。

3. 关系图法

有限集的二元关系也可用有向图来表示。设从集合 $X=\{x_1, x_2, \cdots, x_m\}$到 $Y=\{y_1, y_2, \cdots, y_n\}$的一个二元关系 R，首先我们在平面上作出 m 个结点，分别记作 x_1，x_2，…，x_m，然后另外作 n 个结点，分别记作 y_1，y_2，…，y_n。如果 $x_i R y_j$，则可自结点 x_i 至结点 y_j 处作一有向弧，其箭头指向 y_j；如果 $x_i \not{R} y_j$，则 x_i 与 y_j 间没有线段联结。用这种方法联结起来的图就称为 R 的关系图。

例 4.2.1 中的 R_{12}的关系图如图 4.2.1 所示。

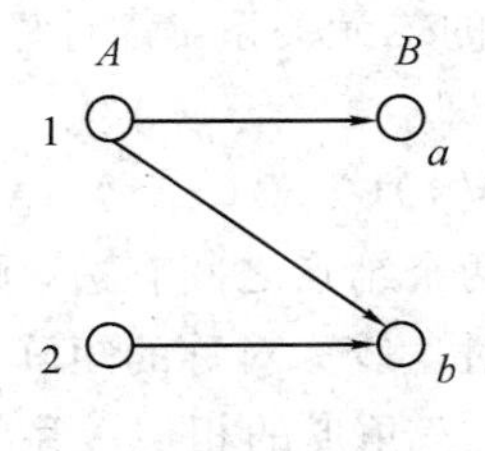

图 4.2.1

4. 矩阵法

有限集的二元关系也可用矩阵来表示，这种表示便于用计算机处理关系。

设 $X=\{x_1, x_2, \cdots, x_m\}$，$Y=\{y_1, y_2, \cdots, y_n\}$，$R\subseteq X\times Y$，定义 R 的 $m\times n$ 阶关系矩阵为

$$\boldsymbol{M}_R=(r_{ij})_{m\times n}$$

其中，

$$r_{ij}=\begin{cases}1, & \text{当}\langle x_i, y_j\rangle\in R\text{ 时}\\ 0, & \text{当}\langle x_i, y_j\rangle\notin R\text{ 时}\end{cases}\quad (i=1, 2, \cdots, m;\ j=1, 2, \cdots, n)$$

例 4.2.1 中的 R_{12}的关系矩阵为

$$\begin{array}{cc} & \begin{array}{cc} a & b \end{array} \\ \boldsymbol{M}_{R_{12}}=\begin{array}{c} 1 \\ 2 \end{array} & \begin{pmatrix} 1 & 1 \\ 0 & 1 \end{pmatrix} \end{array}$$

4.3　关系的性质

由前面的理论可知，在一个有限集合上可以定义很多个不同的关系，但是真正有实际

意义的只是其中很少一部分，它们一般具有特殊的性质。

定义 4.3.1 设 R 是集合 A 上的二元关系，如果对于任意 $x\in A$ 都有 $\langle x, x\rangle\in R$（或 xRx），则称 R 在 A 上是自反的，即

$$R\text{ 在 }A\text{ 上自反}\Leftrightarrow\forall x(x\in A\rightarrow xRx)$$

关系图的特点：关系图中每个结点都有自回路（或环）。

关系矩阵的特点：主对角线元素全是 1。

例如：在实数集合中，"$\leqslant$"是自反的，因为对于任意实数 $x\leqslant x$ 是成立的。又如，平面上三角形的全等关系是自反的。

定义 4.3.2 设 R 是集合 A 上的二元关系，如果对于任意 $x\in A$ 都有 $\langle x, x\rangle\notin R$，则称 R 在 A 上是反自反的，即

$$R\text{ 在 }A\text{ 上反自反}\Leftrightarrow\forall x(x\in A\rightarrow\langle x, x\rangle\notin R)$$

关系图的特点：关系图中每个结点都没有自回路（或环）。

关系矩阵的特点：主对角线元素全是 0。

例如：在实数集合中，"$<$"是反自反的，因为对于任意实数 $x<x$ 是不成立的。又如，日常生活中的父子关系也是反自反的。

注意 一个不是自反的关系，不一定就是反自反的。

定义 4.3.3 设 R 是集合 A 上的二元关系，若对每个 $x, y\in A$，只要 xRy，就有 yRx，则称关系 R 在集合 A 上是对称的，即

$$R\text{ 在 }A\text{ 上对称}\Leftrightarrow(\forall x)(\forall y)(x\in A\land y\in A\land xRy\rightarrow yRx)$$

关系图的特点：关系图中如果两个结点之间有边，则一定是一对方向相反的边。

关系矩阵的特点：矩阵是以主对角线为对称的矩阵。

例如：平面上的三角形集合中，三角形的相似关系是对称的，因为若三角形 A 相似三角形 B，则三角形 B 必相似三角形 A。同理，邻居关系、朋友关系也是对称的。

定义 4.3.4 设 R 是集合 A 上的二元关系，若对每个 $x, y\in A$，只要 xRy 和 yRx，就有 $x=y$，则称关系 R 在集合 A 上是反对称的，即

$$R\text{ 在 }A\text{ 上反对称}\Leftrightarrow(\forall x)(\forall y)(x\in A\land y\in A\land xRy\land yRx\rightarrow x=y)$$

关系图的特点：关系图中如果两个结点之间有边，则一定是一条边。

关系矩阵的特点：以主对角线为对称的两个元素中最多有一个 1。

例如：在实数集合中，"$\leqslant$"是反对称的，因为对于任意实数 $x\leqslant y$ 和 $y\leqslant x$ 都成立，则 $x=y$。又如，集合中的"$\subseteq$"关系也是反对称的。

$$\begin{aligned}
&xRy\land yRx\rightarrow x=y\\
&\Leftrightarrow\neg(x=y)\rightarrow\neg(xRy\land yRx)\\
&\Leftrightarrow(x\neq y)\rightarrow\neg(xRy)\lor\neg(yRx)\\
&\Leftrightarrow\neg(x\neq y)\lor\neg(xRy)\lor\neg(yRx)\\
&\Leftrightarrow\neg((x\neq y)\land(xRy))\lor\neg(yRx)\\
&\Leftrightarrow((x\neq y)\land(xRy))\rightarrow\neg(yRx)
\end{aligned}$$

故关系 R 的反对称的定义也可表示为

$$R\text{ 在 }A\text{ 上反对称}\Leftrightarrow(\forall x)(\forall y)(x\in A\land y\in A\land x\neq y\land xRy\rightarrow y\not R x)$$

注意　可能有某种关系，既是对称的，又是反对称的。

例如：家庭成员中的父子关系就是反对称的，实数集合中的“<”或“>”是反对称的。又如，设 $A=\{1, 2, 3\}$，$S_1=\{\langle 1, 1\rangle, \langle 2, 2\rangle, \langle 3, 3\rangle\}$，$S_2=\{\langle 1, 2\rangle, \langle 2, 3\rangle, \langle 3, 2\rangle\}$，则 S_1 在 A 上既是对称的，又是反对称的，而 S_2 在 A 上既不是对称的，也不是反对称的。

定义 4.3.5　设 R 是集合 A 上的二元关系，若对每个 x，y，$z\in A$，只要 xRy 和 yRz，就有 xRz，则称关系 R 在集合 A 上是传递的，即

$$R\text{ 在 }A\text{ 上传递}\Leftrightarrow(\forall x)(\forall y)(\forall z)(x\in A\wedge y\in A\wedge z\in A\wedge xRy\wedge yRz\rightarrow xRz)$$

关系图的特点：关系图中如果两个结点之间有边，则一定有一条长度为 1 的边。

例如：实数集合中的“=”关系是传递的。

传递性的特征比较复杂，不易从关系矩阵和关系图中直接判断，应严格遵守定义进行检查。检查时特别注意使得传递定义表达式的前件为 F 的时候此表达式为 T，则此关系是传递的。即若 $\langle x, y\rangle\in R$ 与 $\langle y, z\rangle\in R$ 有一个是 F(即定义的前件为假)，则 R 是传递的。

例 4.3.1　设集合 $A=\{1, 2, 3, 4\}$，A 上的关系 $R=\{\langle 1, 1\rangle, \langle 1, 2\rangle, \langle 2, 1\rangle, \langle 2, 2\rangle, \langle 3, 1\rangle, \langle 3, 3\rangle, \langle 3, 4\rangle\}$，讨论 R 的性质。

解　R 的关系矩阵为

$$\boldsymbol{M}_R=\begin{pmatrix}1 & 1 & 0 & 0\\1 & 1 & 0 & 0\\1 & 0 & 1 & 1\\0 & 0 & 0 & 0\end{pmatrix}$$

关系 R 的关系图如图 4.3.1 所示。从关系矩阵和关系图中很容易看出，关系 R 没有自反性，也没有反自反性；关系 R 没有对称性，也没有反对称性；由关系图和传递性定义可知，关系 R 不具有传递性。

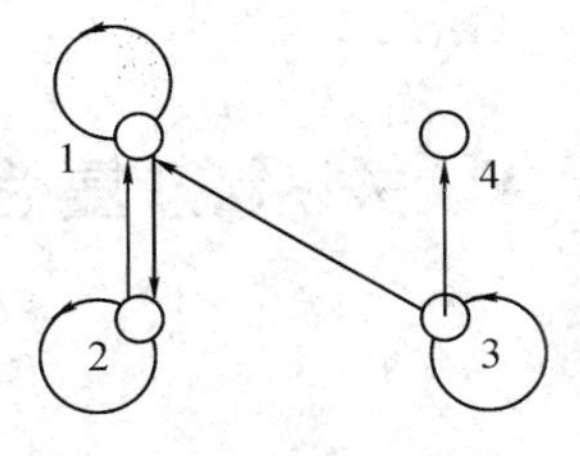

图 4.3.1

例 4.3.2　设某人有三个儿子，组成集合 $A=\{T, G, H\}$，在 A 上的兄弟关系 R 具有哪些性质?

解　在 A 上的兄弟关系 R 具有反自反性和对称性。

注意　兄弟关系 R 并不具有传递性，这是因为若 TRG，根据对称性必有 GRT。假如兄弟关系具有传递性，则 $\langle T, T\rangle\in R$，但 $\langle T, T\rangle\notin R$，故 R 不是传递的。

例 4.3.3　讨论非空集合 A 上的空关系 $\varnothing$、恒等关系 I_A 和全域关系 $A\times A$ 的性质。

解　空关系 $\varnothing$：$\forall x\in A$，有 $\langle x, x\rangle\notin\varnothing$，由自反和反自反的关系图、矩阵和定义知，空关系具有反自反性，不具有自反性。

$\forall x, y\in A$，$\langle x, y\rangle\notin\varnothing$，由对称性和反对称性的关系图、矩阵和定义知，空关系具有

对称性和反对称性。

$\forall x, y, z \in A$，$\langle x, y\rangle \notin \varnothing$，$\langle y, z\rangle \notin \varnothing$，由传递性的关系图、矩阵和定义知，空关系具有传递性。

恒等关系 I_A：$\forall x \in A$，有$\langle x, x\rangle \in I_A$，由自反和反自反的关系图、矩阵和定义知，恒等关系具有自反性，不具有反自反性。

$\forall x, y \in A$，$\langle x, y\rangle \notin I_A$，由对称性和反对称性的关系图、矩阵和定义知，恒等关系具有对称性和反对称性。

$\forall x, y, z \in A$，$\langle x, y\rangle \notin I_A$，$\langle y, z\rangle \notin I_A$，由传递性的关系图、矩阵和定义知，恒等关系具有传递性。

全域关系 $A \times A$：$\forall x \in A$，有$\langle x, x\rangle \in A \times A$，由自反和反自反的关系图、矩阵和定义知，全域关系具有自反性，不具有反自反性。

$\forall x, y \in A$，$\langle x, y\rangle \in A \times A$，有$\langle y, x\rangle \in A \times A$，由对称性和反对称性的关系图、矩阵和定义知，全域关系具有对称性，不具有反对称性。

$\forall x, y, z \in A$，$\langle x, y\rangle \in A \times A$，$\langle y, z\rangle \in A \times A$，有$\langle x, z\rangle \in A \times A$，由传递性的关系图、矩阵和定义知，全域关系具有传递性。

例 4.3.4 设 $P(A)$为给定集合 A 的幂集，证明 $P(A)$上的包含于关系是 $P(A)$上的自反关系、反对称关系和传递关系。

证明 $P(A)$上的包含于关系 $R = \{\langle x, y\rangle \mid x, y \in P(A), x \subseteq y\}$。

(1) $\forall x \in P(A)$，因为 $x \subseteq x$，所以$\langle x, x\rangle \in R$，故 R 是 $P(A)$上的自反关系。

(2) $\forall x, y \in P(A)$，$\langle x, y\rangle \in R$，$\langle y, z\rangle \in R$，则 $x \subseteq y$，且 $y \subseteq x$，所以 $x = y$，故 R 是 $P(A)$上的反对称关系。

(3) $\forall x, y, z \in P(A)$，$\langle x, y\rangle \in R$，$\langle y, z\rangle \in R$，则 $x \subseteq y$，$y \subseteq z$，所以 $x \subseteq z$，即$\langle x, z\rangle \in R$，故 R 是 $P(A)$上的传递关系。

4.4 关系的复合

一、复合关系

二元关系是任意序偶的集合，因此对它可以进行集合的运算，如交、并、补等而产生新的集合。对于两个关系还可以进行新的运算，那就是关系的复合。

定义 4.4.1 设 R 为从 X 到 Y 的二元关系，S 为从 Y 到 Z 的二元关系，则 $R \circ S$ 称为 R 和 S 的复合关系，表示为

$$R \circ S = \{\langle x, z\rangle \mid x \in X \land z \in Z \land (\exists y)(y \in Y \land xRy \land ySz)\}$$

显然，$R \circ S$ 是从 X 到 Z 的关系。

例如，如果 R_1 是关系“是……的父亲”，R_2 是关系“是……的兄弟”，那么 $R_1 \circ R_1$ 是关系“是……的祖父”，$R_2 \circ R_1$ 是关系“是……的叔伯”。

复合关系的结果产生一个新的集合，因此它的表示和计算都可以采用集合的方法来完

成。复合关系的具体计算方法有枚举法、关系图法、关系矩阵法和谓词公式法。下面以具体的例题来说明。

例 4.4.1　设 $A=\{1, 2, 3, 4\}$，$B=\{a, b, c, d\}$，R 是 A 上的关系，S 是从 A 到 B 的关系，H 是从 B 到 A 的关系，具体关系如下：

$$R=\{\langle 1, 1\rangle, \langle 1, 2\rangle, \langle 2, 3\rangle, \langle 3, 4\rangle\}$$

$$S=\{\langle 1, a\rangle, \langle 2, b\rangle, \langle 3, c\rangle, \langle 3, d\rangle, \langle 4, a\rangle, \langle 4, d\rangle\}$$

$$H=\{\langle a, 2\rangle, \langle b, 3\rangle, \langle b, 4\rangle, \langle d, 1\rangle, \langle d, 2\rangle, \langle d, 3\rangle\}$$

求 $R\circ S$、$R\circ R$、$S\circ H$、$H\circ R$。

解　方法一：枚举法。

$$R\circ S=\{\langle 1, a\rangle, \langle 1, b\rangle, \langle 2, c\rangle, \langle 2, d\rangle, \langle 3, a\rangle, \langle 3, d\rangle\}$$

$$R\circ R=\{\langle 1, 1\rangle, \langle 1, 2\rangle, \langle 1, 3\rangle, \langle 2, 4\rangle\}$$

$$S\circ H=\{\langle 1, 2\rangle, \langle 2, 3\rangle, \langle 2, 4\rangle, \langle 3, 1\rangle, \langle 3, 2\rangle, \langle 3, 3\rangle, \langle 4, 2\rangle, \langle 4, 1\rangle, \langle 4, 3\rangle\}$$

$$H\circ R=\{\langle a, 3\rangle, \langle b, 4\rangle, \langle d, 1\rangle, \langle d, 2\rangle, \langle d, 3\rangle, \langle d, 4\rangle\}$$

方法二：关系图法。

$R\circ S$ 的关系图见图 4.4.1。

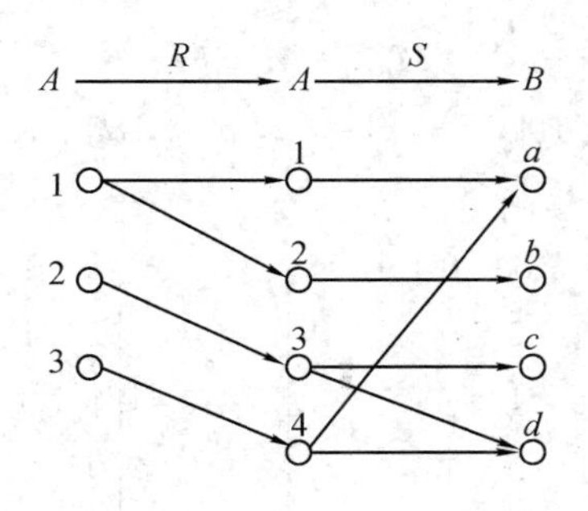

图 4.4.1

其余的复合关系的关系图请读者自己完成。

注意　$R\circ S$ 复合运算成为一个新的关系，而 $S\circ R$ 这个复合运算不成立，所以复合关系不满足交换律。

例 4.4.2　设 **R** 是实数集合，R 和 S 都是 **R** 上的关系，定义如下：

$$R=\{\langle x, y\rangle \mid y=x^2+3x\}, S=\{\langle x, y\rangle \mid y=2x+3\}$$

求 $R\circ S$。

解　谓词公式法(见图 4.4.2)。

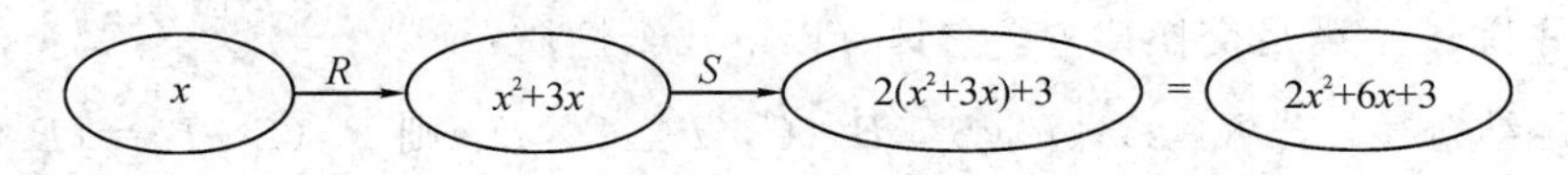

图 4.4.2

由图 4.4.2 知，$R\circ S=\{\langle x, y\rangle \mid y=2x^2+6x+3\}$。

二、复合关系的关系矩阵

设集合 $A=\{a_1, a_2, \cdots, a_m\}$，$B=\{b_1, b_2, \cdots, b_n\}$，$C=\{c_1, c_2, \cdots, c_k\}$，$R$ 是从 A 到 B 的关系，S 是从 B 到 C 的关系，关系 R、S 以及复合关系 $R\circ S$ 的关系矩阵分别记作 $\boldsymbol{M}_R=(x_{ij})_{mn}$，$\boldsymbol{M}_S=(y_{ij})_{nk}$，$\boldsymbol{M}_{R\circ S}=(z_{ij})_{mk}$，则 $\boldsymbol{M}_{R\circ S}=\boldsymbol{M}_R\circ\boldsymbol{M}_S$。

当且仅当至少存在某个 $b_k\in B(k=1, 2, \cdots, n)$ 使得 $\langle a_i, b_k\rangle\in R$ 且 $\langle b_k, c_j\rangle\in S$ 时，才有 $\langle a_i, c_j\rangle\in R\circ S$，而 $\langle a_i, b_k\rangle\in R$，$\langle b_k, c_j\rangle\in S$，$\langle a_i, c_j\rangle\in R\circ S$ 分别对应 $x_{ik}=1$，$y_{kj}=1$，$z_{ij}=1$。也就是说，当且仅当至少存在某个 $k(k=1, 2, \cdots, n)$ 使得 $x_{ik}=1$ 且 $y_{kj}=1$ 时，才有 $z_{ij}=1$；反之亦然。

另一方面，作矩阵 $\boldsymbol{M}_R$ 与 $\boldsymbol{M}_S$ 的逻辑乘 $\boldsymbol{M}_R\circ\boldsymbol{M}_S=(R_{ij})_{mk}$，其中

$$R_{ij}=\bigvee_{k=1}^{n}(x_{ik}\wedge y_{kj})=(x_{i1}\wedge y_{1j})\vee(x_{i2}\wedge y_{2j})\vee\cdots\vee(x_{in}\wedge y_{nj})$$

而且上式中的 $\wedge$ 与 $\vee$ 运算就是数理逻辑的合取与析取运算。为了与矩阵乘法相对应，上式中的 $\wedge$ 与 $\vee$ 运算也习惯称作逻辑乘与逻辑加运算。显然，当且仅当至少存在某个 k $(k=1, 2, \cdots, n)$ 使得 $x_{ik}=1$ 且 $y_{kj}=1$ 时，$R_{ij}=1$；反之亦然。故 $(z_{ij})_{mk}=(R_{ij})_{mk}$，因此

$$\boldsymbol{M}_{R\circ S}=\boldsymbol{M}_R\circ\boldsymbol{M}_S$$

例 4.4.3 设 $A=\{1, 2, 3, 4, 5\}$，$B=\{a, b, c, d\}$，$R\subseteq A\times A$，$S\subseteq A\times B$，且 R 与 S 的关系矩阵分别为

$$\boldsymbol{M}_R=\begin{pmatrix}0&1&0&1&1\\0&0&0&1&1\\1&1&1&1&1\\1&0&1&1&1\\1&1&1&1&0\end{pmatrix},\quad \boldsymbol{M}_S=\begin{pmatrix}1&1&1&1\\1&1&1&1\\1&0&1&0\\0&0&0&0\\0&0&0&1\end{pmatrix}$$

求复合关系 $R\circ S$ 的关系矩阵 $\boldsymbol{M}_{R\circ S}$。

解

$$\boldsymbol{M}_{R\circ S}=\boldsymbol{M}_R\circ\boldsymbol{M}_S=\begin{pmatrix}0&1&0&1&1\\0&0&0&1&1\\1&1&1&1&1\\1&0&1&1&1\\1&1&1&1&0\end{pmatrix}\circ\begin{pmatrix}1&1&1&1\\1&1&1&1\\1&0&1&0\\0&0&0&0\\0&0&0&1\end{pmatrix}=\begin{pmatrix}1&1&1&1\\0&0&0&1\\1&1&1&1\\1&1&1&1\\1&1&1&1\end{pmatrix}$$

复合关系除了不满足交换律外，它具有以下几个性质：

(1) 满足结合律：若 $R\subseteq A\times B$，$S\subseteq B\times C$，$T\subseteq C\times D$，则 $R\circ(S\circ T)=(R\circ S)\circ T$；

(2) 若 $R\subseteq A\times B$，$S\subseteq B\times C$，$T\subseteq B\times C$，则

$$R\circ(S\cup T)=(R\circ S)\cup(R\circ T)$$

$$R\circ(S\cap T)\subseteq(R\circ S)\cap(R\circ T)$$

证明　(1) 因为任取$\langle a, d\rangle \in R\circ(S\circ T)$，有

$$\begin{aligned}\langle a, d\rangle \in R\circ(S\circ T) &\Leftrightarrow \exists b(b\in B\wedge \langle a, b\rangle\in R\wedge \langle b, d\rangle \in S\circ T)\\ &\Leftrightarrow \exists b(b\in B\wedge \langle a, b\rangle\in R\wedge \exists c(c\in C\wedge\langle b, c\rangle\in S\wedge \langle c, d\rangle\in T))\\ &\Leftrightarrow \exists c\exists b((b\in B\wedge \langle a, b\rangle\in R\wedge\langle b, c\rangle\in S)\wedge c\in C\wedge\langle c, d\rangle\in T)\\ &\Leftrightarrow \exists c(\langle a, c\rangle\in R\circ S\wedge c\in C\wedge \langle c, d\rangle\in T)\\ &\Leftrightarrow \langle a, d\rangle\in(R\circ S)\circ T\end{aligned}$$

所以

$$R\circ(S\circ T)=(R\circ S)\circ T$$

(2) 因为任取$\langle a, c\rangle\in R\circ(S\cup T)$，有

$$\begin{aligned}&\langle a, c\rangle\in R\circ(S\cup T)\\ \Leftrightarrow&\exists b(b\in B\wedge\langle a, b\rangle\in R\wedge\langle b, c\rangle\in S\cup T)\\ \Leftrightarrow&\exists b(b\in B\wedge\langle a, b\rangle\in R\wedge(\langle b, c\rangle\in S\vee\langle b, c\rangle\in T))\\ \Leftrightarrow&\exists b((b\in B\wedge\langle a, b\rangle\in R\wedge\langle b, c\rangle\in S)\vee(b\in B\wedge\langle a, b\rangle\in R\wedge\langle b, c\rangle\in T))\\ \Leftrightarrow&\exists b(b\in B\wedge\langle a, b\rangle\in R\wedge\langle b, c\rangle\in S)\vee\exists b(b\in B\wedge\langle a, b\rangle\in R\wedge\langle b, c\rangle\in T)\\ \Leftrightarrow&\langle a, c\rangle\in R\circ S\vee\langle a, c\rangle\in R\circ T\\ \Leftrightarrow&\langle a, c\rangle\in(R\circ S)\cup(R\circ T)\end{aligned}$$

所以

$$R\circ(S\cup T)=(R\circ S)\cup(R\circ T)$$

因为任取$\langle a, c\rangle\in R\circ(S\cap T)$，有

$$\begin{aligned}&\langle a, c\rangle\in R\circ(S\cap T)\\ \Leftrightarrow&\exists b(b\in B\wedge\langle a, b\rangle\in R\wedge\langle b, c\rangle\in S\cap T)\\ \Leftrightarrow&\exists b(b\in B\wedge\langle a, b\rangle\in R\wedge(\langle b, c\rangle\in S\wedge\langle b, c\rangle\in T))\\ \Leftrightarrow&\exists b((b\in B\wedge\langle a, b\rangle\in R\wedge\langle b, c\rangle\in S)\wedge(b\in B\wedge\langle a, b\rangle\in R\wedge\langle b, c\rangle\in T))\\ \Rightarrow&\exists b(b\in B\wedge\langle a, b\rangle\in R\wedge\langle b, c\rangle\in S)\wedge\exists b(b\in B\wedge\langle a, b\rangle\in R\wedge\langle b, c\rangle\in T)\\ \Leftrightarrow&\langle a, c\rangle\in R\circ S\wedge\langle a, c\rangle\in R\circ T\\ \Leftrightarrow&\langle a, c\rangle\in(R\circ S)\cap(R\circ T)\end{aligned}$$

所以

$$R\circ(S\cap T)\subseteq(R\circ S)\cap(R\circ T)$$

注意　$\exists x(A(x)\wedge B(x))\Rightarrow\exists xA(x)\wedge\exists xB(x)$。

设R是A上的关系，由于关系可以进行复合运算，并且复合运算具有可结合的性质，因此同一关系的复合可以写成乘幂的形式，即

$$R\circ R=R^2,\ R^2\circ R=R^{2+1}=R^3=R\circ R^2,\ \cdots$$

一般地，$R^0=I_A(R\circ R^0=R^{1+0}=R=R\circ I_A)$，

$$R^m\circ R^n=R^{m+n},\ (R^m)^n=R^{mn}\quad (m, n \text{ 为非负整数})$$

4.5 逆关系

二元关系是任意序偶的集合，由于序偶的有序性，关系还有一种运算，即逆运算。

定义 4.5.1 设 R 为从 X 到 Y 的二元关系，如将 R 中每一序偶的元素顺序互换，则得到的集合称为 R 的逆关系，记作 R^c 或 R^{-1}，即

$$R^c=\{\langle y, x\rangle \mid x\in X\wedge y\in Y\wedge \langle x, y\rangle\in R\}$$

从逆关系的定义可直接得到

$$\langle x, y\rangle\in R\Leftrightarrow\langle y, x\rangle\in R^c,\ (R^c)^c=R$$

这是因为$\langle x, y\rangle\in R\Leftrightarrow\langle y, x\rangle\in R^c\Leftrightarrow\langle x, y\rangle\in(R^c)^c$。

同样，逆关系的表示方法和集合是相同的，那么它和原来的关系之间具有什么联系呢？

例 4.5.1 设 $A=\{1, 2, 3, 4, 5\}$，试求 R^c，其中

$$R=\{\langle 1, 2\rangle, \langle 2, 3\rangle, \langle 3, 4\rangle, \langle 4, 5\rangle\}$$

解 (1)集合表示法：

$$R^c=\{\langle 2, 1\rangle, \langle 3, 2\rangle, \langle 4, 3\rangle, \langle 5, 4\rangle\}$$

(2) 关系图法：见图 4.5.1。

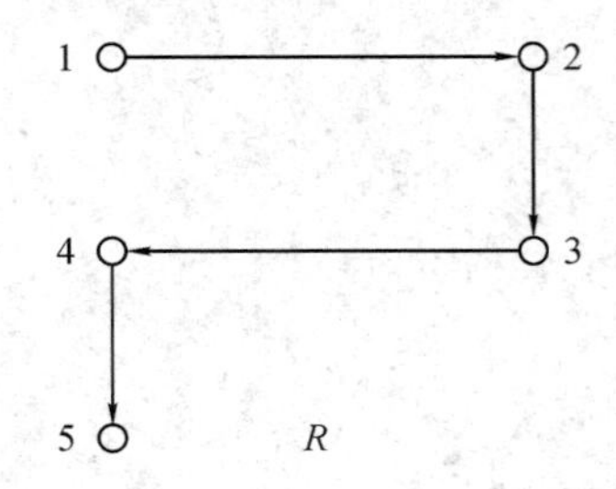

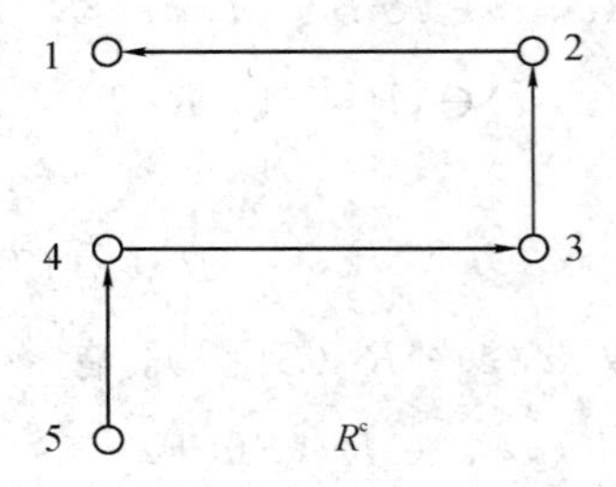

图 4.5.1

(3) 矩阵表示：

$$\boldsymbol{M}_R=\begin{pmatrix}0&1&0&0&0\\0&0&1&0&0\\0&0&0&1&0\\0&0&0&0&1\\0&0&0&0&0\end{pmatrix},\quad \boldsymbol{M}_{R^c}=\begin{pmatrix}0&0&0&0&0\\1&0&0&0&0\\0&1&0&0&0\\0&0&1&0&0\\0&0&0&1&0\end{pmatrix}$$

从例 4.5.1 可看出，R^c 的有向图是将 R 的有向图的所有边的方向颠倒；R^c 的矩阵为 R 矩阵的转置，即$(\boldsymbol{M}_R)^{\mathrm{T}}=\boldsymbol{M}_{R^c}$。

定理 4.5.1 设 R、S 都是从 X 到 Y 的关系，则

(1) $(R^c)^c=R$；

(2) $(R\cup S)^c=R^c\cup S^c$；

(3) $(R\cap S)^c=R^c\cap S^c$；

(4) $(R-S)^c=R^c-S^c$；

(5) $(X\times Y)^c=Y\times X$；

(6) $(\bar{R})^c=\overline{R^c}$；

(7) $R\subseteq S\Leftrightarrow R^c\subseteq S^c$。

证明　这里仅证明(2)、(4)、(6)、(7)，其余证明请读者自己完成。

(2) 因为任取$\langle x, y\rangle\in(R\cup S)^c$，有

$$\begin{aligned}&\langle x, y\rangle\in(R\cup S)^c\\ \Leftrightarrow&\langle y, x\rangle\in R\cup S\\ \Leftrightarrow&\langle y, x\rangle\in R\vee\langle y, x\rangle\in S\\ \Leftrightarrow&\langle x, y\rangle\in R^c\vee\langle x, y\rangle\in S^c\\ \Leftrightarrow&\langle x, y\rangle\in R^c\cup S^c\end{aligned}$$

所以

$$(R\cup S)^c=R^c\cup S^c$$

(4) 因为任取$\langle x, y\rangle\in(R-S)^c$，有

$$\begin{aligned}&\langle x, y\rangle\in(R-S)^c\\ \Leftrightarrow&\langle y, x\rangle\in R-S\\ \Leftrightarrow&\langle y, x\rangle\in R\wedge\langle y, x\rangle\notin S\\ \Leftrightarrow&\langle x, y\rangle\in R^c\wedge\langle x, y\rangle\notin S^c\\ \Leftrightarrow&\langle x, y\rangle\in R^c-S^c\end{aligned}$$

所以

$$(R-S)^c=R^c-S^c$$

(6) 因为任取$\langle x, y\rangle\in(\bar{R})^c$，有

$$\langle x, y\rangle\in(\bar{R})^c\Leftrightarrow\langle y, x\rangle\in\bar{R}\Leftrightarrow\langle y, x\rangle\notin R\Leftrightarrow\langle x, y\rangle\notin R^c\Leftrightarrow\langle x, y\rangle\in\overline{R^c}$$

所以

$$(\bar{R})^c=\overline{R^c}$$

(7) 先证充分性。已知$R^c\subseteq S^c$，则任取$\langle x, y\rangle\in R$，有

$$\begin{aligned}&\langle x, y\rangle\in R\\ \Leftrightarrow&\langle y, x\rangle\in R^c\\ \Rightarrow&\langle y, x\rangle\in S^c\\ \Leftrightarrow&\langle x, y\rangle\in S\end{aligned}$$

所以$R\subseteq S$。

再证必要性。已知$R\subseteq S$，则任取$\langle y, x\rangle\in R^c$，有

$$\begin{aligned}&\langle y, x\rangle\in R^c\\ \Leftrightarrow&\langle x, y\rangle\in R\\ \Rightarrow&\langle x, y\rangle\in S\\ \Leftrightarrow&\langle y, x\rangle\in S^c\end{aligned}$$

所以$R^c\subseteq S^c$。

定理 4.5.2　令R是从X到Y的关系，S是从Y到Z的关系，则$(R\circ S)^c=S^c\circ R^c$。

证明　因为任取$\langle z, x\rangle\in(R\circ S)^c$，有

$$\begin{aligned}
&\langle z, x\rangle \in (R\circ S)^c \\
&\Leftrightarrow \langle x, z\rangle \in R\circ S \\
&\Leftrightarrow \exists y(y\in Y \wedge \langle x, y\rangle \in R \wedge \langle y, z\rangle \in S) \\
&\Leftrightarrow \exists y(y\in Y \wedge \langle y, x\rangle \in R^c \wedge \langle z, y\rangle \in S^c) \\
&\Leftrightarrow \langle z, x\rangle \in S^c \circ R^c
\end{aligned}$$

所以

$$(R\circ S)^c = S^c \circ R^c$$

定理 4.5.3 设 R 是 X 上的关系，则

(1) R 是对称的，当且仅当 $R^c=R$；

(2) R 是反对称的，当且仅当 $R\cap R^c\subseteq I_X$。

证明 (1) 先证充分性。已知 $R^c=R$，任取 $x, y\in X$，设 $\langle x, y\rangle\in R$，则 $\langle y, x\rangle\in R^c$，而 $R^c=R$，所以有 $\langle y, x\rangle\in R$，故 R 是对称的。

再证必要性。已知 R 对称，任取 $\langle y, x\rangle\in R^c$，则 $\langle x, y\rangle\in R$，因为 R 对称，所以有 $\langle y, x\rangle\in R$，从而 $R^c\subseteq R$；任取 $\langle x, y\rangle\in R$，因为 R 对称，所以有 $\langle y, x\rangle\in R$，则 $\langle x, y\rangle\in R^c$，从而 $R\subseteq R^c$。故 $R^c=R$。

(2) 先证充分性。已知 $R\cap R^c\subseteq I_X$，任取 $x, y\in X$，设 $\langle x, y\rangle\in R$，$\langle y, x\rangle\in R$，有

$$\begin{aligned}
\langle x, y\rangle\in R\wedge\langle y, x\rangle\in R &\Leftrightarrow \langle x, y\rangle\in R\wedge\langle x, y\rangle\in R^c \\
&\Leftrightarrow \langle x, y\rangle\in R\cap R^c \\
&\Rightarrow \langle x, y\rangle\in I_X \\
&\Rightarrow x=y
\end{aligned}$$

由反对称的性质知，R 是反对称的。

再证必要性。已知 R 反对称，任取 $x, y\in X$，设 $\langle x, y\rangle\in R\cap R^c$，有

$$\begin{aligned}
\langle x, y\rangle\in R\cap R^c &\Leftrightarrow \langle x, y\rangle\in R\wedge\langle x, y\rangle\in R^c \\
&\Leftrightarrow \langle x, y\rangle\in R\wedge\langle y, x\rangle\in R \\
&\Rightarrow x=y \\
&\Rightarrow \langle x, y\rangle\in I_X
\end{aligned}$$

即 $R\cap R^c\subseteq I_X$。

4.6 关系的闭包运算

前面所讲的关系的复合和关系的逆都可以构成新的关系。我们还可对给定的关系用扩充一些序偶的方法得到具有某些特殊性质的新关系，这就是闭包运算。本节只研究关系的自反、对称和传递闭包，为此，需要在已知的关系例如 R 中添加一些序偶而构成新的关系 R'，使得 R' 具有所需要的性质，但又不希望 R' 变得太大(换句话说，希望添加的序偶尽可能少)，满足这些要求的 R' 就是 R 的自反(对称或传递)闭包。

定义 4.6.1 设 R 是非空集合 X 上的二元关系，R 的自反闭包(对称闭包或传递闭包)是 X 上的关系 R'，且 R' 满足以下条件：

(1) R'是自反的(对称的、可传递的);

(2) $R \subseteq R'$;

(3) 对 X 上的任何包含 R 的自反关系(对称或传递关系)R'',都有 $R' \subseteq R''$,
则 R'称为关系 R 的自反(对称、传递)闭包,记作 $r(R)$($s(R)$、$t(R)$)。

对于 X 上的二元关系 R,我们能够用扩充序偶的方法来形成它的自反(对称、传递)闭包,但必须注意,自反(对称、传递)闭包应是包含 R 的最小自反(对称、传递)关系。

定理 4.6.1　设 R 是 X 上的二元关系,则

(1) R 是自反的,当且仅当 $r(R)=R$;

(2) R 是对称的,当且仅当 $s(R)=R$;

(3) R 是传递的,当且仅当 $t(R)=R$。

证明　(1) 如果 R 是自反的,因为 $R \supseteq R$,且任何包含 R 的自反关系 R'',有 $R'' \supseteq R$,故 R 满足自反闭包的定义,即 $r(R)=R$。

反之,如果 $r(R)=R$,根据定义,R 必是自反的。

(2)和(3)的证明完全类似。

利用下面几个定理,可由给定关系 R,求 $r(R)$、$s(R)$和 $t(R)$。

定理 4.6.2　设 R 是集合 X上的二元关系,则

(1) $r(R)=R \cup I_X$;

(2) $s(R)=R \cup R^c$;

(3) $t(R)=\bigcup_{i=1}^{\infty} R^i=R \cup R^2 \cup R^3 \cup \cdots$。

证明　(1) 令 $R'=R \cup I_X$,对任意 $x \in X$,因为$\langle x, x\rangle \in I_X$,故$\langle x, x\rangle \in R'$,即 R'在 X 上是自反的。又 $R \subseteq R \cup I_X$,即 $R \subseteq R'$。若有自反关系 R''且 $R'' \supseteq R$,显然有 $R'' \supseteq I_X$,于是

$$R'' \supseteq I_X \cup R=R'$$

故

$$r(R)=R \cup I_X$$

(2) 令 $R'=R \cup R^c$,因为 $R \cup R^c \supseteq R$,故 $R' \supseteq R$。又设任意$\langle x, y\rangle \in R'$,则$\langle x, y\rangle \in R$ 或$\langle x, y\rangle \in R^c$,即$\langle y, x\rangle \in R^c$ 或$\langle y, x\rangle \in R$,故$\langle y, x\rangle \in R \cup R^c$。所以,$R'$是对称的。

设 R''是对称的且 $R'' \supseteq R$,对任意$\langle x, y\rangle \in R'$,有$\langle x, y\rangle \in R$ 或$\langle x, y\rangle \in R^c$。当$\langle x, y\rangle \in R$ 时,$\langle x, y\rangle \in R''$;当$\langle x, y\rangle \in R^c$ 时,$\langle y, x\rangle \in R$,$\langle y, x\rangle \in R''$。因为$R''$是对称的,所以$\langle x, y\rangle \in R''$,从而 $R' \subseteq R''$,故

$$s(R)=R \cup R^c$$

(3) 分两部分证明。

① 先证 $\bigcup_{i=1}^{\infty} R^i \subseteq t(R)$,用数学归纳法。

由传递闭包的定义,有 $R \subseteq t(R)$。

假设$n \geqslant 1$ 时,$R^n \subseteq t(R)$。设$\langle x, y\rangle \in R^{n+1}$。

因为 $R^{n+1}=R^n \circ R$,所以必$\exists c \in X$,使$\langle x, c\rangle \in R^n$ 和$\langle c, y\rangle \in R$,故有$\langle x, c\rangle \in t(R)$和$\langle c, y\rangle \in t(R)$。再由 $t(R)$的传递性,有$\langle x, y\rangle \in t(R)$,从而

$$R^{n+1}\in t(R)$$

故

$$\bigcup_{i=1}^{\infty}R^i\subseteq t(R)$$

② 再证 $t(R)\subseteq\bigcup_{i=1}^{\infty}R^i$。

设$\langle x, y\rangle\in\bigcup_{i=1}^{\infty}R^i$，$\langle y, z\rangle\in\bigcup_{i=1}^{\infty}R^i$，则必存在整数 s 和 t，$s\geqslant1$，$t\geqslant1$，使得

$$\langle x, y\rangle\in R^s，\langle y, z\rangle\in R^t$$

因此，$\langle x, z\rangle\in R^s\circ R^t=R^{s+t}$，即$\langle x, z\rangle\in\bigcup_{i=1}^{\infty}R^i$，所以$\bigcup_{i=1}^{\infty}R^i$ 是传递的。

由于包含 R 的传递关系都包含 $t(R)$，故

$$t(R)\subseteq\bigcup_{i=1}^{\infty}R^i$$

由①和②可得

$$t(R)=\bigcup_{i=1}^{\infty}R^i$$

例 4.6.1　设 $A=\{1, 2, 3, 4\}$，$R=\{\langle1, 2\rangle, \langle2, 1\rangle, \langle2, 3\rangle, \langle3, 4\rangle\}$，求 $r(R)$、$s(R)$和 $t(R)$。

解　$r(R)=R\cup I_X=\{\langle1, 2\rangle, \langle2, 1\rangle, \langle2, 3\rangle, \langle3, 4\rangle, \langle1, 1\rangle, \langle2, 2\rangle, \langle3, 3\rangle, \langle4, 4\rangle\}$

$s(R)=R\cup R^c=\{\langle1, 2\rangle, \langle2, 1\rangle, \langle2, 3\rangle, \langle3, 4\rangle, \langle3, 2\rangle, \langle4, 3\rangle\}$

$R^2=\{\langle1, 1\rangle, \langle1, 3\rangle, \langle2, 2\rangle, \langle2, 4\rangle\}=R^5=R^8=\cdots$

$R^3=\{\langle1, 2\rangle, \langle1, 4\rangle, \langle2, 1\rangle, \langle2, 3\rangle\}=R^6=R^9=\cdots$

$R^4=\{\langle1, 1\rangle, \langle1, 3\rangle, \langle2, 2\rangle, \langle2, 4\rangle\}=R^7=R^{10}=\cdots$

$t(R)=R\cup R^2\cup R^3\cup R^4\cup\cdots$

$=\{\langle1, 1\rangle, \langle1, 2\rangle, \langle1, 3\rangle, \langle1, 4\rangle, \langle2, 1\rangle, \langle2, 2\rangle, \langle2, 3\rangle, \langle2, 4\rangle, \langle3, 4\rangle\}$

将定理 4.6.2 中的公式转换成矩阵表示就得到求闭包的矩阵方法，R 的关系矩阵为 $\boldsymbol{M}$，相应的自反、对称、传递闭包的矩阵为 $\boldsymbol{M}_r$、$\boldsymbol{M}_s$、$\boldsymbol{M}_t$，则有

$$\boldsymbol{M}_r=\boldsymbol{M}+\boldsymbol{E}$$
$$\boldsymbol{M}_s=\boldsymbol{M}+\boldsymbol{M}^T$$
$$\boldsymbol{M}_t=\boldsymbol{M}+\boldsymbol{M}^2+\boldsymbol{M}^3+\cdots$$

其中，$\boldsymbol{E}$ 表示同阶的单位矩阵(主对角线元素为 1，其他元素都为 0)，$\boldsymbol{M}^T$ 表示 $\boldsymbol{M}$ 的转置，而$+$表示矩阵中对应元素的逻辑加。例 4.6.1 中的 3 个结果矩阵如下：

$$\boldsymbol{M}_r=\begin{pmatrix}0&1&0&0\\1&0&1&0\\0&0&0&1\\0&0&0&0\end{pmatrix}+\begin{pmatrix}1&0&0&0\\0&1&0&0\\0&0&1&0\\0&0&0&1\end{pmatrix}=\begin{pmatrix}1&1&0&0\\1&1&1&0\\0&0&1&1\\0&0&0&1\end{pmatrix}$$

$$\boldsymbol{M}_s=\begin{pmatrix}0&1&0&0\\1&0&1&0\\0&0&0&1\\0&0&0&0\end{pmatrix}+\begin{pmatrix}0&1&0&0\\1&0&0&0\\0&1&0&0\\0&0&1&0\end{pmatrix}=\begin{pmatrix}0&1&0&0\\1&0&1&0\\0&1&0&1\\0&0&1&0\end{pmatrix}$$

$$M_t=\begin{pmatrix}0&1&0&0\\1&0&1&0\\0&0&0&1\\0&0&0&0\end{pmatrix}+\begin{pmatrix}1&0&1&0\\0&1&0&1\\0&0&0&0\\0&0&0&0\end{pmatrix}+\begin{pmatrix}0&1&0&1\\1&0&1&0\\0&0&0&0\\0&0&0&0\end{pmatrix}=\begin{pmatrix}1&1&1&1\\1&1&1&1\\0&0&0&1\\0&0&0&0\end{pmatrix}$$

利用定理 4.6.2 的结果，对例 4.6.1 而言，直接从关系图求闭包是最方便的。检查 R 的关系图，哪一个结点没有环就加上一个环，从而得到 $r(R)$的关系图。如果将 R 的关系图中的单向边全部改成双向边，其他都不变，就得到 $s(R)$的关系图。至于传递闭包，只要依次检查 R 的关系图的每个结点 x，把从 x 出发的长度不超过 n(n 是图中结点的个数)的所有路径的终点找到，如果 x 到这样的终点没有边，就加上一条边，比如，从 1 出发的路径可以达到 1、2、3、4，而原图中没有 $1\to1$、$1\to3$ 和 $1\to4$ 的边，在 $t(R)$的关系图中要加上 $1\to1$、$1\to3$ 和 $1\to4$ 的边，对其他 3 个结点 2、3 和 4 也这样做，就可以得到 $t(R)$的关系图。

从例 4.6.1 中看到给定 A 上关系 R 求 $t(R)$，有时不必求出每个 R^i。下面的定理指出了 $t(R)$与集合 A 中元素个数的联系。

定理 4.6.3　设 X 是含有 n 个元素的集合，R 是 X 上的二元关系，则存在一个正整数 $k\leqslant n$，使得

$$t(R)=R\cup R^2\cup R^3\cup\cdots\cup R^k$$

证明　设 x_i，$x_j\in X$，记 $t(R)=R^+$，如果 $x_iR^+x_j$ 成立，则存在整数 $p>0$，使得 $x_iR^px_j$ 成立，即存在序列 e_1，e_2，…，e_{p-1}有 x_iRe_1，e_1Re_2，…，$e_{p-1}Rx_j$。设满足上述条件的最小 p 大于 n，则在上述序列中必有 $0\leqslant t\leqslant q\leqslant p$，使 $e_t=e_q$，因此序列就成为

$$\underbrace{x_iRe_1,\ e_1Re_2,\ \cdots,\ e_{t-1}Re_t}_{t\text{个}},\ \underbrace{e_tRe_{q+1},\ \cdots,\ e_{p-1}Rx_j}_{(p-q)\text{个}}$$

这表明 $x_iR^kx_j$ 存在，其中 $k=t+p-q=p-(q-t)<p$，这与“p 是最小的假设”矛盾，故 $p>n$不成立。

由定理 4.6.3 可知，在 n 个元素的有限集上关系 R 的传递闭包不妨写为

$$t(R)=R\cup R^2\cup R^3\cup\cdots\cup R^n$$

例 4.6.2　设 $A=\{a, b, c, d\}$，给定 A 上的关系 $R=\{\langle a, b\rangle, \langle b, a\rangle, \langle b, c\rangle, \langle c, d\rangle\}$，求 $t(R)$。

解　因为

$$M_R=\begin{pmatrix}0&1&0&0\\1&0&1&0\\0&0&0&1\\0&0&0&0\end{pmatrix}$$

$$M_{R^2}=\begin{pmatrix}0&1&0&0\\1&0&1&0\\0&0&0&1\\0&0&0&0\end{pmatrix}\circ\begin{pmatrix}0&1&0&0\\1&0&1&0\\0&0&0&1\\0&0&0&0\end{pmatrix}=\begin{pmatrix}1&0&1&0\\0&1&0&1\\0&0&0&0\\0&0&0&0\end{pmatrix}$$

$$M_{R^3}=\begin{pmatrix}1&0&1&0\\0&1&0&1\\0&0&0&0\\0&0&0&0\end{pmatrix}\circ\begin{pmatrix}0&1&0&0\\1&0&1&0\\0&0&0&1\\0&0&0&0\end{pmatrix}=\begin{pmatrix}0&1&0&1\\1&0&1&0\\0&0&0&0\\0&0&0&0\end{pmatrix}$$

$$M_{R^4}=\begin{pmatrix}0&1&0&1\\1&0&1&0\\0&0&0&0\\0&0&0&0\end{pmatrix}\circ\begin{pmatrix}0&1&0&0\\1&0&1&0\\0&0&0&1\\0&0&0&0\end{pmatrix}=\begin{pmatrix}1&0&1&0\\0&1&0&1\\0&0&0&0\\0&0&0&0\end{pmatrix}$$

所以

$$M_{t(R)}=\begin{pmatrix}1&1&1&1\\1&1&1&1\\0&0&0&1\\0&0&0&0\end{pmatrix}$$

即 $t(R)=\{\langle a, a\rangle, \langle a, b\rangle, \langle a, c\rangle, \langle a, d\rangle, \langle b, a\rangle, \langle b, b\rangle, \langle b, c\rangle, \langle b, d\rangle\}$。

当有限集 X 的元素较多时，对关系 R 的传递闭包进行矩阵运算，显得很繁琐，为此 Warshall 在 1962 年提出了一个简单的算法。

Warshall 算法　算法步骤如下：

(1) 置新矩阵 $\mathbf{A}=\mathbf{M}$；

(2) 置 $i=1$；

(3) 对所有 j，如果 $\mathbf{A}[j, i]=1$，则对所有 $k=1, 2\cdots, n$，有

$$\mathbf{A}[j, k]=\mathbf{A}[j, k]+\mathbf{A}[i, k]$$

(4) i 加 1；

(5) 如果 $i\leqslant n$，则转到步骤(3)，否则停止。

例 4.6.3　已知

$$\mathbf{M}=\begin{pmatrix}1&1&0&0&0&0&0\\0&0&0&1&0&0&0\\0&0&0&0&1&0&0\\0&1&0&0&0&0&0\\0&0&0&0&0&0&0\\0&0&0&0&0&0&0\\0&0&0&0&0&0&0\end{pmatrix}$$

求 $\mathbf{M}_t$。

解

$$\mathbf{A}=\mathbf{M}=\begin{pmatrix}1&1&0&0&0&0&0\\0&0&0&1&0&0&0\\0&0&0&0&1&0&0\\0&1&0&0&0&0&0\\0&0&0&0&0&0&0\\0&0&0&0&0&0&0\\0&0&0&0&0&0&0\end{pmatrix}$$

$i=1$ 时，第一列中只有 $\boldsymbol{A}[1, 1]=1$，将第一行与第一行各对应元素进行逻辑加，仍记于第一行，得

$$\boldsymbol{A}=\begin{pmatrix}1&1&0&0&0&0&0\\0&0&0&1&0&0&0\\0&0&0&0&1&0&0\\0&1&0&0&0&0&0\\0&0&0&0&0&0&0\\0&0&0&0&0&0&0\\0&0&0&0&0&0&0\end{pmatrix}$$

$i=2$ 时，第二列中 $\boldsymbol{A}[1, 2]=1$，$\boldsymbol{A}[4, 2]=1$，分别将第一行、第四行各元素与第二行各对应元素进行逻辑加，仍分别记于第一行和第四行，得

$$\boldsymbol{A}=\begin{pmatrix}1&1&0&1&0&0&0\\0&0&0&1&0&0&0\\0&0&0&0&1&0&0\\0&1&0&1&0&0&0\\0&0&0&0&0&0&0\\0&0&0&0&0&0&0\\0&0&0&0&0&0&0\end{pmatrix}$$

$i=3$ 时，第三列中没有不等于零的元素，因此 $\boldsymbol{A}$ 的赋值不变。

$i=4$ 时，第四列中 $\boldsymbol{A}[1, 4]=1$，$\boldsymbol{A}[2, 4]=1$，$\boldsymbol{A}[4, 4]=1$，分别将第一行、第二行、第四行各元素与第四行各对应元素进行逻辑加，仍分别记于第一行、第二行、第四行，得

$$\boldsymbol{A}=\begin{pmatrix}1&1&0&1&0&0&0\\0&1&0&1&0&0&0\\0&0&0&0&1&0&0\\0&1&0&1&0&0&0\\0&0&0&0&0&0&0\\0&0&0&0&0&0&0\\0&0&0&0&0&0&0\end{pmatrix}$$

$i=5$ 时，第五列中 $\boldsymbol{A}[3, 5]=1$，将第三行各元素与第五行各对应元素进行逻辑加，仍记于第三行，由于第五行的元素都等于零，因此 $\boldsymbol{A}$ 的赋值不变。

$i=6$，$i=7$ 时，由于第六、七列各元素均为零，因此 $\boldsymbol{A}$ 的赋值不变。

综上，有

$$\boldsymbol{M}_{\mathrm{t}}=\boldsymbol{A}=\begin{pmatrix}1&1&0&1&0&0&0\\0&1&0&1&0&0&0\\0&0&0&0&1&0&0\\0&1&0&1&0&0&0\\0&0&0&0&0&0&0\\0&0&0&0&0&0&0\\0&0&0&0&0&0&0\end{pmatrix}$$

4.7　等价关系与等价类

在实际应用中，有些关系常常具有某些特定的性质，我们可将具有某些特定性质的关系具体化，例如等价关系、相容关系和偏序关系。

定义 4.7.1　设 R 为集合 A 上的关系，如果 R 是自反的、对称的和传递的，则称 R 为 A 上的等价关系。若 a，$b\in A$，且 aRb，则称 a 与 b 等价，记作 $a\sim b$。

例如，实数集合上的"="关系、命题集合上的命题间的"$\Leftrightarrow$"关系、三角形集合上的全等关系等，都是等价关系。

例 4.7.1　设集合 $T=\{1, 2, 3, 4\}$，$R=\{\langle 1, 1\rangle, \langle 1, 4\rangle, \langle 4, 1\rangle, \langle 4, 4\rangle, \langle 2, 2\rangle, \langle 2, 3\rangle, \langle 3, 2\rangle, \langle 3, 3\rangle\}$，证明 R 是 T 上的等价关系。

证明　R 的关系矩阵为

$$\boldsymbol{M}_R=\begin{matrix} & \begin{matrix}1 & 2 & 3 & 4\end{matrix} \\ \begin{matrix}1\\2\\3\\4\end{matrix} & \begin{pmatrix}1 & 0 & 0 & 1\\0 & 1 & 1 & 0\\0 & 1 & 1 & 0\\1 & 0 & 0 & 1\end{pmatrix}\end{matrix}$$

从关系矩阵看，对角线元素全为 1，说明 R 是自反的；又矩阵关于主对角线是对称的，说明 R 是对称的。从关系图(见图 4.7.1)看，每个都有自回路，说明 R 是自反的；任意两个结点间或没有弧线连接，或有成对弧出现，说明 R 是对称的。从 R 的序偶表示式中可以看出 R 是传递的，逐个检查序偶，如 $\langle 1, 1\rangle\in R$，$\langle 1, 4\rangle\in R$，有 $\langle 1, 4\rangle\in R$；同理，$\langle 1, 4\rangle\in R$，$\langle 4, 1\rangle\in R$，有 $\langle 1, 1\rangle\in R$，…。故 R 是 T 上的等价关系。

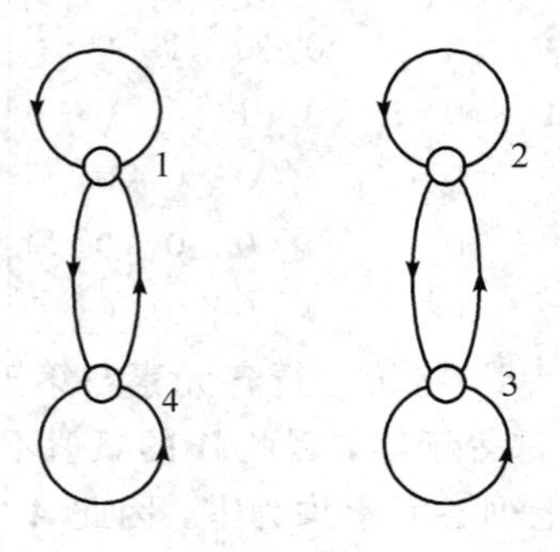

图 4.7.1

例 4.7.2　设 $\mathbf{Z}$ 为整数集合，R 为 $\mathbf{Z}$ 上的模 k 同余关系，即

$$R=\{\langle x, y\rangle \mid x\equiv y(\bmod k)\}$$

其中 $x\equiv y(\bmod k)$ 读作"x 与 y 模 k 相等或 x 与 y 模 k 同余"，表示 $x-y=mk$($m\in\mathbf{Z}$，$k\in\mathbf{Z}$)。

证明：R 为 $\mathbf{Z}$ 上的等价关系。

证明　设任意 a，b，$c\in\mathbf{Z}$。

(1) 因为 $a-a=k\cdot 0$，所以 $\langle a, a\rangle\in R$。

(2) 若$\langle a, b\rangle\in R$，则$a\equiv b(\mathrm{mod}k)$，$a-b=kt(t\in\mathbf{Z})$，$b-a=-kt$，$b\equiv a(\mathrm{mod}k)$，所以$\langle b, a\rangle\in R$。

(3) 若$\langle a, b\rangle\in R$，$\langle b, c\rangle\in R$，则$a\equiv b(\mathrm{mod}k)$，$b\equiv c(\mathrm{mod}k)$，

$$a-b=kt,\ b-c=ks(t,\ s\in\mathbf{Z}),\ a-c=a-b+b-c=k(t+s)$$

$a\equiv c(\mathrm{mod}k)$，所以$\langle a, c\rangle\in R$。

关系R在$\mathbf{Z}$上满足自反性、对称性和传递性，因此R为$\mathbf{Z}$上的等价关系。

例4.7.3　设$A=\{1, 2, 3\}$，给出A上的8个关系的关系图R_1、R_2、R_3、R_4、R_5、R_6、R_7和R_8(见图4.7.2)，判断哪个关系是等价关系。

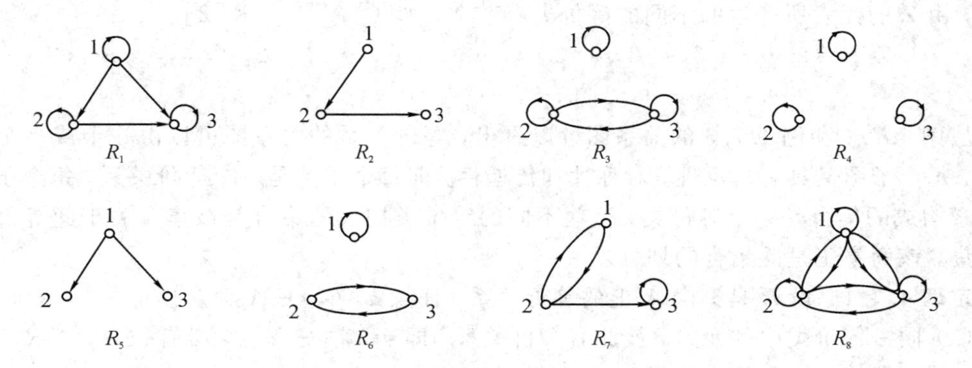

图4.7.2

解　从关系图可以看出：

R_1具有自反性和传递性，不具有对称性，故R_1不是等价关系；

R_2不具有传递性、自反性和对称性，故R_2不是等价关系；

R_3具有自反性、对称性和传递性，故R_3是等价关系；

R_4具有自反性、对称性和传递性，故R_4是等价关系；

R_5具有传递性，不具有自反性和对称性，故R_5不是等价关系；

R_6不具有自反性和传递性，故R_6不是等价关系；

R_7不具有自反性、对称性和传递性，故R_7不是等价关系；

R_8具有自反性、对称性和传递性，故R_8是等价关系。

定义4.7.2　设R是集合A上的等价关系，对任意$a\in A$，令

$$[a]_R=\{x\mid x\in A\wedge aRx\}$$

则称$[a]_R$为元素a关于R的等价类，简称为a的等价类，简记为$[a]$，即

$$x\in[a]_R\Leftrightarrow\langle a, x\rangle\in R$$

所有等价类的集合称为集合A关于R的商集，记作A/R，即$A/R=\{[a]_R\mid a\in A\}$。

由等价类的定义可知$[a]_R$是非空的，因为$a\in[a]_R$，所以任给集合A及其上的等价关系R，必可写出A上各个元素的等价类。例如，例4.7.1中T的各个元素的等价类为

$$[1]_R=[4]_R=\{1, 4\}$$

$$[2]_R=[3]_R=\{2, 3\}$$

集合A关于R的商集$A/R=\{\{1, 4\}, \{2, 3\}\}$。

例 4.7.4 设 $\mathbf{Z}$ 为整数集合，R 为模 3 同余的关系，即

$$R=\{\langle x, y\rangle \mid x\equiv y(\text{mod}3)\}$$

确定由 $\mathbf{Z}$ 的元素所产生的等价类及商集 $\mathbf{Z}/R$。

解 由例 4.7.2 已证明整数集合上的同余模 k 的关系是等价关系，故本例中由 $\mathbf{Z}$ 的元素所产生的等价类是

$[0]_R=\{\cdots, -6, -3, 0, 3, 6, \cdots\}=[3]_R=[-3]_R=\cdots$（余数为 0 的等价类）

$[1]_R=\{\cdots, -5, -2, 1, 4, 7, \cdots\}=[4]_R=[-2]_R=\cdots$（余数为 1 的等价类）

$[2]_R=\{\cdots, -4, -1, 2, 5, 8, \cdots\}=[5]_R=[-1]_R=\cdots$（余数为 2 的等价类）

所以，由 $\mathbf{Z}$ 的元素所产生的不同的等价类有三个，即$[0]_R$、$[1]_R$ 和$[2]_R$。

$$\mathbf{Z}/R=\{\{\cdots, -6, -3, 0, 3, 6, \cdots\}, \{\cdots, -5, -2, 1, 4, 7, \cdots\}, \{\cdots, -4, -1, 2, 5, 8, \cdots\}\}$$

从例 4.7.1 和例 4.7.3 的关系图可以看出，等价关系的关系图可以由一个或多个子图构成，每个子图又具有自反性、对称性和传递性，即每个子图是一个等价关系，每个子图中的元素构成的集合是一个等价类，这些不同的等价类构成的集合是该集合关于此等价关系的商集，该商集正是此集合的划分。

定理 4.7.1 设 R 是集合 A 上的等价关系，任意 $a, b, c\in A$。

(1) 同一等价类中的元素，彼此有等价关系，即 $\forall x, y\in[a]_R$，必有$\langle x, y\rangle\in R$；

(2) $[a]_R=[b]_R$，当且仅当$\langle a, b\rangle\in R$；

(3) $[a]_R\cap[b]_R=\varnothing$，当且仅当$\langle a, b\rangle\notin R$；

(4) 任意两个等价类 $[a]_R$、$[b]_R$，要么$[a]_R=[b]_R$，要么$[a]_R\cap[b]_R=\varnothing$；

(5) A 中任何元素 a，a 必属于且仅属于一个等价类。

证明 (1) $\forall x, y\in[a]_R$，由等价类定义知，$\langle a, x\rangle\in R$，$\langle a, y\rangle\in R$，由 R 的对称性知$\langle x, a\rangle\in R$，又由 R 的传递性得$\langle x, y\rangle\in R$。

(2) 若$[a]_R=[b]_R$，则$a\in[a]_R$，$a\in[b]_R$。由等价类的定义有 bRa，又 R 具有对称性，所以 aRb。

反之，若 aRb，设

$$c\in[a]_R\Rightarrow aRc\Rightarrow cRa\wedge aRb\Rightarrow cRb\Rightarrow bRc\Rightarrow c\in[b]_R$$

即$[a]_R\subseteq[b]_R$，同理可证$[b]_R\subseteq[a]_R$。

由此证得，若 aRb，则$[a]_R=[b]_R$。

(3) 若$\langle a, b\rangle\notin R$，假设$[a]_R\cap[b]_R\neq\varnothing$，则存在 $x\in[a]_R\cap[b]_R$，所以 $x\in[a]_R\wedge x\in[b]_R$，即$\langle a, x\rangle\in R$，$\langle b, x\rangle\in R$。由 R 的对称性得$\langle x, b\rangle\in R$，由 R 的传递性得$\langle a, b\rangle\in R$，这与“$\langle a, b\rangle\notin R$”相矛盾。所以$[a]_R\cap[b]_R=\varnothing$。

若$[a]_R\cap[b]_R\neq\varnothing$，假设$\langle a, b\rangle\in R$，由等价类定义得 $b\in[a]_R$，又由 bRb，有 $b\in[b]_R$，所以 $b\in[a]_R\cap[b]_R$，这与“$[a]_R\cap[b]_R=\varnothing$”相矛盾。所以$\langle a, b\rangle\notin R$。

(4) 对于任意元素 a、b，要么$\langle a, b\rangle\in R$，要么$\langle a, b\rangle\notin R$，由(2)、(3)知此结论成立。

(5) A 中任何元素 a，由于 aRa，因此 $a\in[a]_R$。如果 $a\in[b]_R$，则有$\langle a, b\rangle\in R$，由(2)得$[a]_R=[b]_R$，即 a 属于且仅属于一个等价类。

定理 4.7.2 集合 A 上的等价关系 R 决定了 A 的一个划分，该划分就是商集 A/R。

证明　设集合 A 上有一个等价关系 R，把与 A 的元素 a 有等价关系的元素放在一起做成一个子集 $[a]_R$，则所有这样的子集做成商集 A/R。

(1) $A/R=\{[a]_R \mid a\in A\}$ 中，$\bigcup\limits_{a\in A}[a]_R=A$。

(2) 对于 A 的每一个元素 A，由于 R 是自反的，故必有 aRa 成立，即 $a\in[a]_R$。因此，A 的每个元素的确属于一个分块。

(3) A 的每个元素只能属一个分块。

反证：若 $a\in[b]_R$，$a\in[c]_R$，且 $[b]_R\neq[c]_R$，则 aRb，aRc 成立。由对称性得 bRa，由传递性得 bRc，根据定理 4.7.1 中的(2)，有 $[b]_R=[c]_R$，这与题设矛盾。故 A/R 是 A 上对应于 R 的一个划分。

定理 4.7.3　集合 A 的一个划分确定 A 的元素间的一个等价关系。

证明　设集合 A 有一个划分 $S=\{S_1, S_2, \cdots, S_m\}$，现定义一个关系 R，aRb 当且仅当 a、b 在同一分块中。可以证明这样规定的关系 R 是一个等价关系。因为

(1) a 与 a 在同一分块中，故必有 aRa，即 R 是自反的。

(2) 若 a 与 b 在同一分块中，则 b 与 a 也必在同一分块中，即 $aRb\Rightarrow bRa$，故 R 是对称的。

(3) 若 a 与 b 在同一分块 S_i 中，b 与 c 在同一分块 S_j 中，假设 $i\neq j$，则

$$b\in S_i\cap S_j$$

这与 $S=\{S_1, S_2, \cdots, S_m\}$ 是划分矛盾。因此 a 与 c 必在同一分块中，即

$$(aRb)\wedge(bRc)\Rightarrow(aRc)$$

故 R 是传递的。

R 满足上述三个条件，故 R 是等价关系。由 R 的定义可知，S 就是 A/R。

定理 4.7.4　设 R_1 和 R_2 是非空集合 A 上的等价关系，则 $R_1=R_2$ 当且仅当 $A/R_1=A/R_2$。

证明　$A/R_1=\{[a]_{R_1} \mid a\in A\}$，$A/R_2=\{[a]_{R_2} \mid a\in A\}$。

(1) 若 $R_1=R_2$，则对任意 $a\in A$，有

$$[a]_{R_1}=\{x \mid x\in A\wedge aR_1x\}=\{x \mid x\in A\wedge aR_2x\}=[a]_{R_2}$$

故 $\{[a]_{R_1} \mid a\in A\}=\{[a]_{R_2} \mid a\in A\}$，即 $A/R_1=A/R_2$。

(2) 若 $\{[a]_{R_1} \mid a\in A\}=\{[a]_{R_2} \mid a\in A\}$，则对任意 $[a]_{R_1}\in A/R_1$，必存在 $[c]_{R_2}\in A/R_2$，使得 $[a]_{R_1}=[c]_{R_2}$，故

$$\langle a, b\rangle\in R_1\Leftrightarrow a\in[a]_{R_1}\wedge b\in[a]_{R_1}\Leftrightarrow a\in[c]_{R_2}\wedge b\in[c]_{R_2}\Rightarrow\langle a, b\rangle\in R_2$$

所以，$R_1\subseteq R_2$。同理可证 $R_2\subseteq R_1$。因此 $R_1=R_2$。

例 4.7.5　设 $A=\{a, b, c, d, e\}$，有一个划分 $S=\{\{a, b\}, \{c\}, \{d, e\}\}$，试由划分 S 确定 A 的一个等价关系 R。

解　用以下方法产生一个等价关系 R：

$$R_1=\{a, b\}\times\{a, b\}=\{\langle a, a\rangle, \langle a, b\rangle, \langle b, a\rangle, \langle b, b\rangle\}$$

$$R_2=\{c\}\times\{c\}=\{\langle c, c\rangle\}$$

$$R_3=\{d, e\}\times\{d, e\}=\{\langle d, d\rangle, \langle d, e\rangle, \langle e, d\rangle, \langle e, e\rangle\}$$

$$\begin{aligned}R&=R_1\cup R_2\cup R_3\\&=\{\langle a, a\rangle, \langle a, b\rangle, \langle b, a\rangle, \langle b, b\rangle, \langle c, c\rangle, \langle d, d\rangle, \langle d, e\rangle, \langle e, d\rangle, \langle e, e\rangle\}\end{aligned}$$

从 R 的序偶表示式中，可以验证 R 是等价关系。

注意 例 4.7.5 中确定 R 的方法与定理 4.7.3 中确定等价关系的方法实质相同。

4.8 相容关系

相容关系是一种比等价关系条件弱的关系，在实际应用中也被广泛使用。

定义 4.8.1 设 R 是集合 A 上的二元关系，如果 R 是自反的、对称的，则称 R 是相容关系。

显然，等价关系一定是相容关系，但相容关系不一定是等价关系。

例 4.8.1 若 $A=\{a, b, c, d, e\}$，R 是集合 A 的关系，且

$$R=\{\langle a, a\rangle, \langle a, b\rangle, \langle a, c\rangle, \langle a, d\rangle, \langle b, b\rangle, \langle b, a\rangle, \langle b, c\rangle, \langle c, c\rangle, \langle c, b\rangle, \langle c, a\rangle, \langle d, a\rangle, \langle d, d\rangle, \langle e, e\rangle\}$$

则 R 是相容关系。

证明 R 的关系矩阵为

$$\boldsymbol{M}_R=\begin{pmatrix}1 & 1 & 1 & 1 & 0\\ 1 & 1 & 1 & 0 & 0\\ 1 & 1 & 1 & 0 & 0\\ 1 & 0 & 0 & 1 & 0\\ 0 & 0 & 0 & 0 & 1\end{pmatrix}$$

由于关系矩阵 $\boldsymbol{M}_R$ 的对角线元素全为 1，因此 R 是自反的。由于 $\boldsymbol{M}_R$ 是对称的，因此 R 是对称的。所以，R 是相容关系。

由于相容关系的矩阵是对称的，因此可以用梯形表示相容关系的矩阵；又由于相容关系的关系图中每个结点都有自回路，且每两个结点之间若有边，则一定有两条方向相反的边，因此，为了简化图形，约定相容关系的关系图中，不画自回路，用单线替代两结点间方向相反的边，并称其为相容关系的关系简图。例如，例 4.8.1 相容关系的矩阵表示如图 4.8.1 所示，关系简图如图 4.8.2 所示。

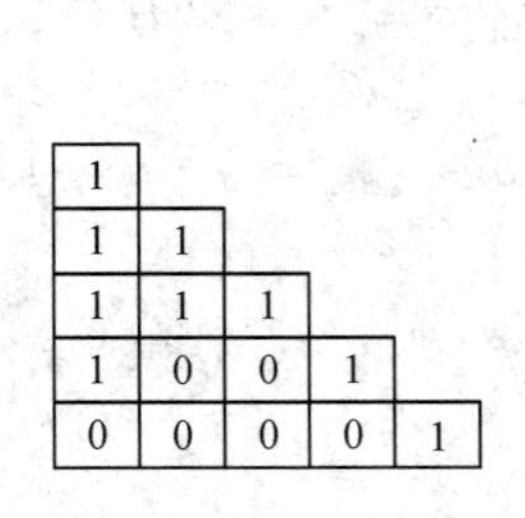

图 4.8.1

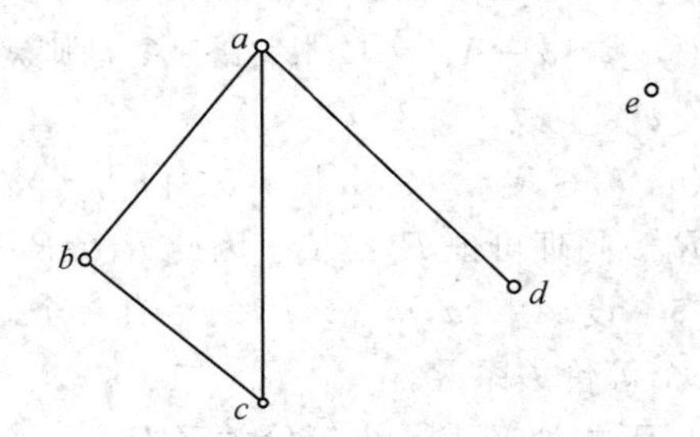

图 4.8.2

定义 4.8.2 设 R 为集合 A 上的相容关系，若 $C\subseteq A$，且对于 C 中任意两个元素 a 和 b 都有 aRb，则称 C 是由相容关系 R 产生的相容类。

例如，在例 4.8.1 中，$\{a, b\}$、$\{a, b, c\}$、$\{a, d\}$、$\{a, c\}$、$\{e\}$等都是相容类，而$\{a, c, d\}$、$\{c, d\}$、$\{b, e\}$等都不是相容类。

定义 4.8.3　设 R 为集合 A 上的相容关系，不能真包含在任何其他相容类中的相容类，称为最大相容类，记为 C_R。

根据定义，最大相容类 $C_R \subseteq A$，且对于任意的 $x \in C_R$，x 与 C_R 中其他元素都有相容关系。而 $A - C_R$ 中没有元素与 C_R 中所有元素具有相容关系。

例如，在例 4.8.1 中，$\{a, b, c\}$、$\{a, d\}$、$\{e\}$ 等都是最大相容类，而 $\{a, b\}$、$\{a, c\}$ 等都不是最大相容类。

在相容关系的关系简图中，我们定义每个结点都与其他结点相连接的多边形为完全多边形。显然，该图中最大多边形的结点集合就是最大相容类。另外，对于关系简图中只有一个孤立结点，以及不是完全多边形的两个结点的连线情况，它们也各自对应一个最大相容类。

例 4.8.2　设给定相容关系简图如图 4.8.3 所示，写出其所有最大相容类。

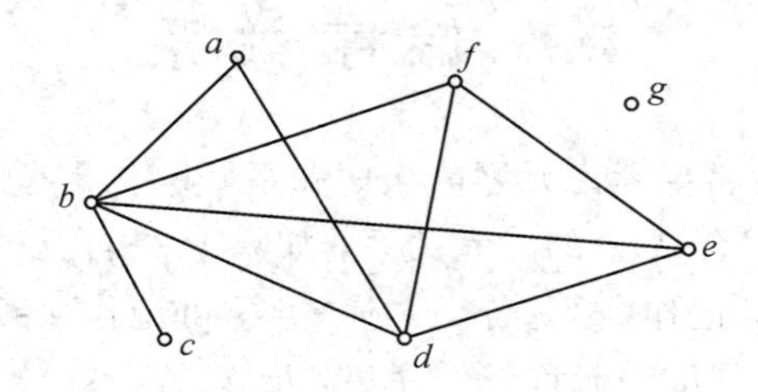

图 4.8.3

解　最大相容类为 $\{b, c\}$、$\{a, b, d\}$、$\{b, d, e, f\}$、$\{g\}$。

定理 4.8.1　设 R 为集合 A 上的相容关系，C 是一个相容类，那么必存在一个最大相容类 C_R 使得 $C \subseteq C_R$。

证明　设 $A = \{a_1, a_2, a_3, \cdots, a_n\}$，构造相容类序列 $C_0 \subset C_1 \subset C_2 \subset \cdots$，其中 $C_0 = C$ 且 $C_{i+1} = C_i \cup \{a_j\}$，$j$ 就是满足 $a_j \notin C_i$ 而 a_j 与 C_i 中各元素都有相容关系的最小下标。

由于 A 的元素个数 $|A| = n$，因此至多经过 $n - |C|$ 步就使这个过程终止，而此序列的最后一个相容类就是所要找的最大相容类。

由定理 4.8.1 可知，对 A 中任一元素 a，它可以组成相容类 $\{a\}$，因此每个元素必包含在一个最大相容类 C_R 中。如果将所有最大相容类组成一个集合，则 A 中每一元素至少属于该集合的一个成员之中。所以，最大相容类集合必覆盖集合 A。

定义 4.8.4　设 R 为集合 A 上的相容关系，其最大相容类的集合称为集合 A 的完全覆盖，记为 $C_R(A)$。

定理 4.8.2　给定集合 A 的覆盖 $\{A_1, A_2, \cdots, A_n\}$，则由它确定的关系 $R = A_1 \times A_1 \cup A_2 \times A_2 \cup \cdots \cup A_n \times A_n$ 是 A 上的相容关系。

证明　因为 $A = \bigcup_{i=1}^{n} A_i$，则对任意的 $x \in A$，存在某个 k，使得 $x \in A_k$，于是 $\langle x, x \rangle \in A_k \times A_k$，即有 $\langle x, x \rangle \in R$，所以 R 是自反的。

对任意 $x, y \in A$，若 $\langle x, y \rangle \in R$，则存在某个 k，使得 $\langle x, y \rangle \in A_k \times A_k$，于是 $\langle y, x \rangle \in A_k \times A_k$，即有 $\langle y, x \rangle \in R$，所以 R 是对称的。

因此证得 R 是 A 上的相容关系。

由定理 4.8.2 可知，给定集合 A 上的任意一个覆盖，必可在 A 上构造对应于此覆盖的一个相容关系，但不同的覆盖可能构造出相同的相容关系。因而，覆盖与相容关系之间不具有一一对应关系。

例如，若 $A=\{1, 2, 3, 4\}$，则集合$\{\{1, 2, 3\}, \{3, 4\}\}$和$\{\{1, 2\}, \{2, 3\}, \{1, 3\}, \{3, 4\}\}$都是 A 的覆盖，但它们产生相同的相容关系：

$R=\{\langle 1, 1\rangle, \langle 1, 2\rangle, \langle 2, 1\rangle, \langle 2, 2\rangle, \langle 2, 3\rangle, \langle 3, 2\rangle, \langle 3, 3\rangle, \langle 1, 1\rangle, \langle 3, 4\rangle, \langle 4, 3\rangle, \langle 4, 4\rangle\}$

定理 4.8.3　集合 A 上的相容关系 R 与完全覆盖 $C_R(A)$一一对应。

证明　由定理 4.8.2 知只需证明必要性。

由定理 4.8.1 可知 A 中任一元素必属于 R 的某个最大相容类，因而 $C_R(A)$是 A 的一个完全覆盖。

4.9 偏序关系

在一个集合上，我们常常要考虑元素的次序关系，其中最重要的一类关系是偏序关系。

定义 4.9.1　设 R 是集合 A 上的二元关系，如果 R 是自反的、对称的和传递的，则称 R 是 A 上的一个偏序关系，记作“$\preccurlyeq$”。若$\langle x, y\rangle\in\preccurlyeq$，可记作 $x\preccurlyeq y$，读作“x 小于等于 y”。将集合 A 及 A 上的偏序关系 R 一起称作偏序集，记作$\langle A, \preccurlyeq\rangle$。

例如，实数集合上的$\leqslant$、$\geqslant$关系和集合上的$\subseteq$关系都是偏序关系。

例 4.9.1　设 $A=\{1, 2, 4, 6\}$，$\preccurlyeq$是 A 上的整除关系，证明$\preccurlyeq$是偏序关系。

解　$\preccurlyeq=\{\langle 1, 1\rangle, \langle 1, 2\rangle, \langle 1, 4\rangle, \langle 1, 6\rangle, \langle 2, 2\rangle, \langle 2, 4\rangle, \langle 2, 6\rangle, \langle 4, 4\rangle, \langle 6, 6\rangle\}$

它的关系图如图 4.9.1 所示。

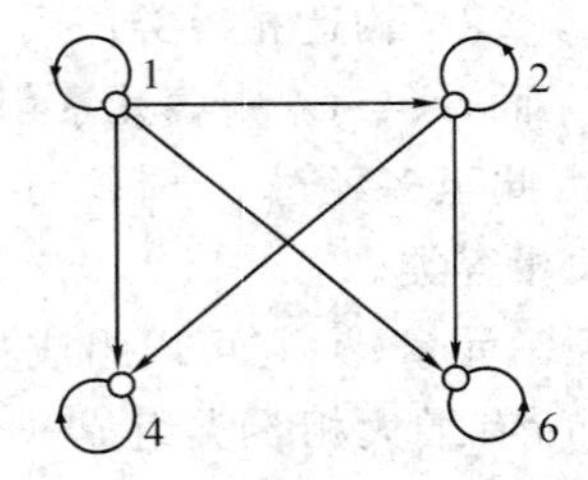

图 4.9.1

从序偶和关系图都容易验证$\preccurlyeq$在 A 上具有自反性、反对称性和传递性，所以$\preccurlyeq$是 A 上的偏序关系。

定义 4.9.2　设$\langle A, \preccurlyeq\rangle$是偏序集，$x$，$y\in A$，如果要么 $x\preccurlyeq y$，要么 $y\preccurlyeq x$，则称 x 与 y 是可比较的。

在例 4.9.1 中，1，2，4 之间或 1，2，6 之间是可比较的，而 4 与 6 是不可比较的。

定义 4.9.3　设$\langle A, \preccurlyeq\rangle$是偏序集，在 A 的一个子集中，如果每两个元素都是可比较的，则称这个子集为链。在 A 的一个子集中，如果每两个元素都是不可比较的，则称这个子集为反链。如果 A 是一个链，则称$\preccurlyeq$是全序关系(线性关系)，且称$\langle A, \preccurlyeq\rangle$为全序集。

约定：若 A 的子集只有单个元素，则称这个子集既是链又是反链。

例如，A 表示学校某个社团里所有学生的集合，$\preccurlyeq$表示领导关系，则$\langle A, \preccurlyeq\rangle$是一个偏序集，其中部分学生之间有领导关系的组成一个链，还有部分学生没有领导关系的组成一个反链。又如，$\{1, 2, 4, 6\}$上的$\leqslant$关系是全序关系，而整除关系不是全序关系。

全序关系一定是偏序关系，但偏序关系不一定是全序关系。偏序关系的有向图不能直观地反映出元素之间的次序，为了更清楚地描述偏序集合中元素间的层次关系，先介绍“盖住”的概念。

定义 4.9.4 在偏序集$\langle A, \preccurlyeq\rangle$中，如果 $x, y\in A$，$x\preccurlyeq y$，$x\neq y$ 且没有其他元素 z 满足 $x\preccurlyeq z$、$z\preccurlyeq y$，则称元素 y 盖住元素 x，并且记作

$$\mathrm{COVA}=\{\langle x, y\rangle \mid x, y\in A;\ y \text{ 盖住 } x\}$$

换句话说，不存在 z，使得 z 介于 x 与 y 之间。

在例 4.9.1 中，2 盖住 1，4 盖住 2，6 盖住 2，4 和 6 没有盖住 1，因为中间有 2。

对于给定偏序集$\langle A, \preccurlyeq\rangle$，它的盖住关系是唯一的，所以可用盖住的性质画出偏序集合图，或称哈斯图，其作图规则如下：

(1) 用小圆圈代表元素。

(2) 如果 $x\preccurlyeq y$ 且 $x\neq y$，则将代表 y 的小圆圈画在代表 x 的小圆圈之上。

(3) 如果$\langle x, y\rangle\in \mathrm{COVA}$，则在 x 与 y 之间用直线连接。

(4) 一般先从最下层结点(全是射出的边与之相连(不考虑环))开始，逐层向上画，直到最上层结点(全是射入的边与之相连)。

根据这个作图规则，例 4.9.1 中偏序集的哈斯图如图 4.9.2 所示。

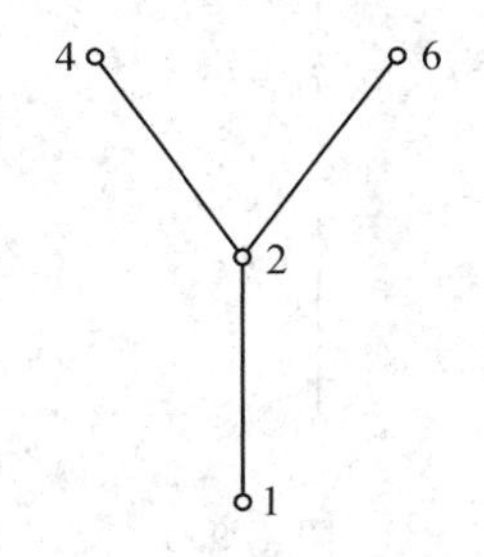

图 4.9.2

例 4.9.2 设集合 $A=\{a, b, c, d, e\}$上的二元关系为

$$R=\{\langle a, a\rangle, \langle a, b\rangle, \langle a, c\rangle, \langle a, d\rangle, \langle a, e\rangle, \langle b, b\rangle, \langle b, c\rangle, \langle b, e\rangle, \langle c, c\rangle, \langle c, e\rangle, \langle d, d\rangle, \langle d, e\rangle, \langle e, e\rangle\}$$

验证$\langle A, R\rangle$为偏序集，画出哈斯图。

解 写出 R 的关系矩阵：

$$\begin{pmatrix} 1 & 1 & 1 & 1 & 1 \\ 0 & 1 & 1 & 0 & 1 \\ 0 & 0 & 1 & 0 & 1 \\ 0 & 0 & 0 & 1 & 1 \\ 0 & 0 & 0 & 0 & 1 \end{pmatrix}$$

从关系矩阵看到对角线元素都为 1，且 R_{ij} 与 R_{ji} 不同时为 1，故 R 是自反的和反对称的。

其关系图如图 4.9.3 所示，从关系图容易验证 R 是传递的，因此 R 是偏序关系。

$$\mathrm{COVA}=\{\langle a, b\rangle, \langle b, c\rangle, \langle c, e\rangle, \langle a, d\rangle, \langle d, e\rangle\}$$

哈斯图如图 4.9.4 所示。

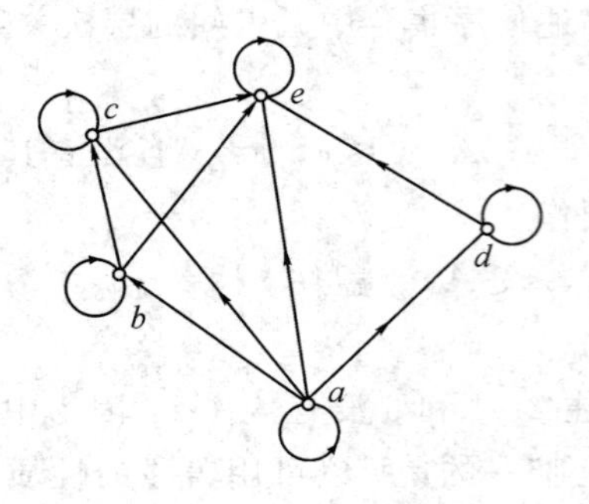

图 4.9.3

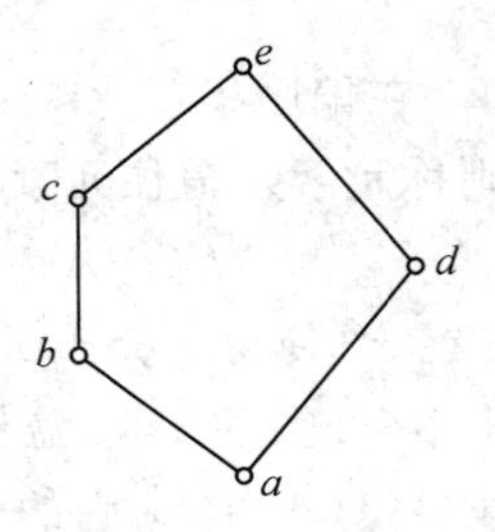

图 4.9.4

例 4.9.3　给定 $P=\{\varnothing, \{a\}, \{a, b\}, \{a, b, c\}\}$ 上的包含关系 $\subseteq$，证明 $\langle P, \subseteq\rangle$ 是全序集合。

证明　因为 $\varnothing\subseteq\{a\}\subseteq\{a, b\}\subseteq\{a, b, c\}$，故 P 中任意两个元素都有包含关系。哈斯图如图 4.9.5 所示。

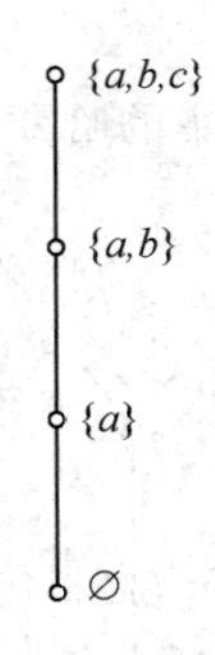

图 4.9.5

从哈斯图中可以看到偏序集各个元素处于不同层次的位置。下面讨论偏序集中具有一些特殊位置的元素。

定义 4.9.5　设 $\langle A, \preccurlyeq\rangle$ 是偏序集，且 $B\subseteq A$，$b\in B$。

(1) 如果 B 中没有元素 x，满足 $b\neq x$ 且 $b\preccurlyeq x$，那么 b 是 B 中的极大元；

(2) 如果 B 中没有元素 x，满足 $b\neq x$ 且 $x\preccurlyeq b$，那么 b 是 B 中的极小元；

(3) 如果对于 $\forall x\in B$，满足 $x\preccurlyeq b$，那么 b 是 B 中的最大元；

(4) 如果对于 $\forall x\in B$，满足 $b\preccurlyeq x$，那么 b 是 B 中的最小元。

例 4.9.4　设 $A=\{1, 2, 3, 6, 12, 24, 36\}$，$A$ 上的整除关系是一个偏序关系，求 $B_1=\{2, 3\}$，$B_2=\{1, 2, 3\}$，$B_3=\{6, 12, 24\}$ 及 A 的极大元、极小元、最大元和最小元。

解　$\mathrm{COVA}=\{\langle 1, 2\rangle, \langle 1, 3\rangle, \langle 2, 6\rangle, \langle 3, 6\rangle, \langle 6, 12\rangle, \langle 12, 24\rangle, \langle 12, 36\rangle\}$，它的哈斯图如图 4.9.6 所示，它的极大元、极小元、最大元和最小元如表 4.9.1 所示。

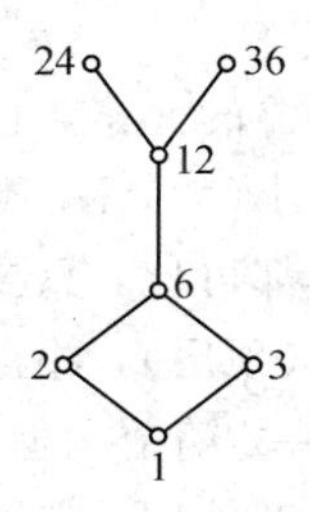

图 4.9.6

表 4.9.1

子　集	极大元	极小元	最大元	最小元
{2，3}	2，3	2，3	无	无
{1，2，3}	2，3	1	无	1
{6，12，24}	24	6	24	6
{1，2，3，6，12，24，36}	24，36	1	无	1

定理 4.9.1　设 $\langle A, \preccurlyeq\rangle$ 是偏序集，B 是 A 的非空子集，如果 B 有最小元(最大元)，则最小元(最大元)是唯一的。

证明　假设 B 有两个最小元 a、b，则因为 a 是最小元，$b\in B$，根据最小元定义，有 $a\preccurlyeq b$。

类似地，因为 b 是最小元，$a\in B$，根据最小元定义，有 $b\preccurlyeq a$，由 $\preccurlyeq$ 的反对称性得到 $a=b$。B 的最大元与此类似。

定义 4.9.6　设 $\langle A, \preccurlyeq\rangle$ 是偏序集，且 $B\subseteq A$，$b\in A$。

(1) 如果 $\forall x\in B$，满足 $x\preccurlyeq b$，那么 b 是 B 中的上界；

(2) 如果 $\forall x\in B$，满足 $x\succcurlyeq b$，那么 b 是 B 中的下界；

(3) 如果 b 是 B 的上界，且对于 B 的每个上界 b'，满足 $b\preccurlyeq b'$，那么 b 是 B 中的最小上界(上确界)；

(4) 如果 b 是 B 的下界，且对于 B 的每个下界 b'，满足 $b\succcurlyeq b'$，那么 b 是 B 中的最大下界(下确界)。

例 4.9.5　设 $A=\{1, 2, 3, 6, 12, 24, 36\}$，$A$ 上的整除关系是一个偏序关系，求 $B_1=\{2, 3\}$，$B_2=\{1, 2, 3\}$，$B_3=\{6, 12, 24\}$ 及 A 的上界、下界、最小上界和最大下界。

解　它的哈斯图如图 4.9.6 所示，它的上界、下界、最小上界和最大下界如表 4.9.2 所示。

表 4.9.2

子　集	上　界	下　界	最小上界	最大下界
{2，3}	6，12，24，36	1	6	1
{1，2，3}	6，12，24，36	1	6	1
{6，12，24}	24	6，2，3，1	24	6
{1，2，3，6，12，24，36}	无	1	无	1

从定义和例题可知：

(1) 最小(大)元是子集 B 中最小(大)的元素，它与 B 中的其他元素都可比，它处于哈斯图中子集 B 的底层(顶层)，如果有最小(大)元，则是唯一的；

(2) 极小(大)元不一定与 B 中元素都可比，只要没有比它小(大)的元素，它就是极小(大)元，它处于哈斯图中子集 B 的底层(顶层)，并且不唯一；

(3) 对于有穷集合 B，极小(大)元一定存在，但最小(大)元不一定存在；

(4) 上(下)界处于子集 B 的内部或者外部，它可以不存在，可以有多个；

(5) 上(下)确界不一定存在，若存在，则是唯一的。

定义 4.9.7 设 $\langle A, \preccurlyeq\rangle$ 是偏序集，如果对 A 的任何非空子集 B，都有最小元，则称 $\preccurlyeq$ 是 A 上的良序，并称 $\langle A, \preccurlyeq\rangle$ 是良序集。

例如，$\mathbf{N}$ 是自然数集合，$\mathbf{Z}$ 是整数集合，$\preccurlyeq$ 是小于或等于关系，$\langle \mathbf{N}, \preccurlyeq\rangle$ 就是良序集，而 $\langle \mathbf{Z}, \preccurlyeq\rangle$ 不是良序集。

定理 4.9.2 每一个良序集，一定是全序集。

证明 设 $\langle A, \preccurlyeq\rangle$ 为良序集，任取 $x, y\in A$ 构成子集 $\{x, y\}$，它有最小元，或是 x，或是 y，于是有 $x\preccurlyeq y$ 或 $y\preccurlyeq x$，所以 $\langle A, \preccurlyeq\rangle$ 是全序集。

定理 4.9.3 每一个有限的全序集，一定是良序集。

证明 设 $A=\{a_1, a_2, a_3, \cdots, a_n\}$，令 $\langle A, \preccurlyeq\rangle$ 是全序集，并假定 $\langle A, \preccurlyeq\rangle$ 不是良序集，那么必存在一个非空子集 $B\subseteq A$，在 B 中不存在最小元素，由于 B 是一个有限集合，故一定可以找出两个元素 x 与 y 是无关的。由于 $\langle A, \preccurlyeq\rangle$ 是全序集，$x, y\in A$，因此 x 与 y 必有关系，这与“x 与 y 是无关的”相矛盾，故 $\langle A, \preccurlyeq\rangle$ 必是良序集。

上述结论对于无限的全序集不一定成立。

例如，(0, 1)之间的全部实数，按大小次序关系是一个全序集，但不是良序集，因为集合本身不存在最小元素。

4.10 函数及其性质

函数是一个基本的数学概念，在通常的函数定义中，$y=f(x)$ 是在实数集合上讨论的，这里把函数概念予以推广，把函数看作是一种特殊的二元关系，所以前面讨论的有关集合或关系的运算和性质对于函数完全适用。

定义 4.10.1 设 A 和 B 是任意两个集合，f 是从 A 到 B 的一个关系，如果对于任意 $x\in A$，有唯一的 $y\in B$，使得 $\langle x, y\rangle\in f$，则称关系 f 为从 A 到 B 的函数(或映射)，记作：$f\colon A\rightarrow B$。其中 x 称为自变量，y 称为在 f 作用下 x 的函数值(或像)，且 $\langle x, y\rangle\in f$，通常记作 $y=f(x)$。

从函数的定义可以知道它与关系有别于如下两点：

(1) 函数的定义域是 A，而不能是 A 的某个真子集；

(2) 一个 $x\in A$ 只能对应于唯一的一个 y。

在 $\langle x, y\rangle\in f$ 中，f 的前域就是函数 $y=f(x)$ 的定义域，记作 $\mathrm{dom} f=A$，该性质称为函数的全域性。f 的值域 $\mathrm{ran} f\subseteq B$，记作 $f(X)$，即

$$f(X)=\{y \mid (\exists x)(x\in X)\wedge(y\in Y)\wedge(y=f(x))\}$$

集合 B 称为 f 的共域(陪域)。$f(X)$ 称为函数的像集合(或值域)。

因为函数是序偶的集合，故两个函数相等可用集合相等的概念予以定义。

定义 4.10.2　设函数 $f: A\to B$，$g: C\to D$，如果 $A=C$，$B=D$，且对于所有 $x\in A$ 和 $x\in C$，有 $f(x)=g(x)$，则称函数 f 和 g 相等，记作 $f=g$。

定义 4.10.3　设 A、B 是集合，所有从 A 到 B 的函数构成集合 B^A，读作“B 上 A”，即

$$B^A=\{f \mid f: A\to B\}$$

例 4.10.1　设 $A=\{1, 2, 3, 4\}$，$B=\{a, b, c, d\}$，试判断下列关系中哪些是函数。

(1) $f_1=\{\langle 1, a\rangle, \langle 2, b\rangle, \langle 3, c\rangle\}$；

(2) $f_2=\{\langle 1, a\rangle, \langle 2, b\rangle, \langle 3, d\rangle, \langle 4, a\rangle, \langle 4, d\rangle\}$；

(3) $f_3=\{\langle 1, a\rangle, \langle 2, b\rangle, \langle 3, c\rangle, \langle 3, d\rangle\}$；

(4) $f_4=\{\langle 1, a\rangle, \langle 2, b\rangle, \langle 3, d\rangle, \langle 4, d\rangle\}$；

(5) $f_5=\{\langle 1, a\rangle, \langle 2, a\rangle, \langle 3, a\rangle, \langle 4, a\rangle\}$。

解　(1) 不是，不满足全域性。

(2) 不是，不满足函数值的唯一性。

(3) 不是，既不满足全域性，也不满足函数值的唯一性。

(4) 是。

(5) 是。

例 4.10.2　设 $A=\{a, b, c\}$，$B=\{1, 2\}$，给出从集合 A 到集合 B 的全部函数及 B^A。

解　从集合 A 到集合 B 的全部函数及 B^A 如下：

$$f_1=\{\langle a, 1\rangle, \langle b, 1\rangle, \langle c, 1\rangle\}$$
$$f_2=\{\langle a, 1\rangle, \langle b, 1\rangle, \langle c, 2\rangle\}$$
$$f_3=\{\langle a, 1\rangle, \langle b, 2\rangle, \langle c, 1\rangle\}$$
$$f_4=\{\langle a, 1\rangle, \langle b, 2\rangle, \langle c, 2\rangle\}$$
$$f_5=\{\langle a, 2\rangle, \langle b, 1\rangle, \langle c, 1\rangle\}$$
$$f_6=\{\langle a, 2\rangle, \langle b, 1\rangle, \langle c, 2\rangle\}$$
$$f_7=\{\langle a, 2\rangle, \langle b, 2\rangle, \langle c, 1\rangle\}$$
$$f_8=\{\langle a, 2\rangle, \langle b, 2\rangle, \langle c, 2\rangle\}$$
$$B^A=\{f_1, f_2, f_3, f_4, f_5, f_6, f_7, f_8\}$$

定义 4.10.4　设函数 $f: A\to B$，若 $\operatorname{ran} f=B$，即 B 的每一个元素是 A 中一个或多个元素的像点，则称 f 为从 A 到 B 的满射。

定义 4.10.5　设函数 $f: A\to B$，任取 x_1，$x_2\in A$ 且 $x_1\neq x_2$，若 $f(x_1)\neq f(x_2)$，则称 f 为从 A 到 B 的单射或入射。

定义 4.10.6　设函数 $f: A\to B$，若 f 既是满射又是单射，则称 f 为从 A 到 B 的双射。

映射的概念在日常生活中也有很多应用。如设 X 表示工人的集合，Y 表示工作的集合，则从 X 到 Y 的满射是工人工作的一种分配方案，即每项工作至少分配有一个工人；从 X 到 Y 的入射也是一种分配方案，即没有两个工人做同一项工作；从 X 到 Y 的双射同样是一种分配方案，即每项工作都分配有工人，而且没有两个工人分配相同的工作。

例 4.10.3 例 4.10.2 中的函数哪些是满射、单射和双射？

解 由于$|A|>|B|$，故不存在一对一关系，即不存在从 A 到 B 的单射函数，也就不存在从 A 到 B 的双射函数。满射函数有 f_2、f_3、f_4、f_5、f_6、f_7。

定义 4.10.7 设函数 $f: A \to B$，若存在常数 $c \in B$，使得对于任意 $x \in A$，均有 $f(x)=c$，即 $\text{ran}f=\{c\}$，则称 f 为从 A 到 B 的常函数。

例如，例 4.10.2 中的 f_1 和 f_8 就是常函数。

定义 4.10.8 设函数 $f: A \to A$，若对任意 $x \in A$，均有 $f(x)=x$，则称 f 为 A 上的恒等函数。

注意 A 上的恒等函数就是 A 上的恒等关系，仍记作 I_A，即 $I_A(x)=x$。

定理 4.10.1 令 A 和 B 为有限集，若 A 和 B 的元素个数相同，即$|A|=|B|$，则$f: A \to B$ 是入射的，当且仅当它是一个满射。

证明 若 f 是入射，则$|A|=|f(A)|$。因为$|A|=|B|$，从而$|f(A)|=|B|$。由 f 的定义有 $f(A) \subseteq B$，而$|f(A)|=|B|$，又因为$|B|$是有限的，故 $f(A)=B$。因此，f 是满射。

若 f 是一个满射，则由满射定义知 $f(A)=B$，于是$|A|=|B|=|f(A)|$。因为$|A|=|f(A)|$和$|A|$是有限的，故 f 是一个入射。

定理 4.10.1 必须在有限集情况下才能成立，在无限集上不一定有效。如 $f: \mathbf{Z} \to \mathbf{Z}$，这里 $f(x)=2x$，在这种情况下整数映射到偶整数，显然这是一个入射，但不是满射。

4.11 复合函数和逆函数

由前面的知识知道，若 R_1 和 R_2 都是集合 X 上的二元关系，则 R_1 和 R_2 可以进行复合，可以求逆，但若 R_1 和 R_2 是函数，函数是一个满足指定条件的二元关系，它是否可以任意复合，任意求逆呢？

在关系的定义中曾提到，从 X 到 Y 的关系 R，其逆关系 R^c 是从 Y 到 X 的关系。$\langle y, x\rangle^c \in R^c \Leftrightarrow \langle x, y\rangle \in R$。但是对于函数就不能用简单的交换序偶中元素的顺序而得到逆函数。这是因为若有函数 $f: X \to Y$，但 f 的值域 R_f 可能只是 Y 的一个真子集，即 $R_f \subset B$，而 $\text{dom}f^c=R_f \subset Y$，这不符合函数定义域的要求，此外，若 $f: X \to Y$ 的映射是多一对应，即有$\langle x_1, y\rangle \in f$，$\langle x_2, y\rangle \in f$，其逆关系将有$\langle y, x_1\rangle \in f^c$，$\langle y, x_2\rangle \in f^c$，这就违反了函数值唯一性的要求，因此对函数求逆需规定一些条件。

定理 4.11.1 设 $f: X \to Y$ 是双射函数，则 f^c 是 $Y \to X$ 的双射函数。

证明 设 $f=\{\langle x, y\rangle | x \in X \land y \in Y \land y=f(x)\}$，$f^c=\{\langle y, x\rangle | \langle x, y\rangle \in f\}$。

因为 f 是满射，对每一个 $y \in Y$，必有$\langle x, y\rangle \in f$，所以必有$\langle y, x\rangle \in f^c$，即 f^c 的前域为 Y。又因为 f 是入射，对每一个 $y \in Y$ 恰有一个 $x \in X$，使$\langle x, y\rangle \in f$，所以仅有一个 $x \in X$，使$\langle y, x\rangle \in f^c$，即 y 对应唯一的 x，故 f^c 是函数。

又因 $\text{ran}f^c=\text{dom}f=X$，故 f^c 是满射。若 $y_1 \neq y_2$，则有 $f^c(y_1)=f^c(y_2)$。因为 $f^c(y_1)=x_1$，$f^c(y_2)=x_2$，所以 $x_1=x_2$，从而 $f(x_1)=f(x_2)$，即 $y_1=y_2$，这与假设矛盾。

因此，f^c 是一个双射函数。

定义 4.11.1 设 $f: X \to Y$ 是双射函数，则称 $Y \to X$ 的双射函数 f^c 为 f 的逆函数，记

作 f^{-1}。

例如，设 $A=\{1, 2, 3\}$，$B=\{a, b, c\}$，$f: A\to B$ 为

$$f=\{\langle 1, a\rangle, \langle 2, c\rangle, \langle 3, b\rangle\}$$

则 f 的逆函数为

$$f^{-1}=\{\langle a, 1\rangle, \langle c, 2\rangle, \langle b, 3\rangle\}$$

若

$$F=\{\langle 1, a\rangle, \langle 2, b\rangle, \langle 3, b\rangle\}$$

则 F 的逆关系

$$F^{c}=\{\langle a, 1\rangle, \langle b, 2\rangle, \langle b, 3\rangle\}$$

就不是一个函数。

定理 4.11.2　设函数 $f: A\to B$，$g: B\to D$，则复合关系 $f\circ g$ 是从 A 到 D 的函数。

证明　任取 $a\in A$，则存在唯一 $b\in B$，使得 $\langle a, b\rangle\in f$。又由于 g 是从 B 到 D 的函数，因此存在唯一 $d\in D$，使得 $\langle b, d\rangle\in g$。于是 $\langle a, d\rangle\in f\circ g$，即 $\mathrm{dom}(f\circ g)=A$。

假设 $\langle a, d\rangle\in f\circ g$，$\langle a, e\rangle\in f\circ g$ 且 $d\neq e$，这样在 B 中必存在元素 b 与 c 使 $f\langle a, b\rangle\in f$，$\langle b, d\rangle\in g$ 及 $\langle a, c\rangle\in f$，$\langle c, e\rangle\in g$。由于 f 为函数，因此必有 $b=c$；由于 g 为函数，因此必有 $d=e$。这说明 A 中的每个元素 a 恰对应 B 中唯一的一个元素 d，使得 $\langle a, d\rangle\in f\circ g$。

综上可知，复合关系 $f\circ g$ 是从 A 到 D 的函数。

定义 4.11.2　设函数 $f: A\to B$，$g: B\to D$，则 f 与 g 的复合关系称为 f 与 g 的复合函数，记作 $g\circ f$，即

$$g\circ f=\{\langle a, d\rangle \mid a\in A, d\in D, (\exists b\in B)(f(a)=b, g(b)=d)\}$$

注意　(1) f 与 g 的复合函数本质上是 f 与 g 的复合关系，只是记号不同。

(2) 由定理 4.11.2 知，定义 4.11.2 中 f 与 g 的复合函数 $g\circ f$ 是从 A 到 D 的函数。

(3) 由定义 4.11.2 知，一方面 $g\circ f(a)=d$，另一方面 $g(f(a))=g(b)=d$，所以

$$g\circ f(a)=g(f(a))$$

(4) 函数的复合不满足交换律，容易证明函数的复合满足结合律。

(5) 一般地，设函数 $f: A\to A$，f 的 n 次幂(记作 f^n，这里 n 为非负整数)定义为

$$f^n=\underbrace{f\circ f\circ\cdots\circ f}_{n\text{个}f}$$

并约定 $f^0=I_A$。

递归定义 f 的 n 次幂(记作 f^n，这里 n 为非负整数)为

(1) $f^0=I_A$；

(2) $f^n=f^{n-1}\circ f$。

容易证明：

① $f^m\circ f^n=f^{m+n}$(m 与 n 均为非负整数)；

② $(f^m)^n=f^{mn}$(m 与 n 均为非负整数)。

例 4.11.1　设 $A=\{a, b, c, d\}$，$B=\{1, 2, 3, 4\}$，$f: A\to B$，且 $f=\{\langle a, 1\rangle, \langle b, 2\rangle,$

$\langle c, 3\rangle$，$\langle d, 4\rangle\}$，g：$B\to B$，且 $g=\{\langle 1, 2\rangle, \langle 2, 3\rangle, \langle 3, 4\rangle, \langle 4, 4\rangle\}$，试求：

(1) 复合函数 $f\circ I_A$、$g\circ f$、$g\circ g$、$g\circ g\circ f$；

(2) 试判断 f 有无逆函数，若有，则求出其逆函数；

(3) 在(2)的基础上，若 f^{-1} 存在，则求复合函数$f\circ f^{-1}$及 $f^{-1}\circ f$。

解 (1) $f\circ I_A$：$A\to B$，且 $f\circ I_A=f$；

$g\circ f$：$A\to B$，且 $g\circ f=\{\langle a, 2\rangle, \langle b, 3\rangle, \langle c, 4\rangle, \langle d, 4\rangle\}$；

$g\circ g$：$B\to B$，且 $g\circ g=\{\langle 1, 3\rangle, \langle 2, 4\rangle, \langle 3, 4\rangle, \langle 4, 4\rangle\}$；

$g\circ g\circ f$：$A\to B$，且 $g\circ g\circ f=\{\langle a, 3\rangle, \langle b, 4\rangle, \langle c, 4\rangle, \langle d, 4\rangle\}$。

(2) 因为 f 是一个双射函数，所以它有逆函数，即

$$f^{-1}=\{\langle 1, a\rangle, \langle 2, b\rangle, \langle 3, c\rangle, \langle 4, d\rangle\}$$

(3) $f\circ f^{-1}$：$B\to B$，且$f\circ f^{-1}=\{\langle 1, 1\rangle, \langle 2, 2\rangle, \langle 3, 3\rangle, \langle 4, 4\rangle\}=I_B$；

$f^{-1}\circ f$：$A\to A$，且 $f^{-1}\circ f=\{\langle a, a\rangle, \langle b, b\rangle, \langle c, c\rangle, \langle d, d\rangle\}=I_A$。

例 4.11.2 设 **R** 是实数集，$f, g, h\in \mathbf{R}^{\mathbf{R}}$，且 $f(x)=2x+1$，$g(x)=3x+2$，$h(x)=x+3$，试求：

(1) 复合函数 $f\circ g\circ h$、$f\circ f\circ f$ 及 $f\circ h\circ h$；

(2) 试判断 f 有无逆函数，若有，则求出其逆函数；

(3) 在(2)的基础上，若 f^{-1}存在，则求复合函数 $f^{-1}\circ f$。

解 (1)$f\circ g\circ h\in \mathbf{R}^{\mathbf{R}}$，且 $f\circ g\circ h(x)=f(g(h(x)))=f(g(x+3))=f(3x+11)=6x+23$，即

$$f\circ g\circ h=\{\langle x, 6x+23\rangle \mid x\in \mathbf{R}\}$$

$f\circ f\circ f\in \mathbf{R}^{\mathbf{R}}$，且 $f\circ f\circ f(x)=f(f(f(x)))=f(f(2x+1))=f(4x+3)=8x+7$，即

$$f\circ f\circ f=\{\langle x, 8x+7\rangle \mid x\in \mathbf{R}\}$$

$f\circ h\circ h\in \mathbf{R}^{\mathbf{R}}$，且 $f\circ h\circ h(x)=f(h(h(x)))=f(h(x+3))=f(x+6)=2x+13$，即

$$f\circ h\circ h=\{\langle x, 2x+13\rangle \mid x\in \mathbf{R}\}$$

(2) 根据双射函数的定义判断 f：$\mathbf{R}\to\mathbf{R}$ 且 $f(x)=2x+1$ 是双射函数，故 f^{-1}存在。

$$f=\{\langle x, 2x+1\rangle \mid x\in \mathbf{R}\}$$

所以

$$\begin{aligned}f^{-1}&=\{\langle 2x+1, x\rangle \mid x\in \mathbf{R}\}\\&=\left\{\left\langle t, \frac{t-1}{2}\right\rangle \mid t\in \mathbf{R}\right\}\quad (\text{令 } 2x+1=t)\end{aligned}$$

即

$$f^{-1}: \mathbf{R}\to\mathbf{R} \text{ 且 } f^{-1}(x)=\frac{x-1}{2}$$

(3) $f\circ f^{-1}$：$\mathbf{R}\to\mathbf{R}$ 且 $f\circ f^{-1}(x)=f(f^{-1}(x))=f\left(\frac{x-1}{2}\right)=2\times\frac{x-1}{2}+1=x$。

定理 4.11.3　设函数 $f: A\to B$，$g: B\to D$。

(1) 若 f 与 g 均为单射，则复合函数 $g\circ f$ 是单射；

(2) 若 f 与 g 均为满射，则复合函数 $g\circ f$ 是满射；

(3) 若 f 与 g 均为双射，则复合函数 $g\circ f$ 是双射。

证明　(1) 任取 $x_1, x_2\in A$ 且 $x_1\neq x_2$，则 $f(x_1)\neq f(x_2)$，从而 $g(f(x_1))\neq g(f(x_2))$，故 $g\circ f$ 是从 A 到 D 的单射。

(2) 任取 $d\in D$，则存在某个元素 $b\in B$ 使得 $g(b)=d$，从而存在某个元素 $a\in A$ 使得 $f(a)=b$，故 $g\circ f(a)=g(f(a))=g(b)=d$，因此 $\mathrm{ran}(g\circ f)=D$，即 $g\circ f$ 是从 A 到 D 的满射。

(3) 因为 $g\circ f$ 既是单射又是满射，所以 $g\circ f$ 是双射。

定理 4.11.4　设函数 $f: A\to B$，I_A 为集合 A 上的恒等函数，I_B 为集合 B 上的恒等函数，则

$$f\circ I_A,\ I_B\circ f\in B^A \text{ 且 } f\circ I_A=f=I_B\circ f$$

证明　显然函数 $f\circ I_A: A\to B$。任取 $x\in A$，由于 $f\circ I_A(x)=f(I_A(x))=f(x)$，因此 $f\circ I_A=f$。

同理可证 $I_B\circ f: A\to B$ 且 $I_B\circ f=f$。

定理 4.11.5　设双射函数 $f: A\to B$，则

(1) $f\circ f^{-1}: B\to B$ 且 $f\circ f^{-1}=I_B$；

(2) $f^{-1}\circ f: A\to A$ 且 $f^{-1}\circ f=I_A$。

证明　(1) 由于 $f: A\to B$，$f^{-1}: B\to A$，因此 $f\circ f^{-1}: B\to B$。设 $f(a)=b$，则 $f^{-1}(b)=a$，于是 $f\circ f^{-1}(b)=f(f^{-1}(b))=f(a)=b=I_B(b)$，故 $f\circ f^{-1}: B\to B$，且 $f\circ f^{-1}=I_B$。

(2) 由于 $f: A\to B$，$f^{-1}: B\to A$，因此 $f^{-1}\circ f: A\to A$。设 $f(a)=b$，则 $f^{-1}(b)=a$，于是 $f^{-1}\circ f(a)=f^{-1}(f(a))=f^{-1}(b)=a=I_A(a)$，故 $f^{-1}\circ f: A\to A$，且 $f^{-1}\circ f=I_A$。

定理 4.11.6　设双射函数 $f: A\to B$，则 $(f^{-1})^{-1}: A\to B$ 且 $(f^{-1})^{-1}=f$。

证明　已知 $f: A\to B$，显然 $(f^{-1})^{-1}: A\to B$，设 $f(a)=b$，则 $f^{-1}(b)=a$，于是

$$(f^{-1})^{-1}(a)=b=f(a)$$

定理 4.11.7　设双射函数 $f: A\to B$，双射函数 $g: B\to D$，则 $(g\circ f)^{-1}: D\to A$ 且

$$(g\circ f)^{-1}=f^{-1}\circ g^{-1}$$

证明　由双射函数 $f: A\to B$，双射函数 $g: B\to D$ 知复合函数 $g\circ f$ 是从 A 到 D 的双射函数，从而 $(g\circ f)^{-1}$ 是从 D 到 A 的双射函数。另一方面，由 f^{-1} 是从 B 到 A 的双射函数，g^{-1} 是从 D 到 B 的双射函数知 $f^{-1}\circ g^{-1}$ 是从 D 到 A 的双射函数。

设 $f(a)=b$，$g(b)=d$，则 $f^{-1}(b)=a$，$g^{-1}(d)=b$，于是

$$f^{-1}\circ g^{-1}(d)=f^{-1}(g^{-1}(d))=f^{-1}(b)=a$$

又由于 $g\circ f(a)=g(f(a))=g(b)=d$，因此 $(g\circ f)^{-1}(d)=a$。故 $(g\circ f)^{-1}(d)=f^{-1}\circ g^{-1}(d)$，即

$$(g\circ f)^{-1}=f^{-1}\circ g^{-1}$$

4.12 典型例题解析

例 4.12.1 设 $A=\{1, 2, 3\}$，$B=\{a, b\}$，试求 $A\times B$、$B\times A$、A^2、$B\times A\times B$、$(B\times A)\times B$、$B\times(A\times B)$。

相关知识 笛卡尔乘积

分析与解答 注意笛卡尔乘积运算结果中的序偶元素的表示，笛卡尔乘积运算不满足交换律和结合律。

$$A\times B=\{\langle 1, a\rangle, \langle 1, b\rangle, \langle 2, a\rangle, \langle 2, b\rangle, \langle 3, a\rangle, \langle 3, b\rangle\}$$

$$B\times A=\{\langle a, 1\rangle, \langle a, 2\rangle, \langle a, 3\rangle, \langle b, 1\rangle, \langle b, 2\rangle, \langle b, 3\rangle\}$$

$$A^2=\{\langle 1, 1\rangle, \langle 1, 2\rangle, \langle 1, 3\rangle, \langle 2, 1\rangle, \langle 2, 2\rangle, \langle 2, 3\rangle, \langle 3, 1\rangle, \langle 3, 2\rangle, \langle 3, 3\rangle\}$$

$$\begin{aligned}B\times A\times B=\{&\langle a, 1, a\rangle, \langle a, 1, b\rangle, \langle a, 2, a\rangle, \langle a, 2, b\rangle, \langle a, 3, a\rangle, \langle a, 3, b\rangle,\\ &\langle b, 1, a\rangle, \langle b, 1, b\rangle, \langle b, 2, a\rangle, \langle b, 2, b\rangle, \langle b, 3, a\rangle, \langle b, 3, b\rangle\}\end{aligned}$$

$$\begin{aligned}(B\times A)\times B&=\{\langle a, 1\rangle, \langle a, 2\rangle, \langle a, 3\rangle, \langle b, 1\rangle, \langle b, 2\rangle, \langle b, 3\rangle\}\times B\\ &=\{\langle\langle a, 1\rangle, a\rangle, \langle\langle a, 1\rangle, b\rangle, \langle\langle a, 2\rangle, a\rangle, \langle\langle a, 2\rangle, b\rangle, \langle\langle a, 3\rangle, a\rangle,\\ &\quad\ \langle\langle a, 3\rangle, b\rangle, \langle\langle b, 1\rangle, a\rangle, \langle\langle b, 1\rangle, b\rangle, \langle\langle b, 2\rangle, a\rangle, \langle\langle b, 2\rangle, b\rangle,\\ &\quad\ \langle\langle b, 3\rangle, a\rangle, \langle\langle b, 3\rangle, b\rangle\}\\ &=\{\langle a, 1, a\rangle, \langle a, 1, b\rangle, \langle a, 2, a\rangle, \langle a, 2, b\rangle, \langle a, 3, a\rangle, \langle a, 3, b\rangle,\\ &\quad\ \langle b, 1, a\rangle, \langle b, 1, b\rangle, \langle b, 2, a\rangle, \langle b, 2, b\rangle, \langle b, 3, a\rangle, \langle b, 3, b\rangle\}\end{aligned}$$

$$\begin{aligned}B\times(A\times B)&=\{a, b\}\times\{\langle 1, a\rangle, \langle 1, b\rangle, \langle 2, a\rangle, \langle 2, b\rangle, \langle 3, a\rangle, \langle 3, b\rangle\}\\ &=\{\langle a, \langle 1, a\rangle\rangle, \langle a, \langle 1, b\rangle\rangle, \langle a, \langle 2, a\rangle\rangle, \langle a, \langle 2, b\rangle\rangle, \langle a, \langle 3, a\rangle\rangle,\\ &\quad\ \langle a, \langle 3, b\rangle\rangle, \langle b, \langle 1, a\rangle\rangle, \langle b, \langle 1, b\rangle\rangle, \langle b, \langle 2, a\rangle\rangle, \langle b, \langle 2, b\rangle\rangle,\\ &\quad\ \langle b, \langle 3, a\rangle\rangle, \langle b, \langle 3, b\rangle\rangle\}\end{aligned}$$

例 4.12.2 证明：若 $X\times Y=X\times Z$，且 $X\neq\varnothing$，则 $Y=Z$。

相关知识 集合相等

分析与解答 利用集合互为子集的方法证明集合相等。

设 $\forall x\in X$（X 为非空集合），$\forall y\in Y$，则 $\langle x, y\rangle\in X\times Y$（$X\times Y$ 为非空集合）。因为 $X\times Y=X\times Z$，所以 $\langle x, y\rangle\in X\times Z$，故 $x\in X$，$y\in Z$，因此 $Y\subseteq Z$。

同理可证 $Z\subseteq Y$。

所以 $Y=Z$。

例 4.12.3 设 $A=\{1, 2, 3, 4\}$，分别表示集合 A 上的不小于关系 $\geqslant$、不大于关系 $\leqslant$、整除关系 $\mid$ 。

相关知识 关系

分析与解答 理解关系的定义，掌握关系的集合表达方式。

$\geqslant=\{\langle x, y\rangle \mid x, y\in A, x$ 不小于 $y\}$

$\quad=\{\langle 1, 1\rangle, \langle 2, 1\rangle, \langle 2, 2\rangle, \langle 3, 1\rangle, \langle 3, 2\rangle, \langle 3, 3\rangle, \langle 4, 1\rangle, \langle 4, 2\rangle, \langle 4, 3\rangle, \langle 4, 4\rangle\}$

$\leqslant=\{\langle x, y\rangle \mid x, y \in A, x$ 不大于 $y\}$

$=\{\langle 1,1\rangle,\langle 1,2\rangle,\langle 1,3\rangle,\langle 1,4\rangle,\langle 2,2\rangle,\langle 2,3\rangle,\langle 2,4\rangle,\langle 3,3\rangle,\langle 3,4\rangle,\langle 4,4\rangle\}$

$\mid=\{\langle x, y\rangle \mid x, y \in A, x$ 整除 $y\}$

$=\{\langle 1,1\rangle,\langle 1,2\rangle,\langle 1,3\rangle,\langle 1,4\rangle,\langle 2,2\rangle,\langle 2,4\rangle,\langle 3,3\rangle,\langle 4,4\rangle\}$

例 4.12.4　设 $\mathbf{Z}$ 为整数集，$R=\{\langle x, y\rangle \mid x, y \in \mathbf{Z}, x^2+y^2=1\}$，求 dom$R$、ran$R$ 和 FLDR。

相关知识　关系

分析与解答　理解关系的前域、值域和域的概念。

$$R=\{\langle -1,0\rangle,\langle 0,-1\rangle,\langle 1,0\rangle,\langle 0,1\rangle\}$$

$$\mathrm{dom}R=\{-1,0,1\}, \mathrm{ran}R=\{-1,0,1\}, \mathrm{FLD}R=\{-1,0,1\}$$

例 4.12.5　试判断图 4.12.1 中关系的性质。

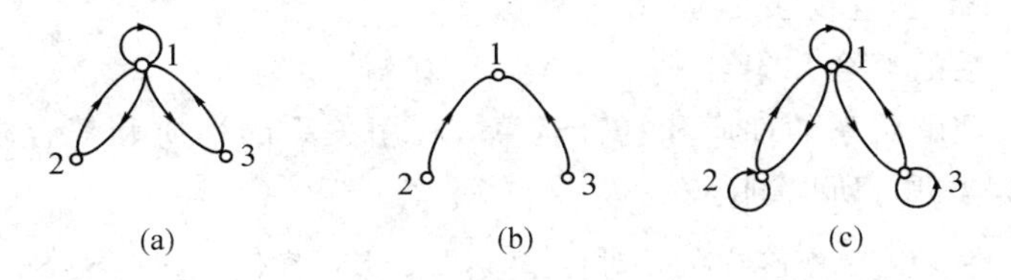

图 4.12.1

相关知识　关系的性质

分析与解答　理解关系性质的定义，并能灵活判断。

图 4.12.1(a)的关系在{1, 2, 3}上是对称的，因为结点 1 与 2、1 与 3 之间的边都是一对方向相反的边；它既不是自反的，也不是反自反的，因为有的结点有环，有的结点没环；它也不是传递的，因为$\langle 2,1\rangle \in R$ 且$\langle 1,2\rangle \in R$，如果是传递的，就应有$\langle 2,2\rangle \in R$，但结点 2 没有环。

图 4.12.1(b)的关系是反自反的，因为每个结点都没有环；它也是反对称的，因为两条边都是单向边；它还是可传递的，因为关系图中都是长度为 1 的边。

图 4.12.1(c)的关系是自反的，反对称的，但不是传递的，因为 2 到 1 有边，1 到 3 有边，但 2 到 3 没有边。

例 4.12.6　设 R 是集合 A 上的一个自反关系，求证：R 是对称和传递的，当且仅当$\langle a, b\rangle$和$\langle a, c\rangle$在 R 中，$\langle b, c\rangle$也在 R 中。

相关知识　关系的性质

分析与解答　理解关系的对称性和传递性的定义，并会利用逻辑表达式灵活证明其性质。

先证必要性。已知 R 是对称和传递的，$\forall a, b, c \in A$，若$\langle a, b\rangle \in R$，则$\langle a, c\rangle \in R$。

因为 R 是对称的，所以$\langle b, a\rangle \in R$，又$\langle a, c\rangle \in R$，由传递性得$\langle b, c\rangle \in R$，从而当$\langle a, b\rangle$和$\langle a, c\rangle$在 R 中时，$\langle b, c\rangle$也在 R 中。

再证充分性。已知$\forall a, b, c \in A$，$\langle a, b\rangle \in R \wedge \langle a, c\rangle \in R \Rightarrow \langle b, c\rangle \in R$。

设$\langle a, b\rangle \in R$，因为 R 是自反的，所以$\langle a, a\rangle \in R$，根据已知条件有$\langle b, a\rangle \in R$，所以 R 是对称的。

设$\langle b, a\rangle \in R$，$\langle a, c\rangle \in R$，由对称性有$\langle a, b\rangle \in R$，又$\langle a, c\rangle \in R$，由已知条件知$\langle b, c\rangle \in R$，所以$R$是传递的。

例 4.12.7　设$R=\{\langle x, y\rangle \mid x, y\in \mathbf{N} \wedge y=x^2\}$和$S=\{\langle x, y\rangle \mid x, y\in \mathbf{N} \wedge y=x+1\}$是$\mathbf{N}$上的关系，求$R\circ S$、$S\circ R$。

相关知识　关系的复合

分析与解答　理解关系复合的定义，复合运算的前提及运算结果的表达。

$$R\circ S=\{\langle x, y\rangle \mid x, y\in \mathbf{N} \wedge y=x^2+1\}$$

$$S\circ R=\{\langle x, y\rangle \mid x, y\in \mathbf{N} \wedge y=(x+1)^2\}$$

例 4.12.8　证明若S为集合X上的二元关系，则

(1) S是传递的，当且仅当$(S\circ S)\subseteq S$；

(2) S是自反的，当且仅当$I_X\subseteq S$。

相关知识　关系的复合和集合

分析与解答　理解关系的性质和复合运算，利用关系的性质和复合求得新的集合，然后把新集合和原集合进行所属判断。

(1) 先证必要性。设S是传递的，对任意$x, z\in X$，若$\langle x, z\rangle \in S\circ S$，则存在某个$y$，使得$\langle x, y\rangle \in S$且$\langle y, z\rangle \in S$；若$S$是传递的，则$\langle x, z\rangle \in S$，故$(S\circ S)\subseteq S$。

再证充分性。设$(S\circ S)\subseteq S$，对任意的x, y, z，若$\langle x, y\rangle \in S$，$\langle y, z\rangle \in S$，则$\langle x, z\rangle \in S\circ S$；若$(S\circ S)\subseteq S$，则$\langle x, z\rangle \in S$，故$S$是传递的。

(2) 先证必要性。设S是自反的，对任意$x\in X$，有$\langle x, x\rangle \in I_X$；若$S$是自反的，则$\langle x, x\rangle \in S$，故$I_X\subseteq S$。

再证充分性。设$I_X\subseteq S$，对任意的x，有$\langle x, x\rangle \in I_X$；若$I_X\subseteq S$，则$\langle x, x\rangle \in S$，故$S$是自反的。

例 4.12.9　设$A=\{a, b, c\}$，问：

(1) 在A上可以定义多少个关系？

(2) 在A上可以定义多少个自反关系、反自反关系、对称关系、反对称关系、自反的对称关系、反自反的对称关系？

(3) 在A上可以定义多少个等价关系？

相关知识　关系的性质

分析与解答　理解不同性质的关系矩阵表示的特点，自反性的关系矩阵的对角线元素全为1，反自反性的关系矩阵的对角线元素全为0，对称性的关系矩阵关于主对角线对称，反对称性的关系矩阵关于主对角线对称位置不能全为1。

(1) 根据关系的定义，关系是集合的笛卡尔积的子集，因为$|A|=3$，所以$|A\times A|=3^2=9$，它的子集个数为2^9，故在A上可以定义2^9个关系。

(2) 根据自反性、反自反性、对称性和反对称性的矩阵特点可知，在A上可以定义2^6个自反关系，2^6个反自反关系，$2^3\cdot 2^3$个对称关系，$3^3\cdot 2^3$个反对称关系，2^3个自反的对称关系，2^3个反自反的对称关系。

(3) 根据集合的划分和等价关系是一一对应的关系可知，A 上有 5 个不同划分，所以在 A 上定义的等价关系有 5 个。

例 4.12.10　设 $\mathbf{N}$ 是自然数集合，在 $\mathbf{N}$ 上定义二元关系如下：

$$R=\{\langle a, b\rangle \mid a\in\mathbf{N}, b\in\mathbf{N}, a+b \text{ 是偶数}\}$$

(1) 证明 R 是一个等价关系；

(2) 求关系 R 的所有等价类；

(3) 给出关系 R 所确定的集合 $\mathbf{N}$ 的划分。

相关知识　等价关系

分析与解答　掌握等价关系的定义和等价类的定义，理解等价关系的商集和划分的关系，并会证明等价关系，求等价类和划分。

(1) $\forall a\in\mathbf{N}$，因为 $a+a$ 是偶数，即 $\langle a, a\rangle\in R$，所以 R 是自反的；$\forall a, b\in\mathbf{N}$，若 $\langle a, b\rangle\in R$，即 $a+b$ 是偶数，则 $b+a$ 也是偶数，即 $\langle b, a\rangle\in R$，所以 R 是对称的；$\forall a, b, c\in\mathbf{N}$，如果 $\langle a, b\rangle\in R$，$\langle b, c\rangle\in R$，即 $a+b$ 及 $b+c$ 均是偶数，则 $a+c$ 也是偶数，即 $\langle a, c\rangle\in R$，所以 R 是可传递的。故 R 是集合 $\mathbf{N}$ 上的等价关系。

(2) R 的等价类分别为 $[0]=\{0, 2, 4, 6, \cdots\}$ 和 $[1]=\{1, 3, 5, 7, \cdots\}$。

(3) 关系 R 所确定的集合 $\mathbf{N}$ 的划分为 $\{[0], [1]\}$。

例 4.12.11　证明：如果关系 R 和 S 是自反的、对称的和传递的，则 $R\cap S$ 是等价关系。

相关知识　等价关系

分析与解答　利用已有关系 R 和 S 的性质，根据关系性质的定义证明新关系 $R\cap S$ 具有自反性、对称性和传递性，最后根据等价关系的定义判断 $R\cap S$ 是一个等价关系。

设关系 R 和 S 都是集合 X 上的二元关系。

设 $\forall x\in X$，因为 R 是自反的，所以 $\langle x, x\rangle\in R$，又因为 S 是自反的，所以 $\langle x, x\rangle\in S$，从而 $\langle x, x\rangle\in R\cap S$，故 $R\cap S$ 是自反的。

设 $\forall x, y\in X$，$\langle x, y\rangle\in R\cap S$，即 $\langle x, y\rangle\in R$ 并且 $\langle x, y\rangle\in S$，因为 R 是对称的，所以 $\langle y, x\rangle\in R$，又因为 S 是对称的，所以 $\langle y, x\rangle\in S$，从而 $\langle y, x\rangle\in R\cap S$，故 $R\cap S$ 是对称的。

设 $\forall x, y, z\in X$，$\langle x, y\rangle\in R\cap S$ 且 $\langle y, z\rangle\in R\cap S$，即 $\langle x, y\rangle\in R$，$\langle x, y\rangle\in S$ 并且 $\langle y, z\rangle\in R$，$\langle y, z\rangle\in S$，因为 R 是传递的，所以 $\langle x, z\rangle\in R$，又因为 S 是传递的，所以 $\langle x, z\rangle\in S$，从而 $\langle x, z\rangle\in R\cap S$，故 $R\cap S$ 是传递的。

综上可知，$R\cap S$ 具有自反性、对称性、传递性，所以 $R\cap S$ 是等价关系。

例 4.12.12　已知集合 $A=\{1, 2, 3, 4, 5, 6, 7, 8\}$，偏序关系为整除 $|$。

(1) 画出偏序关系的哈斯图；

(2) 设 $A=\{1, 2, 3\}$，求 A 的极大元、极小元、最大元、最小元；

(3) 设 $B=\{2, 4, 6\}$，求 B 的上界、下界、上确界、下确界。

相关知识　偏序关系

分析与解答　掌握偏序关系的定义，元素盖住的定义，画出哈斯图；然后根据极大元、极小元、最大元、最小元、上界、下界、上确界、下确界的定义找出每个集合的对应元素。

(1) $\mathrm{COV}(A)=\{\langle 1, 2\rangle, \langle 1, 3\rangle, \langle 1, 5\rangle, \langle 1, 7\rangle, \langle 2, 4\rangle, \langle 4, 8\rangle, \langle 2, 6\rangle, \langle 3, 6\rangle\}$，其

哈斯图如图 4.12.2 所示。

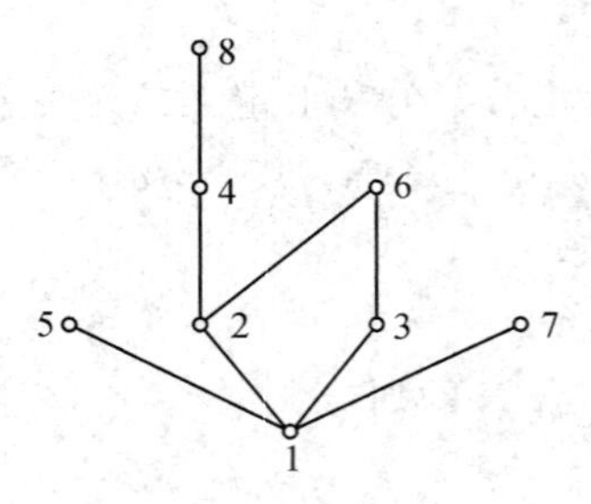

图 4.12.2

(2) A 的极大元为 2、3，极小元为 1，无最大元，最小元为 1。

(3) B 无上界及上确界，下界为 1、2，下确界为 2。

例 4.12.13 已知偏序集$\langle A, \preccurlyeq \rangle$的哈斯图如图 4.12.3 所示，求：

(1) 集合 $B=\{1, 2, 3, 4, 5, 6, 7\}$的上界、下界、上确界和下确界；

(2) 集合 $C=\{8, 9, 10, 11\}$的上界、下界、上确界和下确界。

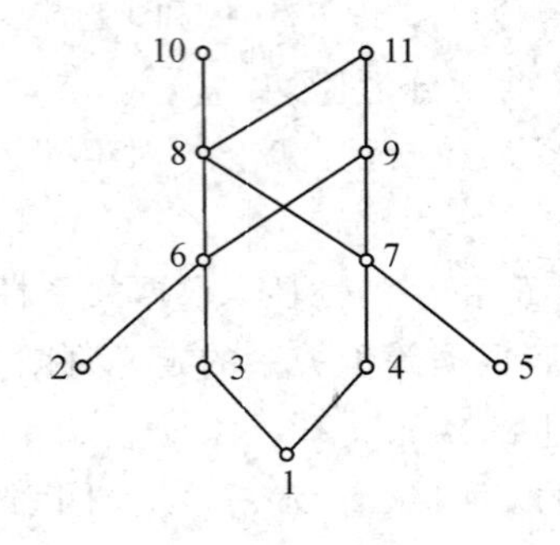

图 4.12.3

相关知识 偏序关系

分析与解答 掌握极大元、极小元、最大元、最小元、上界、下界、上确界、下确界的定义，学会在哈斯图中找相应元素。

(1) 集合 B 的上界有 8、9、10、11；集合 B 无上确界，无下界，无下确界。

(2) 集合 C 的下界有 1、2、3、4、5、6、7；集合 C 无上界，无上确界，无下确界。

例 4.12.14 判断下列函数是否为单射、满射或双射。

(1) f：$\{1, 2\} \to \{0\}$，$f(1)=f(2)=0$；

(2) f：$\mathbf{N} \to \mathbf{N}$，$f(x)=2x$；

(3) f：$\mathbf{Z} \to \mathbf{Z}$，$f(x)=x+1$。

相关知识 函数

分析与解答 掌握单射、满射或双射函数的定义，并能灵活判断函数的性质。

(1) 因为 $R_f=\{0\}$，所以 f 是满射。由于 $f(1)=f(2)$，但 $1\neq 2$，所以 f 不是单射。

(2) 对任意的 x_1，$x_2 \in \mathbf{N}$，若 $x_1 \neq x_2$，则 $2x_1 \neq 2x_2$，于是有 $f(x_1) \neq f(x_2)$，所以 f 是单射。因为 $1 \in \mathbf{N}$ 没有原像，所以 f 不是满射。

(3) 对任意的 x_1，$x_2 \in \mathbf{Z}$，若 $x_1 \neq x_2$，则 $x_1+1 \neq x_2+1$，于是有 $f(x_1) \neq f(x_2)$，所以 f 是单射。对任意的 $y \in \mathbf{Z}$，令 $x=y-1$，则 $x \in \mathbf{Z}$，且有 $f(x)=x+1=y$，所以 f 是满射。故 f 是双射。

例 4.12.15　设 $\mathbf{R}$ 为实数集，f，g，$h \in \mathbf{R}^{\mathbf{R}}$，且有

$$f(x)=x+3,\ g(x)=2x+1,\ h(x)=\frac{x}{2}$$

(1) 确定各个函数的性质，若为双射函数，则求它们的逆函数；

(2) 求复合函数 $f \circ g$、$g \circ f$、$f \circ f$、$g \circ g$、$h \circ f$、$g \circ h$、$f \circ h$、$f \circ h \circ g$。

相关知识　函数

分析与解答　掌握逆函数和复合函数的定义，并会求一个函数的逆函数和两个函数的复合函数。

(1) 根据入射函数的定义，针对定义域 $\mathbf{R}$ 内每一个原像，都有唯一的不同的像与其对应；根据满射函数的定义，针对值域内的每一个像都能找到对应的原像；根据双射的定义，既满足入射，又满足满射。所以很容易判断 $f(x)$、$g(x)$、$h(x)$ 都是双射函数，它们的逆函数都是从 $\mathbf{R}$ 到 $\mathbf{R}$ 的函数，且满足

$$f^{-1}=x-3$$

$$g^{-1}=\frac{x-1}{2}$$

$$h^{-1}=2x$$

(2) 所求的复合函数都是从 $\mathbf{R}$ 到 $\mathbf{R}$ 的函数，且满足

$$f \circ g(x)=f(g(x))=(2x+1)+3=2x+4$$

$$g \circ f(x)=g(f(x))=2(x+3)+1=2x+7$$

$$f \circ f(x)=f(f(x))=(x+3)+3=x+6$$

$$g \circ g(x)=g(g(x))=2(2x+1)+1=4x+3$$

$$h \circ f(x)=h(f(x))=\frac{1}{2}(x+3)$$

$$g \circ h(x)=g(h(x))=2 \cdot \frac{x}{2}+1=x+1$$

$$f \circ h(x)=f(h(x))=\frac{x}{2}+3$$

$$f \circ h \circ g(x)=f(h(g(x)))=\frac{2x+1}{2}+3=x+\frac{7}{2}$$

上机实验 3　关系及函数性质的判定

1. 实验目的

关系是集合论中的一个十分重要的概念，关系性质的判定是集合论中的重要内容。通

过该实验，让学生更加深刻地理解关系的概念和性质，并掌握关系性质的判定方法。

函数是集合论中的另一个十分重要的概念。通过该实验，让学生更加深刻地理解函数的概念和性质，并掌握函数性质的判定方法。

2. 实验内容

(1) 设 $R\subseteq A\times A$，若 $\forall x(x\in A\to xRx)$，则称 R 是自反的；若 $\forall x\forall y(x, y\in A\land xRy\to yRx)$，则称 R 是对称的；若 $\forall x\forall y\forall z(x, y, z\in A\land xRy\land yRz\to xRz)$，则称 R 是传递的；若 R 是自反的、对称的和传递的，则称 R 是等价关系。

在程序实现中，集合和关系都用集合方式输入，自动实现关系自反性、对称性、传递性和等价关系的判定。若是等价关系，则求出其所有等价类。

(2) 设 A 和 B 是集合，$f\subseteq A\times B$，若对任意的 $x\in A$，都存在唯一的 $y\in B$ 使得 xfy 成立，则称 f 为从 A 到 B 的函数。

设 f 为从 A 到 B 的函数，若 $R_f=B$(或 $f(A)=B$)，则称 f 是从 A 到 B 的满射；若对任意的 $x_1, x_2\in A$，$x_1\neq x_2$，都有 $f(x_1)\neq f(x_2)$，则称 f 是从 A 到 B 的单射；若 f 既是满射又是单射，则称 f 是从 A 到 B 的双射。

在程序实现中，集合用列举法表示，关系用集合表示。例如，$A=\{1, 2, 3\}$，$B=\{a, b, c\}$，从 A 到 B 的关系 $f=\{\langle 1, a\rangle, \langle 2, b\rangle, \langle 3, c\rangle\}$。用程序判断任意一个关系是否为函数，若是函数，则判定其是否为单射、满射或双射。

习　题　4

4.1　设 $A=\{1, 2\}$，$B=\{a, b\}$，确定下列集合：

(1) $A\times\{1\}\times B$；

(2) $A^2\times B$；

(3) $(B\times A)^2$。

4.2　证明：若 $X\times X=Y\times Y$，则 $X=Y$。

4.3　列出所有从 $X=\{a, b, c\}$ 到 $Y=\{S\}$ 的关系。

4.4　在一个含有 n 个元素的集合上，可以有多少种不同的关系？

4.5　设 $\{0, 1, 2, 3, 4, 5, 6\}$ 上的二元关系 $R=\{\langle x, y\rangle \mid x<y\lor x$ 是质数$\}$，写出 R 的关系矩阵，画出关系图，并求 $\mathrm{dom}R$、$\mathrm{ran}R$ 和 $\mathrm{FLD}R$。

4.6　分析集合 $A=\{1, 2, 3\}$ 上的下述五个关系具有哪些性质(① 自反的；② 反自反的；③ 对称的；④ 反对称的；⑤ 可传递的)：

$$R=\{\langle 1, 1\rangle, \langle 1, 2\rangle, \langle 1, 3\rangle, \langle 3, 3\rangle\}$$

$$S=\{\langle 1, 1\rangle, \langle 1, 2\rangle, \langle 2, 1\rangle, \langle 2, 2\rangle, \langle 3, 3\rangle\}$$

$$T=\{\langle 1, 1\rangle, \langle 1, 2\rangle, \langle 2, 2\rangle, \langle 2, 3\rangle\}$$

$\varnothing$=空关系

$A\times A$=全域关系

4.7　如果关系 R 和 S 是自反的、对称的和可传递的，证明 $R\cap S$ 也是自反的、对称的和可传递的。

4.8　设集合 A 的基数是 4，则 A 上有多少个关系？有多少个自反关系、反自反关系、对称关系、反对称关系、自反的对称关系、反自反的对称关系？如果 A 的基数是 n，求上述关系的个数。

4.9　设集合 $A=\{1, 2, 3, 4\}$，$B=\{a, b, c, d, e\}$，关系 $R=\{\langle 1, 1\rangle, \langle 1, 2\rangle, \langle 2, 1\rangle, \langle 2, 2\rangle, \langle 2, 3\rangle\}$，$S=\{\langle 1, a\rangle, \langle 1, b\rangle, \langle 1, c\rangle, \langle 1, d\rangle, \langle 2, b\rangle\}$，求关系 R、S 和 $R\circ S$的关系矩阵与关系图。

4.10　设 S 为 X 上的关系，证明若 S 是自反的和可传递的，则 $S\circ S=S$。其逆为真吗？

4.11　设 R 为集合上的二元关系，

$$R\text{ 在 }X\text{ 上反传递}\Leftrightarrow \forall x\forall y\forall z(x\in X\wedge y\in X\wedge z\in X\wedge xRy\wedge yRz\rightarrow x\not R z)$$

证明：R 是反传递的，当且仅当$(R\circ R)\cap R=\varnothing$。

4.12　设 R 是 A 上的一个二元关系，如果 R 是自反的，则 R^c 一定是自反的吗？如果 R 是对称的，则 R^c 一定是对称的吗？如果 R 是传递的，则 R^c 一定是传递的吗？

4.13　令 R、S 都是从 X 到 Y 的关系，证明：

(1) $(R^c)^c=R$；

(2) $(R\cap S)^c=R^c\cap S^c$；

(3) $(X\times Y)^c=Y\times X$。

4.14　设 S 是 X 上的二元关系，证明：

(1) S 是反自反的，当且仅当 $I_X\cap S=\varnothing$；

(2) S 是对称的，当且仅当 $S=S^c$。

4.15　根据图，写出邻接矩阵和关系 R，并求 R 的自反闭包和对称闭包。

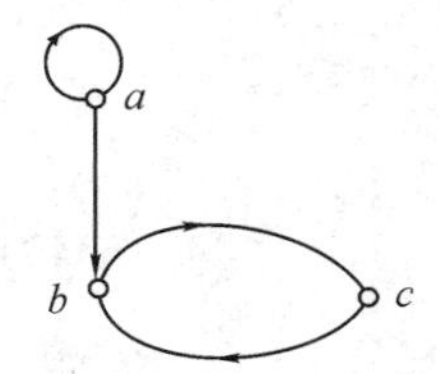

题 4.15 图

4.16　设集合 $A=\{a, b, c, d\}$，A 上的关系 $R=\{\langle a, b\rangle, \langle b, a\rangle, \langle b, c\rangle, \langle c, d\rangle\}$。

(1) 用定理 4.6.2 所述方法和矩阵算法求 R 的自反闭包、对称闭包和传递闭包；

(2) 用 Warshall 算法求 R 的传递闭包。

4.17　给定集合 $A=\{a, b, c, d, e\}$，在集合 A 上所有的等价关系的个数是多少？找出 A 上的等价关系 R，此关系 R 能够产生划分 $\{\{a, b\}, c, \{d, e\}\}$，并画出关系图。

4.18　设 R 是一个二元关系，$S=\{\langle a, b\rangle \mid$ 对于某一 c，有$\langle a, c\rangle\in R$ 且$\langle c, b\rangle\in R\}$。证明：若 R 是一个等价关系，则 S 也是一个等价关系。

4.19　设 R 是集合 A 上的对称和传递关系，证明如果对于 A 中的每一个元素 a，在 A

中也同时存在一个元素 b，使 $\langle a, b\rangle \in R$，则 R 是一个等价关系。

4.20　设 $\mathbf{N}_6=\{0, 1, 2, 3, 4, 5\}$，在 $\mathbf{N}_6$ 上定义二元关系如下：

$$R=\{\langle a, b\rangle \mid a\in \mathbf{N}_6, b\in \mathbf{N}_6, a \text{ 与 } b \text{ 的奇偶性相同}\}$$

(1) 证明 R 是一个等价关系；

(2) 写出元素 3 所确定的关系 R 的等价类 $[3]$；

(3) 给出关系 R 所确定的集合 $\mathbf{N}_6$ 的划分。

4.21　设 R 是集合 X 上的二元关系，证明 $\alpha=I_X\cup R\cup R^c$ 是 X 上的相容关系。

4.22　设 $A=\{1, 2, 3, 4, 6, 8, 12, 14\}$，$D=\{2, 3, 4, 6\}$，在 A 上定义关系：

$$R=\{\langle a, b\rangle \mid a\in A, b\in A, a \text{ 整除 } b\}$$

(1) 证明 R 是偏序关系；

(2) 若 R 是偏序关系，求 D 的极大元、极小元、最大元和最小元；

(3) 若 R 是偏序关系，求 D 的上界、上确界、下界和下确界。

4.23　根据集合 $\{1, 2, 3, 4\}$ 上的四个偏序关系的关系图，画出它们的哈斯图，并说明哪个是全序关系，哪个是良性关系。

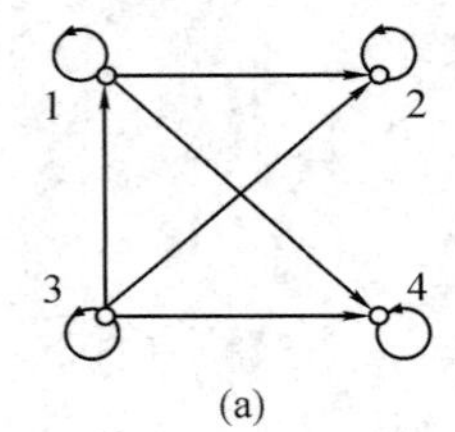

(a)

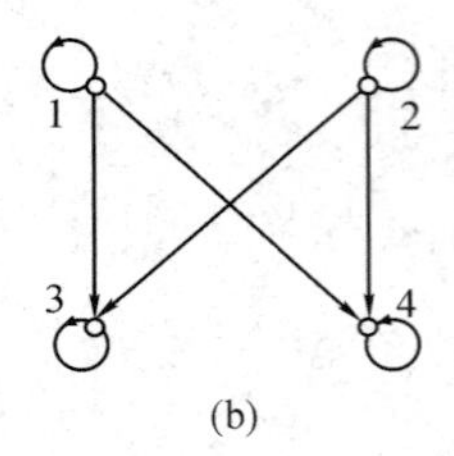

(b)

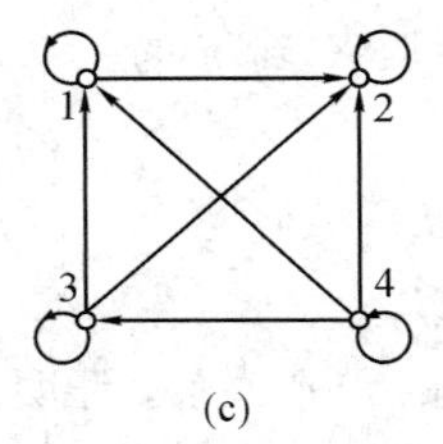

(c)

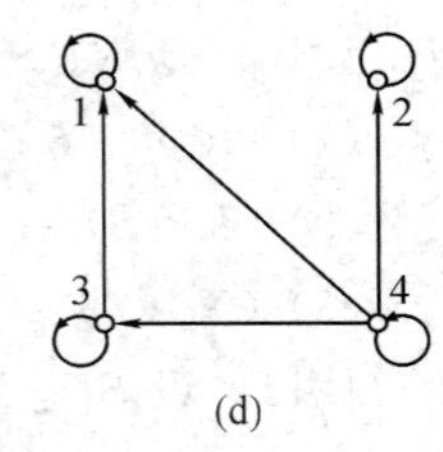

(d)

题 4.23 图

4.24　设 $\mathbf{R}$ 为实数集合，$f, g, h\in \mathbf{R}^{\mathbf{R}}$，且 $f(x)=2x+3$，$g(x)=3x+1$，$h(x)=x+1$，判断 $f(x)$、$g(x)$ 和 $h(x)$ 的函数性质；若为双射函数，则求出它们的逆函数，并求出复合函数 $f\circ g\circ h$、$f\circ f\circ f$ 和 $f\circ h\circ h$。

第 5 章　代 数 系 统

代数系统又称"代数结构""抽象代数"或"近世代数"，它指的是由某个集合以及该集合上定义的若干运算所组成的系统。其内容出现较早，但是直到 20 世纪初才发展成熟。特别是随着计算机科学与信息科学的飞速发展，代数系统在工程技术领域的应用日益广泛。如在 20 世纪 40 年代应用布尔代数进行开关电路的设计，后又以布尔代数为工具进行计算机的逻辑设计；20 世纪 50 年代以抽象代数为工具进行代数编码的研究，60 年代末在现代控制领域中应用抽象代数，从而形成了代数控制理论。

具体的代数系统有很多种，如半群、群、环、域、格和布尔代数等。本章主要介绍代数系统的基本概念、性质，代数系统之间的关系，以及代数系统在计算机科学中的应用。

5.1　代数系统的概念

一、运算

在介绍 n 元代数运算前，先看下面几个例子。

例 5.1.1　(1) 设 $\mathbf{N}$ 是自然数集合，给定任意两个自然数 a 和 b，由加法"+"可得到唯一一个自然数 $c=a+b\in\mathbf{N}$，这样的"+"是一个代数运算。从映射的角度看，$\mathbf{N}$ 上的加法运算"+"就是一个 $\mathbf{N}\times\mathbf{N}\to\mathbf{N}$ 上的映射。

(2) 整数集合 $\mathbf{Z}$ 上的减法"−"是一个代数运算，它是 $\mathbf{Z}\times\mathbf{Z}\to\mathbf{Z}$ 的映射，是一个代数运算。

(3) 在实数集合 $\mathbf{R}$ 上，对任意 x，$f(x)=-x$ 将 x 映射为 x 的相反数，是一个代数运算。

(4) 对任意 $a, b, c\in\mathbf{R}$，$f(a, b, c)=a\times b+c$ 可唯一确定一个实数，该运算是从 $\mathbf{R}^3$ 到 $\mathbf{R}$ 的映射，是一个代数运算。

(5) 设 $A=\{$真，假$\}$，$p\in A$，$f(p)=\neg p$，¬表示否定，则 $f(p)=\neg p$ 将 p 映射为它的否定。$\neg p$ 是由 p 唯一确定的，它是对 A 中的一个元素进行否定运算的结果。$f: A\to A$ 是映射，f 是 A 上的代数运算。

从上面这些例子可以看出，这些运算尽管各不相同，但它们都有一个共同特征——运算结果都在原来的集合中且运算结果是唯一的，它们都可以看作某个集合上的映射。从抽象的角度对数集中的代数运算进行概括推广就得到一般集合上的运算的概念。

定义 5.1.1　设 A、B 是两个非空集合，从 A 到 B 上的一个映射，称为集合 A 上的一个 n 元运算。如果 $B\subseteq A$，则称该 n 元运算是封闭的。封闭的 n 元运算称为 n 元代数运算，n 称为运算的阶。

例 5.1.1 中，(1)、(2)是二元代数运算，(3)、(5)是一元代数运算，(4)是三元代数运算。

例 5.1.2　(1) 设 S 是一个非空集合，$P(S)$是 S 的幂集，并运算$\cup$、交运算$\cap$和对称差运算$\oplus$都是 $P(S)$上的二元代数运算，S 中任意两个子集运算的结果唯一且都在 S 中。

(2) 设 $A=\{P|P$ 是命题$\}$，即 A 是由所有命题组成的集合，则合取运算$\wedge$、析取运算$\vee$、条件运算$\rightarrow$、双条件运算$\leftrightarrow$都是 A 上的二元代数运算，否定运算$\neg$是 A 上的一元代数运算。

下面是几个非代数运算的例子。

例 5.1.3　(1) 设 $\mathbf{N}$ 是一个自然数集合，普通减法运算不是 $\mathbf{N}$ 上的代数运算，如 $2-3=-1$不是自然数。

(2) 设 $\mathbf{Z}$ 是一个整数集合，普通除法运算不是 $\mathbf{Z}$ 上的代数运算，如$\frac{2}{3}$不是整数。

同理，实数集上的除法也不是代数运算。

前面给出的这些例子都是一些具体的代数运算，而一般集合上的代数运算的概念是抽象的，它能表示的运算是十分广泛的。这种抽象的代数运算通常用一些特殊符号来表示，如$*$、○、□、△等，有时也用$+$、$-$、$\times$、/等表示，但此时其意义不一定是数集中的加、减、乘、除运算。

运算的表示方法一般有两种，即解析公式法和运算表法。

解析公式法是指一个运算能够通过某个解析表达式，即运算符号和运算对象的一个表达式写出来，如例 5.1.1 中的 5 个例子都能用解析法表示。

运算表法是指将运算对象和运算结果写到一个二维表里，其运算结果十分清楚。如表 5.1.1 定义了集合$\{a, b\}$上的补运算$\sim$。

表 5.1.1

A	$\sim A$
$\varnothing$	$\{a, b\}$
$\{a\}$	$\{b\}$
$\{b\}$	$\{a\}$
$\{a, b\}$	$\varnothing$

二、代数系统

封闭的代数运算与在其上定义的集合紧密联系，因而将集合和其上的映射作为一个整体，形成了代数系统。

定义 5.1.2　一个非空集合 A 和定义在该集合上的若干个代数运算 f_1，f_2，…，f_k 所组成的系统称为代数系统，用记号$\langle A, f_1, f_2, \cdots, f_k\rangle$表示，其中 A 称为该代数系统的基集或载体。各运算组成的集合称为运算集。若集合 A 是一个有限集合，则称$\langle A, f_1, f_2, \cdots, f_k\rangle$为有限代数系统，否则称为无限代数系统。代数系统也称为代数结构。

由定义 5.1.2 知，一个集合 A 及其上的代数运算构成代数系统，需要满足两点：一是

集合 A 非空；二是这些运算关于集合 A 满足封闭性。

例 5.1.4　(1) $\langle \mathbf{N}, + \rangle$、$\langle \mathbf{R}, - \rangle$、$\langle \mathbf{Z}, +, \times \rangle$、$\langle \mathbf{Q}, +, \times \rangle$、$\langle \mathbf{R}, +, \times \rangle$都是代数系统，其中 $\mathbf{N}$ 是自然数集合，$\mathbf{Z}$ 是整数集合，$\mathbf{Q}$ 是有理数集合，$\mathbf{R}$ 是实数集合，$+$、$-$和$\times$是数集上普通加法、减法和乘法。

(2) 设 M 为全体 n 阶实矩阵组成的集合，"$+$"为矩阵加法，则$\langle M, + \rangle$是代数系统。

(3) 设 $S_A = \{R \mid R$ 是集合 A 上的二元关系$\}$，"$\circ$"是关系的复合运算，则$\langle S_A, \circ \rangle$是代数系统。

(4) 设 A 是非空集合，则$\langle P(A), \cup, \cap, - \rangle$是代数系统，其中 $P(A)$是 A 上的幂集，$\cup$、$\cap$、$-$分别是 $P(A)$上的并运算、交运算和差运算。

(5) $\langle \mathbf{N}, - \rangle$、$\langle \mathbf{Z}, \div \rangle$、$\langle \mathbf{R}, \div \rangle$都不是代数系统，因为它们的运算不封闭。

定义 5.1.3　设$\langle A, f_1, f_2, \cdots, f_k \rangle$是一个代数系统，如果有非空集合 B，满足：

(1) $B \subseteq A$；

(2) 运算 $f_1, f_2, \cdots, f_k$ 都对 B 封闭，

则$\langle B, f_1, f_2, \cdots, f_k \rangle$也是一个代数系统，称为$\langle A, f_1, f_2, \cdots, f_k \rangle$的子代数系统，简称子代数。

例 5.1.5　(1) 对代数系统$\langle \mathbf{Z}, + \rangle$，$\langle E, + \rangle$为其子代数，$\langle O, + \rangle$不构成其子代数，其中 E 为偶数集合，O 为奇数集合。

(2) $\langle \mathbf{N}, - \rangle$不是$\langle \mathbf{R}, - \rangle$的子代数，因为普通减法对自然数集合不满足封闭性。

5.2　运算及其性质

一、二元运算的性质

定义 5.2.1　设$\langle A, *, \circ \rangle$是代数系统，"$*$""$\circ$"均为集合 A 上的二元运算。

(1) 如果对任意 $x, y \in A$，都有 $x * y = y * x$，则称"$*$"运算在 A 上满足交换律，或称"$*$"运算是可交换的。

(2) 如果对任意 $x, y, z \in A$，都有 $x * (y * z) = (x * y) * z$，则称"$*$"运算在 A 上满足结合律，或称"$*$"运算是可结合的。

(3) 如果对任意 $x, y, z \in A$，都有 $x * (y \circ z) = (x * y) \circ (x * z)$，则称"$*$"运算对"$\circ$"运算满足左分配律；若对任意 $x, y, z \in A$，都有$(x \circ y) * z = (x * z) \circ (y * z)$，则称"$*$"运算对"$\circ$"运算满足右分配律。若"$*$"运算对"$\circ$"运算在 A 上既满足左分配律，又满足右分配律，则称"$*$"运算对"$\circ$"运算满足分配律。

(4) 如果对任意 $x, y \in A$，都有 $x * (x \circ y) = x$，且 $x \circ (x * y) = x$，则称"$*$"运算和"$\circ$"运算在 A 上满足吸收律。

(5) 如果对任意 $x \in A$，都有 $x * x = x$，则称"$*$"运算满足幂等律。如果 A 中的某个元素 x 满足 $x * x = x$，则称 x 为"$*$"运算的幂等元。

例 5.2.1　(1) 代数系统$\langle \mathbf{Z}, +, \times \rangle$中的"+"运算和"×"运算都满足结合律，但是整数集上的减法运算不满足结合律。这是因为对任意 $x, y, z \in \mathbf{Z}$，有 $x-(y-z) \neq (x-y)-z$。

(2) 代数系统$\langle P(A), \cup, \cap, - \rangle$中的"∪"运算和"∩"运算都满足结合律，但是该集合上的差运算不满足结合律。

例 5.2.2　设 $A=\{a, b\}$，A 上的"∗"和"∘"运算分别如表 5.2.1 和表 5.2.2 所示，"∗""∘"运算具备哪些性质?

表 5.2.1

∗	a	b
a	a	b
b	b	a

表 5.2.2

∘	a	b
a	a	a
b	a	b

解　从运算表可知，"∗"和"∘"运算是封闭的、可交换的，"∘"运算满足幂等律，"∗"运算不满足幂等律。

因为

$$(a*a)*a=a*a=a, \quad a*(a*a)=a*a=a$$
$$(a*a)*b=a*b=b, \quad a*(a*b)=a*b=b$$
$$(a*b)*a=b*a=b, \quad a*(b*a)=a*b=b$$
$$(a*b)*b=b*b=a, \quad a*(b*b)=a*a=a$$
$$(b*a)*a=b*a=b, \quad b*(a*a)=b*a=b$$
$$(b*a)*b=b*b=a, \quad b*(a*b)=b*b=a$$
$$(b*b)*a=a*a=a, \quad b*(b*a)=b*b=a$$
$$(b*b)*b=a*b=b, \quad b*(b*b)=b*a=b$$

所以"∗"运算是可结合的。

同理可证明"∘"运算是可结合的，证明过程留作练习。

因为

$$b\circ(a*b)=b\circ b=b, \quad (b\circ a)*(b\circ b)=a*b=b$$
$$a\circ(a*b)=a\circ b=a, \quad (a\circ a)*(a\circ b)=a*a=a$$
$$b\circ(a*a)=b\circ a=a, \quad (b\circ a)*(b\circ a)=a*a=a$$
$$b\circ(b*b)=b\circ a=a, \quad (b\circ b)*(b\circ b)=b*b=a$$
$$a\circ(a*a)=a\circ a=a, \quad (a\circ a)*(a\circ a)=a*a=a$$
$$a\circ(b*b)=a\circ a=a, \quad (a\circ b)*(a\circ b)=a*a=a$$

所以"∘"对"∗"是可分配的。由于"∘"运算满足交换律，因此右分配也成立。

因为

$$b*(a\circ b)=b*a=b, \quad (b*a)\circ(b*b)=b\circ a=a$$

所以“$*$”对“$\circ$”是不可分配的。

因为

$$a*(a\circ b)=a*a=a,\quad a\circ(a*b)=a\circ b=a$$

$$b*(b\circ a)=b*a=b,\quad b\circ(b*a)=b\circ b=b$$

所以“$\circ$”和“$*$”运算满足吸收律。

由运算表可知，“$\circ$”运算满足幂等律，而“$*$”运算不满足幂等律。

例 5.2.3　设“$*$”和“$\circ$”运算分别是实数集上的取最大和取最小运算，即对任意的实数 a、b，有

$$a*b=\max(a, b)$$

$$a\circ b=\min(a, b)$$

则由定义 5.2.1 知，“$*$”和“$\circ$”运算满足分配律和吸收律。

当“$*$”运算满足结合律时，说明运算结果与运算次序无关。由于 $x*(y*z)=(x*y)*z$，因此将它们常记为 $x*y*z$。当“$*$”运算同时满足交换律和结合律时，$x_1*x_2*\cdots*x_n$ 可按任意次序进行运算。当 $x_1=x_2=\cdots=x_n=x$ 时，令

$$x^n=\overbrace{x*x*\cdots*x}^{n\text{个}}$$

则 x^n 称为 x 的 n 次幂。

由前面有关性质，不难得出下列结论：

(1) 二元运算“$*$”满足交换律，当且仅当其运算表对称。

(2) 二元运算“$*$”满足幂等律，当且仅当其运算表中主对角线上的元素与元素排列顺序相同。

二、二元运算的特异元素

在代数系统$\langle A, *\rangle$中，集合 A 中的某些元素在“$*$”运算下有一些特殊的性质，将这些具有特殊性质的元素称为二元运算的特异元素。例如，对自然数上的加法，0 和任意自然数 x 相加都等于 x，由于自然数集合中除了 0 之外没有任何运算具有这种性质，因此 0 就是加法的一个特异元素。

下面讨论一些常用的特异元素，这些元素反映了代数系统的一些性质。

1. 幺元(或单位元)

定义 5.2.2　设$\langle A, *\rangle$是代数系统，“$*$”为集合 A 上的二元运算。

(1) 如果存在元素 $e_l\in A$，对任意 $x\in A$，都有 $e_l*x=x$，则称 e_l 是 A 中关于运算“$*$”的左幺元或者左单位元。

(2) 如果存在元素 $e_r\in A$，对任意 $x\in A$，都有 $x*e_r=x$，则称 e_r 是 A 中关于运算“$*$”的右幺元或者右单位元。

(3) 如果存在元素 $e\in A$，对任意 $x\in A$，e 既是左幺元又是右幺元，即 $e_l*x=x*e_r=x$，则称 e 是 A 中关于运算“$*$”的幺元或者单位元。

定理 5.2.1 设“$*$”是集合 A 上的二元运算，e_l 和 e_r 分别是 A 中关于运算“$*$”的左幺元和右幺元，则 $e_l=e_r=e$，且 A 中运算“$*$”的幺元是唯一的。

证明 由于 e_l 和 e_r 是 A 中关于运算“$*$”的左幺元和右幺元，因此

$$e_l=e_l*e_r=e_r=e$$

假设还有一个幺元 $e'\in A$，则

$$e'=e'*e=e$$

因此幺元是唯一的。

例 5.2.4 (1) 代数系统 $\langle \mathbf{R}, +, \times \rangle$ 中，0 是“+”的幺元，1 是“×”的幺元。

(2) 代数系统 $\langle \mathbf{Z}, + \rangle$ 中，0 是“+”的幺元。

(3) 代数系统 $\langle P(A), \cup, \cap, \oplus \rangle$ 中，幂集 $P(A)$ 关于并运算“$\cup$”的幺元是空集 $\varnothing$，关于交运算“$\cap$”的幺元是 A，关于对称差运算“$\oplus$”的幺元是空集 $\varnothing$。

(4) 例 5.2.2 中“$*$”运算的幺元是 a，“$\circ$”运算的幺元是 b。

(5) 设 $A=\{P \mid P$ 是命题$\}$，$\langle A, \wedge, \vee \rangle$ 是一个代数系统，A 关于合取“$\wedge$”的幺元是 1，A 关于析取“$\vee$”的幺元是 0。

(6) 设 $A^A=\{f \mid f: A\to A\}$，“$\circ$”是 A^A 上的复合运算，I_A 是“$\circ$”的幺元，I_A 是 A 上的恒等关系。

(7) 设 $A=\{a, b\}$，在 A 上定义运算如表 5.2.3 和表 5.2.4 所示，则 a、b 是 A 关于“$*$”的右幺元，也是 A 关于“$\circ$”的左幺元。

表 5.2.3

$*$	a	b
a	a	a
b	b	b

表 5.2.4

$\circ$	a	b
a	a	b
b	a	b

从以上几个例子知，一个代数系统可以有幺元，也可以没有幺元。没有幺元时，可以有一个或者多个左幺元；没有左幺元时，也可以有一个或者多个右幺元。但是如果既有左幺元又有右幺元，则左幺元和右幺元一定相同，即此时有幺元。当有幺元时，幺元对一个代数系统是唯一的。

2. 零元

定义 5.2.3 设 $\langle A, * \rangle$ 是代数系统，“$*$”为集合 A 上的二元运算。

(1) 如果存在元素 $\theta_l\in A$，对任意 $x\in A$，都有 $\theta_l*x=\theta_l$，则称元素 θ_l 为 A 上关于运算“$*$”的左零元。

(2) 如果存在元素 $\theta_r\in A$，对任意 $x\in A$，都有 $x*\theta_r=\theta_r$，则称元素 θ_r 为 A 上关于运算“$*$”的右零元。

(3) 如果存在元素 $\theta\in A$，θ 既是运算“$*$”的左零元又是运算“$*$”的右零元，即对任意 $x\in A$，都有 $\theta*x=x*\theta=\theta$，则称元素 θ 为 A 上关于运算“$*$”的零元。

定理 5.2.2 设“$*$”是 A 中的二元运算，且 θ_l 与 θ_r 分别是 A 中关于运算“$*$”的左零元和右零元，则 $\theta_l=\theta_r=\theta$，使对任意 $x\in A$，有 $\theta*x=x*\theta=\theta$，即元素 θ 为 A 关于运算“$*$”

的零元，且 A 关于运算"$*$"的零元是唯一的。

证明　由于 θ_l 和 θ_r 分别是关于运算"$*$"的左零元和右零元，故有 $\theta_l * \theta_r = \theta_l$，$\theta_l * \theta_r = \theta_r$，从而 $\theta_l = \theta_r$。令其为 θ，则有 $\theta * x = x * \theta = \theta$。

设另有一零元 θ'，则

$$\theta = \theta * \theta' = \theta'$$

故 θ 是关于运算"$*$"的唯一的零元。

例 5.2.5　(1) 在实数集合 **R** 中，对加法"+"运算没有零元，对乘法"×"运算，0 是零元。

(2) 代数系统 $\langle P(A), \cup, \cap, \oplus \rangle$ 中，幂集 $P(A)$ 关于并运算"$\cup$"的零元是 A，关于交运算"$\cap$"的零元是空集$\varnothing$，关于对称差运算"$\oplus$"没有零元。

(3) 在 $A=\{0, 1\}$ 中，对于析取"$\vee$"运算，1 是零元，对于合取"$\wedge$"运算，0 是零元。

(4) 在 $A^A=\{f \mid f: A \to A\}$ 中，对于复合"$\circ$"运算，没有零元。

(5) 代数系统 $\langle A, * \rangle$ 的运算表如表 5.2.5 所示，该代数系统关于"$*$"运算的幺元是 a，零元是 b。

表 5.2.5

*	a	b
a	a	b
b	b	b

(6) 设 $A=\{a, b, c\}$，A 上的两个运算"$*$"和"$\circ$"分别由表 5.2.6 和表 5.2.7 确定。关于"$*$"运算，a 是幺元，b 是右零元；关于"$\circ$"运算，a 既是右幺元又是左零元。

表 5.2.6

*	a	b	c
a	a	b	c
b	b	b	c
c	c	b	b

表 5.2.7

∘	a	b	c
a	a	a	a
b	b	b	c
c	c	b	b

同样地，一个代数系统可以有零元，也可以没有零元。没有零元时，可以有一个或者多个左零元；没有左零元时，也可以有一个或者多个右零元。但是如果既有左零元又有右零元，则左零元和右零元一定相同，即此时有零元。当有零元时，零元对一个代数系统是唯一的。

定理 5.2.3　设"$*$"是 A 上的二元运算，e 为幺元，θ 为零元，并且 $|A| \geqslant 2$，那么 $\theta \neq e$。

证明　设 $\theta = e$，则对任意 $a \in A$，有

$$a = e * a = \theta * a = \theta$$

与 $|A| \geqslant 2$ 矛盾，故 $\theta \neq e$。

3. 元素的逆元

定义 5.2.4　设 $\langle A, * \rangle$ 是代数系统，"$*$"为集合 A 上的二元运算，e 是 A 中关于运算

“$*$”的幺元。

(1) 对元素 $a\in A$，如果存在元素 $a_l^{-1}\in A$，使得 $a_l^{-1}*a=e$，则称 a 关于运算“$*$”是左可逆的，且称元素 a_l^{-1} 为 a 关于运算“$*$”的左逆元。

(2) 对元素 $a\in A$，如果存在元素 $a_r^{-1}\in A$，使得 $a*a_r^{-1}=e$，则称 a 关于运算“$*$”是右可逆的，且称元素 a_r^{-1} 为 a 关于运算“$*$”的右逆元。

(3) 对元素 $a\in A$，如果存在元素 $a^{-1}\in A$，a^{-1}既是 a 的左逆元又是右逆元，即 $a_l^{-1}*a=a*a_r^{-1}=e$，则称 a^{-1}是 a 的关于运算“$*$”的逆元。

显然对于二元运算“$*$”，若“$*$”是可交换的，则任何左(右)可逆的元素均可逆。a 的逆元通常记为 a^{-1}，但当运算“$*$”被称为“加法运算”(记为“$+$”)时，a 的逆元可记为 $-a$。显然，当 a^{-1}是 a 的逆元时，a 也是 a^{-1}的逆元，即 a 与 a^{-1}是互逆的。

一般地，一个元素的左、右逆元不一定都存在；如果存在，也不一定唯一；即使左、右逆元都存在，也不一定相等。

定理 5.2.4 设“$*$”是集合 A 中一个可结合的二元代数运算，e 为 A 关于“$*$”的幺元，若 A 的每个元素都有左逆元，则 A 的每个元素的左逆元必定也是该元素的右逆元，并且 A 的每个元素对运算“$*$”的逆元是唯一的。

证明 对任意 $a\in A$，存在 $b\in A$，使 $b*a=e$，而对于 $b\in A$，存在 $c\in A$，使 $c*b=e$，由“$*$”的结合性，有

$$a*b=e*a*b=c*b*a*b=c*(b*a)*b=c*e*b=c*b=e$$

故 b 也是 a 的右逆元，从而 b 是 a 的逆元。

设 b 和 c 是 a 的任意两个逆元，则

$$b=b*e=b*(a*c)=(b*a)*c=e*c=c$$

故 a 对运算“$*$”的逆元是唯一的。

定理 5.2.5 设“$*$”是集合 A 中的一个可结合的二元代数运算，e 为 A 关于“$*$”的幺元，a 有逆元 a^{-1}，则$(a^{-1})^{-1}=a$。

证明 由于 $a*a^{-1}=a^{-1}*a=e$，说明 a 既是 a^{-1}的左逆元又是右逆元，因此$(a^{-1})^{-1}=a$。

定理 5.2.5 说明 a 和 a^{-1}互为逆元。显然，幺元 e 恒有逆元，其逆元是 e。

定理 5.2.6 设“$*$”是 A 上的二元运算，e 为幺元，θ 为零元，并且$|A|\geqslant 2$，那么 θ 无左(右)逆元。

证明 由定理 5.2.3 知，$\theta\neq e$。

再用反证法证明 θ 无左(右)逆元。设 θ 有左(右)逆元 x，则

$$\theta=x*\theta=e \quad (\theta=\theta*x=e)$$

这与“$\theta\neq e$”相矛盾，故 θ 无左(右)逆元。

例 5.2.6 (1) 在自然数集合 **N** 上，对于乘法“·”运算，只有数 1 有逆元 1，对于数加“$+$”运算，只有数 0 有逆元 0。

(2) 在整数集合 **Z** 上($+$、·的定义同上)，**Z** 上的每个元素均有加法逆元，对任意 $x\in\mathbf{Z}$，x 的加法逆元是 $-x$。但除 -1 和 1 以外，其他的数都没有乘法逆元。

(3) 在有理数集合 **Q** 上($+$、·的定义同上)，**Q** 上的每个元素 x 都有加法逆元 $-x$，除 0 以外的每个元素 x 都有乘法逆元 $x^{-1}=\dfrac{1}{x}$。

(4) 在实数集合 $\mathbf{R}$ 上（+、·的定义同上），$\mathbf{R}$ 上的每个元素 x 都有加法逆元 $-x$，除0以外的每个元素 x 都有乘法逆元 $x^{-1}=\frac{1}{x}$。

(5) 在 2^A 中，对于"$\cup$"运算，其幺元为 $\varnothing$，每个元素 $B(B\neq\varnothing)$ 均无逆元；对于"$\cap$"运算，其幺元为 A，每个元素 $B(B\neq A)$ 均无逆元。

(6) 在集合 A^A（其中 $A^A=\{f\mid f: A\to A\}$）中，"$\circ$"为函数的合成运算，恒等函数 I_A 为幺元，从而 A 中所有双射函数都有逆元，所有单射函数都有左逆元，所有满射函数都有右逆元。

例 5.2.7　设集合 $A=\{a, b, c, d, e\}$，在 A 上定义的二元运算如表 5.2.8 所示，指出代数系统 $\langle A, *\rangle$ 中每个元素的左、右逆元情况。

解　a 是幺元，幺元以其自身为逆元；

b 的左逆元是 c、d，右逆元是 c，即 b、c 互逆；

c 的左逆元是 b、e，右逆元是 b、d；

d 的左逆元是 c，右逆元是 b；

e 的右逆元是 c，无左逆元。

表 5.2.8

*	a	b	c	d	e
a	a	b	c	d	e
b	b	d	a	c	d
c	c	a	b	a	b
d	d	a	c	d	c
e	e	d	a	c	e

例 5.2.8　设 $\mathbf{N}_k=\{0, 1, 2, \cdots, k-1\}$，"$+_k$"是定义在 $\mathbf{N}_k$ 上的模 k 加法运算，定义如下：

对任意 $a, b\in\mathbf{N}_k$，有

$$a+_k b=\begin{cases}a+b, & 若\ a+b<k\\ a+b-k, & 若\ a+b\geqslant k\end{cases}$$

问该代数系统 $\langle\mathbf{N}_k, +_k\rangle$ 的每个元素是否有逆元。

解　显然，"$+_k$"是可结合的二元运算，$\mathbf{N}_k$ 关于运算"$+_k$"的幺元是0。每一个元素都有唯一的逆元，0的逆元是0，非零元素 a 的逆元是 $k-a$。

例 5.2.9　设 $\mathbf{N}_4$ 是非负整数中模4同余产生的等价类集合，即 $\mathbf{N}_4=\{[0], [1], [2], [3]\}$，$\mathbf{N}_4$ 上的运算"$+_4$"和"$\times_4$"定义为

$$[m]+_4[n]=[(m+n)\bmod 4]$$
$$[m]\times_4[n]=[(m\times n)\bmod 4]$$

其中 $m, n\in\{0, 1, 2, 3\}$，运算表分别如表 5.2.9 和表 5.2.10 所示。问：

(1) 在 $\mathbf{N}_4$ 上这两个运算分别有哪些性质？

(2) $\mathbf{N}_4$ 分别关于运算"$+_4$""$\times_4$"是否有幺元和零元？若有幺元，指出每个元素的逆元。

表 5.2.9

$+_4$	[0]	[1]	[2]	[3]
[0]	[0]	[1]	[2]	[3]
[1]	[1]	[2]	[3]	[0]
[2]	[2]	[3]	[0]	[1]
[3]	[3]	[0]	[1]	[2]

表 5.2.10

$\times_4$	[0]	[1]	[2]	[3]
[0]	[0]	[0]	[0]	[0]
[1]	[0]	[1]	[2]	[3]
[2]	[0]	[2]	[0]	[2]
[3]	[0]	[3]	[2]	[1]

解 由表 5.2.9 和表 5.2.10 可知，运算"$+_4$"在 $\mathbf{N}_4$ 上是封闭的、可交换的、可结合的，$[0]$为幺元，$[1]^{-1}=[3]$，$[2]^{-1}=[2]$，无零元；运算"$\times_4$"在 $\mathbf{N}_4$ 上是封闭的、可交换的、可结合的，$[1]$为幺元，$[3]^{-1}=[3]$，$[0]$、$[2]$无逆元，$[0]$为零元。

当 A 是有限集合时，其上的二元运算常可用运算表的形式给出，此时二元运算的一些性质可直接由运算表得出。

(1) 二元运算满足可交换性的充分必要条件是运算表关于主对角线对称。

(2) 二元运算满足幂等性的充分必要条件是运算表主对角线上的每个元素与它所在行、列的表头元素相同。

(3) 二元运算有幺元的充分必要条件是该元素对应的行和列依次与该表表头的行、列相一致。

(4) 二元运算有零元的充分必要条件是运算表中该元素所对应的行、列元素均与该元素相同。

(5) 二元运算中 a 与 b 互为逆元素的充分必要条件是运算表中位于 a 所在行、b 所在列的元素及 b 所在行、a 所在列的元素都是幺元。

5.3 半　　群

一般地，对代数系统$\langle A, *\rangle$，如果二元运算"$*$"仅是封闭的，则这样的代数系统称为广群。例如，$\langle \mathbf{N}, +\rangle$、$\langle \mathbf{R}, \times\rangle$、$\langle 2^A, \cup\rangle$、$\langle 2^A, \oplus\rangle$、$\langle A^A, \circ\rangle$等均是广群，而$\langle \mathbf{N}, -\rangle$、

$\langle \mathbf{R}, \div \rangle$等都不是广群。

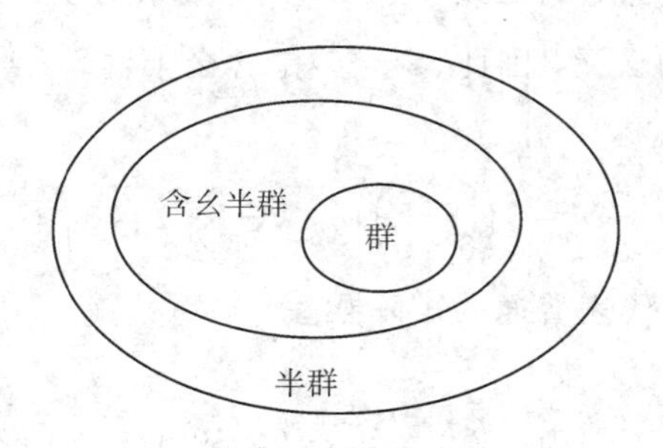

图 5.3.1

在此基础上，如果对二元运算加以限制，就构成了半群、独异点(含幺半群)与群等概念，它们之间的关系如图 5.3.1 所示。半群和群都是具有一个二元运算的代数系统，群是半群的特殊例子，在计算机科学等领域，它们都有着广泛的应用。

一、半群的概念

定义 5.3.1　设$\langle A, * \rangle$是代数系统，$A \neq \varnothing$，“$*$”是 A 上的二元代数运算，如果“$*$”运算满足结合律，则称$\langle A, * \rangle$为半群。如果半群$\langle A, * \rangle$中的二元运算“$*$”满足交换律，则称$\langle A, * \rangle$为交换半群。

由该定义知，一个代数系统$\langle A, * \rangle$构成半群当且仅当二元运算“$*$”满足封闭性和结合律。

例如，$\langle \mathbf{N}, + \rangle$、$\langle \mathbf{Z}, \times \rangle$、$\langle \mathbf{R}, + \rangle$均是半群，而且是交换半群，而$\langle \mathbf{Z}, - \rangle$、$\langle \mathbf{Z}, \div \rangle$、$\langle \mathbf{R}, - \rangle$、$\langle \mathbf{R}, \div \rangle$均不是半群。

定义 5.3.2　设$\langle A, * \rangle$为一个半群，若 $B \subseteq A$，且“$*$”在 B 中封闭，则$\langle B, * \rangle$也是一个半群，称为$\langle A, * \rangle$的子半群。

例如，“$\cdot$”表示普通数字乘法，$\langle \mathbf{N}, \cdot \rangle$、$\langle [0, 1], \cdot \rangle$、$\langle (0, 1), \cdot \rangle$均是半群，且都是$\langle \mathbf{R}, \cdot \rangle$的子半群。

定义 5.3.3　设$\langle A, * \rangle$是代数系统，A 中关于“$*$”运算存在幺元 e，则$\langle A, * \rangle$称为含幺半群，有时也称为独异点，常记为$\langle A, *, e \rangle$。

例如，数集上的代数系统$\langle \mathbf{N}, + \rangle$是含幺半群，幺元是 0；$\langle \mathbf{Z}, \times \rangle$是含幺半群，幺元是 1；$\langle \mathbf{R}, + \rangle$是含幺半群，幺元是 0。

例 5.3.1　(1) 设 A 是一个非空集合，$\langle 2^A, \cup \rangle$、$\langle 2^A, \cap \rangle$、$\langle 2^A, \oplus \rangle$都是半群，而且是交换半群。$\langle 2^A, \cup \rangle$和$\langle 2^A, \oplus \rangle$的幺元是空集，$\langle 2^A, \cap \rangle$的幺元是 A，因此它们都是含幺半群。

(2) 设 M 是所有 $n \times n$ 实矩阵构成的集合，“$+$”是矩阵的普通加法，则$\langle M, + \rangle$是半群。$\langle M, + \rangle$的幺元是 $\mathbf{0}_{n\times n}$，即 $n \times n$ 的零矩阵，因此$\langle M, + \rangle$是含幺半群。

(3) 设 $A^A = \{f \mid f: A \rightarrow A\}$，“$\circ$”是 A^A 上的复合运算，则$\langle A^A, \circ \rangle$是半群。由于集合之间的映射关系不满足交换律，因此该半群不可交换。记 I_A 是 A 上的恒等函数，则 I_A 是$\langle A^A, \circ \rangle$的幺元，因此$\langle A^A, \circ \rangle$是含幺半群。

(4) 设 $S_A=\{R|R$ 是集合上的二元关系$\}$，“$\circ$”是关系的复合运算，则$\langle S_A, \circ\rangle$是半群。由于恒等关系 I_A 是$\langle S_A, \circ\rangle$的幺元，因此$\langle S_A, \circ\rangle$是含幺半群。

例 5.3.2 设

$$M=\left\{\begin{pmatrix} a & b \\ 0 & 0 \end{pmatrix} \middle| a, b\in \mathbf{R}, a\neq 0\right\}$$

则$\langle M, \cdot\rangle$是半群，其中“$\cdot$”代表普通的矩阵乘法。

解 对任意的

$$\begin{pmatrix} a_1 & b_1 \\ 0 & 0 \end{pmatrix}\in M, \begin{pmatrix} a_2 & b_2 \\ 0 & 0 \end{pmatrix}\in M$$

由于

$$\begin{pmatrix} a_1 & b_1 \\ 0 & 0 \end{pmatrix}\cdot\begin{pmatrix} a_2 & b_2 \\ 0 & 0 \end{pmatrix}=\begin{pmatrix} a_1a_2 & b_1b_2 \\ 0 & 0 \end{pmatrix}$$

且 $a_1\neq 0$，$a_2\neq 0$ 时 $a_1a_2\neq 0$，则

$$\begin{pmatrix} a_1a_2 & b_1b_2 \\ 0 & 0 \end{pmatrix}\in M$$

因此“$\cdot$”运算封闭。同时矩阵乘法满足结合律，故$\langle M, \cdot\rangle$是半群。

例 5.3.3 设

$$M=\left\{\begin{pmatrix} a & b \\ 0 & 0 \end{pmatrix} \middle| a, b\in \mathbf{R}, a\neq 0\right\}$$

则$\langle M, +\rangle$不是半群，其中“$+$”代表普通的矩阵加法。

解 对任意的

$$\begin{pmatrix} a_1 & b_1 \\ 0 & 0 \end{pmatrix}\in M, \begin{pmatrix} a_2 & b_2 \\ 0 & 0 \end{pmatrix}\in M$$

由于

$$\begin{pmatrix} a_1 & b_1 \\ 0 & 0 \end{pmatrix}+\begin{pmatrix} a_2 & b_2 \\ 0 & 0 \end{pmatrix}=\begin{pmatrix} a_1+a_2 & b_1+b_2 \\ 0 & 0 \end{pmatrix}$$

特别地，取 $a_1=-a_2\neq 0$，则上式为

$$\begin{pmatrix} 0 & b_1+b_2 \\ 0 & 0 \end{pmatrix}\notin M$$

因此“$+$”运算不封闭，故$\langle M, +\rangle$不是半群。

例 5.3.4 设 $S=\{a, b\}$上的二元运算如表 5.3.1 所示，则$\langle S, *\rangle$为半群。

表 5.3.1

*	a	b
a	b	a
b	a	b

证明 由表 5.3.1 可知，“$*$”运算在 S 上封闭，只需验证“$*$”满足结合律。由于

$$(a*a)*a=b*a=a=a*b=a*(a*a)$$
$$(a*a)*b=b*b=b=a*a=a*(a*b)$$
$$(a*b)*a=a*a=b=a*a=a*(b*a)$$
$$(a*b)*b=a*b=a=a*b=a*(b*b)$$
$$(b*a)*a=a*a=b=b*b=b*(a*a)$$
$$(b*a)*b=a*b=a=b*a=b*(a*b)$$
$$(b*b)*a=b*a=a=b*a=b*(b*a)$$
$$(b*b)*b=b*b=b=b*b=b*(b*b)$$

因此$\langle S, *\rangle$为半群。

例 5.3.5　设 S 为任意非空集合，对任意 a，$b\in S$，定义 $a*b=a$，则$\langle S, *\rangle$为半群。

证明　对任意 a，b，$c\in S$，有

$$(a*b)*c=a*c=a,\ a*(b*c)=a*b=a$$

所以

$$(a*b)*c=a*(b*c)$$

而由“$*$”的定义可知“$*$”在 S 上封闭，因此$\langle S, *\rangle$为半群。

例 5.3.6　对任意 a，$b\in \mathbf{R}$，定义 $a*b=\dfrac{a+b}{2}$，则$\langle \mathbf{R}, *\rangle$不是半群。

证明　取 1，2，3$\in \mathbf{R}$，则有

$$(1*2)*3=\left(\frac{1+2}{2}\right)*3=\frac{\frac{3}{2}+3}{2}=\frac{9}{4}$$

$$1*(2*3)=1*\left(\frac{2+3}{2}\right)=\frac{1+\frac{5}{2}}{2}=\frac{7}{4}$$

由此可知“$*$”不满足结合律，故$\langle \mathbf{R}, *\rangle$不是半群。

例 5.3.7　设 $S=\{a, b, c\}$，“$*$”运算的定义如表 5.3.2 所示，试判断$\langle S, *\rangle$的代数结构。

表 5.3.2

$*$	a	b	c
a	a	b	c
b	a	b	c
c	a	b	c

解　(1)“$*$”是 S 上的二元代数运算，因为“$*$”运算关于 S 集合封闭。

(2) 从表 5.3.2 中可看出 a、b、c 均为左幺元和右零元。

(3) 对任意 x，y，$z\in S$，有

$$x*(y*z)=x*z=z$$
$$(x*y)*z=y*z=z$$

由此可知“$*$”运算满足结合律，因此$\langle S, *\rangle$是半群。

半群中的元素有时可用某些元素的幂表示出来。设半群$\langle S, *\rangle$中元素 a 的 n 次幂记为 a^n，递归定义如下：

$$a^1=a,\ a^{n+1}=a^n * a \quad (n\in \mathbf{Z}^+)$$

由于半群满足结合律，因此可用数学归纳法证明：

$$a^{n+m}=a^n * a^m,\ (a^m)^n=a^{m*n}$$

普通乘法的幂、关系的幂、矩阵乘法的幂等具体的代数系统都满足这个幂运算规则。如果有 $a^2=a$，则称 a 为等幂元。

定义 5.3.4 设$\langle S, *\rangle$为一个含幺半群，若 $T\subseteq S$，且“$*$”在 T 中封闭，幺元 $e\in T$，则$\langle T, *\rangle$也是一个含幺半群，称其为$\langle S, *\rangle$的子含幺半群。

例如，$\langle[0, 1], \times\rangle$和$\langle\mathbf{R}, \times\rangle$都是含幺半群，且$\langle[0, 1], \times\rangle$是$\langle\mathbf{R}, \times\rangle$的子含幺半群。

二、半群的性质

定理 5.3.1 若$\langle S, *\rangle$是半群，S 是有限集合，则 S 中必含有等幂元。

证明 由于$\langle S, *\rangle$是半群，因此对 $\forall a\in S$，有 $a^2, a^3, \cdots, \in S$。

因为 S 是有限集合，所以必定存在 $j>i$，使得 $a^i=a^j$。

令 $p=j-i$，则有 $a^i=a^j=a^p * a^i$，所以对任意 $q\geqslant i$，有

$$a^q=a^i * a^{q-i}=a^p * a^i * a^{q-i}=a^p * a^q$$

因为 $p\geqslant 1$，故可找到 $k\geqslant 1$，使得 $kp\geqslant i$，而

$$\begin{aligned}a^{kp}&=a^p * a^{kp}=a^p *(a^p * a^{kp})\\&=a^{2p} * a^{kp}=a^{2p} *(a^p * a^{kp})=\cdots\\&=a^{kp} * a^{kp}\end{aligned}$$

即在 S 中存在元素 $b=a^{kp}$，使得 $b * b=b$。

定理 5.3.2 设$\langle S, *\rangle$是独异点，则在关于运算“$*$”的运算表中任何两行或两列都是不相同的。

证明 设 S 中关于运算“$*$”的幺元是 e。因为对于任意的 a，$b\in S$ 且 $a\neq b$ 时，总有

$$e * a=a\neq b=e * b \text{ 和 } a * e=a\neq b=b * e$$

所以，在“$*$”的运算表中不可能有两行或两列是相同的。

例 5.3.8 设 $\mathbf{N}_4=\{[0], [1], [2], [3]\}=\mathbf{N}_4/R$（$R$ 是 $\mathbf{N}_4$ 上的模 4 同余关系），$\mathbf{N}_4$ 上的运算“$+_4$”定义为

$$\forall [m], [n]\in \mathbf{N}_4,\ [m]+_4[n]=[(m+n) \bmod 4]$$

其运算表如表 5.3.3 所示。判断$\langle\mathbf{Z}_4, +_4\rangle$的代数结构。

表 5.3.3

$+_4$	[0]	[1]	[2]	[3]
[0]	[0]	[1]	[2]	[3]
[1]	[1]	[2]	[3]	[0]
[2]	[2]	[3]	[0]	[1]
[3]	[3]	[0]	[1]	[2]

解　(1)"$+_4$"运算显然封闭。

(2) 由"$+_4$"的定义知"$+_4$"是可结合的。

(3) 从表5.3.3中可知[0]是幺元，所以$\langle \mathbf{N}_4, +_4 \rangle$是含幺半群。表5.3.3中没有任意两行(列)元素完全相同。

定理5.3.3　设$\langle S, * \rangle$是含幺半群，e是幺元，$\forall a, b \in S$，若a、b均有逆元，则有

(1) $(a^{-1})^{-1} = a$；

(2) $(a * b)^{-1} = b^{-1} * a^{-1}$。

证明　(1)

$$(a^{-1})^{-1} = (a^{-1})^{-1} * e = (a^{-1})^{-1} * (a^{-1} * a) = ((a^{-1})^{-1} * a^{-1}) * a = e * a = a$$

(2)

$$(a * b) * (b^{-1} * a^{-1}) = a * (b * b^{-1}) * a^{-1} = a * e * a^{-1} = a * a^{-1} = e$$

$$(b^{-1} * a^{-1}) * (a * b) = b^{-1} * (a^{-1} * a) * b = b^{-1} * e * b = b^{-1} * b = e$$

因而$(a * b)^{-1} = b^{-1} * a^{-1}$成立。

5.4　群与子群

在代数系统中，群是研究得比较完善的一类。在计算机科学中，群在快速加法器的设计和纠错码理论等方面有着广泛的应用。

一、群的基本概念

定义5.4.1　如果代数系统$\langle G, * \rangle$满足：

(1)"$*$"运算在G上封闭；

(2)"$*$"运算是可结合的；

(3) 存在幺元e；

(4) 对于每一元素$x \in G$，存在它的逆元x^{-1}，

则称代数系统$\langle G, * \rangle$为群。

由定义5.4.1可知，群是每个元素都有逆元的含幺半群，因而群具有含幺半群的所有性质。群$\langle G, * \rangle$的基集G所含的元素个数称为该群的阶，记为$|G|$。当G是有限集时，称$\langle G, * \rangle$为有限群，否则称$\langle G, * \rangle$为无限群。

例5.4.1　(1) $\langle \mathbf{Z}, + \rangle$、$\langle \mathbf{Q}, + \rangle$、$\langle \mathbf{R}, + \rangle$、$\langle \mathbf{C}, + \rangle$均为群(常称为加法群)，0为它们的幺元；而$\langle \mathbf{N}, + \rangle$不是群。

(2) $\langle \mathbf{Z}, \times \rangle$、$\langle \mathbf{Q}, \times \rangle$、$\langle \mathbf{R}, \times \rangle$、$\langle \mathbf{C}, \times \rangle$都不是群，因为0没有逆元。

(3) $\langle \mathbf{Q}-\{0\}, \times \rangle$、$\langle \mathbf{Q}^+, \times \rangle$、$\langle \mathbf{R}-\{0\}, \times \rangle$都是群，幺元为1，每个元素的逆元为该元素的倒数；而$\langle \mathbf{Z}-\{0\}, \times \rangle$不是群，因为除了幺元1之外，$\mathbf{Z}$任意元素都没有逆元。

(4) $\langle \mathbf{N}_4, +_4 \rangle$为四阶群，0为其幺元，0的逆元是0，1和3互为逆元，2的逆元是它自己。

(5) S为非空集合，$\langle P(S), \cup \rangle$、$\langle P(S), \cap \rangle$都不是群，因为除幺元外$S$的任意一个非空子集都没有逆元。

(6) S为非空集合，$\langle P(S), \oplus \rangle$是群，幺元为$\varnothing$，每个元素的逆元是它自己。

(7) 设 $A^A=\{f|f: A\to A\}$，"∘"是 A^A 上的复合运算，$\langle A^A, \circ\rangle$不是一个群。由前面内容知，$\langle A^A, \circ\rangle$是一个含幺半群，恒等映射为幺元，但任意一个非双射都没有逆元，因此$\langle A^A, \circ\rangle$不是群。

(8) 设 M 是全体 $n\times n$ 实矩阵构成的集合，"＋"是矩阵的普通加法，那么$\langle M, +\rangle$构成群。M 中任意两个矩阵相加仍属于 M，矩阵加法满足结合律，零矩阵为矩阵加法的幺元，每个矩阵 $\mathbf{A}\in M$ 的逆元是 $-\mathbf{A}$。

(9) 设 M 是全体 $n\times n$ 可逆矩阵构成的集合，"×"是矩阵的普通乘法，那么$\langle M, \times\rangle$构成群。M 中任意两个可逆矩阵相乘仍为可逆矩阵，矩阵乘法满足结合律，单位矩阵为矩阵乘法的幺元，每个可逆矩阵 $\mathbf{A}\in M$ 的逆元是 $\mathbf{A}^{-1}$。

(10) 设 $P[x]$是实系数多项式的全体，"＋"是多项式普通加法，则$\langle P[x], +\rangle$是群。这是因为任意两个多项式之和仍为多项式，且结果唯一。多项式加法满足结合律，零是多项式加法的幺元。对任意 $p(x)\in P[x]$，其逆元为$-p(x)$。

例 5.4.2 设 $G=\{e, a, b, c\}$，"$*$"为 G 上的二元运算，其运算表见表 5.4.1，证明$\langle G, *\rangle$是群。

表 5.4.1

*	e	a	b	c
e	e	a	b	c
a	a	e	c	b
b	b	c	e	a
c	c	b	a	e

证明 从$\langle G, *\rangle$的运算表知：e 是 G 中的幺元，G 中任何元素的逆元就是它自己，且"$*$"在 G 上封闭。在 a、b、c 三个元素中，任何两个元素运算的结果都等于另一个元素，因此

$$(a*b)*c=c*c=e$$

$$a*(b*c)=a*a=e$$

容易验证当三个元素中有一个或者两个元素为 e 时，结合律也成立，因此$\langle G, *\rangle$是群。

这个群称为 klein 四元群。

例 5.4.3 设 $G=\{e, a, b, c\}$，"$*$"为 G 上的二元运算，其运算表见表 5.4.2，证明$\langle G, *\rangle$是群。

表 5.4.2

*	e	a	b	c
e	e	a	b	c
a	a	b	c	e
b	b	c	e	a
c	c	e	a	b

证明 由$\langle G, *\rangle$的运算表知：e 是 G 中的幺元，a、c 互为逆元，b 的逆元是它自己，且

“$*$”在 G 上封闭。在 a、b、c 三个元素中，任何两个元素运算的结果都等于另一个元素，故结合律成立，所以$\langle G, *\rangle$是群。

这是除了 klein 四元群外的另一个四阶群，称为四阶循环群。

例 5.4.4　设$\langle G, *\rangle$是一个含幺半群，并且每个元素都有右逆元，证明$\langle G, *\rangle$为群。

证明　设 e 是$\langle G, *\rangle$中的幺元。每个元素都有右逆元，即 $\forall x\in G$，$\exists y\in G$，使得 $x*y=e$，而对于此 y，又 $\exists z\in G$，使得 $y*z=e$。

由于 $\forall x\in G$，均有

$$x*e=e*x=x$$

因此

$$z=e*z=x*y*z=x*e=x$$

即

$$x*y=e=y*z=y*x=e$$

所以 y 既是 x 的右逆元又是 x 的左逆元，故 $x\in G$ 均有逆元，从而$\langle G, *\rangle$为群。

例 5.4.5　设 $w=a_1a_2\cdots a_n$ 是一个 n 位二进制数码，称为一个码字。W 是由所有这样的码字构成的集合，即 $W=\{w=a_1a_2\cdots a_n \mid a_i=0$ 或 $1, i=1, 2, \cdots, n\}$，在 W 上定义二元运算“$+$”如下：

对 $w_1=a_1a_2\cdots a_n$，$w_2=b_1b_2\cdots b_n$，有

$$w_1+w_2=c_1c_2\cdots c_n$$

其中 $c_i=a_i+b_i \bmod 2$，$i=1, 2, \cdots, n$，则$\langle W, +\rangle$为群。

二、群的基本性质

定理 5.4.1　对群$\langle G, *\rangle$的任意元素 a、b，有

(1) $(a^{-1})^{-1}=a$；

(2) $(a*b)^{-1}=b^{-1}*a^{-1}$；

(3) $(a^n)^{-1}=(a^{-1})^n$(记为 a^{-n}，n 为整数)。

证明　(1) 因为 a^{-1}的逆元是 a，即 $a*a^{-1}=a^{-1}*a=e$，所以

$$(a^{-1})^{-1}=a$$

(2) 因为

$$(a*b)*(b^{-1}*a^{-1})=a*(b*b^{-1})*a^{-1}=e$$

$$(b^{-1}*a^{-1})*(a*b)=b^{-1}*(a^{-1}*a)*b=e$$

所以 $a*b$ 的逆元为 $b^{-1}*a^{-1}$，即$(a*b)^{-1}=b^{-1}*a^{-1}$。

(3) 采用归纳法证明。

$n=1$ 时命题显然真。

设 $n=k$ 时，$(a^{-1})^k$ 是 a^k 的逆元，即$(a^k)^{-1}=(a^{-1})^k$，那么

$$a^{k+1}*(a^{-1})^{k+1}=a^k*(a*a^{-1})*(a^{-1})^k=a^k*(a^{-1})^k=e$$

$$(a^{-1})^{k+1}*a^{k+1}=(a^{-1})^k*(a^{-1}*a)*a^k=(a^{-1})^k*a^k=e$$

故 a^{k+1}的逆元为$(a^{-1})^{k+1}$，即$(a^{k+1})^{-1}=(a^{-1})^{k+1}$，得证。

定理 5.4.2 对群$\langle G, *\rangle$的任意元素 a、b，及任何整数 m、n，有

(1) $a^m * a^n = a^{m+n}$；

(2) $(a^m)^n = a^{mn}$。

定理 5.4.3 群$\langle G, *\rangle$中不可能有零元。

证明 当$|G|=1$时，G中的唯一元素e视为幺元。

当$|G|\geqslant 2$时，假设$\langle G, *\rangle$中有零元θ，则$\forall x\in G$，由定理5.2.3，有$x*\theta=\theta*x=\theta\neq e$。故$\theta$无逆元，这与"$\langle G, *\rangle$是群"相矛盾。

定理 5.4.4 设$\langle G, *\rangle$为群，则$\forall a, b\in G$，方程$a*x=b$，$y*a=b$都有唯一解。

证明 先证$a^{-1}*b$是方程$a*x=b$的解。将$a^{-1}*b$代入方程，得

$$a*(a^{-1}*b)=(a*a^{-1})*b=e*b=b$$

所以$a^{-1}*b$是该方程的解。

再证唯一性。假设c是方程$a*x=b$的解，必有$a*c=b$，从而有

$$c=e*c=(a^{-1}*a)*c=a^{-1}*(a*c)=a^{-1}*b$$

唯一性得证。

同理可证$b*a^{-1}$是方程$y*a=b$的唯一解。

定理 5.4.5 设$\langle G, *\rangle$为群，对$\forall a, x, y\in G$，

(1) 若$a*x=a*y$，则$x=y$；

(2) 若$x*a=y*a$，则$x=y$。

定理5.4.5说明群中的运算满足消去律，或者称群中的元素都是可约的。

定理5.4.5等价于：对$\forall a, x, y\in G$，若$x\neq y$，则有

$$a*x\neq a*y$$

$$x*a\neq y*a$$

例 5.4.6 设$\langle G, *\rangle$为有限含幺半群，若其上满足消去律，证明$\langle G, *\rangle$为群。

证明 设e是$\langle G, *\rangle$中的幺元。

由$\langle G, *\rangle$满足消去律知，$\forall a, b, c\in G$，均有

$$a*b=a*c\Rightarrow b=c$$

$$b*a=c*a\Rightarrow b=c$$

又由于$\langle G, *\rangle$为有限含幺半群，因此$\forall a\in G$，存在正整数n，使得

$$a^n=e$$

$$a*a^{n-1}=e=a^{n-1}*a$$

故$\forall a\in G$，存在$a^{n-1}\in G$是a的逆元，所以$\langle G, *\rangle$为群。

定理 5.4.6 设$\langle G, *\rangle$为群，则幺元e是G的唯一的等幂元素。

证明 设G中有等幂元x，则$x*x=x$，又$x=x*e$，所以$x*x=x*e$。由定理5.4.5得$x=e$，故命题得证。

定义 5.4.2 设S是一个非空集合，从S到S的一个双射称为S的一个置换。

例如，$A=\{a, b, c, d\}$，$f: S\rightarrow S$，其中$f(a)=b$，$f(b)=c$，$f(c)=d$，$f(d)=a$，则f为从S到S的一个双射，这个置换可表示为

$$\begin{pmatrix} a & b & c & d \\ b & c & d & a \end{pmatrix}$$

定理 5.4.7 有限群⟨G, $*$⟩的运算表的每一行或每一列都是 G 中元素的一个置换。

证明 仅证结论对行成立。

先证运算表中任一行所含 G 的元素出现次数不可能多于一次。

如果 $a \in G$ 所在的行有两个元素都是 c，则有

$$a * b_1 = a * b_2 = c \text{ 且 } b_1 \neq b_2$$

由可约性可得 $b_1 = b_2$，这与“$b_1 \neq b_2$”相矛盾。

再证 G 中的每个元素都在运算表的每一行中出现。

设 $a \in G$，考察 a 所在的行，$\forall b \in G$，因为 $b = a * (a^{-1} * b)$，而 $a^{-1} * b \in G$，所以 b 必定出现在对应于 a 的那一行中。

由定理 5.3.2 便可得出结论。

由定理 5.4.7 可知，当 G 分别为一、二、三阶群时，“$*$”运算都只有一个定义方式，即不计元素记号的不同，只有一张定义“$*$”运算的运算表，分别如表 5.4.3、表 5.4.4 和表 5.4.5 所示。可以说，一、二、三阶群都只有一个。

表 5.4.3

$*$	e
e	e

表 5.4.4

$*$	e	a
e	e	a
a	a	e

表 5.4.5

$*$	e	a	b
e	e	a	b
a	a	b	e
b	b	e	a

三、子群

定义 5.4.3 设⟨G, $*$⟩为群，S 是 G 的非空子集，如果⟨S, $*$⟩也构成群，则称⟨S, $*$⟩为⟨G, $*$⟩的子群。

例 5.4.7 ⟨$\mathbf{Z}$, $+$⟩是⟨$\mathbf{Q}$, $+$⟩的子群，⟨$\mathbf{Q}$, $+$⟩是⟨$\mathbf{R}$, $+$⟩的子群，⟨$\mathbf{R}$, $+$⟩是⟨$\mathbf{C}$, $+$⟩的子群。

例 5.4.8 ⟨E, $+$⟩(E 是偶数集)是⟨$\mathbf{Z}$, $+$⟩的子群，但⟨O, $+$⟩(O 是奇数集)不是⟨$\mathbf{Z}$, $+$⟩的子群。

定理 5.4.8 设⟨G, $*$⟩为群，⟨S, $*$⟩为⟨G, $*$⟩的子群，则⟨G, $*$⟩中的幺元必定也是⟨S, $*$⟩中的幺元。

证明 设 e 为⟨G, $*$⟩中的幺元，e_1 为⟨S, $*$⟩中的幺元，现证 $e_1 = e$。

$\forall x \in S$，因为 $x \in S$，所以 $e_1 * x = x = e * x$，故 $e_1 = e$。

定义 5.4.4 设⟨S, $*$⟩为⟨G, $*$⟩的子群，若 $S = \{e\}$ 或者 $S = G$，则称⟨S, $*$⟩是群⟨G, $*$⟩的平凡子群。

定理 5.4.9 设⟨G, $*$⟩是群，S 是 G 的非空子集，如果 S 是有限集，那么，只要“$*$”在 S 上封闭，⟨S, $*$⟩就是⟨G, $*$⟩的子群。

证明 设“$*$”在 S 上封闭，$\forall a \in S$，有 a^1, a^2, $\cdots \in S$。

因为 S 是有限集，所以必定存在正整数 $j>i$，使得 $a^i=a^j$，从而

$$a^i=a^j=a^i*a^{j-i}$$

这说明 a^{j-i} 是 $\langle G, *\rangle$ 中的幺元，且也在子集 S 中。

若 $j-i>1$，则 $a^{j-i}=a*a^{j-i-1}$，由于 $e=a^{j-i}$，因此 a^{j-i-1} 是 a 的逆元；

若 $j-i=1$，则 $e=a$，即 a 是幺元，而幺元的逆元是其自身。

可结合性在 S 上成立是自然的。

故 $\langle S, *\rangle$ 是群，且为 $\langle G, *\rangle$ 的子群。

定理 5.4.10 设 $\langle G, *\rangle$ 是群，S 是 G 的非空子集，如果 $\forall a, b\in S$，有 $a*b^{-1}\in S$，则 $\langle S, *\rangle$ 是 $\langle G, *\rangle$ 的子群。

证明 (1) 先证 G 中的幺元 e 也是 S 中的幺元。

$\forall a\in S$，因为 $S\subseteq G$，所以 $a\in G$，又 $e=a*a^{-1}\in S$，且 $a*e=e*a=a$，所以 e 是 S 中的幺元。

(2) 再证 S 的每个元素都有逆元。

$\forall a\in S$，因为 $e\in S$，所以 $e*a^{-1}\in S$，即 $a^{-1}\in S$。

(3) 接着证"$*$"在 S 上封闭。

$\forall a, b\in S$，由上可知 $b^{-1}\in S$，而且 $(b^{-1})^{-1}\in S$，所以

$$a*b=a*(b^{-1})^{-1}\in S$$

(4) 最后，"$*$"在 S 上封闭性是自然保持的。

综上可知 $\langle S, *\rangle$ 是群，且为 $\langle G, *\rangle$ 的子群。

定理 5.4.9 和定理 5.4.10 给出了判定子群的充分必要条件。

例 5.4.9 $\langle\{e\}, *\rangle$、$\langle\{e, a\}, *\rangle$、$\langle\{e, b\}, *\rangle$、$\langle\{e, c\}, *\rangle$ 都是 Klein 四元群的子群。

例 5.4.10 设 $\langle H, *\rangle$ 和 $\langle K, *\rangle$ 都是群 $\langle G, *\rangle$ 的子群，证明 $\langle H\cap K, *\rangle$ 也是 $\langle G, *\rangle$ 的子群。

证明 $\forall a, b\in H\cap K$，有 $a, b\in H$，$a, b\in K$。

因为 H、K 均是子群，所以 $b^{-1}\in H$，$b^{-1}\in K$。

由于"$*$"在 H、K 上封闭，因此 $a*b^{-1}\in H$，$a*b^{-1}\in K$，从而 $a*b^{-1}\in H\cap K$。

由定理 5.4.10 知 $\langle H\cap K, *\rangle$ 是 $\langle G, *\rangle$ 的子群。

例 5.4.11 设 $\langle G, *\rangle$ 是群，$\forall a\in G$，令 C 是 G 中所有与 a 可交换的元素构成的集合，即

$$C=\{y\mid y*a=a*y, y\in G\}$$

则 $\langle C, *\rangle$ 是 $\langle G, *\rangle$ 的子群，称为群 $\langle G, *\rangle$ 的中心。

证明 由 e 与 G 中所有元素可交换可知 $e\in C$，C 是 G 的非空子集。

由 $y*a=a*y$ 可得 $y=a*y*a^{-1}$，因此 $\forall x, y\in C$。

因为

$$x*y^{-1}=(a*x*a^{-1})*(a*y^{-1}*a^{-1})=a*x*y^{-1}*a^{-1}$$

所以

$$x*y^{-1}*a=a*x*y^{-1}$$

从而

$$x * y^{-1} \in C$$

故$\langle C, * \rangle$是$\langle G, * \rangle$的子群。

5.5　阿贝尔群、循环群与置换群

一、阿贝尔群

定义 5.5.1　设$\langle G, * \rangle$是一个群，如果"$*$"是一个可交换运算，则群$\langle G, * \rangle$称为可交换群或阿贝尔群，有时也称为加法群，否则称为不可交换群。

例 5.5.1　(1) $\langle \mathbf{Z}, + \rangle$、$\langle \mathbf{Q}, + \rangle$、$\langle \mathbf{R}, + \rangle$均为阿贝尔群。

(2) 设 A 是任一集合，P 表示 A 上的双射函数集合，则$\langle P, \circ \rangle$是一个群。这里"$\circ$"表示函数的复合运算，f^{-1}是 f 的逆函数，通常这个群不是阿贝尔群。

(3) 设 $G=\{$所有 n 阶可逆方阵$\}$，"$\cdot$"是 G 上的矩阵乘法运算，则$\langle G, \cdot \rangle$是一个群，但由于矩阵乘法不满足交换律，因此它不是阿贝尔群。

例 5.5.2　$A=\{a, b, c, d\}$，f：$S \to S$，其中 $f(a)=b$，$f(b)=c$，$f(c)=d$，$f(d)=a$，则 f 为集合 S 到 S 的一个双射。

记 $f^1=f$，$f^2=f \circ f$，$f^3=f^2 \circ f$，$f^4=f^3 \circ f=f^0=I_S$，则$\langle \{f^0, f^1, f^2, f^3\}, \circ \rangle$为阿贝尔群。其运算表见表 5.5.1。

表 5.5.1

$\circ$	f^0	f^1	f^2	f^3
f^0	f^0	f^1	f^2	f^3
f^1	f^1	f^2	f^3	f^0
f^2	f^2	f^3	f^0	f^1
f^3	f^3	f^0	f^1	f^2

例 5.5.3　设$\langle G, * \rangle$是一个含幺半群，并且对于 G 中的每一个元素 a 都有 $a * a=e$，则$\langle G, * \rangle$是一个阿贝尔群。

证明　$\forall a \in G$，由于 $a * a=e$，因此 $a^{-1}=a$，即 G 中的每一个元素 a 都有逆元素，故$\langle G, * \rangle$是一个群。

又 $\forall a, b \in G$，有

$$a * b=a^{-1} * b^{-1}=(b * a)^{-1}=b * a$$

所以$\langle G, * \rangle$是一个阿贝尔群。

定理 5.5.1　群$\langle G, * \rangle$是阿贝尔群的充要条件是：对 $\forall a, b \in G$，有

$$(a * b) * (a * b)=(a * a) * (b * b)$$

证明　当群$\langle G, * \rangle$是阿贝尔群时，有

$$(a*b)*(a*b)=a*(b*a)*b=a*(a*b)*b=(a*a)*(b*b)$$

反之，对 $\forall a, b\in G$，当 $(a*b)*(a*b)=(a*a)*(b*b)$ 时，有

$$a*(b*a)*b=a*(a*b)*b$$

根据消去律，有

$$a*b=b*a$$

因此，$\langle G, *\rangle$ 是阿贝尔群。

二、循环群

定义 5.5.2　设 $\langle G, *\rangle$ 是群，若 G 中存在元素 a，使得 G 中每个元素都由 a 的幂组成，则称 $\langle G, *\rangle$ 为循环群，元素 a 称为该循环群的生成元。当 a 是 $\langle G, *\rangle$ 的生成元时，常记为 $G=\langle a\rangle$。

例 5.5.4　设 $G=\{e, a, b, c\}$，"$*$"为 G 上的二元运算，其运算表见表 5.5.2，则 $\langle G, *\rangle$ 是四阶循环群，生成元为 a。

表 5.5.2

$*$	e	a	b	c
e	e	a	b	c
a	a	b	c	e
b	b	c	e	a
c	c	e	a	b

解　不难验证 $\langle G, *\rangle$ 是群，e 是幺元，a 和 c 互为逆元，b 的逆元是自身。

由于

$$a^2=a*a=b,\quad a^3=b*a=c,\quad a^4=c*a=e$$

因此 $\langle G, *\rangle$ 是循环群，生成元为 a。

例 5.5.5　$\langle \mathbf{Z}, +\rangle$ 是否是循环群？若是，指出其生成元。

解　由前面的例子知 $\langle \mathbf{Z}, +\rangle$ 是群，0 是幺元。

由于

$$1^1=1,\ 1^2=1+1=2,\ 1^3=2+1=3,\ 1^4=3+1=4,\ \cdots$$

$$1^{-1}=(-1)^1=-1$$

$$1^{-2}=(-1)+(-1)=-2$$

$$1^{-3}=(-1)+(-1)+(-1)=-3$$

$$1^{-4}=(-3)+(-1)=-4$$

$$\vdots$$

且 $1^0=0$（幺元），因此 $\langle \mathbf{Z}, +\rangle$ 是循环群，生成元为 1。

同时可以看到，1 和 -1 互为逆元，-1 也具有和 1 相同的性质，所以该循环群有两个逆元：1 和 -1。

例 5.5.6　(1) 设 $A=\{2^i \mid i\in \mathbf{Z}\}$，则 $\langle A, \cdot\rangle$（$\cdot$ 为普通的数乘）是循环群，2 是生成元，2^{-1} 也是生成元。

(2) $\langle \mathbf{Z}_8, +_8 \rangle$是循环群，1 和 7 是生成元。

(3) Klein 四元群不是循环群。

例 5.5.7　设

$$A=\left\{\begin{pmatrix}1 & n\\0 & 1\end{pmatrix} \mid n\in\mathbf{Z}\right\}$$

“·”为矩阵乘法。

(1) $\langle A, \cdot \rangle$是否为群？

(2) $\langle A, \cdot \rangle$是否为循环群？若是，指出其生成元。

解　(1) 因为$\forall m, n\in\mathbf{Z}$，有

$$\begin{pmatrix}1 & n\\0 & 1\end{pmatrix}\cdot\begin{pmatrix}1 & m\\0 & 1\end{pmatrix}=\begin{pmatrix}1 & m+n\\0 & 1\end{pmatrix}\in A$$

所以运算“·”在 A 上封闭。

因为$\begin{pmatrix}1 & n\\0 & 1\end{pmatrix}\cdot\begin{pmatrix}1 & 0\\0 & 1\end{pmatrix}=\begin{pmatrix}1 & n\\0 & 1\end{pmatrix}$，所以$\begin{pmatrix}1 & 0\\0 & 1\end{pmatrix}$是幺元。

对$\forall n\in\mathbf{Z}$，有

$$\begin{pmatrix}1 & n\\0 & 1\end{pmatrix}\cdot\begin{pmatrix}1 & -n\\0 & 1\end{pmatrix}=\begin{pmatrix}1 & -n\\0 & 1\end{pmatrix}\cdot\begin{pmatrix}1 & n\\0 & 1\end{pmatrix}=\begin{pmatrix}1 & 0\\0 & 1\end{pmatrix}$$

所以$\begin{pmatrix}1 & -n\\0 & 1\end{pmatrix}$是$\begin{pmatrix}1 & n\\0 & 1\end{pmatrix}$的逆元。

矩阵乘法是可结合的。故$\langle A, \cdot \rangle$是群。

(2) $\forall n\in\mathbf{Z}$，因为

$$\begin{pmatrix}1 & 1\\0 & 1\end{pmatrix}^n=\begin{pmatrix}1 & n\\0 & 1\end{pmatrix}$$

所以$\begin{pmatrix}1 & 1\\0 & 1\end{pmatrix}$是生成元，同理，$\begin{pmatrix}1 & -1\\0 & 1\end{pmatrix}$也是生成元，故$\langle A, \cdot \rangle$是循环群。

定理 5.5.2　循环群必定是阿贝尔群。

证明　设$\langle G, * \rangle$是循环群，a 为生成元，则对于任意的 $x, y\in G$，必有 $s, t\in\mathbf{Z}$，使得

$$x=a^s, \ y=a^t$$

所以

$$x*y=a^s*a^t=a^{s+t}=a^{t+s}=a^t*a^s=y*x$$

故$\langle G, * \rangle$是阿贝尔群。

定理 5.5.3　设$\langle G, * \rangle$是由 a 生成的循环群，若$|G|=n$，则

(1) $a^n=e$；

(2) $G=\{a, a^2, a^3, \cdots, a^{n-1}, a^n\}$。

其中，e 是$\langle G, * \rangle$中的幺元，a 是使 $a^n=e$ 的最小正整数，n 称为元素 a 的阶。

证明　首先证明$\forall m\in\mathbf{Z}^+$，$m<n$，都有 $a^m\neq e$。

假设$\exists m\in\mathbf{Z}^+$，$m<n$，使得 $a^m=e$。

由于 G 是循环群，因此 G 中的元素都能写成 a^k 的形式，其中 $k\in\mathbf{Z}$。

而对 $\forall k\in\mathbf{Z}$，有 $k=mq+r(0\leqslant r<m)$，从而

$$a^k=a^{mq+r}=a^{mq}*a^r=a^r$$

这样 G 中至多有 m 个不同的元素，这与"$|G|=n$"相矛盾。

所以，$a^m\neq e(m\in\mathbf{Z}^+,\ m<n)$。

再证明 $a, a^2, a^3, \cdots, a^{n-1}, a^n$ 互不相同。

若不然，则存在 $i, j\in\mathbf{Z}$，$1\leqslant i<j\leqslant n$，使得 $a^i=a^j$，从而 $a^{j-i}=e$。

由于 $1\leqslant j-i<n$，这是不可能的，因此 $a, a^2, a^3, \cdots, a^{n-1}, a^n$ 互不相同。

所以，$G=\{a, a^2, a^3, \cdots, a^{n-1}, a^n\}$，并且 $a^n=e$。

定理 5.5.3 表明，对有限循环群，其生成元的阶必定等于该群的阶。

例 5.5.8　设 $\langle G, *\rangle$ 为无限循环群且 G 的生成元是 a，则 G 只有两个生成元：a 和 a^{-1}。

证明　首先证明 a^{-1} 是其生成元。因为 $\langle a^{-1}\rangle\subseteq G$，须证 $G\subseteq\langle a^{-1}\rangle$。

设 $a^k\in G$，因为

$$a^k=(a^{-1})^k,\quad a^k\in\langle a^{-1}\rangle$$

所以

$$G=\langle a^{-1}\rangle$$

再证明 G 只有两个生成元：a 和 a^{-1}。

假设 b 是 G 的生成元，则 $G=\langle b\rangle$，由 $a\in G$ 可知存在整数 s，使得 $a=b^s$，又由 $b\in G$ 可知，存在整数 t，使得 $b=a^t$，因此有

$$a=b^s=(a^t)^s=a^{ts}$$

由消去律得

$$a^{ts-1}=e$$

因为 $\langle G, *\rangle$ 为无限循环群，所以 $ts-1=0$，从而有

$$t=s=1 \text{ 或 } t=s=-1$$

因此 $b=a$ 或 $b=a^{-1}$。

三、置换群

置换群在群论的研究和实际应用中都有很重要的作用，任何一个有限群都可用一个置换群表示。

定义 5.5.3　设 A 是有限集合，可记为 $A=\{1, 2, \cdots, n\}$，则 A 上的一个可逆变换可表示为

$$\boldsymbol{f}=\begin{pmatrix}1 & 2 & \cdots & n\\ i_1 & i_2 & \cdots & i_n\end{pmatrix}$$

其中 $i_1, i_2, \cdots, i_n$ 为 $1, 2, \cdots, n$ 的一个全排列，这样的一个可逆变换称为一个 n 元置换。记 S_n 是 A 上所有置换的集合，"$\circ$"是函数的复合运算，则 $\langle S_n, \circ\rangle$ 构成一个群，称为 n 次对称群。n 次对称群 $\langle S_n, \circ\rangle$ 的子群称为 n 次置换群。

例 5.5.9　设 $A=\{1, 2, 3\}$，则 S_3 中共有 $3!=6$ 个置换，即

$$\boldsymbol{\sigma}_1=\begin{pmatrix}1 & 2 & 3\\ 1 & 2 & 3\end{pmatrix},\quad \boldsymbol{\sigma}_2=\begin{pmatrix}1 & 2 & 3\\ 2 & 1 & 3\end{pmatrix},\quad \boldsymbol{\sigma}_3=\begin{pmatrix}1 & 2 & 3\\ 1 & 3 & 2\end{pmatrix}$$

$$\boldsymbol{\sigma}_4=\begin{pmatrix}1 & 2 & 3\\3 & 2 & 1\end{pmatrix},\quad \boldsymbol{\sigma}_5=\begin{pmatrix}1 & 2 & 3\\2 & 3 & 1\end{pmatrix},\quad \boldsymbol{\sigma}_6=\begin{pmatrix}1 & 2 & 3\\3 & 1 & 2\end{pmatrix}$$

任意两个置换的运算"∘"即两个可逆变换的复合，从右往左计算，如：

$$\boldsymbol{\sigma}_2\circ\boldsymbol{\sigma}_5=\begin{pmatrix}1 & 2 & 3\\2 & 1 & 3\end{pmatrix}\circ\begin{pmatrix}1 & 2 & 3\\2 & 3 & 1\end{pmatrix}=\begin{pmatrix}1 & 2 & 3\\1 & 3 & 2\end{pmatrix}=\boldsymbol{\sigma}_3$$

我们看到，在 S_3 中 $\boldsymbol{\sigma}_1$(恒等置换，也称为幺置换)是幺元，S_3 在复合运算"∘"下构成置换群。

一般地，置换的复合运算不满足交换律。

例 5.5.10　设 $A=\{1, 2, 3, 4\}$，即正方形的四个顶点，如图 5.5.1 所示，则如下的 8 个置换在复合运算下构成一个置换群。

$$\boldsymbol{\sigma}_1=\begin{pmatrix}1 & 2 & 3 & 4\\1 & 2 & 3 & 4\end{pmatrix},\quad \boldsymbol{\sigma}_2=\begin{pmatrix}1 & 2 & 3 & 4\\2 & 3 & 4 & 1\end{pmatrix}$$

$$\boldsymbol{\sigma}_3=\begin{pmatrix}1 & 2 & 3 & 4\\3 & 4 & 1 & 2\end{pmatrix},\quad \boldsymbol{\sigma}_4=\begin{pmatrix}1 & 2 & 3 & 4\\4 & 1 & 2 & 3\end{pmatrix}$$

$$\boldsymbol{\sigma}_5=\begin{pmatrix}1 & 2 & 3 & 4\\2 & 1 & 4 & 3\end{pmatrix},\quad \boldsymbol{\sigma}_6=\begin{pmatrix}1 & 2 & 3 & 4\\4 & 3 & 2 & 1\end{pmatrix}$$

$$\boldsymbol{\sigma}_7=\begin{pmatrix}1 & 2 & 3 & 4\\1 & 4 & 3 & 2\end{pmatrix},\quad \boldsymbol{\sigma}_8=\begin{pmatrix}1 & 2 & 3 & 4\\3 & 2 & 1 & 4\end{pmatrix}$$

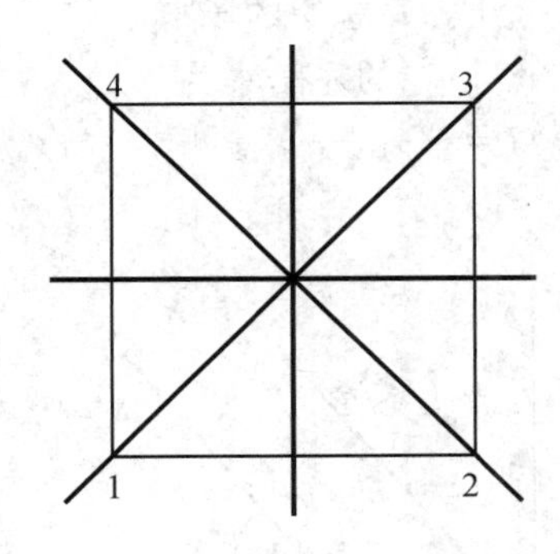

图 5.5.1

可以看到，$\boldsymbol{\sigma}_1\sim\boldsymbol{\sigma}_8$ 分别对应于正方形围绕中心点旋转 0°、90°、180°、270°，以及围绕四条对称轴的翻转。

5.6　陪集与拉格朗日定理

一、陪集

定义 5.6.1　设 $\langle H, *\rangle$ 是群 $\langle G, *\rangle$ 的一个子群，则分别称

$$aH=\{a*h \mid h\in H\}$$
$$Ha=\{h*a \mid h\in H\}$$

为由元素 $a\in G$ 所确定的子群 H 在 G 中的左陪集与右陪集，简称为 H 关于 a 的左、右陪集，元素 a 称为该左、右陪集的表示元或代表元。

例 5.6.1 $\langle \mathbf{N}_6, +_6\rangle$ 为群，其中 $\mathbf{N}_6=\{0, 1, 2, 3, 4, 5\}$，“$+_6$”是模 6 加法，求 $\mathbf{N}_6$ 的所有子群，并求出所有子群关于 $\mathbf{N}_6$ 中每个元素的左陪集。

解 $\mathbf{N}_6$ 的子群有

$$H_1=\{0\}, H_2=\{0, 3\}, H_3=\{0, 2, 4\}, H_4=\mathbf{N}_6$$

对 H_1：

$$nH_1=\{n\}, n\in \mathbf{N}_6$$

对 H_2：

$$0H_2=\{0, 3\}=3H_2=H_2$$
$$1H_2=\{1, 4\}=4H_2$$
$$2H_2=\{2, 5\}=5H_2$$

对 H_3：

$$0H_3=\{0, 2, 4\}=2H_3=4H_3=H_3$$
$$1H_3=\{1, 3, 5\}=3H_3=5H_3$$

例 5.6.2 设 $G=\mathbf{R}\times\mathbf{R}$，$\mathbf{R}$ 为实数集，定义 G 上的二元运算“$+$”如下：

$$\langle x_1, y_1\rangle+\langle x_2, y_2\rangle=\langle x_1+x_2, y_1+y_2\rangle$$

则 $\langle G, +\rangle$ 是阿贝尔群且幺元为 $\langle 0, 0\rangle$。

令 $H=\{\langle x, y\rangle \mid y=2x\}$，易验证 H 是 G 的子群。

对于 $\langle x_0, y_0\rangle\in G$，$H$ 关于 $\langle x_0, y_0\rangle$ 的左陪集为

$$\langle x_0, y_0\rangle H=\{\langle x_0+x, y_0+y\rangle \mid \langle x, y\rangle\in G\}$$

其几何意义见图 5.6.1。

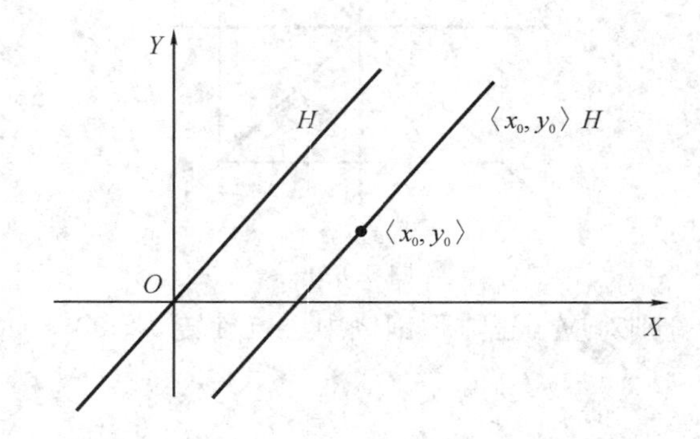

图 5.6.1

注意 (1) 一般情况下，左陪集和右陪集不相等，即 $aH\neq Ha$。

(2) 若 $\langle G, *\rangle$ 是交换群，则子群 H 的左、右陪集相同，即 $aH=Ha$。

二、拉格朗日定理

定理 5.6.1 设 $\langle H, *\rangle$ 是群 $\langle G, *\rangle$ 的一个子群。

(1) 记 $R=\{\langle a, b\rangle \mid a\in G, b\in G, a^{-1}*b\in H\}$，则 R 是 G 上的一个等价关系，此关系

称为 H 的左陪集等价关系。

对于 $a\in G$，若记 $[a]_R=\{x\mid x\in G, \langle a, x\rangle\in R\}$，则 $[a]_R=aH$。

(2) 如果 G 是有限群，$|G|=n$，$|H|=m|$，则 $m|n$。

证明 (1) 先证 R 是 G 上的等价关系。

① 对 $\forall a\in G$，必有 $a^{-1}\in G$，使得 $a^{-1}*a=e\in H$，所以 $\langle a, a\rangle\in R$。

② 对 $\forall a, b\in G$，若 $\langle a, b\rangle\in R$，则 $a^{-1}*b\in H$，因为 H 为 G 的子群，故

$$(a^{-1}*b)^{-1}=b^{-1}*(a^{-1})^{-1}=b^{-1}*a\in H$$

即 $b^{-1}*a\in R$，所以 $\langle b, a\rangle\in R$。

③ 对 $\forall a, b, c\in G$，若 $\langle a, b\rangle\in R$，$\langle b, c\rangle\in R$，则

$$a^{-1}*b\in H,\quad b^{-1}*c\in H$$

由 H 的封闭性知，$a^{-1}*c=a^{-1}*b*b^{-1}*c\in H$，所以 $\langle a, c\rangle\in R$。

综上可知，R 是 G 上的等价关系。

再证 $[a]_R=aH$。

对于 $a\in G$，有 $b\in[a]_R\Leftrightarrow\langle a, b\rangle\in R\Leftrightarrow a^{-1}*b\in H\Leftrightarrow b=aH$，所以 $[a]_R=aH$。

(2) 由于 R 是 G 中的等价类，因此必将 G 划分成不同的等价类 $[a_1]_R$，$[a_2]_R$，…，$[a_k]_R$，使得

$$G=\bigcup_{i=1}^{k}[a_i]_R=\bigcup_{i=1}^{k}a_iH$$

因为不同的等价类是不相交的，所以

$$|G|=|\bigcup_{i=1}^{k}[a_i]_R|=|\bigcup_{i=1}^{k}a_iH|$$

又因为 $\forall h_1\neq h_2\in H$，$a\in H$，必有 $a*h_1=a*h_2$，所以 $|a_iH|=|H|=m$，$i=1, 2, \cdots, k$，故

$$n=|G|=\sum_{i=1}^{k}|a_iH|=mk\text{，即 } m\mid n$$

由拉格朗日定理可得到如下结论：

(1) 拉格朗日定理说明每个左(右)陪集实际上就是一个等价类。

(2) 有限群的任意子群的阶都是该群的阶的因子。

拉格朗日定理有如下一些推论：

推论 1 质数阶的群不可能有非平凡子群。

推论 2 有限群任一元素的阶必是该群的阶的因子。

推论 3 质数阶的群必为循环群。

推论 4 任意四阶群或为循环群，或为 Klein 四元群。

5.7 代数系统的同态与同构

不同的代数系统虽然很多，但仔细分析这些众多的代数系统会发现，有些代数系统之间看似不相同，实际上它们是“相同的”。如两个代数系统〈{奇，偶}，$*$〉和〈{正，负}，$\circ$〉，

其运算的定义如表 5.7.1 和表 5.7.2 所示。仔细观察这两个代数系统可以发现，如果将第二个代数系统的元素“正”“负”分别换为第一个代数系统的元素“奇”“偶”，那么它们的运算表是一样的。也就是说，这两个代数系统除了元素和运算的表示形式不同外，它们没有本质的区别。如果将这两个代数系统表示形式统一，则它们完全可以看作同一个代数系统。

表 5.7.1

*	奇	偶
奇	奇	偶
偶	偶	偶

表 5.7.2

∘	正	负
正	正	负
负	负	负

本节讨论这种本质上相同的代数系统之间的关系，其中同态和同构是最重要的两种关系。

定义 5.7.1　给定两个代数系统 $\langle S, *\rangle$ 和 $\langle T, \circ\rangle$，如果函数 $f: S\to T$ 对 S 中任何元素 a、b，有

$$f(a*b)=f(a)\circ f(b)$$

则称函数 f 为 $\langle S, *\rangle$ 到 $\langle T, \circ\rangle$ 的同态映射，简称同态，称 $\langle S, *\rangle$ 同态于 $\langle T, \circ\rangle$，记作 $S\sim T$。$f(a*b)=f(a)\circ f(b)$ 称为同态 f 的同态方程。$\langle f(S), \circ\rangle$ 称为 $\langle S, *\rangle$ 的同态像，其中

$$f(S)=\{x\,|\,x=f(a),\ a\in S\}\subseteq T$$

两个代数系统同态实际上就是 $\langle S, *\rangle$ 中的元素运算后再进行函数 f 映射的结果等于函数 f 映射后再在 $\langle T, \circ\rangle$ 中进行运算的结果，其示意图如图 5.7.1 所示。

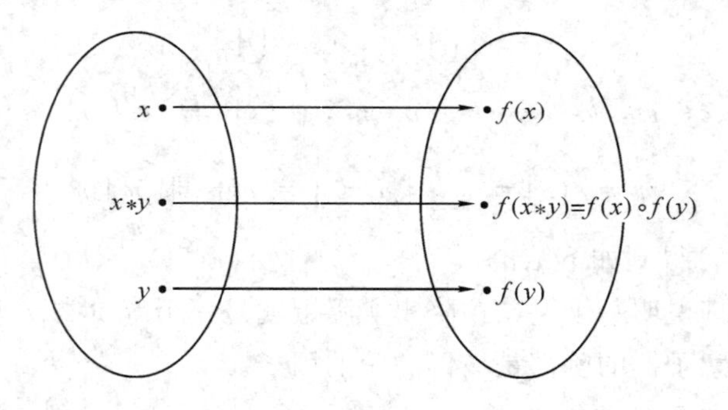

图 5.7.1

同态映射是一种保持运算的映射。同态的意义在于同态是一种系统的抽象方法。一个系统的同态像可以看作是在抽去系统中次要特征的情况下，对该系统的一种粗糙描述。或者说，一个代数系统的同态像是该系统的一个缩影，系统中有关运算和常数的重要性质在系统的同态像中被保留下来。

例 5.7.1　设 $B=\{$正，负，零$\}$，B 上的运算“$\odot$”的定义如表 5.7.3 所示。令 $f: \mathbf{Z}\to B$，其定义如下：

$$f(x)=\begin{cases}\text{正}, & x>0\\ \text{负}, & x<0\\ \text{零}, & x=0\end{cases}$$

表 5.7.3

⊙	正	负	零
正	正	负	零
负	负	正	零
零	零	零	零

那么，f 为⟨**Z**，·⟩到⟨B，⊙⟩的同态。

定义 5.7.2　设 f 为⟨S，$*$⟩到⟨T，$\circ$⟩的一个同态。

(1) 当 f 是满射时，称 f 为满同态。

(2) 当同态 f 是单射时，称 f 为单同态。

(3) 当 f 是双射时，称 f 为同构映射，简称同构。当两个代数系统间存在同构映射时，也称这两个代数系统同构，记为 $S \cong T$。

定义 5.7.3　设⟨S，$*$⟩是代数系统。

(1) 若 f 是⟨S，$*$⟩到⟨S，$*$⟩的同态，则称 f 为自同态；

(2) 若 f 是⟨S，$*$⟩到⟨S，$*$⟩的同构，则称 f 为自同构。

例 5.7.2　设 f：$\mathbf{R} \to \mathbf{R}$ 为 $f(x)=\mathrm{e}^x$(其中 **R** 为实数集)，则 f 为⟨**R**，+⟩到⟨**R**，·⟩的同态。

这是因为对任意实数 x、y，有

$$f(x+y)=\mathrm{e}^{x+y}=\mathrm{e}^x \cdot \mathrm{e}^y=f(x) \cdot f(y)$$

由 f 的定义还可知 f 为单同态。

从例 5.7.2 可看出同态映射不是唯一的，如此处的同态映射可取不同的底数。

例 5.7.3　设 f：$\mathbf{R} \to \mathbf{R}^+$ 为 $f(x)=\mathrm{e}^x$(其中 $\mathbf{R}^+$ 为正实数集)，则 f 为⟨**R**，+⟩到⟨**R**，·⟩的同构映射。

换言之，⟨**R**，+⟩与⟨**R**，·⟩同构。

例 5.7.4　设 g：$\mathbf{R} \to \mathbf{R}$ 为 $g(x)=2x$，则 g 为⟨**R**，+⟩到⟨**R**，+⟩的自同态。

这是因为对任意实数 x、y，有

$$g(x+y)=2(x+y)=2x+2y=g(x)+g(y)$$

并且 g 为自同构。

例 5.7.5　设 $A=\{a, b, c, d\}$，$B=\{0, 1, 2, 3\}$，运算"$*$"与"$+_4$"的定义如表 5.7.4 和表 5.7.5 所示，证明：⟨A，$*$⟩和⟨B，$+_4$⟩是同构的。

表 5.7.4

$+_4$	0	1	2	3
0	0	1	2	3
1	1	2	3	0
2	2	3	0	1
3	3	0	1	2

表 5.7.5

$*$	a	b	c	d
a	a	b	c	d
b	b	c	d	a
c	c	d	a	b
d	d	a	b	c

证明 设 $f: A \to B$，$f(a)=0$，$f(b)=1$，$f(c)=2$，$f(d)=3$。

显然 f 是双射，又“$*$”与“$+_4$”均是可交换的，且有

$$f(b*b)=f(c)=2, \quad f(b) +_4 f(b)=1+_4 1=2$$
$$f(b*c)=f(d)=3, \quad f(b) +_4 f(c)=1+_4 2=3$$
$$f(b*d)=f(a)=0, \quad f(b) +_4 f(d)=1+_4 3=0$$
$$f(c*c)=f(a)=0, \quad f(c) +_4 f(c)=2+_4 2=0$$
$$f(c*d)=f(b)=1, \quad f(c) +_4 f(d)=2+_4 3=1$$
$$f(a*b)=f(b)=1, \quad f(a) +_4 f(b)=0+_4 1=1$$
$$f(a*c)=f(c)=2, \quad f(a) +_4 f(c)=0+_4 2=2$$
$$f(a*d)=f(d)=3, \quad f(a) +_4 f(d)=0+_4 3=3$$
$$f(a*a)=f(a)=0, \quad f(a) +_4 f(a)=0+_4 0=0$$
$$f(d*d)=f(c)=2, \quad f(d) +_4 f(d)=3+_4 3=2$$

故 f 是 $\langle A, *\rangle$ 到 $\langle B, +_4\rangle$ 的同构。

例 5.7.5 中，A 对于“$*$”运算，a 是幺元，b、d 互逆，a、c 均以自身为逆元；B 对于“$+_4$”运算，$0(=f(a))$ 是幺元，$1(=f(b))$、$3(=f(d))$ 互逆，$0(=f(a))$、$2(=f(c))$ 均以自身为逆元。

例 5.7.6 设 $\langle G, *\rangle$ 是一个循环群，a 是其生成元。

(1) 若 G 是无限集，则 $\langle G, *\rangle$ 与整数加群 $\langle \mathbf{Z}, +\rangle$ 同构。

(2) 若 $|G|=n$，则 $\langle G, *\rangle$ 与 $\langle \mathbf{Z}_n, +\rangle$ 同构。

证明留作练习。

例 5.7.6 说明：循环群本质上只有两种，一种同构于 $\langle \mathbf{Z}, +\rangle$，另一种同构于 $\langle \mathbf{Z}_n, +\rangle$，如果掌握了这两种群，也就可以说掌握了所有无限的和有限的循环群。

同构是一个重要的概念，由例 5.7.6 可知，如果不同形式的代数系统之间存在同构关系，则可以抽象地将它们看为本质上是一样的代数系统，不同之处只是所使用的符号不一样。

定理 5.7.1 设 f 为代数系统 $\langle A, *\rangle$ 到 $\langle B, \circ\rangle$ 的同态，则同态像 $\langle f(A), \circ\rangle$ 构成 $\langle B, \circ\rangle$ 的一个子代数。

证明 只要证 $f(A)$ 对运算“$\circ$”封闭即可。

设 a'、b' 为 $f(A)$ 中任意两个元素，且 $f(a)=a'$，$f(b)=b'$，则有

$$a' \circ b' = f(a) \circ f(b) = f(a * b) \in f(A)$$

故 $f(A)$ 对运算“$\circ$”封闭，$\langle f(A), \circ\rangle$ 构成 $\langle B, \circ\rangle$ 的一个子代数。

定理 5.7.2 设 f 为代数系统 $\langle A, *\rangle$ 到 $\langle B, \circ\rangle$ 的满同态（这里“$*$”“$\circ$”均为二元运算）。

(1) 当运算“$*$”满足结合律、交换律时，B 中的运算“$\circ$”也满足结合律、交换律；

(2) 如果 $\langle A, *\rangle$ 关于“$*$”有幺元 e，那么 $f(e)$ 是 $\langle B, \circ\rangle$ 中关于“$\circ$”的幺元；

(3) 如果 x^{-1} 是 $\langle A, *\rangle$ 中元素 x 关于“$*$”的逆元，那么 $f(x^{-1})=(f(x))^{-1}$ 是 $\langle B, \circ\rangle$ 中元素 $f(x)$ 关于“$\circ$”的逆元；

(4) 如果 $\langle A, *\rangle$ 关于“$*$”有零元 θ，那么 $f(\theta)$ 是 $\langle B, \circ\rangle$ 中关于“$\circ$”的零元。

证明 仅证(2)和(3)。

(2) 设$\langle A, *\rangle$有关于"$*$"的幺元e。考虑B中任一元素b，因为f是满射，所以必存在一个元素$a\in A$，使$b=f(a)$，于是有

$$b\circ f(e)=f(a)\circ f(e)=f(a*e)=f(a)=b$$

$$f(e)\circ b=f(e)\circ f(a)=f(e*a)=f(a)=b$$

因此$f(e)$为B中关于"$\circ$"的幺元。

(3) 设$\langle A, *\rangle$中元素x有关于"$*$"的逆元x^{-1}，考虑$f(x)$与$f(x^{-1})$，则有

$$f(x)\circ f(x^{-1})=f(x*x^{-1})=f(e)$$

$$f(x^{-1})\circ f(x)=f(x^{-1}*x)=f(e)$$

这就是说，B中$f(x)$有关于"$\circ$"的逆元$f(x^{-1})$，即

$$(f(x))^{-1}=f(x^{-1})$$

这表明同态也是保持一元求逆运算的。

定理 5.7.3 设f是代数系统$\langle A, *\rangle$到$\langle B, \circ\rangle$的同态(这里"$*$""$\circ$"均为二元运算)。

(1) 如果$\langle A, *\rangle$是半群，则同态像$\langle f(A), \circ\rangle$也是半群；

(2) 如果$\langle A, *\rangle$为独异点，则同态像$\langle f(A), \circ\rangle$也是独异点；

(3) 如果$\langle A, *\rangle$是群，则同态像$\langle f(A), \circ\rangle$也是群。

需要强调指出的是，对于具有n个代数运算的两个同类型代数系统，同态是指相应的n个同态方程均成立。

下面讨论同态核的概念。

定义 5.7.4 如果f为群$\langle G, *\rangle$到群$\langle G', \circ\rangle$的同态，e'是G'中的幺元，记

$$\mathrm{Ker}(f)=\{x \mid x\in G\wedge f(x)=e'\}$$

则称$\mathrm{Ker}(f)$为同态映射f的核，简称f的同态核。

例 5.7.7 设f: $\mathbf{R}-\{0\}\to\mathbf{R}-\{0\}$，则$f$为$\langle\mathbf{R}-\{0\}, \cdot\rangle$到$\langle\mathbf{R}-\{0\}, \cdot\rangle$的自同态，$\mathrm{Ker}(f)=\{1\}$。

定理 5.7.4 如果f为群$\langle G, *\rangle$到群$\langle G', \circ\rangle$的同态，则f的同态核$K=\mathrm{Ker}(f)$是G的子群。

证明 由定理5.7.2可知，$f(e)=e'$。

对$\forall k_1, k_2\in K$，有

$$f(k_1*k_2)=f(k_1)\circ f(k_2)=e'\circ e'=e'$$

所以$k_1*k_2\in K$。

对$\forall k\in K$，由定理5.7.2知

$$f(k^{-1})=f(k)^{-1}=(e')^{-1}=e'$$

故$k^{-1}\in K$。

"$*$"的可结合性在K上自然保持。

综上可知，$\mathrm{Ker}(f)$是G的子群。

5.8 环与域

半群和群都只有一个二元运算，本节介绍的环和域都是具有两个二元运算的代数系统，这两个二元运算一般称为加法和乘法，且乘法对加法满足分配律，即加法和乘法通过分配律联系起来了。

一、环

定义 5.8.1 设$\langle R, +, *\rangle$是一个代数系统，R是非空集合，"+"和"$*$"都是二元运算，如果：

(1) $\langle R, +\rangle$是交换群；

(2) $\langle R, *\rangle$是半群；

(3) "$*$"对"+"满足分配律，即对任意a，b，$c\in R$，有

$$a*(b+c)=a*b+a*c$$
$$(b+c)*a=b*a+c*a$$

则称$\langle R, +, *\rangle$是一个环。

通常将环中的"+"称为加法，"$*$"称为乘法，$\langle R, +\rangle$称为加法群。此加法群的单位元记为0。对任意a，其加法逆元称为a的负元，记为$-a$，且$b+(-a)$记为$b-a$。若乘法单位元存在，则记为1。

例 5.8.1 (1) $\langle \mathbf{Z}, +, \times\rangle$、$\langle \mathbf{Q}, +, \times\rangle$、$\langle E, +, \times\rangle$、$\langle \mathbf{R}, +, \times\rangle$、$\langle \mathbf{C}, +, \times\rangle$都是环。其中$\mathbf{Z}$、$\mathbf{Q}$、$E$、$\mathbf{R}$、$\mathbf{C}$分别表示整数集、有理数集、偶数集、实数集、复数集，"+""×"分别是数集上的普通加法和普通乘法。

(2) $\langle P[x], +, \times\rangle$是环，此环称为多项式环。其中$P[x]$表示所有$x$的实系数多项式构成的集合，"+""×"分别是多项式的加法和乘法。

(3) $\langle M_n(\mathbf{R}), +, \times\rangle$是环，此环称为矩阵环。其中$M_n(\mathbf{R})$表示$n$阶实矩阵集合，"+""×"分别是矩阵的加法和乘法。

(4) 若S是非空集合，则$\langle P(S), \oplus, \cap\rangle$是环，此环称为子集环。其中$P(S)$表示$S$的幂集，"$\oplus$""$\cap$"分别是集合的对称差和交运算。

(5) $\langle \mathbf{N}_k, +_k, \times_k\rangle$是环，此环称为整数模环。其中$\mathbf{N}_k=\{0, 1, 2, \cdots, k-1\}$，"$+_k$""$\times_k$"分别是$\mathbf{N}_k$上的模$k$加法和乘法。

关于环$\langle R, +, *\rangle$，有如下性质。

定理 5.8.1 设$\langle R, +, *\rangle$是环，对任意a，b，$c\in R$，有

(1) $a*0=0*a=0$；

(2) $(-a)*b=a*(-b)=-(a*b)$；

(3) $(-a)*(-b)=a*b$；

(4) $a*(b-c)=a*b-a*c$，$(b-c)*a=b*a-c*a$。

证明 (1) 由于0是加法单位元，因此$a*0=a*(0+0)=a*0+a*0$，根据消去律，有$a*0=0$。

同理可证 $0*a=0$。

(2) 由于 $(-a)*b+a*b=(-a+a)*b=0*b=0$，因此 $(-a)*b$ 是 $a*b$ 的加法逆元，即 $-(a*b)=(-a)*b$。

同理可证 $a*(-b)=-(a*b)$。

(3) 由(2)知，$(-a)*(-b)=-(a*(-b))=-(-(a*b))=a*b$。

(4) $$a*(b-c)=a*(b+(-c))=a*b+a*(-c)=a*b-a*c$$

同理可证 $(b-c)*a=b*a-c*a$。

定义 5.8.2 设 $\langle R, +, *\rangle$ 是环。

(1) 若环 $\langle R, +, *\rangle$ 中的乘法"$*$"满足交换律，则称 $\langle R, +, *\rangle$ 是交换环。

(2) 若环 $\langle R, +, *\rangle$ 中的乘法"$*$"存在幺元 e，则称 $\langle R, +, *\rangle$ 是含幺环。

(3) 在环 $\langle R, +, *\rangle$ 中，若对任意 $a, b\in R$，$a*b=0$，一定有 $a=0$ 或 $b=0$，则称 $\langle R, +, *\rangle$ 为无零因子环。

(4) 若环 $\langle R, +, *\rangle$ 是交换、含幺的无零因子环，则称 $\langle R, +, *\rangle$ 是整环。

例 5.8.2 (1) $\langle \mathbf{Z}, +, \times\rangle$、$\langle \mathbf{Q}, +, \times\rangle$、$\langle E, +, \times\rangle$、$\langle \mathbf{R}, +, \times\rangle$、$\langle \mathbf{C}, +, \times\rangle$ 都是交换环、含幺环、无零因子环，因此都是整环。

(2) 多项式环 $\langle P[x], +, \times\rangle$ 是交换环、含幺环、无零因子环，因此是整环。

(3) 矩阵环 $\langle M_n(\mathbf{R}), +, \times\rangle$ 是含幺环，但矩阵乘法不满足交换律，因此不是交换环；由于由 $\boldsymbol{AB}=\boldsymbol{O}$(零矩阵)不能推出 $\boldsymbol{A}=\boldsymbol{O}$ 或 $\boldsymbol{B}=\boldsymbol{O}$，因此 $\langle M_n(\mathbf{R}), +, \times\rangle$ 不是无零因子环。综上可知，$\langle M_n(\mathbf{R}), +, \times\rangle$ 不是整环。

(4) 子集环 $\langle P(S), \oplus, \cap\rangle$ 是含幺交换环，但两个非空集合相交可能为空集，故 $\langle P(S), \oplus, \cap\rangle$ 不是无零因子环，由此可知它也不是整环。

(5) 整数模环 $\langle \mathbf{N}_k, +_k, \times_k\rangle$ 是含幺交换环，但不能保证是无零因子环。如 $k=4$ 时，$2\times_4 2=0$，即 2 是零因子。实际上，k 为素数时，$\langle \mathbf{N}_k, +_k, \times_k\rangle$ 是无零因子环，此时构成整环。

二、域

定义 5.8.3 设 $\langle F, +, *\rangle$ 是一个代数系统，F 是非空集合，"$+$"和"$*$"都是 F 上的二元运算，如果：

(1) $\langle F, +\rangle$ 是交换群；

(2) $\langle F-\{0\}, *\rangle$ 是交换群，其中 0 是加法幺元；

(3) "$*$"对"$+$"满足分配律，

则称 $\langle F, +, *\rangle$ 是一个域。

例 5.8.3 (1) $\langle \mathbf{Q}, +, \times\rangle$、$\langle \mathbf{R}, +, \times\rangle$、$\langle \mathbf{C}, +, \times\rangle$ 都是域，即有理数域、实数域、复数域。

(2) 多项式环 $\langle P[x], +, \times\rangle$ 是整环，但不是域。

可以证明域一定是整环，但整环不一定是域。如 $\langle \mathbf{Z}, +, \times\rangle$、$\langle E, +, \times\rangle$ 是整环，但不是域。但是有如下定理。

定理 5.8.2 若 $\langle F, +, *\rangle$ 是有限整环，则 $\langle F, +, *\rangle$ 一定是域。

整数模环 $\langle \mathbf{N}_k, +_k, \times_k\rangle$，当 k 为素数时是一个有限整环，所以构成域。

5.9 格与布尔代数

本节简要介绍两种代数系统——格与布尔代数，它们都是具有两个二元运算的代数系统，与之前几种代数系统不同的是，格与布尔代数上有偏序关系。可以用偏序集定义格，即偏序格，这种定义可用哈斯图表示，比较直观，易于理解；也可以从代数系统的角度定义格，即代数格，通过代数系统的子代数、同态和同构等工具来研究。本节主要从代数系统角度介绍格与布尔代数。格与布尔代数在计算机科学中有着重要的应用，如在密码学、开关理论、计算机语义学、逻辑设计等领域都应用了格与布尔代数。

一、格

定义 5.9.1(格的偏序定义) 设$\langle L, \leqslant\rangle$是偏序集，如果对任意$a$，$b\in L$，$\{a, b\}$都有上确界和下确界，则称$\langle L, \leqslant\rangle$是格。这种用偏序集定义的格通常称为偏序格。

可以看到，格是一种特殊的偏序集。根据格的定义，对格中的任意元素a、b，$\{a, b\}$的上、下确界都唯一存在，且属于L。不难验证，若L是格，则L的任意有限子集都有上确界和下确界。

例 5.9.1 (1) $\mathbf{Z}^+$是正整数集合，“$|$”是正整数集合上的整除关系，问偏序集$\langle \mathbf{Z}^+, |\rangle$是格吗?

解 对任意a，$b\in \mathbf{Z}^+$，$\{a, b\}$的上确界为$\{a, b\}$的最大公约数，其为正整数，属于$\mathbf{Z}^+$，$\{a, b\}$的下确界为$\{a, b\}$的最小公倍数，其也为正整数，属于$\mathbf{Z}^+$，因此$\langle \mathbf{Z}^+, |\rangle$是格。

例 5.9.2 (1) 设S是非空集合，$P(S)$是S的幂集，“$\subseteq$”是集合上的包含关系，则偏序集$\langle P(S), \subseteq\rangle$是格。因为对$S$的任意两个子集，它们的交集是下确界，并集是上确界，因此偏序集$\langle P(S), \subseteq\rangle$是格。

(2) 任意全序集$\langle L, \leqslant\rangle$都是格。实际上，对任意$a$，$b\in L$，有$a\leqslant b$或$b\leqslant a$，不失一般性，设$a\leqslant b$，则$\{a, b\}$的上确界为$b$，下确界为$a$。

(3) $\langle\{1, 3, 9, 27\}, |\rangle$、$\langle\{1, 2, 3, 6\}, |\rangle$和$\langle\{1, 2, 3, 4, 6, 8, 12, 24\}, |\rangle$都是格，它们的哈斯图见图 5.9.1。

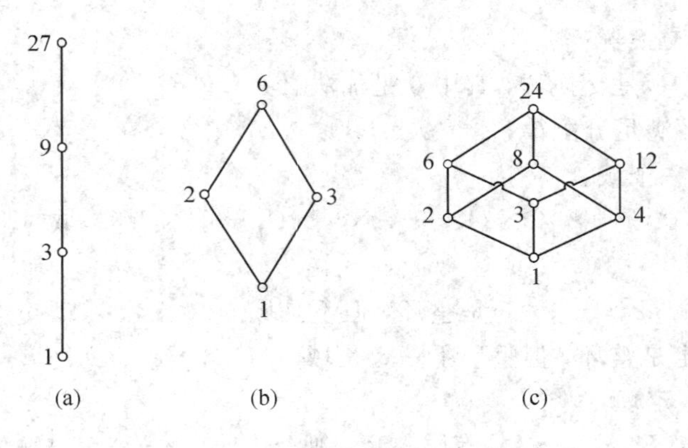

图 5.9.1

例 5.9.3　图 5.9.2 所示是几个偏序集的哈斯图，问哪些是格？

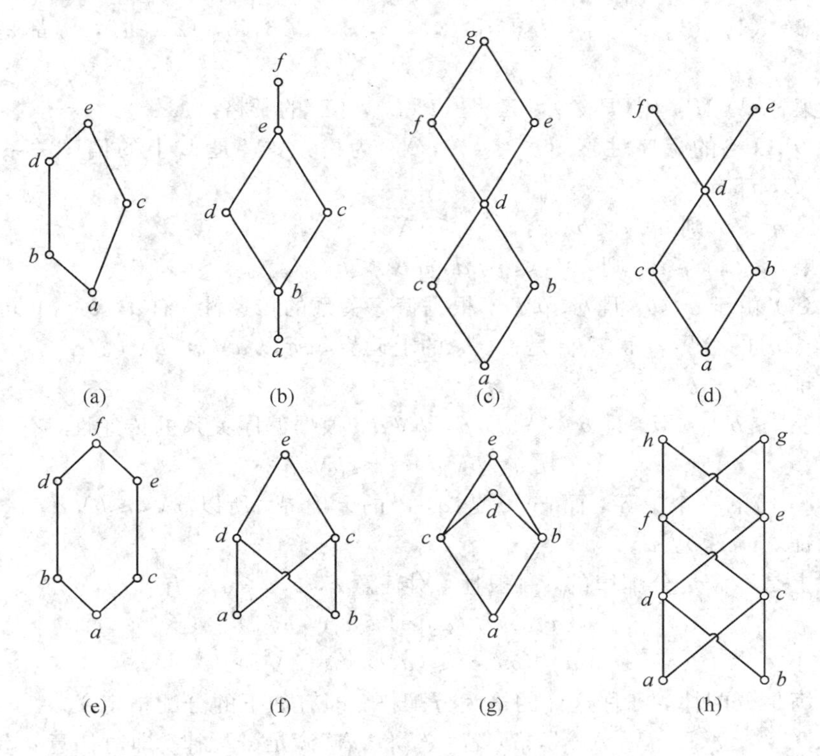

图 5.9.2

解　图 5.9.2 中，(a)、(b)、(c)、(e)都是格，而(d)、(f)、(g)、(h)都不是格。

在格上，任意两个元素都存在上确界和下确界，定义 $a \vee b$ 为 $\{a, b\}$ 的上确界，$a \wedge b$ 为 $\{a, b\}$ 的下确界，"$\vee$"和"$\wedge$"都是格 $\langle L, \leqslant \rangle$ 上的二元运算，一般称为并和交运算，因此可从代数系统角度定义格。

定义 5.9.2(格的代数定义)　设 $\langle L, \wedge, \vee \rangle$ 是具有两个二元运算的代数系统，如果二元运算"$\wedge$"和"$\vee$"满足交换律、结合律和吸收律，则称 $\langle L, \wedge, \vee \rangle$ 是格。即对任意 $a, b, c \in L$，有：

(1) 交换律：$a \vee b = b \vee a$，$a \wedge b = b \wedge a$；

(2) 结合律：$(a \vee b) \vee c = a \vee (b \vee c)$，$(a \wedge b) \wedge c = a \wedge (b \wedge c)$；

(3) 吸收律：$a \vee (a \wedge b) = a$，$a \wedge (a \vee b) = a$。

这种用代数系统定义的格称为代数格，实际上代数格和偏序格定义是等价的。

由于 $a \vee a = a \vee (a \wedge (a \vee a)) = a$，同理 $a \wedge a = a$，因此格上幂等律自然成立。

格的代数定义中的两个二元运算是在偏序基础上定义的，因此将 $\langle L, \wedge, \vee \rangle$ 称为由 $\langle L, \leqslant \rangle$ 诱导的代数系统。

显然，由于 $a \vee b$ 是 a 的一个上界，因此有 $a \leqslant a \vee b$，同时 $a \wedge b$ 是 a 的一个下界，所以有 $a \wedge b \leqslant a$。

例 5.9.4　设 S 是集合，$\langle P(S), \cap, \cup \rangle$ 是格，且可看作由 $\langle P(S), \subseteq \rangle$ 诱导的格，实际上它们是相同的格。

定义 5.9.3　设 $\langle L, \wedge, \vee \rangle$ 是格，S 是 L 的非空子集，若 S 在二元运算"$\vee$"和"$\wedge$"下

构成格，则称格$\langle S, \wedge, \vee\rangle$是格$\langle L, \wedge, \vee\rangle$的子格。

例 5.9.5　(1)$\langle\{1, 2, 3, 6\}, |\rangle$和$\langle\{1, 2, 3, 4, 6, 8, 12, 24\}, |\rangle$都是$\langle \mathbf{Z}^+, |\rangle$的子格。

(2) 若集合$A\subseteq B$，则$\langle P(A), \subseteq\rangle$是$\langle P(B), \subseteq\rangle$的子格。

定理 5.9.1(格的保序性)　设$\langle L, \wedge, \vee\rangle$为格，“$\leqslant$”是$L$上的偏序关系，则对任意$a, b, c, d\in L$，都有

(1) 如果$a\leqslant b$，则$a\vee c\leqslant b\vee c$，$a\wedge c\leqslant b\wedge c$；

(2) 如果$a\leqslant b$，$c\leqslant d$，则$a\vee c\leqslant b\vee d$，$a\wedge c\leqslant b\wedge d$。

证明　(1) 由于$a\leqslant b$，且$b\leqslant b\vee c$，根据偏序关系的传递性，有$a\leqslant b\vee c$，同时$c\leqslant b\vee c$，故$b\vee c$是$\{a, b\}$的上界，而$a\vee c$是$\{a, b\}$的上确界，所以$a\vee c\leqslant b\vee c$。

同理可证$a\wedge c\leqslant b\wedge c$。

(2) 由于$a\leqslant b$，$c\leqslant d$，且$b\leqslant b\vee d$，$d\leqslant b\vee d$，根据偏序关系的传递性，有

$$a\leqslant b\vee d,\quad c\leqslant b\vee d$$

故$b\vee d$是$\{a, c\}$的一个上界，而$a\vee c$是$\{a, c\}$的上确界，所以$a\vee c\leqslant b\vee d$。

同理可证$a\wedge c\leqslant b\wedge d$。

通常格上是不满足分配律的，一般地，对任意$a, b, c\in L$，有

$$(a\wedge b)\vee(a\wedge c)\leqslant a\wedge(b\vee c)$$
$$a\vee(b\wedge c)\leqslant(a\vee b)\wedge(a\vee c)$$

若一个格上满足分配律，则称这样的格为分配格，即有如下的分配格定义。

定义 5.9.4　设$\langle L, \wedge, \vee\rangle$是格，若“$\vee$”和“$\wedge$”满足分配律，即对任意$a, b, c\in L$，有

$$a\wedge(b\vee c)=(a\wedge b)\vee(a\wedge c)$$
$$a\vee(b\wedge c)=(a\vee b)\wedge(a\vee c)$$

则称$\langle L, \wedge, \vee\rangle$是分配格。

例 5.9.6　图 5.9.3 中哪些是分配格？

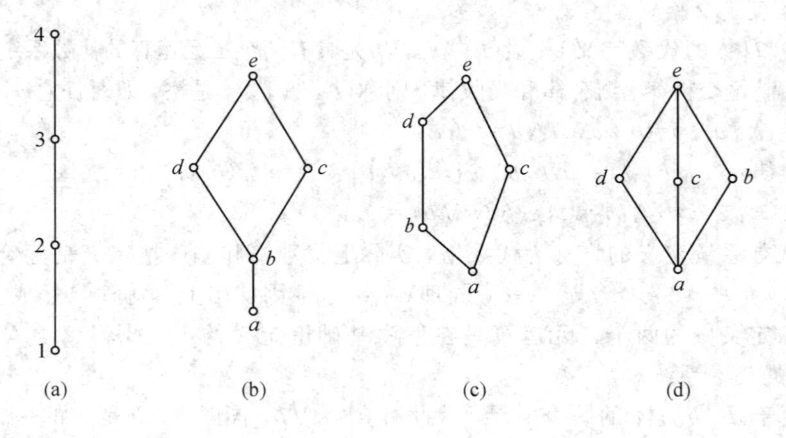

图 5.9.3

解　图 5.9.3 中，(a)、(b)是分配格，(c)、(d)不是分配格。

定义 5.9.5　若格$\langle L, \wedge, \vee\rangle$中存在最大元和最小元，则称$\langle L, \wedge, \vee\rangle$是有界格。

定义 5.9.6　若$\langle L, \wedge, \vee\rangle$是有界格，最大元记为 1，最小元记为 0，对于元素$a\in L$，

有元素 $a'\in L$，且有

$$a\vee a'=1 \text{ 和 } a\wedge a'=0$$

则称 a'是 a 的一个补元。实际上，a 也是 a'的补元，即 a'和 a 互为补元。

定理 5.9.2　设$\langle L, \wedge, \vee\rangle$是有界分配格。

(1) 若 L 中元素 a 存在补元，则补元唯一；

(2) 若 L 中元素 a 存在补元 a'，则 a'的补元是 a；

(3)（德·摩根定律）对任意 a，$b\in L$，若 a、b 都存在补元，则

$$(a\wedge b)'=a'\vee b',\quad (a\vee b)'=a'\wedge b'$$

证明　(1) 假设 b 和 c 都是 a 的补元，根据补元的定义，有

$$a\vee b=1,\ a\wedge b=0,\ a\vee c=1,\ a\wedge c=0$$

从而有 $a\vee b=a\vee c$，$a\wedge b=a\wedge c$，由于 L 是分配格，因此 $b=c$。

(2) 根据补元定义，显然 a'的补元是 a。

(3) 对任意 a，$b\in L$，有

$$\begin{aligned}(a\wedge b)\vee(a'\vee b')&=(a\vee a'\wedge b')\wedge(b\vee a'\vee b')\\&=(1\vee b')\wedge(1\vee a')=1\wedge 1=1\\(a\wedge b)\wedge(a'\vee b')&=(a\wedge b\wedge a')\vee(a\wedge b\wedge b')\\&=(0\wedge b')\wedge(a\wedge 0)=0\wedge 0=0\end{aligned}$$

从而 $a'\vee b'$是 $a\wedge b$ 的补元，由于补元是唯一的，因此$(a\wedge b)'=a'\vee b'$。

同理可证$(a\vee b)'=a'\wedge b'$。

定义 5.9.7　若有界格$\langle L, \wedge, \vee\rangle$中每个元素存在补元，则称$\langle L, \wedge, \vee\rangle$是有补格。

例 5.9.7　图 5.9.4 所示的有界格是有补格吗？

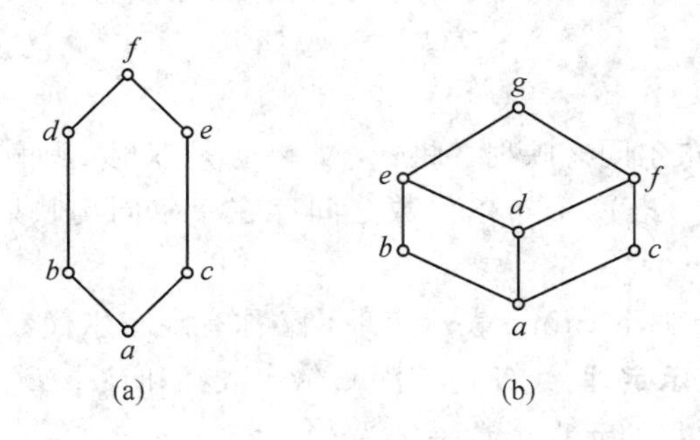

图 5.9.4

解　在图 5.9.4(a)中，a 和 f 互为补元，b 的补元是 c、e，d 的补元也是 c、e，同理，c 和 e 的补元是 b、d，所以图 5.9.4(a)所示的有界格是有补格；在图 5.9.4(b)中，d 无补元，所以图 5.9.4(b)所示的有界格不是有补格。

例 5.9.8　$\langle P(S), \subseteq\rangle$是有补格。

二、布尔代数

定义 5.9.8　有补分配格$\langle L, \wedge, \vee\rangle$称为布尔格或布尔代数。若一个布尔代数有有限个元素，则称此布尔代数为有限布尔代数，否则称为无限布尔代数。

在布尔代数中，每个元素有补元，且补元唯一，因此可将求元素的补元看作一个一元运算。此外，布尔代数中有最大元 1 和最小元 0，故布尔代数常常记为$\langle L, \wedge, \vee, ^{-}, 0, 1\rangle$，其中“$^{-}$”为求补运算。

例 5.9.9 设$B=\{0, 1\}$，B上的“$\wedge$”“$\vee$”“$^{-}$”分别为逻辑运算的与、或、非运算，则$\langle B, \wedge, \vee, ^{-}, 0, 1\rangle$是布尔代数，称为电路代数。

例 5.9.10 设S是一个集合，$P(S)$是S的幂集，则$\langle P(S), \cap, \cup, ^{-}, 0, 1\rangle$是布尔代数，其中“$^{-}$”是集合的求绝对补集运算。

例 5.9.11 设S是含有n的命题变元的命题公式集合，“$\wedge$”“$\vee$”“$\neg$”分别表示命题公式的合取、析取和否定运算，F、T 分别表示永假公式和永真公式，则$\langle S, \wedge, \vee, \neg, \mathrm{F}, \mathrm{T}\rangle$是布尔代数，称为命题代数。

例 5.9.12 设B_n是由 0 和 1 组成的n元组集合，即

$$B_n=\{x \mid x=\langle x_1, x_2, \cdots, x_n\rangle, x_i=0 \text{ 或 } 1\}$$

记$a=\langle a_1, a_2, \cdots, a_n\rangle$，$b=\langle b_1, b_2, \cdots, b_n\rangle$，在$B_n$上定义“$\wedge$”“$\vee$”“$\neg$”为按位运算，即

$$a \wedge b=\langle a_1 \wedge b_1, a_2 \wedge b_2, \cdots, a_n \wedge b_n\rangle$$

$$a \vee b=\langle a_1 \vee b_1, a_2 \vee b_2, \cdots, a_n \vee b_n\rangle$$

$$\bar{a}=\langle \neg a_1, \neg a_2, \cdots, \neg a_n\rangle$$

则$\langle B_n, \wedge, \vee, ^{-}, 0, 1\rangle$是布尔代数，称为开关代数。

定义 5.9.9 设$\langle B_1, \wedge_1, \vee_1, ^{-}, 0_1, 1_1\rangle$和$\langle B_2, \wedge_2, \vee_2, \neg, 0_2, 1_2\rangle$是两个布尔代数，$f$是从$B_1$到$B_2$的映射。若对任意$x, y \in B_1$，有

$$f(x \wedge_1 y)=f(x) \wedge_2 f(y)$$

$$f(x \vee_1 y)=f(x) \vee_2 f(y)$$

$$f(\bar{x})=\neg f(x)$$

$$f(0_1)=0_2, \ f(1_1)=1_2$$

则称f是从B_1到B_2的布尔同态映射。此外，如果f是双射，则称f是从B_1到B_2的布尔同构映射，简称布尔同构。若两个布尔代数之间存在布尔同构映射，则称这两个布尔代数同构。

关于有限布尔代数有如下 Stone 表示定理，又称有限布尔代数表示定理。

定理 5.9.3(Stone 表示定理) 任何有限布尔代数都和某个B_n同构，其中n为正整数。

推论 1 有限布尔代数的元素个数一定为2^n。

推论 2 基数相同的有限布尔代数都是同构的。

定义 5.9.10 设$\langle B, \wedge, \vee, ^{-}, 0, 1\rangle$是一个布尔代数，$B$中的元素称为布尔常量，取值于$B$中元素的变量称为布尔变量。

定义 5.9.11 设$\langle B, \wedge, \vee, ^{-}, 0, 1\rangle$是一个布尔代数，该布尔代数上的布尔表达式定义如下：

(1) 单个布尔常量是布尔表达式；

(2) 单个布尔变量是布尔表达式；

(3) 若e_1和e_2是布尔表达式，则$\overline{e_1}$、$e_1 \wedge e_2$、$e_1 \vee e_2$是布尔表达式；

(4) 有限次应用(1)～(3)得到的符号串是布尔表达式。

例 5.9.13 设$\langle\{0, a, b, 1\}, \wedge, \vee, ^{-}, 0, 1\rangle$是布尔代数，$x_1$、$x_2$ 都是布尔变量，则 x_1、$0\vee x_1$、$x_1\vee\bar{x}_2$、$x_1\vee(\overline{(x_1\wedge x_2)}\wedge a)$都是布尔表达式。

可以看到，命题逻辑中主合取范式和主析取范式都是布尔表达式。

5.10 典型例题解析

例 5.10.1 设$\langle G, *\rangle$是四阶群，$\langle H, *\rangle$是$\langle G, *\rangle$的非平凡子群，则$\langle H, *\rangle$的阶数是多少？

相关知识 群的阶数，拉格朗日定理

分析与解答 拉格朗日定理说明子群的阶数一定是群的阶数的因子，这是由群的结构决定的，根据这个性质可确定子群的阶数。

由拉格朗日定理知，若$\langle H, *\rangle$是$\langle G, *\rangle$的子群，则$\langle H, *\rangle$的阶数只能是$\langle G, *\rangle$的阶数 4 的因子，所以$\langle H, *\rangle$的阶数只可能为 1、2、4，而阶数为 1 和 4 的两个子群是其平凡子群，所以$\langle G, *\rangle$的非平凡子群$\langle H, *\rangle$的阶数一定为 2。

例 5.10.2 设 $\mathbf{Q}$ 是有理数集合，在 $\mathbf{Q}$ 上定义二元运算"$*$"如下：

对任意 $a, b\in\mathbf{Q}$，

$$a*b=a+b-a\cdot b$$

(1) 证明 0 是幺元，且$\langle\mathbf{Q}, *\rangle$是含幺半群。

(2) $\langle\mathbf{Q}, *\rangle$是否有零元？若有零元，则找出其零元。

(3) 对任意 $a\in\mathbf{Q}$，若 a 有逆元，则找出其逆元。

相关知识 运算的特殊元素

分析与解答 运算的特殊元素需要根据具体运算的定义找出，然后进行验证。

(1) 对任意 $a\in\mathbf{Q}$，有 $a*0=a+0-a\cdot 0=0+a-0\cdot a=0*a=a$，所以 0 是$\langle\mathbf{Q}, *\rangle$的幺元；

对任意 $a, b\in\mathbf{Q}$，有 $a*b=a+b-a\cdot b\in\mathbf{Q}$，所以"$*$"在 $\mathbf{Q}$ 上封闭；

对任意 $a, b, c\in\mathbf{Q}$，有

$$\begin{aligned}a*(b*c)&=a*(b+c-b\cdot c)=a+b+c-b\cdot c-a\cdot(b+c-b\cdot c)\\&=a+b+c-a\cdot b-a\cdot c-b\cdot c+a\cdot b\cdot c\\(a*b)*c&=(a+b-a\cdot b)*c=a+b-a\cdot b+c-(a+b-a\cdot b)\cdot c\\&=a+b+c-a\cdot b-a\cdot c-b\cdot c+a\cdot b\cdot c\end{aligned}$$

所以 $a*(b*c)=(a*b)*c$，即"$*$"在 $\mathbf{Q}$ 上可结合。

综上可知，$\langle\mathbf{Q}, *\rangle$是含幺半群。

(2) $\langle\mathbf{Q}, *\rangle$有零元。由于对任意 $a\in\mathbf{Q}$，有 $a*1=a+1-a\cdot 1=1+a-1\cdot a=1$，因此零元为 1。

(3) 对任意 $a\in\mathbf{Q}$，若 a 有逆元，不妨设 a 的逆元为 $x\in\mathbf{Q}$，则

$$a*x=x*a=a+x-a\cdot x=x+a-x\cdot a=0$$

即 $x=\dfrac{a}{a-1}\in\mathbf{Q}$，故 a 的逆元为 x，即

$$a^{-1}=\frac{a}{a-1}$$

例 5.10.3　设$\langle G, *\rangle$是群，$\langle H, *\rangle$是$\langle G, *\rangle$的子群，建立G上的二元关系R如下：

若$a, b\in G$，aRb当且仅当$\exists x\in H$且$a=x*b$

(1) 证明R是G上的等价关系。

(2) 设$\mathbf{N}_6=\{0, 1, 2, 3, 4, 5\}$，对于$i, j\in\mathbf{N}_6$，有$i+_6 j=(i+j)\ \mathrm{mod}\ 6$，写出$\langle\mathbf{N}_6, +_6\rangle$的运算表。

(3) 若$\langle\mathbf{N}_6, +_6\rangle$为$\langle G, *\rangle$，$H=\{0, 3\}$，写出等价关系$R$所确定的集合$\mathbf{N}_6$的划分。

(4) $\langle\mathbf{N}_6, +_6\rangle$是循环群吗？若是，则找出所有生成元；若不是，请说明原因。

(5) 写出$\langle\mathbf{N}_6, +_6\rangle$的所有子群及其相应的左陪集。

相关知识　循环群，子群，陪集

分析与解答　集合上的一个等价关系可以确定该集合的一个划分，实际上就是要找出等价意义下的所有分块。要证明一个群是循环群，就必须说明生成元存在，即要找出生成元。要找出一个群的所有子群时，可首先确定子群中元素的个数，而且每个子群都包含幺元，然后根据逆元存在、封闭性等性质确定子群中所有的元素。左陪集可根据定义直接计算，当然若运算是交换的，则左、右陪集相同。

(1) 由于$\langle H, *\rangle$是$\langle G, *\rangle$的子群，$\langle G, *\rangle$的幺元$e\in H$，因此$\exists e\in H$且$a=e*a$，从而$\langle a, a\rangle\in R$，故R是自反的。

设$\langle a, b\rangle\in R$，则$\exists x\in H$且$a=x*b$。因为$\langle H, *\rangle$是$\langle G, *\rangle$的子群，所以$x^{-1}\in H$，即$b=x^{-1}*a$，从而$\langle b, a\rangle\in R$，故R是对称的。

设$\langle a, b\rangle\in R$且$\langle b, c\rangle\in R$，$a=x_1*b$，$b=x_2*c$，则$a=(x_1*x_2)*c$。令$x_3=x_1*x_2$，因为$\langle H, *\rangle$是$\langle G, *\rangle$的子群，所以$\langle H, *\rangle$是封闭的，$x_3\in H$，$a=x_3*c$，从而$\langle a, c\rangle\in R$，故R是可传递的。

综上可知R是自反、对称、传递的二元关系，所以R是G上的等价关系。

(2) $\langle\mathbf{N}_6, +_6\rangle$的运算表如表 5.10.1 所示。

表 5.10.1

$+_6$	0	1	2	3	4	5
0	0	1	2	3	4	5
1	1	2	3	4	5	0
2	2	3	4	5	0	1
3	3	4	5	0	1	2
4	4	5	0	1	2	3
5	5	0	1	2	3	4

(3) 等价关系R所确定的集合$\mathbf{N}_6$的划分为$\{\{0, 3\}, \{1, 4\}, \{2, 5\}\}$。

(4) $\langle\mathbf{N}_6, +_6\rangle$是循环群。可验证 1 和 5 能够生成$\mathbf{N}_6$的所有元素，故$\langle\mathbf{N}_6, +_6\rangle$的生成元是 1 和 5。

(5) $\langle\mathbf{N}_6, +_6\rangle$的子群共有 4 个：

H_1:$\langle \mathbf{N}_6, +_6\rangle$,$H_2$:$\langle\{0\}, +_6\rangle$,$H_3$:$\langle\{0, 2, 4\}, +_6\rangle$,$H_4$:$\langle\{0, 3\}, +_6\rangle$

H_1 的左陪集为$\{0, 1, 2, 3, 4, 5\}$;

H_2 的左陪集为$\{0\}$,$\{1\}$,$\{2\}$,$\{3\}$,$\{4\}$,$\{5\}$;

H_3 的左陪集为$\{0, 2, 4\}$,$\{1, 3, 5\}$;

H_4 的左陪集为$\{0, 3\}$,$\{1, 4\}$,$\{2, 5\}$。

习 题 5

5.1 对以下定义的集合和运算判别它们能否构成代数系统?如能,请说明能构成哪种代数系统。

(1) $S_1=\{0, \pm 1, \pm 2, \cdots, \pm n\}$,“+”为普通加法;

(2) $S_2=\left\{\frac{1}{2}, 0, 2\right\}$,“$*$”为普通乘法;

(3) $S_3=\{0, 1, 2, 3\}$,“$-$”为减法。

5.2 设$\mathbf{Z}^+$是正整数集合,$x, y\in\mathbf{Z}^+$,定义$x\circ y\in\min(x, y)$,问$\langle\mathbf{Z}^+, \circ\rangle$是半群吗?是含幺半群吗?

5.3 以下代数系统中哪些是群,哪些不是群?

(1) $\langle\mathbf{R}-\{0\}, *\rangle$;

(2) $\langle P(A), \oplus\rangle$;

(3) $\langle\mathbf{Z}, +\rangle$;

(4) $\langle P(A), \cup\rangle$。

5.4 设$\langle G, *\rangle$是群,且$|G|=7$,则$\langle G, *\rangle$一定是阿贝尔群吗?

5.5 设$\langle G, *\rangle$是群,S是G的非空子集,若对于S中的任意元素a和b,有$a*b^{-1}\in S$,证明$\langle S, *\rangle$是$\langle G, *\rangle$的子群。

5.6 设$\langle G, *\rangle$是群,对于任一$a\in G$,令$H=\{y\mid y*a=a*y, y\in G\}$,试证明$\langle H, *\rangle$是$\langle G, *\rangle$的子群。

5.7 七阶群存在非平凡子群吗?

5.8 设X是非空集合,$P(X)$是X的幂集,“$\oplus$”是定义在X上的对称差运算,证明$\langle P(X), \oplus\rangle$是群。

5.9 设群$\langle G, +_4\rangle$的运算表如下:

$+_4$	0	1	2	3
0	0	1	2	3
1	1	2	3	0
2	2	3	0	1
3	3	0	1	2

写出$\langle G, +_4\rangle$的所有子群。$\langle G, +_4\rangle$是循环群吗?若是,则指出其生成元。

5.10 设群$\langle G, *\rangle$的运算表如下:

*	e	a	b	c
e	e	a	b	c
a	a	e	c	b
b	b	c	a	e
c	c	b	e	a

(1) $\langle G, *\rangle$是循环群吗？若是，则找出其生成元。

(2) $\langle G, *\rangle$有非平凡子群吗？非平凡子群中有几个元素？为什么？

5.11　设$\langle G, *\rangle$是群，R是集合G上的等价关系，$H=\{x \mid x\in G$且$\langle x, e\rangle\in R\}$，且对任意$a, x, y\in G$，$\langle a*x, a*y\rangle\in R\Rightarrow\langle x, y\rangle\in R$。证明：$\langle H, *\rangle$是$\langle G, *\rangle$的子群，其中$e$为$\langle G, *\rangle$中的幺元。

5.12　设$\langle G, *\rangle$是半群，且$a*a=b$，证明$b*b=b$。

5.13　设$\langle G, *\rangle$是六阶群，$\langle H, *\rangle$是$\langle G, *\rangle$的非平凡子群，则$\langle H, *\rangle$是几阶群？

5.14　设$\langle G, *\rangle$是六阶循环群，$\langle H, *\rangle$是$\langle G, *\rangle$的子群，$|H|=3$，判断下列说法正确与否。

(1) $\langle H, *\rangle$是阿贝尔群；

(2) H在G中的左陪集有3个；

(3) $\langle H, *\rangle$是循环群；

(4) G中有三阶元。

5.15　设集合$S=\{a, b, c\}$，$P(S)$为S的幂集，"$\cap$"为集合的交运算，则代数系统$\langle P(S), \cap\rangle$的幺元是什么？零元是什么？

5.16　设$\langle G, *\rangle$是群，e是关于"$*$"的幺元，$a\in G$，若$a*a=e$，则a的阶是多少？

5.17　证明：偶数阶群中存在二阶元。

5.18　设$\langle G, *\rangle$是半群，a是G中的一个元素，使得对G中每一个元素x，存在$u, v\in G$满足$a*u=v*a=x$，证明G中存在幺元。

5.19　设有代数系统$\langle \mathbf{Z}, \cdot\rangle$，其中$\mathbf{Z}$是整数集合，"$\cdot$"是普通数字乘法，规定$f: \mathbf{Z}\rightarrow\mathbf{Z}$为：$\forall x\in\mathbf{Z}$，$f(x)=2x$，试问$f$是否为$\langle \mathbf{Z}, \cdot\rangle$上的自同态？为什么？

5.20　设$\langle G, *\rangle$是群，$|G|=6$，则$\langle G, *\rangle$是否一定无四阶子群？

5.21　设五阶循环群$\langle G, *\rangle$的运算表如下：

*	e	a	b	c	d
e	e	a	b	c	d
a	a	b	c	d	e
b	b	c	d	e	a
c	c	d	e	a	b
d	d	e	a	b	c

则该循环群有几个生成元？分别是什么？

5.22　设 E 是偶数集合，“+”是普通数字加法，证明 $\langle E, +\rangle$ 是一个群。

5.23　$\mathbf{R}$ 是实数集合，记 $\mathbf{R}^* = \mathbf{R} - \{0\}$，在 $\mathbf{R}^* \times \mathbf{R}$ 上定义二元运算“∘”如下：

$$\langle a, b\rangle \circ \langle c, d\rangle = \langle ac, bc + d\rangle$$

证明 $\langle \mathbf{R}^* \times \mathbf{R}, \circ\rangle$ 是群。

5.24　记 $S = \mathbf{R} - \{-1\}$，在集合 S 上定义二元运算“∘”如下：

$$a \circ b = a + b + ab$$

证明 $\langle S, \circ\rangle$ 是群。

5.25　设 $G = \left\{ \boldsymbol{a} = \begin{pmatrix} 1 & 0 \\ 0 & 1 \end{pmatrix}, \boldsymbol{b} = \begin{pmatrix} -1 & 0 \\ 0 & -1 \end{pmatrix}, \boldsymbol{c} = \begin{pmatrix} 0 & 1 \\ -1 & 0 \end{pmatrix}, \boldsymbol{d} = \begin{pmatrix} 0 & -1 \\ 1 & 0 \end{pmatrix} \right\}$，“×”是 G 上的矩阵乘法运算。

(1) 写出 $\langle G, \times\rangle$ 的运算表；

(2) 证明 $\langle G, \times\rangle$ 是群；

(3) 写出 $\langle G, \times\rangle$ 的所有子群；

(4) G 是四阶循环群吗？

5.26　设 $\langle H, *\rangle$ 和 $\langle K, *\rangle$ 都是群 $\langle G, *\rangle$ 的子群。

(1) 证明：$\langle H \cap K, *\rangle$ 也是群 $\langle G, *\rangle$ 的子群。

(2) $\langle H \cup K, *\rangle$ 一定是群 $\langle G, *\rangle$ 的子群吗？若不是，则举出反例。

5.27　设 $\langle H, *\rangle$ 和 $\langle K, *\rangle$ 都是群 $\langle G, *\rangle$ 的子群，且

$$HK = \{h * k \mid \forall h \in H, \forall k \in K\}$$

则 $\langle HK, *\rangle$ 是 $\langle G, *\rangle$ 的子群的充要条件是 $HK = KH$。

5.28　写出群 $\langle \mathbf{Z}_6, +_6\rangle$ 的每个子群及其相应的所有左陪集。

5.29　设 $\langle H, *\rangle$ 是群 $\langle G, *\rangle$ 的子群，证明：若 $x \in G$ 且 xH 是 $\langle G, *\rangle$ 的子群，则 $x \in H$。

5.30　设 $\langle H, *\rangle$ 是群 $\langle G, *\rangle$ 的子群，证明：在 H 所确定的陪集中，只有一个陪集能构成群。

5.31　设 $\langle G, *\rangle$ 是群，n 是整数，证明：对任意 $a, b \in G$，有 $(a^{-1}ba)^n = a^{-1}b^n a$。

5.32　设 $G = \{\mathbf{A} = (a_{ij})_{n\times n} \mid a_{ij} \in \mathbf{Z}, \det\mathbf{A} = 1\}$，证明 G 对矩阵乘法构成群。

5.33　设 $G_8 = \{\pm\boldsymbol{E}, \pm\boldsymbol{A}, \pm\boldsymbol{B}, \pm\boldsymbol{C}\}$，其中

$$\boldsymbol{E} = \begin{pmatrix} 1 & 0 \\ 0 & 1 \end{pmatrix}, \quad \boldsymbol{A} = \begin{pmatrix} \mathrm{i} & 0 \\ 0 & -\mathrm{i} \end{pmatrix}, \quad \boldsymbol{B} = \begin{pmatrix} 0 & 1 \\ -1 & 0 \end{pmatrix}, \quad \boldsymbol{C} = \begin{pmatrix} 0 & \mathrm{i} \\ \mathrm{i} & 0 \end{pmatrix}, \quad \mathrm{i}^2 = -1$$

证明 G_8 关于矩阵乘法构成群。

5.34　设 $G_8 = \{\pm\boldsymbol{E}, \pm\boldsymbol{A}, \pm\boldsymbol{B}, \pm\boldsymbol{C}\}$，其中

$$\boldsymbol{E} = \begin{pmatrix} 1 & 0 & 0 & 0 \\ 0 & 1 & 0 & 0 \\ 0 & 0 & 1 & 0 \\ 0 & 0 & 0 & 1 \end{pmatrix}, \quad \boldsymbol{A} = \begin{pmatrix} 0 & -1 & 0 & 0 \\ 1 & 0 & 0 & 0 \\ 0 & 0 & 0 & -1 \\ 0 & 0 & 1 & 0 \end{pmatrix}$$

$$B=\begin{pmatrix}0&0&-1&0\\0&0&0&1\\1&0&0&0\\0&-1&0&0\end{pmatrix},\quad C=\begin{pmatrix}0&0&0&-1\\0&0&-1&0\\0&1&0&0\\1&0&0&0\end{pmatrix}$$

证明 G_8 关于矩阵乘法构成群。

5.35 设

$$G=\left\{f(x)=\frac{ax+b}{cx+d}\ \middle|\ \begin{vmatrix}a&b\\c&d\end{vmatrix}=1,\ a,\ b,\ c,\ d\in\mathbf{R}\right\}$$

证明：G 关于变换的复合运算构成群。

5.36 设$\langle G, *\rangle$是有限群。

(1) 证明对任意 $n>2$，G 中阶为 n 的元素个数为偶数；

(2) 若$|G|$为偶数，证明 G 存在阶数为 2 的元素。

5.37 设 $G=\langle\mathbf{R}, +\rangle$，$G'=\{a \mid a\in\mathbf{C}, |a|=1\}$，$G'$ 对复数乘法构成群。映射 $f: G\to G'$，$f(x)=e^{ix}$，证明 f 是 G 到 G' 的同态映射。

5.38 设 $G=\langle\mathbf{Z}, +\rangle$，$G'=\langle\mathbf{R}, +\rangle$，映射 $f: G\to G'$，$f(x)=-x$，证明 f 是 G 到 G' 的同态映射，并说明是单同态还是满同态。

5.39 设 $H=\{y \mid y=5x, x\in\mathbf{Z}\}$，证明$\langle H, +\rangle$与$\langle\mathbf{Z}, +\rangle$同构。

5.40 设$\langle H, *\rangle$是群$\langle G, *\rangle$的子群，证明：

(1) 对某个 $g\in G$，gHg^{-1} 是子群；

(2) H 与 gHg^{-1} 同构。

第 6 章　图 论 导 论

图论是一门既古老又年轻的学科，它用顶点表示对象，用边表示对象之间的关系。图论起源于一些数学游戏，如迷宫问题、博弈问题、旅游路线问题等。

1736 年，数学家欧拉(Leonhard Euler，1707—1783)解决了著名的哥尼斯堡七桥问题，从而奠定了图论基础。1847 年，物理学家基尔霍夫(Gustav Robert Kirchhoff，1824—1887)把图论应用于电路网络的研究，引进了"树"的概念，开创了图论应用于工程科学的先例。

随着计算机科学的发展，图论近几十年来发展迅猛，应用范围更加广泛。在运筹学、信息论、控制论、博弈论、化学、社会科学、经济学、建筑学、心理学、语言学、软件科学和计算机科学等学科中，图论已成为解决许多实际应用问题的基本工具之一。

图论包括的内容很多，由于篇幅原因，本章仅介绍图论的基本概念。

6.1　图的基本概念

一、图的定义

现实世界中许多现象都能用某种图形来表示，这种图形是由一些点和一些连接两点间的连线所组成的。

例 6.1.1　图 6.1.1 表示了结点和边的连接关系，它能表示现实生活中的哪些情况呢？

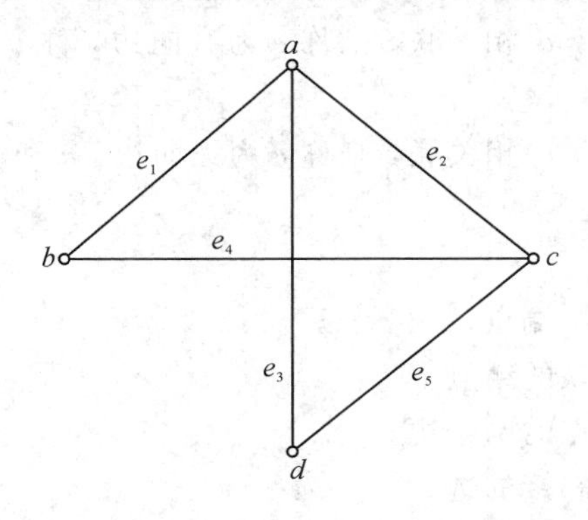

图 6.1.1

若 a、b、c、d 表示 4 个篮球队，则图 6.1.1 可表示 a、b、c、d 4 个篮球队进行友谊比赛的情况。如果两队进行过比赛，则用一条线连接起来。

如果该图中的 4 个结点 a、b、c、d 分别表示 4 个人，当某两个人互相认识时，则将其对应点之间用边连接起来。这时的图又反映了这 4 个人之间的认识关系。

我们也可以用结点代表工厂，以连接两点的连线表示这两个工厂间有业务往来关系。

这样便可用图形表示某一城市中各工厂间的业务往来关系。

可见，图中的结点和边可以被赋予不同的实际含义，从而用图来表示不同的现实世界问题。

用图形来表示事物之间的某种关系的方法我们曾在关系的表示中使用过。对于这种图形，我们的兴趣在于研究结点的个数以及结点之间的连接关系，至于连线的长短曲直和点的位置都无关紧要。对它们进行数学抽象即可得到以下作为数学概念的图的定义。

定义 6.1.1 一个图 G 是一个三元组 $\langle V(G), E(G), \varphi_G\rangle$，其中 $V(G)$ 是一个非空的结点集，$E(G)$ 是边集，φ_G 是从 E 到 V 无序偶(有序偶)集合上的函数。

例 6.1.2 设 $G=\langle V(G), E(G), \varphi_G\rangle$，其中

$$V(G)=\{a, b, c, d\},\quad E(G)=\{e_1, e_2, e_3, e_4, e_5, e_6\}$$

$$\varphi_G(e_1)=(a, b),\quad \varphi_G(e_2)=(a, c),\quad \varphi_G(e_3)=(b, d),\quad \varphi_G(e_4)=(b, c)$$

$$\varphi_G(e_5)=(d, c),\quad \varphi_G(e_6)=(a, d),\quad \varphi_G(e_7)=(b, b)$$

则图 G 可以用图 6.1.2(a)或(b)表示。

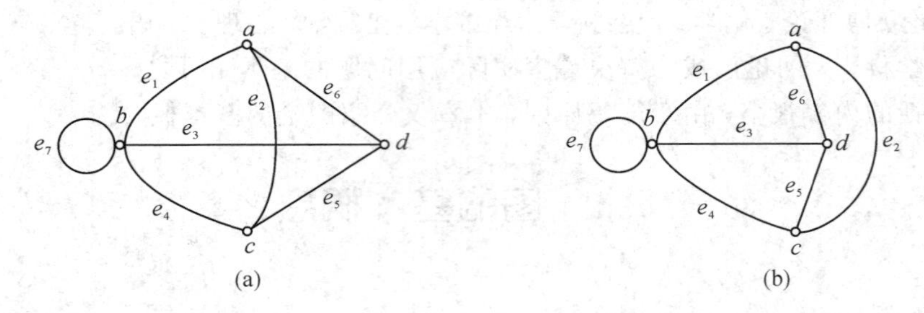

图 6.1.2

由例 6.1.2 可知，图 G 的定义可以用图形来表示，但表示是不唯一的。图 G 的每一条边必然与结点对映射，因此我们可以将图 G 简记为 $G=\langle V, E\rangle$。V 是一个非空的结点集，因此图中不能没有结点。E 是边集，由于没有说不能是空集，因此图中可以没有边。

若边 e 与结点有序偶 $\langle u, v\rangle$ 相关联，则称 e 为有向边，称 u 为边 e 的始点，称 v 为边 e 的终点。

若边 e 与结点无序偶 (u, v) 相关联，则称 e 为无向边，u 和 v 统称为边 e 的端点。

二、图中结点和边的关系

邻接点：同一条边的两个端点。

孤立点：没有边与之关联的结点。

邻接边：关联同一个结点的两条边。

孤立边：不与任何边相邻接的边。

自回路(环)：关联同一个结点的一条边。

平行边(多重边)：关联同一对结点的多条边。

例 6.1.3 如图 6.1.1 所示，$G=\langle V, E\rangle$，$V=\{a, b, c, d\}$，$E=\{e_1, e_2, e_3, e_4, e_5\}$，其中 $e_1=(a, b)$，$e_2=(a, c)$，$e_3=(a, d)$，$e_4=(b, c)$，$e_5=(d, c)$。

图 6.1.1 中：d 与 a、d 与 c 是邻接的，但 d 与 b 不邻接；e_1 和 e_4 是邻接边，因为它们都关联结点 b；e_3 和 e_4 不是邻接边。

例 6.1.4　如图 6.1.3 所示，$G=\langle V, E\rangle$，$V=\{v_1, v_2, v_3\}$，$E=\{e_1, e_2, e_3, e_4, e_5\}$，其中 $e_1=(v_1, v_2)$，$e_2=(v_1, v_3)$，$e_3=(v_3, v_3)$，$e_4=(v_2, v_3)$，$e_5=(v_2, v_3)$。

图 6.1.3 中：e_3 是自回路，它只关联了一个结点 v_3；e_4 与 e_5 是平行边，它们关联了同一对结点(v_2, v_3)。

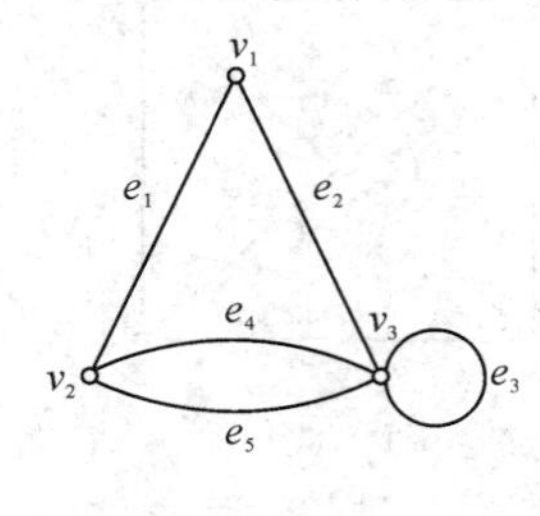

图 6.1.3

三、图的分类

(1) 图按 G 的结点个数和边数分为(n, m)图，即 n 个结点、m 条边的图。

特别地，$(n, 0)$图称为零图，即只有 n 个结点，没有边的图；$(1, 0)$图称为平凡图，即只有 1 个结点，没有边的图。

(2) 图按 G 中关联于同一对结点的边数分为多重图、线图和简单图。

多重图：含有平行边的图。

线图：非多重图。

简单图：不含平行边和自回路的图。

(3) 图按 G 的边有序、无序分为有向图、无向图和混合图。

有向图：每条边都是有向边的图。

无向图：每条边都是无向边的图。

混合图：既有无向边又有有向边的图。

本书只研究有向图和无向图。

(4) 图按 G 的边上是否带权重分为边权图和无权图(见图 6.1.4)。

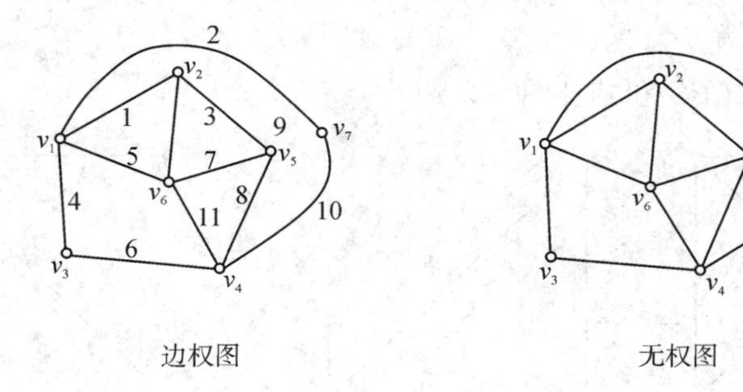

图 6.1.4

(5) 图按 G 的任意两个结点间是否有边分为完全图和不完全图。

定义 6.1.2　任意两个不同的结点都相邻接的简单图称为完全图。n 个结点的无向完全图记为K_n。

图 6.1.5 分别给出了 3 个结点的完全图K_3、4 个结点的完全图K_4和 5 个结点的完全图K_5。

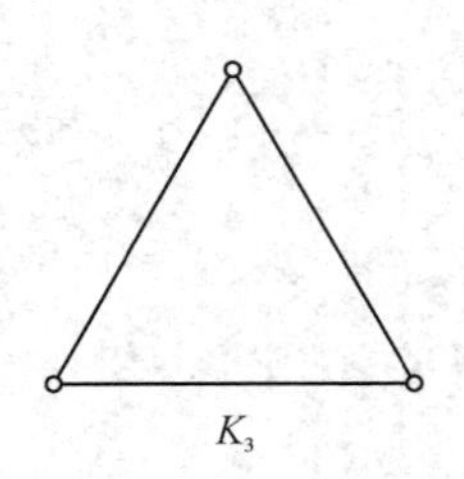

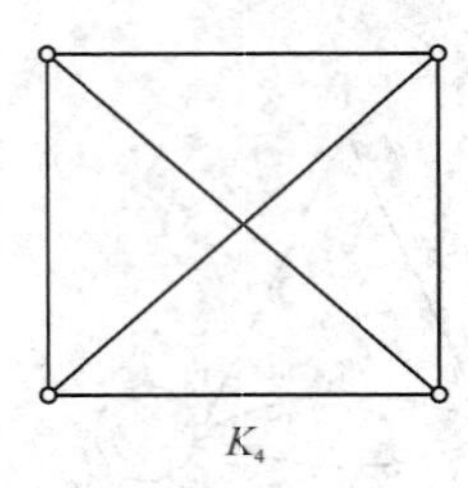

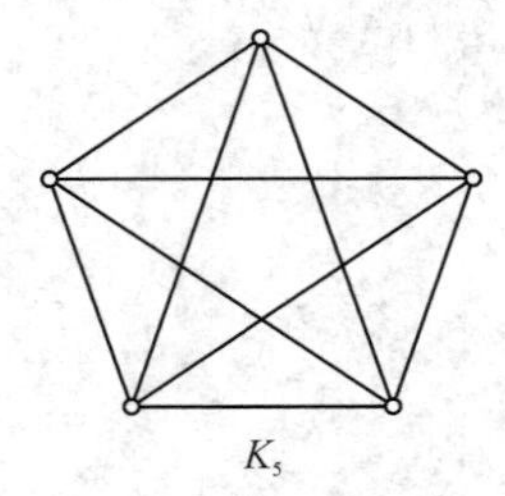

图 6.1.5

定理 6.1.1 n个结点的无向完全图K_n有$\frac{n(n-1)}{2}$条边。

证明 在K_n中，任意两个结点间都有边相连，当K_n中有n个结点时，则任取两点的组合数为

$$C_n^2=\frac{n(n-1)}{2}$$

故K_n的边数为

$$|E|=\frac{n(n-1)}{2}$$

如果在K_n中，对每条边任意确定一个方向，就称该图为n个结点的有向完全图。显然，它的边数也为$\frac{n(n-1)}{2}$。

给定任意一个含有n个结点的图G，总可以把它补成一个具有同样结点的完全图，方法是把那些缺少的边添上。

定义 6.1.3 设$G=\langle V, E\rangle$是一个具有n个结点的简单图，以V为结点集，从完全图K_n中删去G的所有边后得到的图(即由G中所有结点和所有能使G成为完全图的添加边组成的图)称为G的补图，记为$\overline{G}$。

例如，零图和完全图互为补图。

图 6.1.6 给出了一个图G和其补图$\overline{G}$。

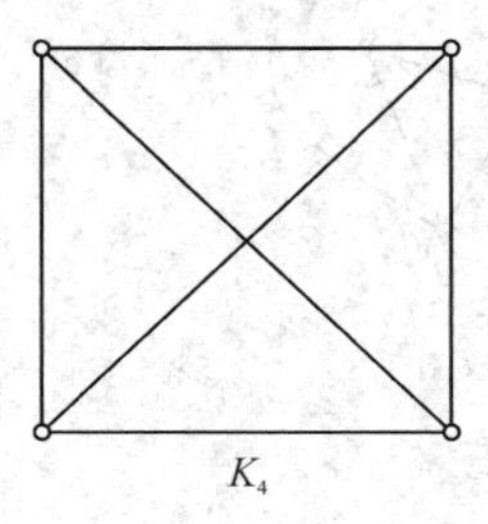

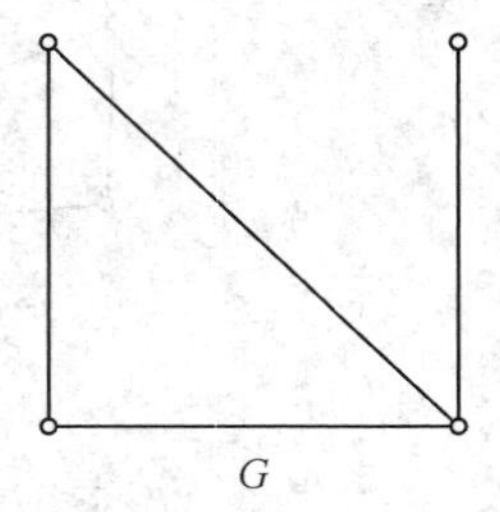

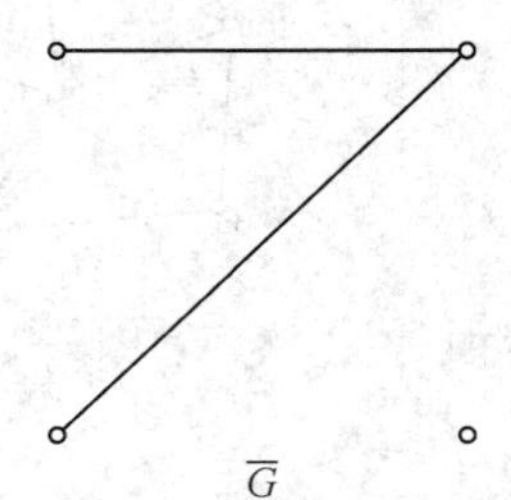

图 6.1.6

例 6.1.5(拉姆齐问题)　试证在任何一个有 6 个人的组里，必存在 3 个人互相认识，或者存在 3 个人互相不认识。

分析　我们用 6 个结点来代表人，并用邻接性来代表认识关系。这样一来，该例就是要证明任意一个有 6 个结点的图 G 中，或者有 3 个互相邻接的点，或者有 3 个互相不邻接的点。即：对任何一个有 6 个结点的图 G，G 或 $\overline{G}$ 中含有一个三角形(即 K_3)。用对边着色的思路来理解：如果两个人认识，则用红色线段连接；如果两个人不认识，则用蓝色线段连接。本例等价于证明这 6 个顶点的完全图的边，必然至少存在一个红色边三角形，或蓝色边三角形。

证明　设 $G=\langle V, E\rangle$ 为完全图。$|V|=6$，v 是 G 中一结点。v 与 G 的其余 5 个结点都有边相连。根据鸽巢原理，设 3 个结点 v_1、v_2、v_3 在 G 中与 v 邻接边为红色。若边 v_1v_2、v_1v_3 和 v_2v_3 中有一条边是红色，则命题成立，存在红色三角形。若这三条边都不是红色，则图 G 中存在蓝色三角形$\triangle v_1v_2v_3$。

四、图的结点的度数及其计算

我们常常需要关心图中有多少条边与某一结点关联，这就引出了图的一个重要概念——结点的度数。

定义 6.1.4　图中结点 v 所关联的边数(有自回路时计算两次)称为结点 v 的度数，记为 $\deg(v)$。

如图 6.1.7 所示，$\deg(v_1)=2$，$\deg(v_2)=3$，$\deg(v_3)=5$，$\deg(v_4)=0$。

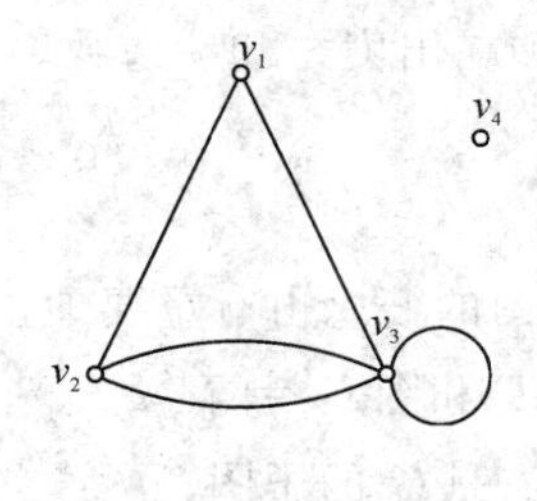

图 6.1.7

另外，记

$$\Delta(G)=\max\{\deg(v)\mid v\in V(G)\}$$
$$\delta(G)=\min\{\deg(v)\mid v\in V(G)\}$$

分别称为图 $G=\langle V, E\rangle$的最大度和最小度。

定理 6.1.2(握手定理)　图 $G=\langle V, E\rangle$中，结点度数的总和等于边数的两倍，即

$$\sum_{v\in V}\deg(v)=2\mid E\mid$$

证明　若每条边都与两个结点关联，则加上一条边就使得各结点度数的和增加 2；若该边为自回路，则自回路给结点度数增加 2。因此所有结点的度数总和等于边数的两倍。

定理 6.1.3　图 G 中度数为奇数的结点必为偶数个。

证明　设 V_1 和 V_2 分别是 G 中奇数度数和偶数度数的结点集。由定理 6.1.2 知

$$\sum_{v\in V_1}\deg(v)+\sum_{v\in V_2}\deg(v)=2\mid E\mid$$

由于 V_2 中每个结点的度数都是偶数，因此偶数度结点的度数之和还是偶数，即 $\sum_{v\in V_2}\deg(v)$ 为偶数，而 $2|E|$ 也是偶数，故 $\sum_{v\in V_1}\deg(v)$ 也是偶数。因为 V_1 中每个结点的度数都是奇数，所以 $|V_1|$ 必然是偶数。

定义 6.1.5 在有向图中，射入结点 v 的边数称为结点 v 的入度，记为 $\deg^-(v)$；由结点 v 射出的边数称为结点 v 的出度，记为 $\deg^+(v)$。结点 v 的入度与出度之和就是结点 v 的度数。

如图 6.1.8 所示，$\deg^+(a)=2$，$\deg^-(a)=1$，$\deg^+(c)=1$，$\deg^-(c)=2$。

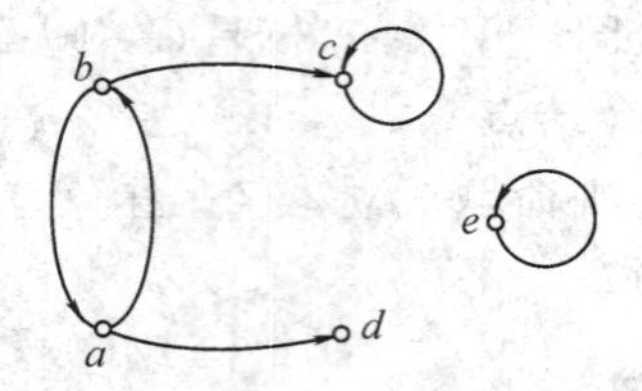

图 6.1.8

定理 6.1.4 在任何有向图 $G=\langle V, E\rangle$ 中，有

$$\sum_{v\in V}\deg^+(v)+\sum_{v\in V}\deg^-(v)=|E|$$

证明 因为在有向图中，每一条有向边在给某个结点带来入度的同时，给另一个结点也带来出度，所以有向图中，各个结点的入度之和等于边数，各个结点的出度之和也等于边数。因此，任何有向图，入度之和＝出度之和＝边数。

五、子图与生成子图

在研究和描述图的性质时，子图的概念占有重要地位。

定义 6.1.6 设有图 $G=\langle V, E\rangle$ 和图 $G'=\langle V', E'\rangle$。

(1) 若 $V'\subseteq V$，$E'\subseteq E$，则称 G' 是 G 的子图；

(2) 若 G' 是 G 的子图，且 $E'\neq E$，则称 G' 是 G 的真子图；

(3) 若 $V'=V$，$E'\subseteq E$，则称 G' 是 G 的生成子图。

如图 6.1.9 所示，图 G 的真子图是 G_1，生成子图是 G_2。

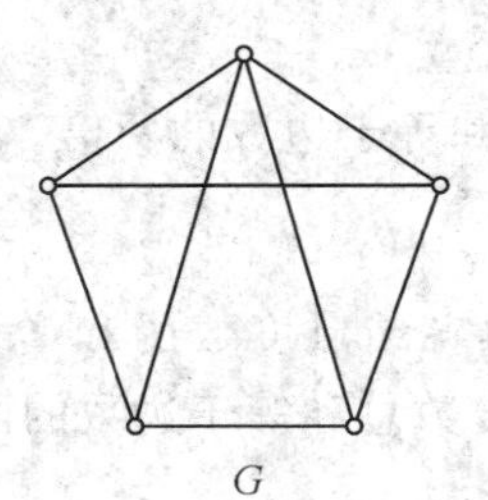

G

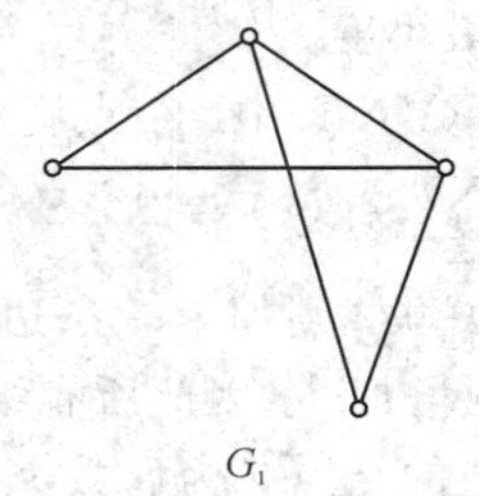

G_1

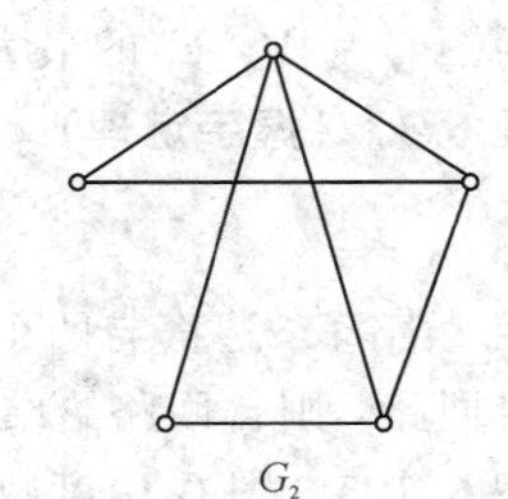

G_2

图 6.1.9

六、图的同构

根据图的定义，图是一个结点集、边集以及边到结点之间映射关系的三元组。图的本质是结点之间的邻接关系，与图的图形表示无关。有很多看起来很不一样的图，本质上的邻接关系是一样的；也有许多看起来很像的图，结点之间的邻接关系不同。这就引出了图的同构的定义。

定义 6.1.7　设有图 $G=\langle V, E\rangle$ 和图 $G'=\langle V', E'\rangle$。如果存在双射 $g: V\to V'$，使得 $e=(u, v)\in E$（或 $e=\langle u, v\rangle\in E$）当且仅当 $e'=(g(u), g(v))\in E'$（或 $e'=\langle g(u), g(v)\rangle\in E'$），则称 G 与 G' 同构，记作 $G\cong G'$。

如图 6.1.10 所示，图(a)和图(b)同构。图中点集中的双射函数是 $g(v_1)=v'_1$，$g(v_2)=v'_2$，$g(v_3)=v'_3$，$g(v_4)=v'_4$。边之间的双射函数是 $g(v_i, v_j)=(g(v_i), g(v_j))=(v'_i, v'_j)$，$i=1, 2, 3, 4$。容易得出，图之间的同构关系是一种等价关系，即将图划分成多个互相同构的等价类。

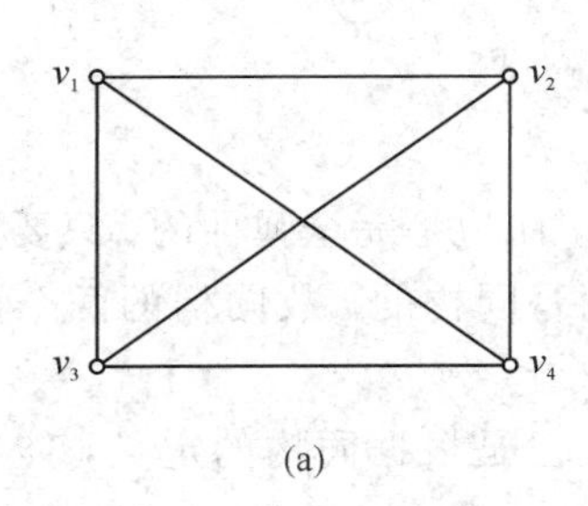

(a)

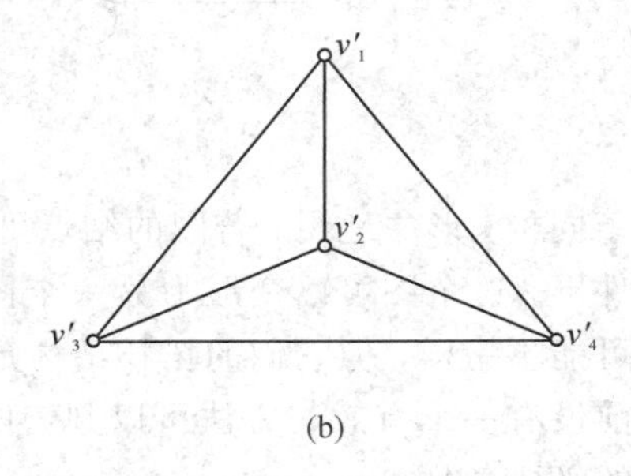

(b)

图 6.1.10

例 6.1.6　如图 6.1.11 所示，图(a)、图(b)、图(c)、图(d)是同构的，称作彼得森图。

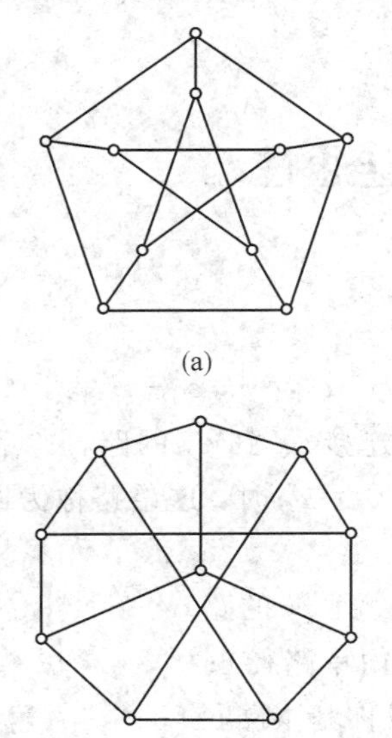

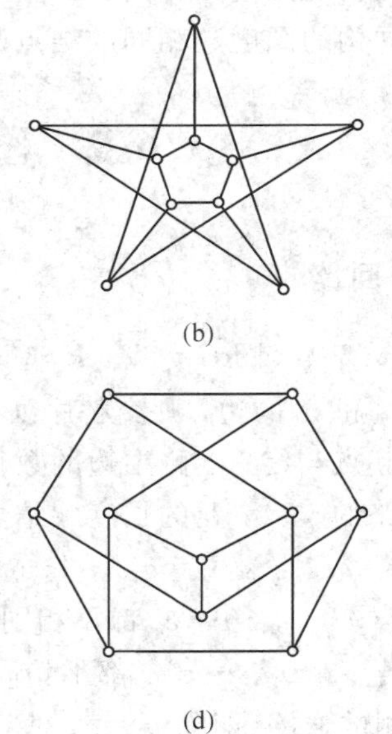

(a)　(b)　(c)　(d)

图 6.1.11

例 6.1.7　如图 6.1.12 所示，图(a)、图(b)是同构的，称作 $K_{3,3}$。

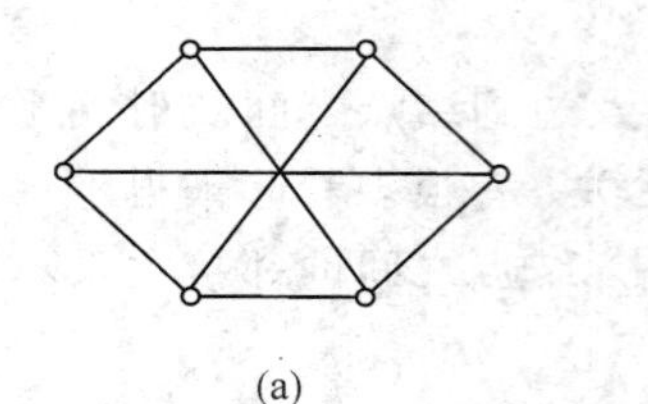

(a)

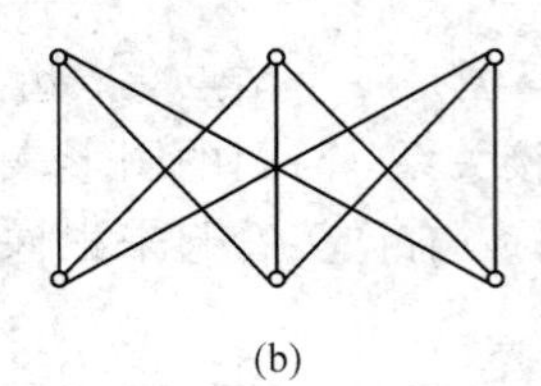

(b)

图 6.1.12

例 6.1.8　如图 6.1.13 所示，图(a)、图(b)不是同构的。

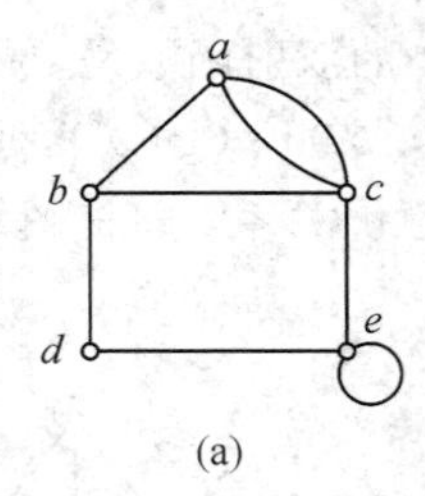

(a)

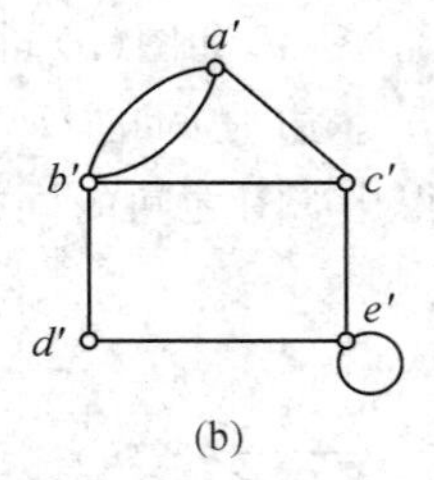

(b)

图 6.1.13

对于同构，形象地说，若图的结点可以任意挪动位置，而边是完全弹性的，只要在不拉断的条件下，这个图可以变形为另一个图，那么这两个图是同构的。故同构的两个图从外形上看可能不一样，但它们的拓扑结构是一样的。

目前没有一个有效的方法可以判定两个图是否同构，但是根据同构的定义，能够得出图同构的必要条件：

(1) 同构的图顶点数相同；

(2) 同构的图边数相同；

(3) 同构的图度数相同的结点数目相同。

6.2　图中的路与图的连通性

一、路与回路

定义 6.2.1　图 $G=\langle V, E\rangle$，设 $v_0, v_1, \cdots, v_k \in V$，$e_1, e_2, \cdots, e_k \in E$，其中 e_i 是关联于结点 v_{i-1} 和 v_i 的边，则交替序列 $v_0e_1v_1e_2v_2\cdots e_kv_k$ 称为连接 v_0 到 v_k 的路，v_0 和 v_k 分别称为路的起点与终点，路中边的数目 k 称为路的长度。当 $v_0=v_k$ 时，这条路称为回路。

根据路的定义，路的长度=结点数-1。

定义 6.2.2　设 $L=v_0e_1v_1e_2v_2\cdots e_kv_k$ 是图 G 中连接 v_0 到 v_k 的路。

(1) 若 $e_1, e_2, \cdots, e_k$ 都不相同，则路 L 称为迹(或称简单路径)；

(2) 若 $v_0, v_1, \cdots, v_k$ 都不相同，则路 L 称为通路(或称基本路径)；

(3) 闭的通路(即除 $v_0=v_k$ 外，其余结点均不相同的路) L 称为圈(或称基本回路)；

(4) 闭的迹 L 称为简单回路。

图 6.2.1(a)中，连接 v_5 到 v_3 的路 $v_5e_8v_4e_5v_2e_6v_5e_7v_3$，也是一条迹；路 $v_1e_1v_2e_3v_3$ 是一条通路；路 $v_1e_1v_2e_3v_3e_4v_2e_1v_1$ 是一条回路，但不是圈；路 $v_1e_1v_2e_3v_3e_2v_1$ 是一条回路，也是圈。

图 6.2.1(a)是无向图，v_5 到 v_3 的路 $v_5e_8v_4e_5v_2e_6v_5e_7v_3$ 可以由路上的结点唯一确定，所以无向简单图中的路可只由结点表示。$v_5e_8v_4e_5v_2e_6v_5e_7v_3$ 可简化为 $v_5v_4v_2v_5v_3$。

有向图中一条结点数大于 1 的路 $v_0e_1v_1e_2\cdots e_kv_k$ 可以由它的边序列 $e_1e_2\cdots e_k$ 确定，所以有向图的路可表示为 $e_1e_2\cdots e_k$。图 6.2.1(b)是有向图，路 $v_1e_1v_2e_3v_3e_7v_5$ 可写成 $e_1e_3e_7$。

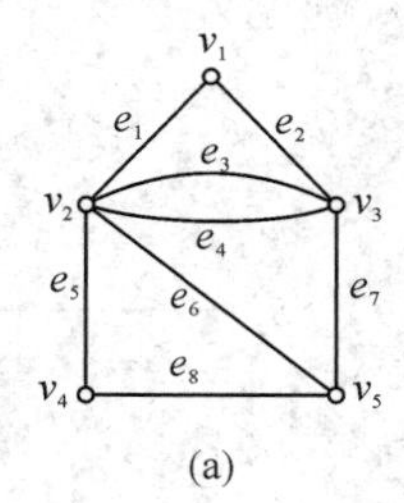

(a)

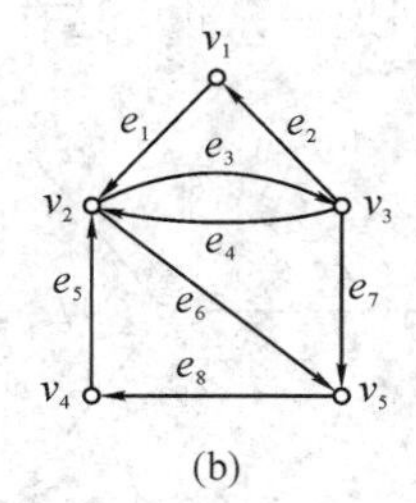

(b)

图 6.2.1

定理 6.2.1　图 $G=\langle V, E\rangle$，$|V|=n$，如果从 v_i 到 v_k 存在一条路，则从 v_i 到 v_k 必存在一条不多于 $n-1$ 条边的通路。

证明　假定从 v_i 到 v_k 存在一条路径 L，$(v_i, \cdots, v_j, \cdots, v_k)$是所经的结点，设 L 的长度为 l，则 L 上的结点数为 $l+1$。若 $l+1>n$，则必然存在结点 v_j，在 L 上不止出现一次。例如$(v_i, \cdots, v_j, \cdots, v_j, \cdots, v_k)$，则删去从 v_j 到 v_j 的这些边，它仍是从 v_i 到 v_k 的路，若仍有 $l+1>n$，则继续寻找路上的重复结点，删去它们之间的路。如此反复地进行，直至$(v_i, \cdots, v_j, \cdots, v_k)$中没有重复结点为止。此时，所得到的就是通路。通路上最多有 n 个结点，通路长度比所经结点数少 1，故通路长度不超过 $n-1$。

推论　图 $G=\langle V, E\rangle$，$|V|=n$，则 G 中任何一个圈的长度不大于 n。

下面我们利用通路的概念解决一个古老而又著名的渡河问题。

例 6.2.1(渡河问题)　一个摆渡人，要把一只狼、一只羊和一捆干草运过河去，河上有一只木船，每次除了人以外，只能带一样东西。另外，如果人不在旁时，狼就要吃羊，羊就要吃干草。问这人有几种方法能把它们运过河去？

解　用 F 表示摆渡人，W 表示狼，S 表示羊，H 表示干草。

若用 F、W、S、H 表示人和其他三样东西在河的左岸的状态，则在左岸全部可能出现的状态有以下 16 种：

$FWSH$	FWS	FWH	FSH
WSH	FW	FS	FH
WS	WH	SH	F
W	S	H	$\varnothing$

其中 $FWSH$ 表示都在左岸，$\varnothing$表示左岸为空，即人、狼、羊、草都已运到右岸去了。

根据题意检查一下就可以知道，这 16 种情况中有 6 种情况是不允许出现的，它们是

WSH、*FW*、*FH*、*WS*、*SH*、*F*。如 *FH* 表示人和干草在左岸，而狼和羊在右岸，这不符合题目要求。因此，允许出现的情况只有以下 10 种：

FWSH	*FWS*	*FWH*	*FSH*	*FS*
WH	*W*	*S*	*H*	∅

我们构造一个图，它的结点就是这 10 种状态。若一种状态可以转移到另一种状态，则在表示它们的两个结点间连一条边，这样就画出图，如图 6.2.2 所示。

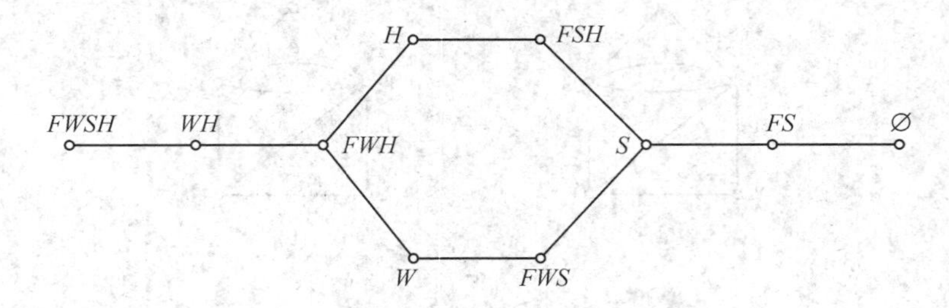

图 6.2.2

本题就转化为找结点 *FWSH* 到结点∅的通路。从图 6.2.2 中可得到 2 条这样的通路，因此有 2 种渡河方法。

二、无向图的连通性

定义 6.2.3 如果一个无向图的两个结点之间有一条路，则这两个结点是连通的。如果一个无向图的任何两个结点都是连通的，则该图是连通图，否则是非连通图。

结点之间的连通性是结点集 V 上的等价关系，因此对应这个等价关系，可对结点集 V 作出划分，把 V 分成非空子集 $V_1, V_2, \cdots, V_m$，两个结点 v_i 和 v_k 是连通的，当且仅当它们属于同一个划分 V_i。将子图 $G(V_1), G(V_2), \cdots, G(V_m)$ 称为图 G 的连通分支，将图 G 的连通分支数记作 $W(G)$。当且仅当图 G 的连通分支数 $W(G)=1$ 时，图 G 是连通的。

例如，图 6.2.3(a)是连通图，$W(G)=1$；图 6.2.3(b)是非连通图，$W(G)=3$。

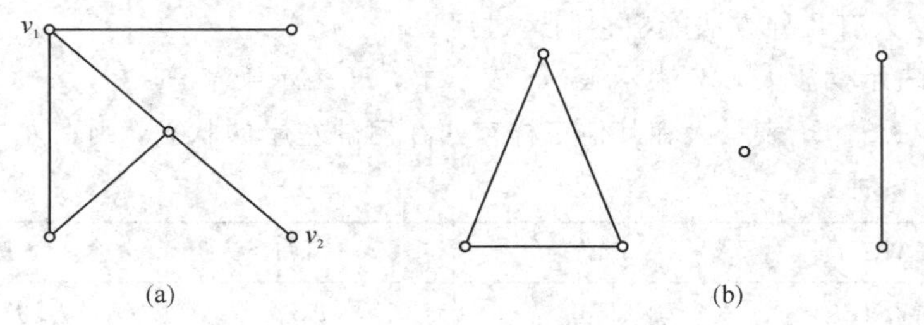

图 6.2.3

定义 6.2.4 在图 G 中，若结点 v_i 到 v_k 有路连接(这时称 v_i 和 v_k 是连通的)，则长度最短的路的长度称为 v_i 到 v_k 的距离，用符号 $d(v_i, v_k)$ 表示。若从 v_i 到 v_k 不存在路径，则 $d(v_i, v_k)=\infty$。

例如，图 6.2.3(a)中，$d(v_1, v_2)=2$。

注意　在有向图中，$d(v_i, v_k)$不一定等于$d(v_k, v_i)$，但一般地满足以下性质：

(1) $d(v_i, v_k) \geqslant 0$；

(2) $d(v_i, v_i) = 0$；

(3) $d(v_i, v_j) + d(v_j, v_k) \geqslant d(v_i, v_k)$。

对于连通性图 G，常由于删除了一些边或一些结点而影响图的连通性。删除边只需将该边删除，不用删除关联的结点，而删除一个结点是指将该结点及其所关联的边都删除。

定义 6.2.5　设 $G = \langle V, E \rangle$ 是连通无向图。

(1) 若存在结点集 $S \subseteq V$，使 $W(G-S) > 1$，而删除了 S 的任一个真子集后得到的子图是连通图，则称 S 是 G 的一个点割集。若 G 的某个点割集只包含一个结点，则该结点称为割点。

(2) 若存在边集 $S \subseteq E$，使 $W(G-S) > 1$，而删除了 S 的任一个真子集后得到的子图是连通图，则称 S 是 G 的一个边割集。若 G 的某个边割集只包含一条边，则该边称为割边或桥。

根据定义 6.2.5，我们可以得出以下结论：

(1) 若 v 是连通图 G 的一个割点，则 $G - \{v\}$ 是非连通图；

(2) 完全图 K_n 没有点割集，它的连通性是最好的；

(3) 完全图没有割边；

(4) 非连通图的点割集和边割集都是空集。

例如，如图 6.2.4 所示，在图 G 中，点割集有$\{v_2\}$、$\{v_3\}$、$\{v_4, v_5\}$，v_2、v_3 是割点；边割集有$\{(v_2, v_6)\}$、$\{(v_1, v_3), (v_2, v_3)\}$等，$(v_2, v_6)$是割边。

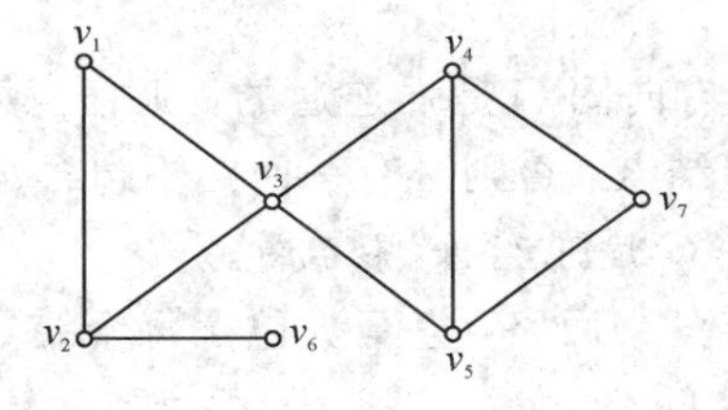

图 6.2.4

定义 6.2.6　设 $G = \langle V, E \rangle$ 是连通无向图，则

$$k(G) = \min\{|V_1| \mid V_1 \text{ 是 } G \text{ 的点割集}\}$$

$$\lambda(G) = \min\{|S| \mid S \text{ 是 } G \text{ 的边割集}\}$$

分别称为 G 的点连通度和边连通度。

由点连通度和边连通度的定义可知：

(1) 图 G 的点(边)连通度是为了使 G 成为一个非连通图所需要删除的最少的结点(边)数；

(2) 定义 $k(K_n) = n-1$；

(3) 对平凡图 G，规定 $\lambda(G) = 0$；

(4) 若 G 不连通，则 $k(G) = \lambda(G) = 0$；

(5) 若 G 存在割点(桥)，则 $k(G) = 1$ 或 $\lambda(G) = 1$。

三、有向图的可达性

定义 6.2.7　在有向图中，若从结点 u 到 v 有一条路，则称 u 可达 v。

定义 6.2.8　设有向图 G。

(1) 如果 G 的任意两个结点中，至少从一个结点可达另一个结点，则称图 G 是单侧连通的；

(2) 如果 G 的任意两个结点都是相互可达的，则称图 G 是强连通的；

(3) 如果略去边的方向后，G 成为连通的无向图，则称图 G 是弱连通的。

由定义可知：若图 G 是单侧连通的，则必是弱连通的；若图 G 是强连通的，则必是单侧连通的，且是弱连通的。但反之不真。

例如，图 6.2.5(a)是强连通的，图中任意两个结点都可达；图 6.2.5(b)是单侧连通的，至少从一个结点到另一个结点单方向可达；图 6.2.5(c)是弱连通的，略去了边的方向后成为连通图。

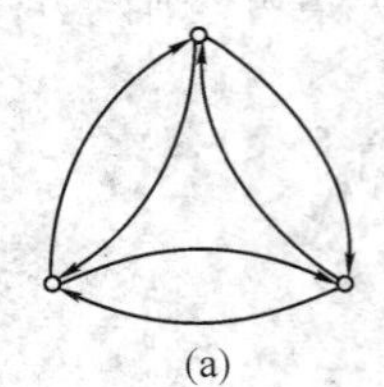
(a)

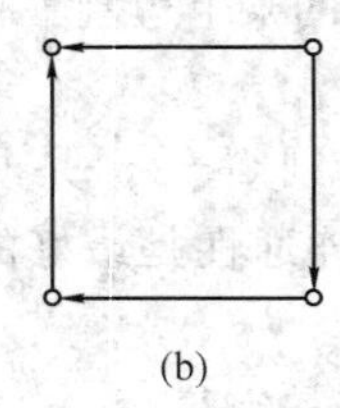
(b)

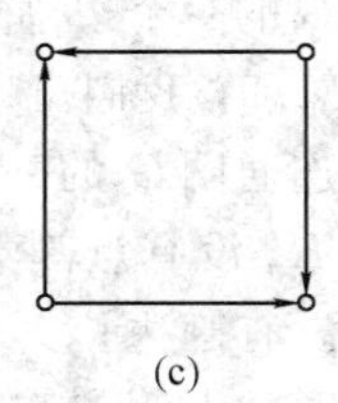
(c)

图 6.2.5

定理 6.2.2　一个有向图 G 是强连通的，当且仅当 G 中有一个回路，它至少包含每个结点一次。

证明　先证必要性。如果有向图 G 是强连通的，则任意两个结点都是相互可达的，故必可作一回路经过图中所有各结点，否则必有一回路不包含某一结点 v。这样，v 与回路上各结点就不能相互可达，这与“G 是强连通”相矛盾。

再证充分性。如果 G 中有一个回路，它至少包含每个结点一次，则 G 中任意两个结点是相互可达的，故 G 是强连通的。

有向图中结点之间的可达性关系没有对称性。但是在强连通图中，可达性关系具有自反、对称、传递性。将图 G 中的结点进行划分，从而引出分图的概念。

定义 6.2.9　在有向图 $G=\langle V, E\rangle$ 中，G' 是 G 的子图，若 G' 是强连通的(单侧连通的，弱连通的)，并且不存在包含 G' 的具有强连通(单侧连通，弱连通)性质的更大子图 G''，则称 G' 是 G 的强分图(单侧分图，弱分图)。

例如，图 6.2.6 中，强分图是 $\langle\{1, 2, 3\}, \{e_1, e_2, e_3\}\rangle$，$\langle\{4\}, \varnothing\rangle$，$\langle\{5\}, \varnothing\rangle$，$\langle\{6\}, \varnothing\rangle$，$\langle\{7, 8\}, \{e_7, e_8\}\rangle$，单侧分图是 $\langle\{1, 2, 3, 4, 5\}, \{e_1, e_2, e_3, e_4, e_5\}\rangle$，$\langle\{5, 6\}, \{e_6\}\rangle$，$\langle\{7, 8\}, \{e_7, e_8\}\rangle$，弱分图是 $\langle\{1, 2, 3, 4, 5, 6\}, \{e_1, e_2, e_3, e_4, e_5, e_6\}\rangle$，$\langle\{7, 8\}, \{e_7, e_8\}\rangle$。

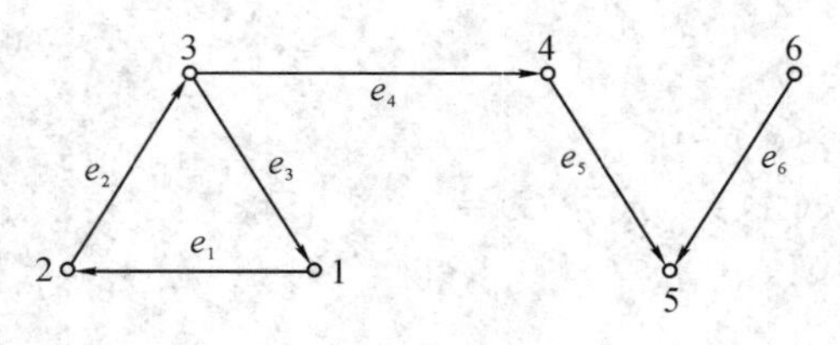

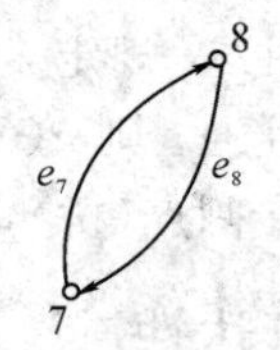

图 6.2.6

定理 6.2.3　在有向图 $G=\langle V, E\rangle$ 中，它的每个结点位于且只位于一个强分图中。

证明　假设 $v\in V$，令 S 是 G 中所有与 v 互相可达的结点的集合，当然 v 也在 S 之中，而 S 是 G 的一个强分图，因此 G 的每一结点必位于一个强分图中。

假设 v 位于两个不同的强分图 S_1 和 S_2 之中，因为 S_1 中每个结点与 v 相互可达，而 v 与 S_2 中每个结点也相互可达，故 S_1 中任意一个结点与 S_2 中任意一个结点通过 v 相互可达，这与题设"S_1 为强分图"相矛盾。故 G 的每一结点只能位于一个强分图之中。

6.3　图的矩阵表示

可用边与结点间的映射关系来表示一个图，也可用图形的方法来直观表示这个图。但是当结点与边的数目很多时，这种表示方法是不方便的。本节介绍一种用矩阵表示图的方法。利用这种方法，可以把图用矩阵的形式存储在计算机中，还可以利用矩阵的运算方便地得到图的性质。

一、邻接矩阵

定义 6.3.1　设 $G=\langle V, E\rangle$ 是有 n 个结点的简单图，$V=\{v_1, v_2, \cdots, v_n\}$，则 n 阶方阵 $\boldsymbol{A}=(a_{ij})$ 称为 G 的邻接矩阵，其中

$$a_{ij}=\begin{cases}1, & (v_i, v_j)\in E \\ 0, & \text{其他}\end{cases}$$

由图 6.3.1 知，无向图的邻接矩阵是一个对称阵；邻接矩阵的对角线元素均为 0，因为自己与自己不邻接；邻接矩阵与结点的标定次序有关；邻接矩阵中某行(列)为 1 的个数为该结点的度数。

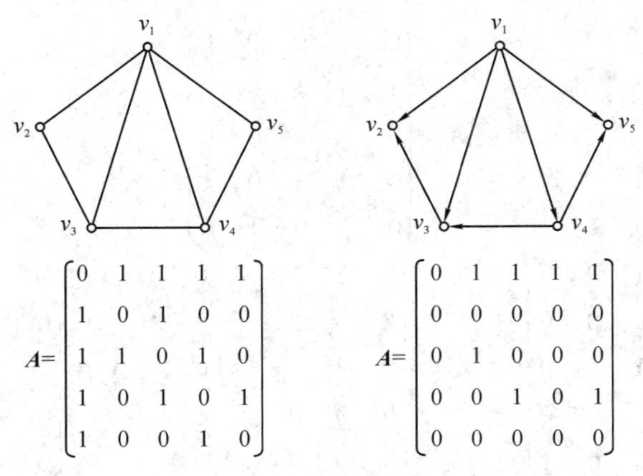

v_1
v_2
v_5
v_3
v_4
$$\boldsymbol{A}=\begin{bmatrix}0&1&1&1&1\\1&0&1&0&0\\1&1&0&1&0\\1&0&1&0&1\\1&0&0&1&0\end{bmatrix}$$
v_1
v_2
v_5
v_3
v_4
$$\boldsymbol{A}=\begin{bmatrix}0&1&1&1&1\\0&0&0&0&0\\0&1&0&0&0\\0&0&1&0&1\\0&0&0&0&0\end{bmatrix}$$

图 6.3.1

有向图第 i 行中 1 的个数等于 v_i 的出度；有向图第 j 列中 1 的个数等于 v_j 的入度。如 v_1 的出度为 1，入度为 0。

零图的邻接矩阵为零矩阵。

以上是根据邻接矩阵能直接得出的关于图的特征。

根据邻接矩阵，我们还可以解决以下两个问题：

(1) 如何计算从结点 v_i 到结点 v_j 的长度为 k 的路的数目？

(2) 结点 v_i 到结点 v_j 是否有路？

下面先来回答第一个问题，如何根据邻接矩阵计算从结点 v_i 到结点 v_j 的长度为 k 的路的数目。

定理 6.3.1 设 G 是具有 n 个结点 $\{v_1, v_2, \cdots, v_n\}$ 的图，其邻接矩阵为 $\mathbf{A}$，则 $\mathbf{A}^k$ $(k=1, 2, \cdots)$ 的第 i 行第 j 列元素 $a_{i,j}^k$ 是从 v_i 到 v_j 的长度等于 k 的路的总数。

由定理 6.3.1 可得出以下结论：

(1) 如果对 $m=1, 2, \cdots, n-1$，$\mathbf{A}^m$ 的 (i, j) 项元素 $(i \neq j)$ 都为零，那么 v_i 和 v_j 之间无任何路相连接，即 v_i 和 v_j 不连通。因此，v_i 和 v_j 必属于 G 的不同的连通分支。

(2) 结点 v_i 到 $v_j (i \neq j)$ 间的距离 $d(v_i, v_j)$ 是使 $\mathbf{A}^m (m=1, 2, \cdots, n-1)$ 的 (i, j) 项元素不为零的最小整数 m。

(3) $\mathbf{A}^m$ 的 (i, i) 项元素 $a_{ii}^{(m)}$ 表示开始并结束于 v_i 长度为 m 的回路的数目。

例 6.3.1 图 $G=\langle V, E \rangle$ 如图 6.3.2 所示，求邻接矩阵 $\mathbf{A}$、$\mathbf{A}^2$、$\mathbf{A}^3$ 和 $\mathbf{A}^4$，并分析其元素的图论意义。

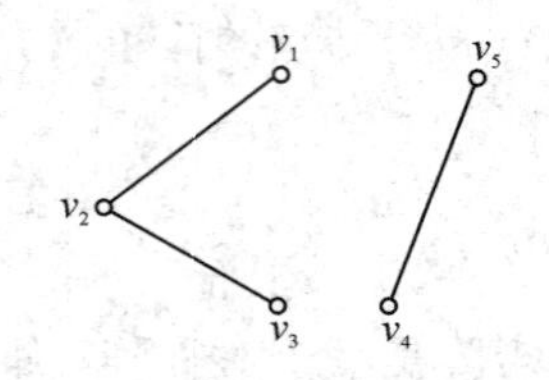

图 6.3.2

解 邻接矩阵为

$$\mathbf{A}=\begin{pmatrix} 0 & 1 & 0 & 0 & 0 \\ 1 & 0 & 1 & 0 & 0 \\ 0 & 1 & 0 & 0 & 0 \\ 0 & 0 & 0 & 0 & 1 \\ 0 & 0 & 0 & 1 & 0 \end{pmatrix}$$

$$\mathbf{A}^2=\begin{pmatrix} 1 & 0 & 1 & 0 & 0 \\ 0 & 2 & 0 & 0 & 0 \\ 1 & 0 & 1 & 0 & 0 \\ 0 & 0 & 0 & 1 & 0 \\ 0 & 0 & 0 & 0 & 1 \end{pmatrix}, \quad \mathbf{A}^3=\begin{pmatrix} 0 & 2 & 0 & 0 & 0 \\ 2 & 0 & 2 & 0 & 0 \\ 0 & 2 & 0 & 0 & 0 \\ 0 & 0 & 0 & 0 & 1 \\ 0 & 0 & 0 & 1 & 0 \end{pmatrix}, \quad \mathbf{A}^4=\begin{pmatrix} 2 & 0 & 2 & 0 & 0 \\ 0 & 4 & 0 & 0 & 0 \\ 2 & 0 & 2 & 0 & 0 \\ 0 & 0 & 0 & 1 & 0 \\ 0 & 0 & 0 & 0 & 1 \end{pmatrix}$$

由 $\mathbf{A}$ 中 $a_{12}^{(1)}=1$ 知，v_1 和 v_2 是邻接的。

由 $\mathbf{A}^2$ 的主对角线上元素知，每个结点都有长度为 2 的回路，其中结点 v_2 有两条：$v_2v_1v_2$ 和 $v_2v_3v_2$，其余结点只有一条。

由 $\mathbf{A}^3$ 中 $a_{12}^{(3)}=2$ 知，v_1 到 v_2 长度为 3 的路有两条：$v_1v_2v_1v_2$ 和 $v_1v_2v_3v_2$；由于 $\mathbf{A}^3$ 的主对角线上元素全为零，因此 G 中没有长度为 3 的回路。

由于 $a_{34}^{(1)}=a_{34}^{(2)}=a_{34}^{(3)}=a_{34}^{(4)}=0$，因此结点 v_3 和 v_4 间无路，它们属于不同的连通分支。

$d(v_1, v_3)=2$。

二、可达性矩阵

接下来回答第二个问题，即从邻接矩阵求出结点 v_i 到结点 v_j 是否有路。

首先来定义可达性矩阵。

定义 6.3.2　设 $G=\langle V, E\rangle$ 是有 n 个结点的简单有向图，$V=\{v_1, v_2, \cdots, v_n\}$，则 n 阶方阵 $\boldsymbol{P}=(p_{ij})$ 称为 G 的可达性矩阵，其中

$$p_{ij}=\begin{cases}1, & v_i \text{ 到 } v_j \text{ 可达}\\ 0, & \text{其他}\end{cases}$$

根据可达性矩阵的定义，下面讨论有向图中任意两个结点之间是否至少存在一条路以及是否存在回路。

可根据邻接矩阵求出可达性矩阵。主要思路是无论有长度为几的路，两个结点之间只要有路，就是可达的。

方法一：

(1) 令 $\boldsymbol{B}_n=\boldsymbol{A}+\boldsymbol{A}^2+\cdots+\boldsymbol{A}^n$；

(2) 将矩阵 $\boldsymbol{B}_n$ 中不为零的元素均改为 1，为零的元素不变，所得的矩阵 $\boldsymbol{P}$ 就是可达性矩阵。

当 n 很大时，这种求可达性矩阵的方法就很复杂。

方法二：

因可达性矩阵是一个元素仅为 1 或 0 的矩阵(称为布尔矩阵)，而在研究可达性问题时，我们对于两个结点间具有路的数目并不感兴趣，所关心的只是两个结点间是否有路存在。因此，我们可将矩阵 $\boldsymbol{A}, \boldsymbol{A}^2, \cdots, \boldsymbol{A}^n$ 分别改为布尔矩阵 $\boldsymbol{A}, \boldsymbol{A}^{(2)}, \cdots, \boldsymbol{A}^{(n)}$，其中矩阵加法和乘法分别为矩阵的布尔加 $\vee$ 和布尔乘 $\wedge$。所以令 $\boldsymbol{P}=\boldsymbol{A}\vee\boldsymbol{A}^{(2)}\vee\cdots\vee\boldsymbol{A}^{(n)}$ 即可。

当 n 很大时，该方法比方法一略简单，但依然复杂。

方法三：

利用 Warshall 算法求可达性矩阵 $\boldsymbol{P}$。

根据可达性矩阵的定义，若两个结点之间有路，则两个结点可达。这与传递闭包的含义完全相同，因此可采用 Warshall 算法来求可达性矩阵。

当 n 很大时，Warshall 算法比方法一和方法二简单得多。

例 6.3.2　求图 6.3.3 的可达性矩阵。

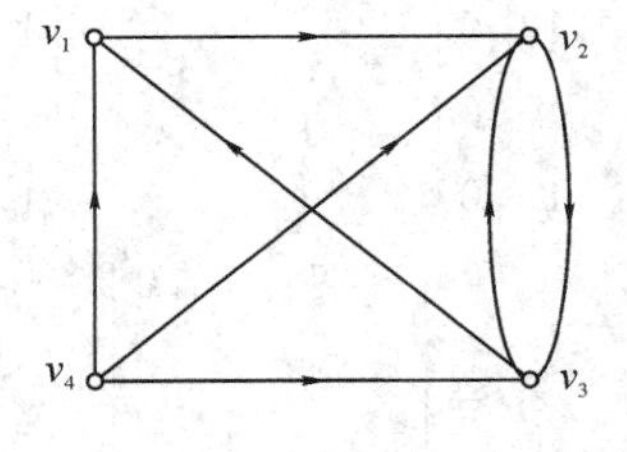

图 6.3.3

解　方法一：邻接矩阵为

$$\boldsymbol{A}=\begin{pmatrix}0&1&0&0\\0&0&1&0\\1&1&0&0\\1&1&1&0\end{pmatrix}$$

$$\boldsymbol{A}^2=\begin{pmatrix}0&0&1&0\\1&1&0&0\\0&1&1&0\\1&2&1&0\end{pmatrix},\quad \boldsymbol{A}^3=\begin{pmatrix}1&1&0&0\\0&1&1&0\\1&1&1&0\\1&2&2&0\end{pmatrix},\quad \boldsymbol{A}^4=\begin{pmatrix}0&1&1&0\\1&1&1&0\\1&2&1&0\\2&3&2&0\end{pmatrix}$$

$\boldsymbol{B}_4=\boldsymbol{A}+\boldsymbol{A}^2+\boldsymbol{A}^3+\boldsymbol{A}^4$，在 $\boldsymbol{B}_4$ 中，将不为 0 的数字改为 1，得到可达性矩阵 $\boldsymbol{P}$：

$$\boldsymbol{B}_4=\begin{pmatrix}1&3&2&0\\2&3&3&0\\3&5&3&0\\5&8&6&0\end{pmatrix},\quad \boldsymbol{P}=\begin{pmatrix}1&1&1&0\\1&1&1&0\\1&1&1&0\\1&1&1&0\end{pmatrix}$$

方法二：采用布尔矩阵相乘的方法求可达性矩阵。

$$\boldsymbol{P}=\boldsymbol{A}+\boldsymbol{A}^{(2)}+\boldsymbol{A}^{(3)}+\boldsymbol{A}^{(4)}$$

$$\boldsymbol{A}^{(2)}=\begin{pmatrix}0&1&0&0\\0&0&1&0\\1&1&0&0\\1&1&1&0\end{pmatrix}\wedge\begin{pmatrix}0&1&0&0\\0&0&1&0\\1&1&0&0\\1&1&1&0\end{pmatrix}=\begin{pmatrix}0&0&1&0\\1&1&0&0\\0&1&1&0\\1&1&1&0\end{pmatrix}$$

$$\boldsymbol{A}^{(3)}=\begin{pmatrix}1&1&0&0\\0&1&1&0\\1&1&1&0\\1&1&1&0\end{pmatrix},\quad \boldsymbol{A}^{(4)}=\begin{pmatrix}0&1&1&0\\1&1&1&0\\1&1&1&0\\1&1&1&0\end{pmatrix},\quad \boldsymbol{P}=\begin{pmatrix}1&1&1&0\\1&1&1&0\\1&1&1&0\\1&1&1&0\end{pmatrix}$$

方法三：采用 Warshall 算法求可达性矩阵。

$$\boldsymbol{A}=\begin{pmatrix}0&1&0&0\\0&0&1&0\\1&1&0&0\\1&1&1&0\end{pmatrix},\quad \boldsymbol{A}^{(1)}=\begin{pmatrix}0&1&0&0\\0&0&1&0\\1&1&0&0\\1&1&1&0\end{pmatrix},\quad \boldsymbol{A}^{(2)}=\begin{pmatrix}0&1&1&0\\0&0&1&0\\1&1&1&0\\1&1&1&0\end{pmatrix}$$

$$\boldsymbol{A}^{(3)}=\begin{pmatrix}1&1&1&0\\1&1&1&0\\1&1&1&0\\1&1&1&0\end{pmatrix},\quad \boldsymbol{A}^{(4)}=\boldsymbol{A}^{(3)}=\begin{pmatrix}1&1&1&0\\1&1&1&0\\1&1&1&0\\1&1&1&0\end{pmatrix}$$

$$\boldsymbol{P}=\begin{pmatrix}1&1&1&0\\1&1&1&0\\1&1&1&0\\1&1&1&0\end{pmatrix}$$

计算强分图可以用来检测操作系统中进程请求资源引起的死锁。设 p_1、p_2 为进程，r_1、r_2 为资源。若进程 p_1 占据资源 r_1 又请求资源 r_2，进程 p_2 占据资源 r_2 又请求资源 r_1，则会引起死锁。采用图论的解决办法，可将资源作为结点，把进程作为有向边。被占据的资源作为始点，被请求的资源作为终点，从而死锁状态对应于有向图的强分图。

例 6.3.3　求图 6.3.3 的强分图。

解　先写出图 G 的可达性矩阵 $\boldsymbol{P}$，再求出 $\boldsymbol{P}^{\mathrm{T}}$ 和 $\boldsymbol{P}\wedge\boldsymbol{P}^{\mathrm{T}}$。

$$\boldsymbol{P}\wedge\boldsymbol{P}^{\mathrm{T}}=\begin{pmatrix}1&1&1&0\\1&1&1&0\\1&1&1&0\\0&0&0&0\end{pmatrix}$$

于是可得强分图的顶点集为 $\{v_1, v_2, v_3\}$，$\{v_4\}$。

例 6.3.4　设 t 时刻的相关资源集为 $R=\{r_1, r_2, r_3, r_4\}$，进程集为 $P=\{p_1, p_2, p_3, p_4\}$，进程占据资源的情况如下：

p_1 占据资源 r_4 且请求资源 r_1；

p_2 占据资源 r_1 且请求资源 r_2 和 r_3；

p_3 占据资源 r_2 且请求资源 r_3；

p_4 占据资源 r_3 且请求资源 r_1 和 r_4。

使用可达性矩阵，求出图 6.3.4 对应的强分图，即可检测出死锁状态。

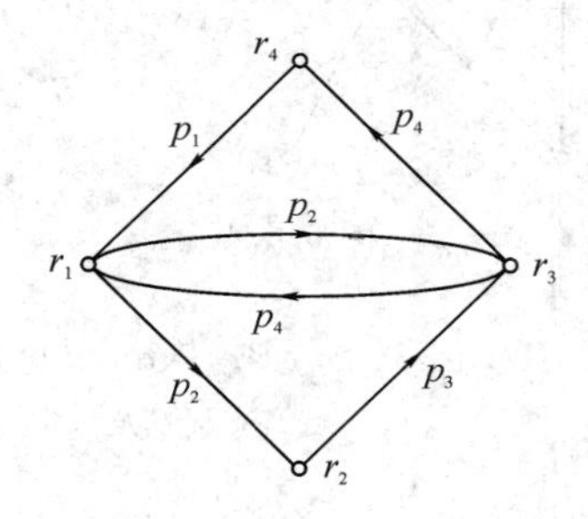

图 6.3.4

$$\boldsymbol{P}\wedge\boldsymbol{P}^{\mathrm{T}}=\begin{pmatrix}1&1&1&1\\1&1&1&1\\1&1&1&1\\1&1&1&1\end{pmatrix}$$

于是可得强分图的顶点集为 $\{v_1, v_2, v_3, v_4\}$。在 t 时刻处于死锁状态。

6.4　典型例题解析

例 6.4.1　设 $G=\langle V, E\rangle$ 为无环的无向图，$|V|=6$，$|E|=16$，则 G 是(　　)。

A. 完全图　　B. 零图　　C. 简单图　　D. 多重图

相关知识　图的基本概念

分析与解答　考察完全图、零图、简单图、多重图的定义。若图 G 不是多重图，则 $|E|\leqslant\frac{|V|\times(|V|-1)}{2}=\frac{6\times5}{2}=15$，而 $|E|=16$，所以 G 是多重图。答案选 D。

例 6.4.2　下列数组中，不能构成无向图的度数列的数组是（　　）。

A.（1，1，1，2，3）　　B.（1，2，3，4，5）

C.（2，2，2，2，2）　　D.（1，3，3，3）

相关知识　图的基本概念

分析与解答　无向图度数为奇数的结点有偶数个，B 不满足这个条件。答案选 B。

例 6.4.3　下列数组中，（　　）可构成无向简单图的度数序列。

A.（1，1，2，2，3）　　B.（1，1，2，2，2）

C.（0，1，3，3，3）　　D.（1，3，4，4，5）

相关知识　图的基本概念

分析与解答　A、D 均不能构成图，因为度数为奇数的结点有奇数个；C 不能构成简单图；只有 B 满足条件。答案选 B。

例 6.4.4　图 G 如图 6.4.1 所示，以下说法正确的是（　　）。

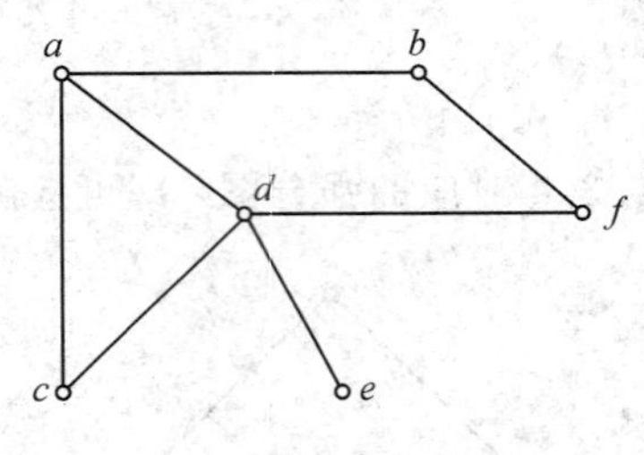

图 6.4.1

A. $\{(a, d)\}$是割边　　B. $\{(a, d)\}$是边割集

C. $\{(d, e)\}$是边割集　　D. $\{(d, e), (d, c)\}$是边割集

相关知识　图的连通性

分析与解答　考察边割集，割边的概念。边割集 S 满足条件：删除了 S，图 G 不连通，但删除了 S 的任意一个真子集后得到的子图是连通图。若边割集 S 中只有一条边，则 S 中的边为割边。$\{(a, d)\}$删除后图仍然连通，所以 A 和 B 不对。$\{(d, e), (d, c)\}$删除后图不连通，但只需要删除$\{(d, e)\}$就不连通了，所以 D 不对。答案选 C。

例 6.4.5　已知图 G 的邻接矩阵为 $\begin{pmatrix}0&1&0&1&1\\1&0&0&0&1\\0&0&0&1&1\\1&0&1&0&1\\1&1&1&1&0\end{pmatrix}$，则 G 有（　　）。

A. 5 点，8 边　　B. 6 点，7 边

C. 6 点，8 边　　D. 5 点，7 边

相关知识　图的矩阵表示

分析与解答　方阵的行列数为图的顶点数，对角阵中 1 的个数为边数。答案选 D。

例 6.4.6　设有向图如图 6.4.2 所示，则下列结论成立的是(　　)。

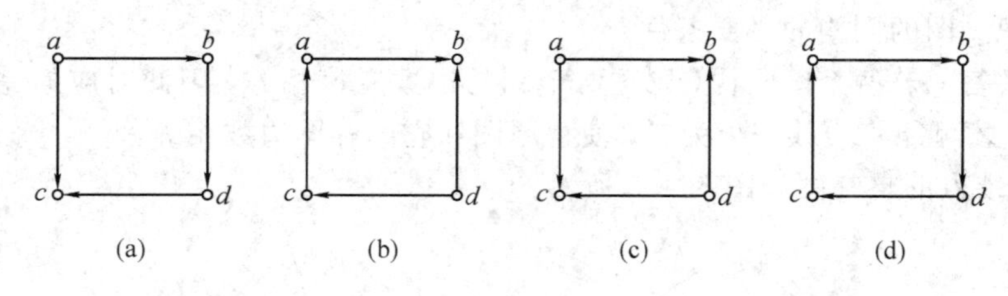

图 6.4.2

A. (a)是强连通的　B. (b)是强连通的　C. (c)是强连通的　D. (d)是强连通的

相关知识　图的连通性

分析与解答　有向图是强连通的，当且仅当有一个回路包含图中所有结点一次。答案选 D。

例 6.4.7　以下结论正确的是(　　)。

A. 仅有一个孤立结点构成的图是零图

B. 无向完全图 K_n 每个结点的度数是 n

C. $n(n>1)$个孤立结点构成的图是平凡图

D. 简单图中每个结点的度数最多是 $n-1$

相关知识　图的基本概念

分析与解答　根据零图、完全图、平凡图、简单图的定义判断。答案选 D。

例 6.4.8　在有 n 个结点的连通图中，其边数(　　)。

A. 最多有 $n-1$ 条　　B. 至少有 $n-1$ 条

C. 最多有 n 条　　D. 至少有 n 条

相关知识　图的基本概念

分析与解答　若图是连通图，至少有 $n-1$ 条边。答案选 B。

例 6.4.9　无向图结点之间的连通关系是(　　)。

A. 偏序关系　　B. 相容关系

C. 等价关系　　D. 反对称关系

相关知识　图的基本概念，关系的性质

分析与解答　无向图的连通关系具有自反、对称、传递性，因此是等价关系。答案选 C。

例 6.4.10　一个无向图有 4 个结点，其中 3 个度数为 2、3、3，则第 4 个结点的度数不可能是(　　)。

A. 0　　B. 1

C. 2　　D. 4

相关知识　图的基本概念

分析与解答　图中度数为奇数的结点有偶数个，所以另一个结点的度数不可能是 1。答案选 B。

例 6.4.11 一个图如果同构于它的补图，则该图称为自补图。

(1) 试给出一个 5 个结点的自补图；

(2) 是否有 3 个或者 6 个结点的自补图。

相关知识 图的同构的必要条件

分析与解答 若两个图同构，则这两个图的边数应该相等。因此对应的完全图的边数应该为偶数，才可能将边数一分为二，使得原图和它的补图边数相等。

(1) 5 个结点的自补图如图 6.4.3 所示。

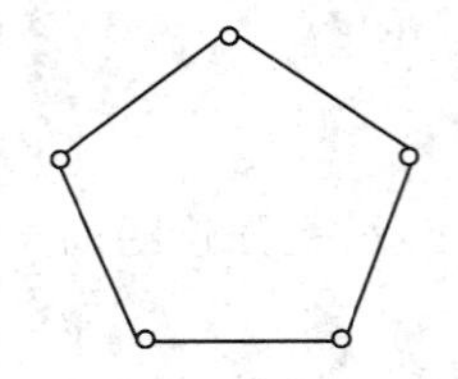
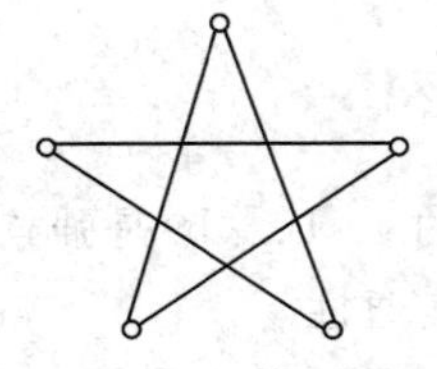

图 6.4.3

(2) 设图 G 是自补图，有 m 条边，图 G 对应的完全图的边数为 n，则图 G 对应的补图 $\overline{G}$ 中的边数为 $n-m$。因为 $G\cong\overline{G}$，故 G 与 $\overline{G}$ 边数相等，即 $m=n-m$，亦即 $n=2m$，由此可知图 G 对应的完全图的边数 n 为偶数。因为 3 个结点对应的完全图的边数为 3，6 个结点对应的完全图的边数为 15，都不是偶数，所以没有 3 个或 6 个结点的自补图。

例 6.4.12 证明若简单无向图 G 是不连通的，那么补图 $\overline{G}$ 必定是连通的。

相关知识 图的连通性

分析与解答 若图 G 是连通图，则图 G 中任意两个结点之间都是连通的。

设简单无向图 G 是不连通的，那么 G 至少由两个连通分支 G_1 和 G_2 组成，G_1 中有结点 $\{v_1, v_2, \cdots, v_m\}$，$G_2$ 中有结点 $\{u_1, u_2, \cdots, u_n\}$。边 (u_i, v_j) 均在 $\overline{G}$ 中 $(i=1, 2, \cdots, m;$ $j=1, 2, \cdots, n)$。

从 $\overline{G}$ 中任意取两点，有两种可能性：

(1) 两点来自同一个连通分支；

(2) 两点来自不同的两个连通分支。

若是情况(1)，假设从 G_1 中取了 v_1 和 v_2，那么在 G_2 中一定存在结点 u_1，(v_1, u_1)、(v_2, u_1) 属于 $\overline{G}$，$\overline{G}$ 中 v_1 和 v_2 通过 u_1 连通。

若是情况(2)，假设从 G_1 中取了 v_1，从 G_2 中取了 u_1，那么 (v_1, u_1) 属于 $\overline{G}$，v_1 和 u_1 在 $\overline{G}$ 中直接连通。因此在 $\overline{G}$ 中任意两个结点都连通，从而 $\overline{G}$ 是连通的。

例 6.4.13 有 7 个人 a、b、c、d、e、f、g 分别精通下列语言：a 精通英语；b 精通汉语和英语；c 精通英语、俄语和意大利语；d 精通日语和英语；e 精通德语和意大利语；f 精通法语、日语和俄语；g 精通法语和德语。问他们 7 个人是否可以自由交谈(必要时借助他人作翻译)。

相关知识 图的连通性

分析与解答 将 7 个人用图的结点表示，若他们能交谈，则将两个结点连接，通过图的连通性判定是否能够自由交谈。

图 6.4.4 中 7 个顶点表示 7 个人，关联两个顶点的边表示两个人同时精通某一种语言。

由于该图是连通的，因此他们 7 个人是可以自由交谈的(必要时借助他人作翻译)。

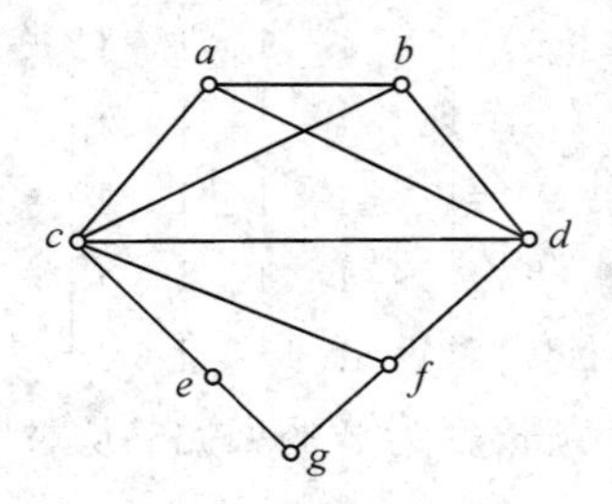

图 6.4.4

例 6.4.14　给出的有向图 G 如图 6.4.5 所示。

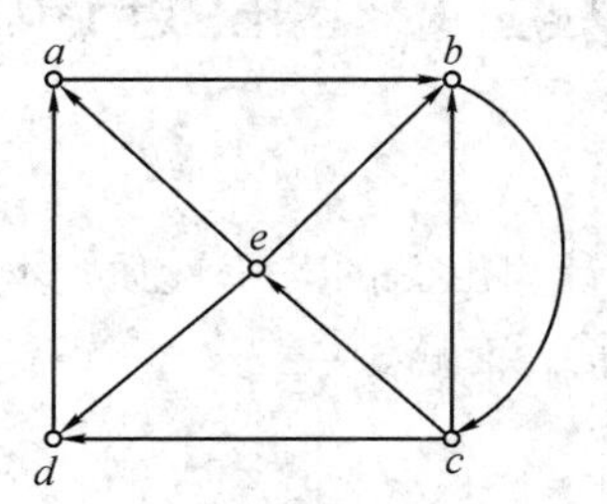

图 6.4.5

(1) 计算它的邻接矩阵 $\boldsymbol{A}$ 及 $\boldsymbol{A}^2$、$\boldsymbol{A}^3$、$\boldsymbol{A}^4$、$\boldsymbol{A}^5$；

(2) 计算它的可达性矩阵 $\boldsymbol{P}$；

(3) 请通过上述矩阵判断有几条长度为 2 的回路？从 c 到 b 有几条长度为 3 的路径？

相关知识　图的矩阵表示

分析与解答　首先写出有向图的邻接矩阵，再根据邻接矩阵求得从结点 v_i 到结点 v_j 长度为 k 的路的数量。

(1) 它的邻接矩阵为

$$\boldsymbol{A}=\begin{pmatrix}0&1&0&0&0\\0&0&1&0&0\\0&1&0&1&1\\1&0&0&0&0\\1&1&0&1&0\end{pmatrix},\quad \boldsymbol{A}^2=\begin{pmatrix}0&0&1&0&0\\0&1&0&1&1\\2&1&1&1&0\\0&1&0&0&0\\1&1&1&0&0\end{pmatrix}$$

$$\boldsymbol{A}^3=\begin{pmatrix}0&1&0&1&1\\2&1&1&1&0\\1&3&1&1&1\\0&0&1&0&0\\0&2&1&1&1\end{pmatrix},\quad \boldsymbol{A}^4=\begin{pmatrix}2&1&1&1&0\\1&3&1&1&1\\2&3&3&2&1\\0&1&0&1&1\\2&2&2&2&1\end{pmatrix}$$

$$\boldsymbol{A}^5=\begin{pmatrix}1&3&1&1&1\\2&3&3&2&1\\3&6&3&4&3\\2&1&1&1&0\\3&5&2&3&2\end{pmatrix}$$

（2）它的可达性矩阵为

$$P=\begin{pmatrix}1&1&1&1&1\\1&1&1&1&1\\1&1&1&1&1\\1&1&1&1&1\\1&1&1&1&1\end{pmatrix}$$

（3）从 $\boldsymbol{A}^2$ 中可以知道，有 2 条长度为 2 的回路；从 $\boldsymbol{A}^3$ 中可以知道，从 c 到 b 有 3 条长度为 3 的路径。

上机实验 4　图的连通性判定

1. 实验目的

通过邻接矩阵可以用计算机计算出图的若干性质，本实验通过输入邻接矩阵，判定图 G 是不是连通图，两个结点之间是否有路。

2. 实验内容

（1）从文件读入邻接矩阵，判定该图是否是有向图。

（2）计算图中有多少条边，以及任意一个结点的度数。

（3）判定任意两个结点之间是否有路。

（4）判定图中任意两个结点之间长度为 k 的路有多少条。

（5）通过邻接矩阵，求图的可达性矩阵。

习　题　6

6.1　设无向图 $G=\langle V, E\rangle$，$V=\{v_1, v_2, v_3, v_4, v_5, v_6\}$，$E=\{(v_1, v_2), (v_2, v_2), (v_4, v_5), (v_3, v_4), (v_1, v_3), (v_3, v_1), (v_2, v_4)\}$。

（1）画出图 G 的图形；

（2）写出结点 v_2、v_4、v_6 的度数；

（3）判断图 G 是简单图还是多重图。

6.2　证明：若无向图 G 中只有两个奇数度结点，则这两个结点一定是连通的。

6.3　下列各组数中，哪些能构成无向图的度数序列，哪些能构成无向简单图的度数序列。

（1）$\{1, 1, 1, 2, 3\}$；

（2）$\{2, 2, 2, 2, 2\}$；

（3）$\{3, 3, 3, 3\}$；

（4）$\{1, 2, 3, 4, 5\}$；

（5）$\{1, 3, 3, 3\}$。

6.4　设图 G 中有 9 个结点，每个结点的度数不是 5 就是 6。证明：G 中至少有 5 个 6 度结点或者至少有 6 个 5 度结点。

6.5　若有 n 个人，每个人恰好有 3 个朋友，证明 n 必为偶数。

6.6　如图所示，图(a)和图(b)同构吗？为什么？

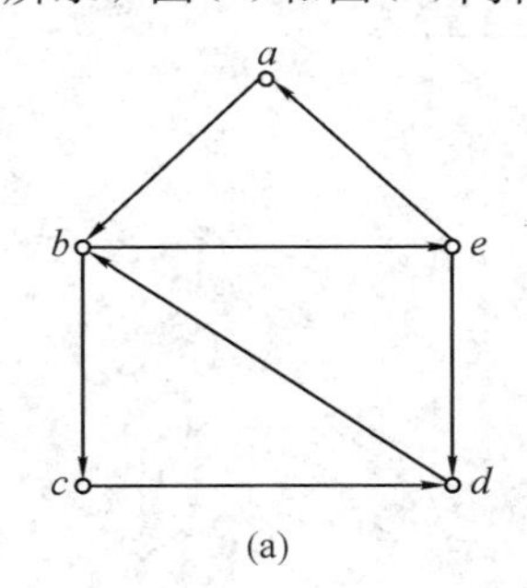

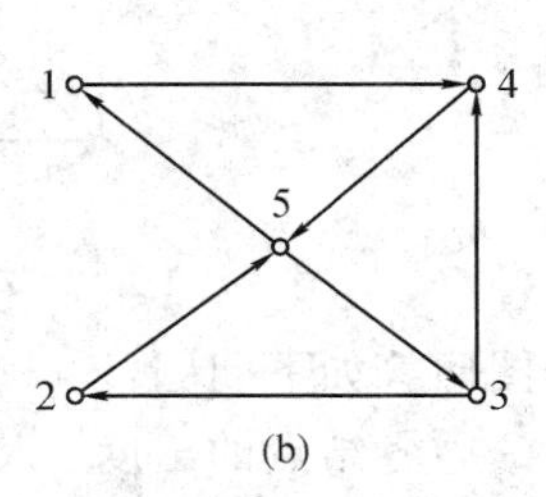

题 6.6 图

6.7　设给定图 G，如图所示，写出图 G 的点割集。

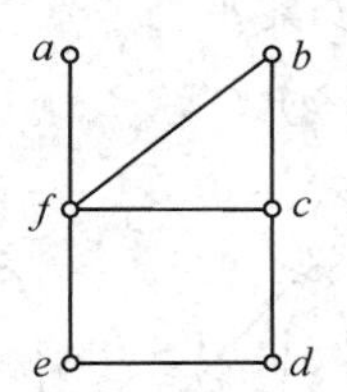

题 6.7 图

6.8　根据如图所示的无向图 G，完成如下问题：

写出图 G 的点割集、边割集，并求出图的点连通度、边连通度，判断是否存在割点和桥，若存在，请写出割点和桥。

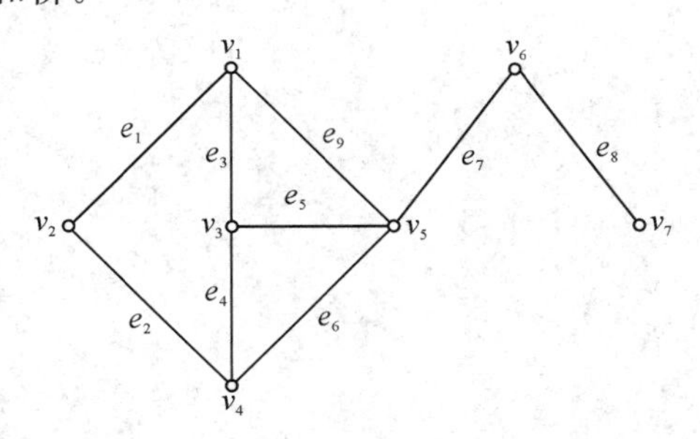

题 6.8 图

6.9　试求出如图所示有向图的强分图、弱分图和单侧分图。

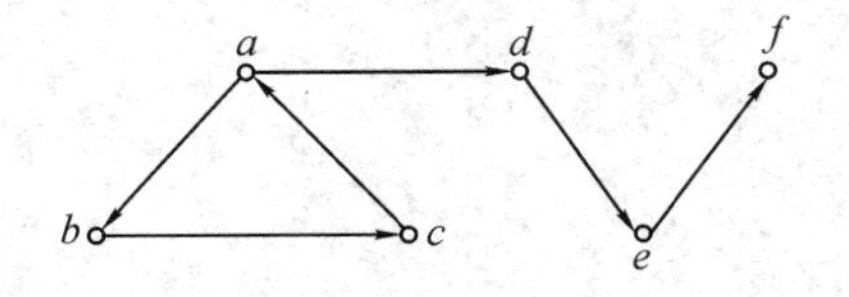

题 6.9 图

6.10　如图所示。

(1) 计算它的邻接矩阵 $\boldsymbol{A}$，并求出从 v_1 到 v_4 的长度为 1、2、3、4 的路径的条数；

(2) 计算可达性矩阵 $\boldsymbol{P}$，并根据 $\boldsymbol{P}$ 说出 G 的各强分图。

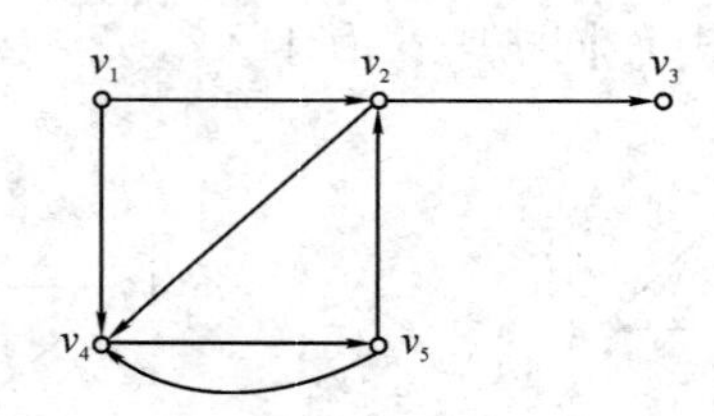

题 6.10 图

6.11　根据图回答如下问题：

(1) 写出图 G 中各结点的出度、入度和度数；

(2) 写出图 G 的可达性矩阵；

(3) 判断图 G 的连通性质；

(4) 图 G 中长度为 4 的通路有多少条？

(5) 图 G 中长度为 4 的回路有多少条？

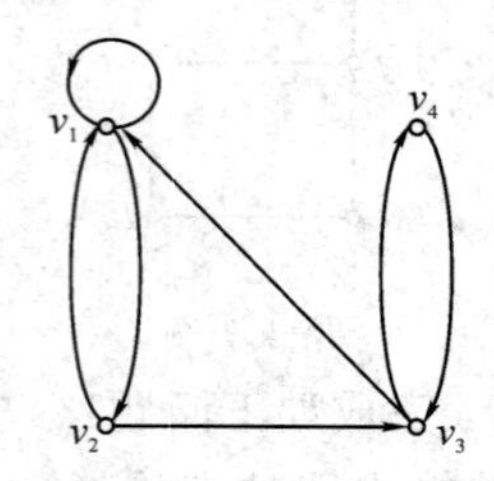

题 6.11 图

第 7 章　特殊的图

第 6 章主要介绍了图论的基本概念，本章介绍几种特殊的图，包括欧拉图、汉密尔顿图、平面图、二分图以及图的着色问题。

7.1　欧　拉　图

图论起源于 18 世纪。1736 年瑞士数学家欧拉(Euler)发表了有关图论的第一篇论文“哥尼斯堡七桥问题”。在当时的哥尼斯堡城有一条横贯全城的普雷格尔河，河中的两个岛与两岸用七座桥连接起来。当时那里的居民提出了一个问题：游人怎样不重复地走遍七座桥，最后回到出发点？

欧拉解决了该问题，他用图论方法证明了哥尼斯堡七桥问题无解。这是图论史上第一篇重要论文，标志着图论的开端。

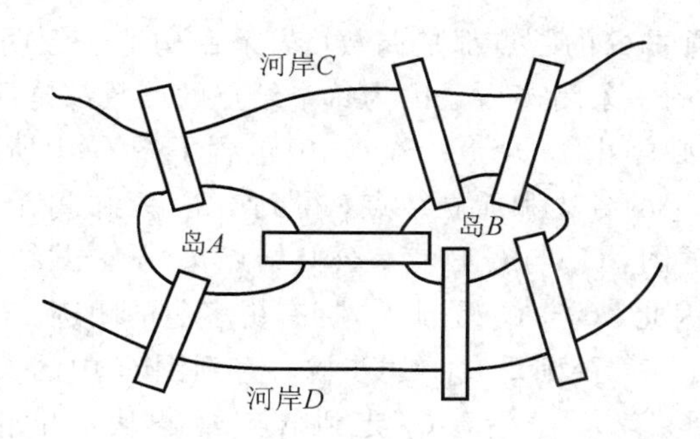

图 7.1.1

将图 7.1.1 中哥尼斯堡城的 4 块陆地部分分别用 A、B、C、D 表示，将陆地设想为图的结点，而把桥画成相应的连接边，这样图 7.1.1 可简化成图 7.1.2。于是七桥“遍游”问题等价于从某一结点出发在图 7.1.2 中找到一条回路，通过它的每条边一次且仅一次，并回到出发的结点。

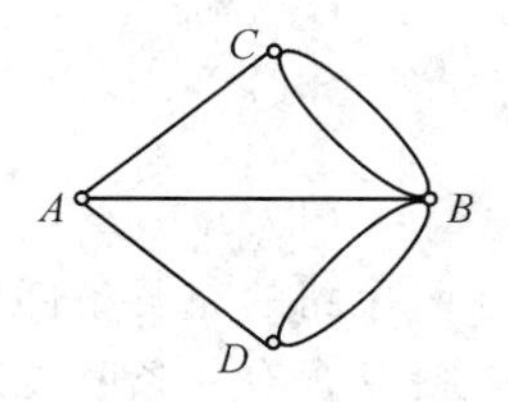

图 7.1.2

定义 7.1.1　给定无孤立结点的图 G，若存在一条路经过 G 中每边一次且仅一次，则该路称为欧拉路。若存在一条回路经过 G 中每边一次且仅一次，则该回路称为欧拉回路。具有欧拉回路的图称为欧拉图。

例 7.1.1 图 7.1.3(a)是欧拉图，图 7.1.3(b)不是欧拉图。

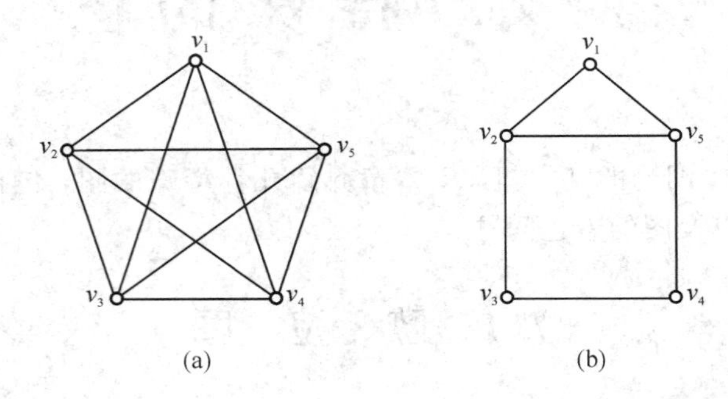

图 7.1.3

如何判定图中是否存在欧拉路或者欧拉回路，可采用定理 7.1.1 所给出的判定条件。

定理 7.1.1 连通无向图 G 是欧拉图的充要条件是 G 的所有结点的度数都是偶数。

证明 先证必要性。设 G 是一欧拉图，L 是 G 中的一条欧拉回路。当 L 通过 G 的任一结点时，必通过关联于该点的两条边。又因为 G 中的每条边仅出现一次，所以 L 所通过的每个结点的度数必是偶数。

再证充分性。设连通图 G 的结点都是偶数度，采用构造法证明欧拉回路的存在性。从任意点 v_0 出发，构造 G 的一条闭迹 C_1。因为每个结点的度数都是偶数，不可能停止于某点 $v_i \neq v_0$ 上，因此最终 C_1 必停止于 v_0 上。若 C_1 中包含了图 G 中所有的边，则欧拉回路存在；否则，从 G 中删除 C_1 的各边和孤立结点，得到 G_1。G_1 中每个结点的度数必然也是偶数。由于图 G 本身是连通图，G_1 与 C 必然有公共结点 u。从公共结点 u 出发，在 G_1 中重复上述步骤得到闭迹 C_2。因此，C_1+C_2 是比 C_1 拥有更多边的闭迹。若 C_1+C_2 能包含图 G 中的所有边，则欧拉回路存在，否则重复上述步骤，直到图 G 中的边都包含在闭迹中为止。图 7.1.4 中，G 的欧拉回路为从 v_0 沿着 C_1 走到结点 u，再从 u 开始沿着 C_2 回到结点 u，然后沿着 C_1 走回结点 v_0。

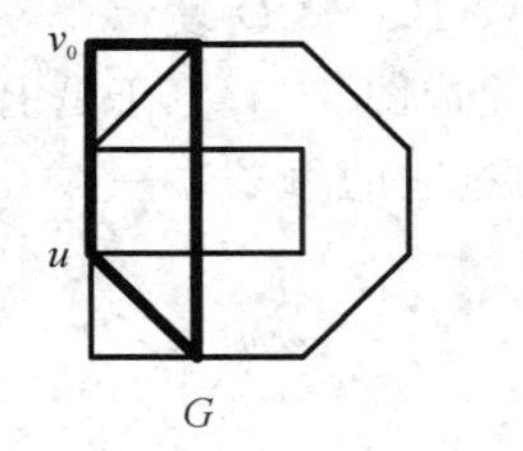

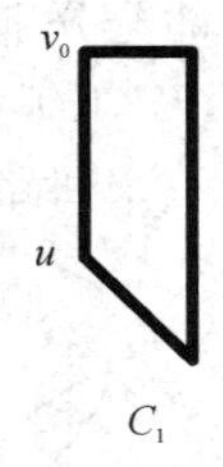

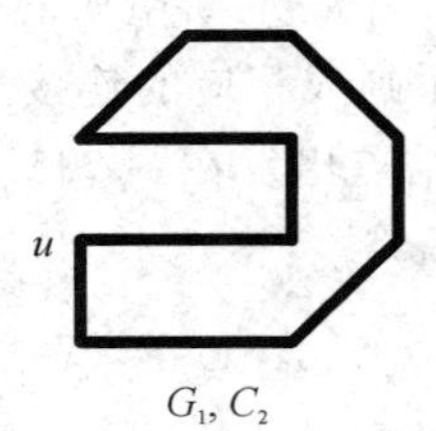

图 7.1.4

定理 7.1.2 连通无向图 G 存在欧拉路的充要条件是 G 中只有两个奇数度结点。

证明 先证必要性。设连通无向图 G 含有一条欧拉路 L，则在 L 中除了起点与终点外，其余每个结点都与偶数条边相关联，因此，G 中最多有两个奇数度结点。

再证充分性。若 G 中只有两个奇数度结点 u 和 v，则连接这两点，得到图 G'，使 G' 中所有结点的度数都为偶数。由定理 7.1.1 知，图 G'中存在欧拉回路 C。从欧拉回路 C 中删去边 uv，则得到迹 L，L 的两个端点为 u 和 v，并且包含 G 中所有的边，即 L 为所求欧拉路。

根据欧拉路和欧拉回路的判定条件，在哥尼斯堡七桥问题中，图 7.1.2 有 4 个奇数度结点，因此哥尼斯堡七桥问题无解，即不存在一条回路，遍游这七座桥又回到出发点。

我国民间很早就流传一种"一笔画"游戏。由定理 7.1.1 和定理 7.1.2 知，有以下两种情况可以一笔画：

(1) 如果连通图中所有结点是偶数度结点，则可以任选一点作为始点一笔画完；

(2) 如果连通图中只有两个奇数度结点，则可以选择其中一个奇数度结点作为始点一笔画完。

例 7.1.2　判断图 7.1.5 中各图能否一笔画出。

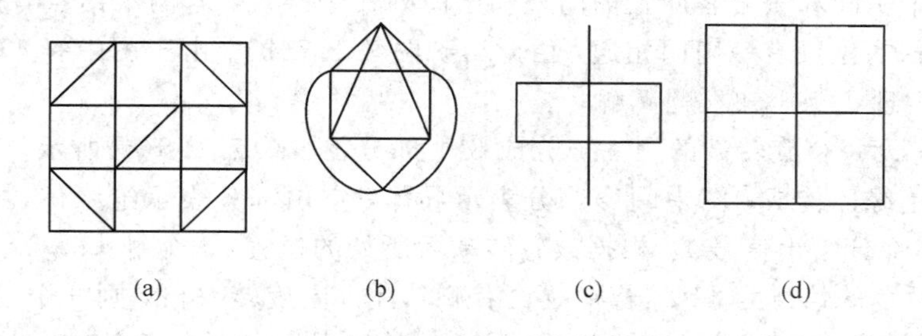

图 7.1.5

解　要判断一个图能否一笔画出，就是判断图中是否存在欧拉回路或者欧拉图。在图 7.1.5 中，图(a)、(c)均只有两个奇数度结点，图(b)所有结点度数均为偶数，图(d)有四个奇数度结点，由定理 7.1.1 和定理 7.1.2 知，除了图(d)之外，图(a)～(c)都能一笔画出。

定义 7.1.2　给定有向图 G，通过图中每边一次且仅一次的一条单向路(回路)，称作单向欧拉路(回路)。

定理 7.1.3　一个连通有向图具有单向欧拉回路的充要条件是图中每个结点的入度等于出度。一个连通有向图具有单向欧拉路的充要条件是最多除两个结点外的每个结点的入度等于出度，但在这两个结点中，一个结点的入度比出度大 1，另一个结点的入度比出度小 1。

例如，图 7.1.6(a)沿箭头方向从 u 到 v 有一条单向欧拉路，图 7.1.6(b)沿箭头方向从 u 到 u 有一条单向欧拉回路。

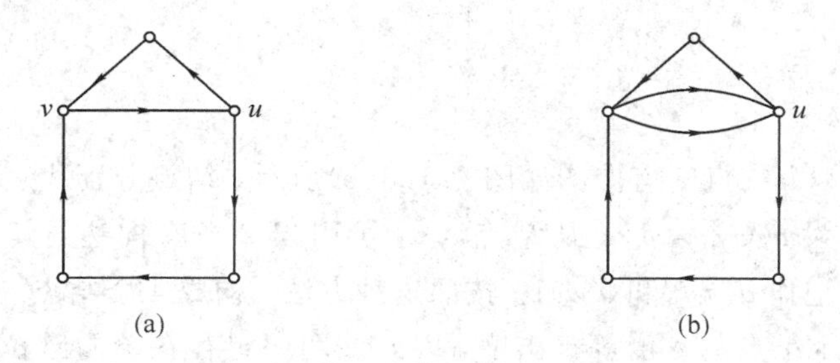

图 7.1.6

例 7.1.3　图 7.1.7(a)是一幢房子的平面图形，前门进入后是 1 个客厅，由客厅通向 4

个房间。如果要求每扇门只能走一次，现在由前门进去，能否通过所有的门走遍所有的房间和客厅，然后从后门走出去？

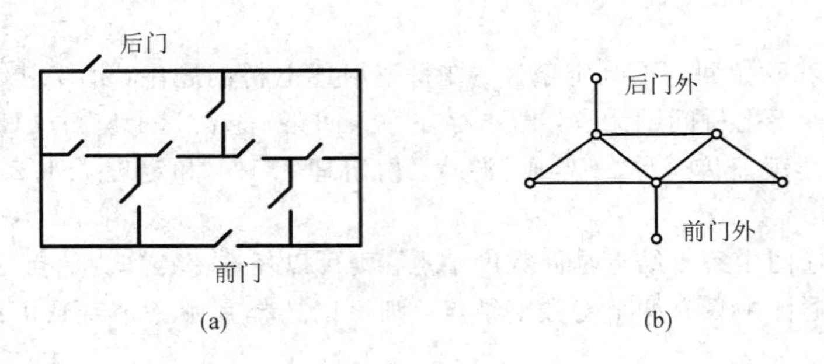

图 7.1.7

解　将 4 个房间和 1 个客厅及前门外和后门外作为结点，若两个结点有边相连就表示两个结点所表示的位置有一扇门相通，由此得到图 7.1.7(b)。由于图中有 4 个结点是奇数度结点，故由定理 7.1.1 知本题无解。

例 7.1.4　设一个旋转鼓的表面被分成 8 个部分，如图 7.1.8(a)所示。其中每一部分分别由导体或绝缘体构成，图中阴影部分表示导体，空白部分表示绝缘体，绝缘体部分给出信号 0，导体部分给出信号 1。根据鼓轮转动后所处的位置，3 个触头 a、b、c 将获得一定的信息。图中所示的信息为 110，若将鼓轮沿顺时针方向旋转一格，则 3 个触头 a、b、c 获得 101。试问鼓轮上 8 个部分怎样安排导体及绝缘体，才能使鼓轮每旋转一格后，3 个触头得到的每组信息(共 8 组)均不相同？这个问题也即：把 8 个二进制数字排成一个环形，使得 3 个依次相连的数字所组成的 8 个 3 位二进制数均不相同。

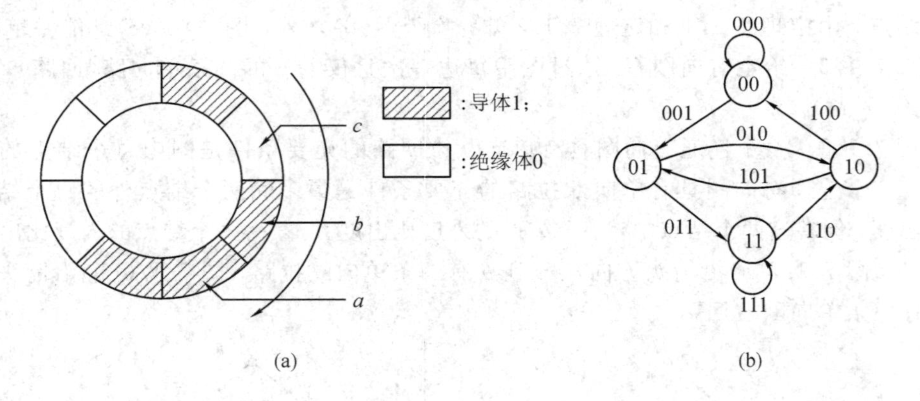

图 7.1.8

解　设有一个 4 个结点的有向图如图 7.1.8(b)所示，结点分别代表 4 个 2 位二进制数 {00，01，10，11}。设 $a_i \in \{0, 1\}$，从结点 a_1a_2 可引出 2 条有向边，其终点分别是 $a_2 0$ 和 $a_2 1$，这 2 条边分别记作 $a_1a_2 0$ 和 $a_1a_2 1$。按照这种方法，构成 4 个结点 8 条边的有向图。在图 7.1.8(b)中，每个结点的入度等于出度，因此该图一定存在单向欧拉回路。沿着某条单向欧拉回路，必然能遍游图中所有边，并回到出发点，如图 7.18(a)所示，8 组 3 位二进制数为{110，101，010，100，000，001，011，111}。

至此，我们跟大家讨论了欧拉回路和欧拉路的判定问题。下面讨论 Fleury 算法，用计算机求解欧拉路。

Fleury 算法：

输入：图 G（G 中至多含有 2 个奇数度结点）。

输出：欧拉回路或者欧拉路 L。

STEP 1： 取 G 中一个点 v_0（若图中没有奇数度结点，则 v_0 为任意点；若图中有 2 个奇数度结点，则 v_0 为其中的一个奇数度结点）。

STEP 2： 选择一条从点 v_0 出发的边 e_0（若 e_0 可以不为桥，则不选桥，否则选桥），设 e_0 连向点 v_1，删除 e_0，然后：

（1）若 e_0 不为桥，则走到点 v_1；若 e_0 必须为桥，则走到点 v_1 并删去点 v_0。

（2）$L \leftarrow v_0 e_0 v_1$，$v_0 = v_1$，重复 STEP 2。

STEP 3： 边集为空时，算法结束，输出 L。

如图 7.1.9 所示，每个结点的度数都为偶数，因此存在欧拉回路。利用 Fleury 算法，寻找一条欧拉回路，如表 7.1.1 所示。

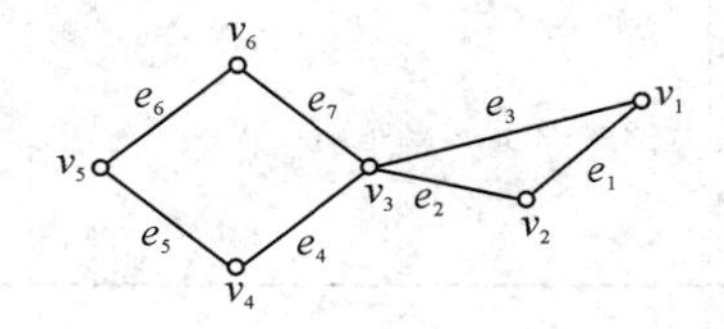

图 7.1.9

表 7.1.1

选择结点	选择边	路	G
v_1			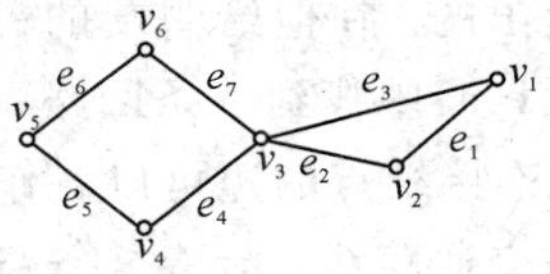
v_2	e_1	$v_1 e_1 v_2$	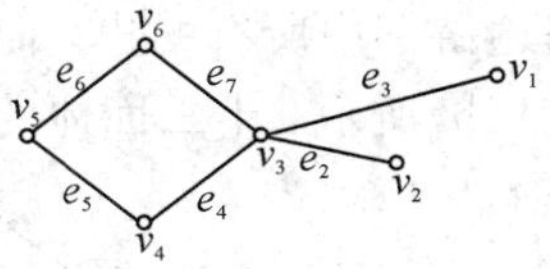
v_3	e_2（e_2 为桥，删去边 e_2，删去结点 v_2）	$v_1 e_1 v_2 e_2 v_3$	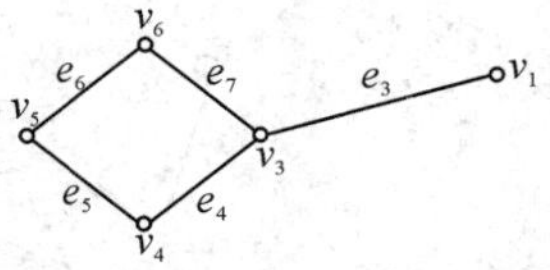
v_4	e_4（此时不能选 e_3，因为 e_3 是桥）	$v_1 e_1 v_2 e_2 v_3 e_4 v_4$	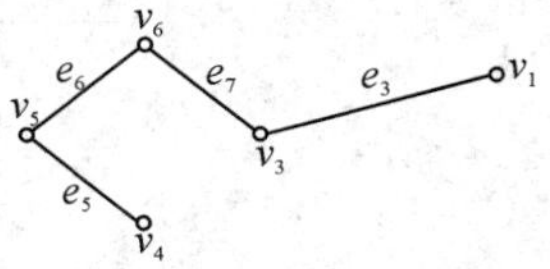

续表

选择结点	选择边	路	G
v_5	e_5	$v_1 e_1 v_2 e_2 v_3 e_4 v_4 e_5 v_5$	
v_6	e_6	$v_1 e_1 v_2 e_2 v_3 e_4 v_4 e_5 v_5 e_6 v_6$	
v_3	e_7	$v_1 e_1 v_2 e_2 v_3 e_4 v_4 e_5 v_5 e_6 v_6 e_7 v_3$	
v_1	e_3	$v_1 e_1 v_2 e_2 v_3 e_4 v_4 e_5 v_5 e_6 v_6 e_7 v_3 e_3 v_1$	

7.2 汉密尔顿图

与欧拉图问题非常类似的问题是汉密尔顿图问题。它是由英国数学家汉密尔顿于 1859 年提出的。在他给朋友的一封信中首先谈到关于十二面体的一个数学游戏：能不能在图 7.2.1(a)中找到一条回路，使得该回路包含图中的所有结点？图中的所有结点可以看作城市，连接结点的边可以看作连接城市的交通路线。于是，这个问题可以演变为能不能找到一条交通路线，沿着这条路线能遍游所有城市，又回到出发点？欧拉图问题是要找到一条回路遍游图中所有的边，而汉密尔顿图问题是要找到一条回路，遍游图中所有结点。如图 7.2.1(b)所示，十二面体的汉密尔顿回路是存在的。

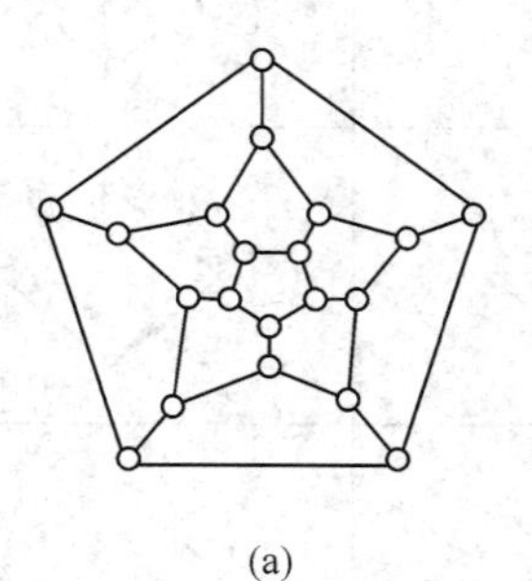

(a)

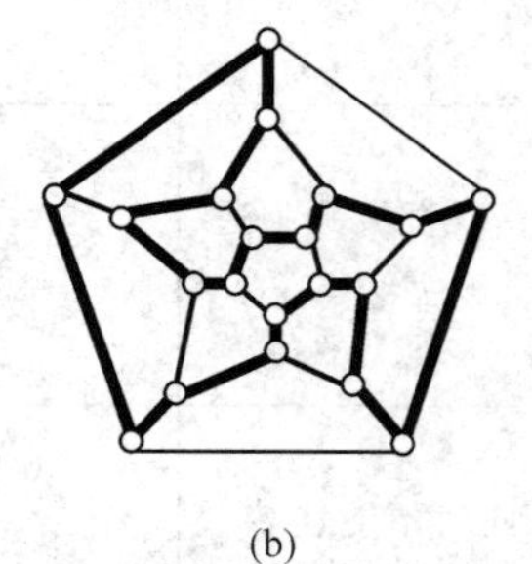

(b)

图 7.2.1

从图 7.2.1(b)可以看出，汉密尔顿回路就是找一个圈，把路上的结点串起来。它虽然和欧拉图类似，但是解决思路却完全不同。一般地，判定一个图是否为汉密尔顿图是很困难的。到目前为止还没有找到判定一个图为汉密尔顿图的充要条件，寻找该充要条件仍是图论中尚未解决的主要问题之一。

定义 7.2.1　给定图 G，若有一条路通过 G 中每个结点恰好一次，则这样的路称为汉密尔顿路；若有一个圈，通过 G 中每个结点恰好一次，则这样的圈称为汉密尔顿回路(或汉密尔顿圈)。具有汉密尔顿回路的图称为汉密尔顿图。

下面介绍汉密尔顿图存在的必要条件，使用该条件能够判定一个图不是汉密尔顿图。

定理 7.2.1　设图 $G=\langle V, E\rangle$ 是汉密尔顿图，则对于 V 的每个非空子集 S，均有

$$W(G-S)\leqslant|S|$$

成立，其中 $W(G-S)$ 是图 $G-S$ 的连通分支数。

证明　设 C 是 G 中的汉密尔顿回路，则由定义可知 C 将图 G 中的所有结点串成一个圈。V 中的任意一个结点 a_1 一定在 C 上。删除 a_1，$C-a_1$ 非回路，但图 G 仍然连通。再删去 V 中的另一个结点 a_2，连通分支数最多为 2，即 $W(G-a_1-a_2)\leqslant 2$。由归纳法可知，在 $G-S$ 中，圈 C 最多被分为 $|S|$ 段，即

$$W(G-S)\leqslant|S|$$

用定理 7.2.1 可以证明一个图不是汉密尔顿图。

例 7.2.1　证明图 7.2.2(a)不是汉密尔顿图。

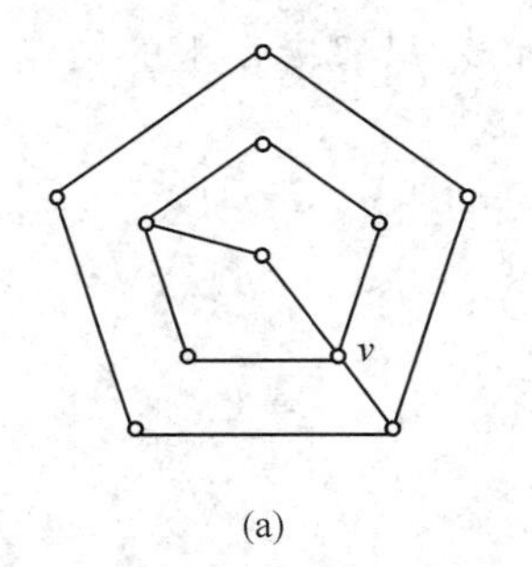

(a)

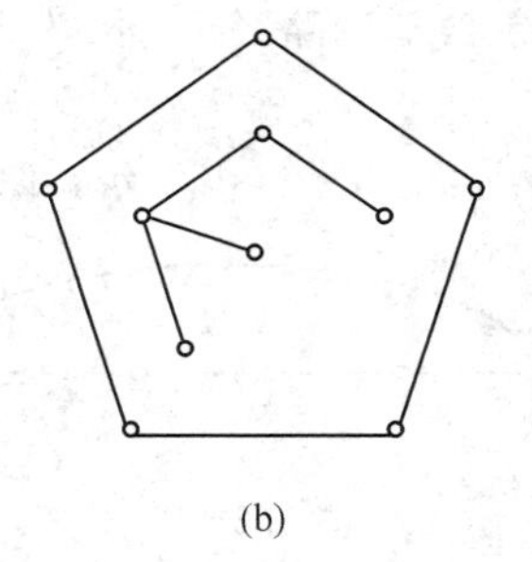

(b)

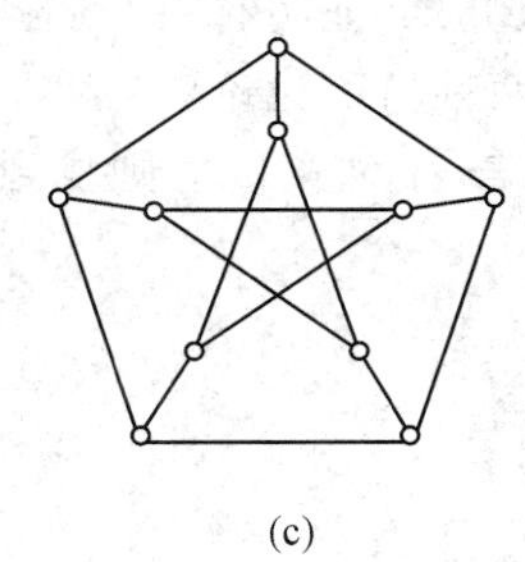

(c)

图 7.2.2

证明　在图 7.2.2(a)中，找 $S=\{v\}$，删除 S，得到图 7.2.2(b)，产生了 2 个连通分支。$W(G-S)=2$，而 $|S|=1$，故 $W(G-S)>|S|$。由定理 7.2.1 知，图 7.2.2(a)为非汉密尔顿图。

此方法不总是有效。例如，著名的彼得森图，如图 7.2.2(c)所示，在图中任意删除 1 个结点或者 2 个结点都连通，任意删除 3 个结点最多产生 2 个连通分支。可以进行实验，彼得森图总能满足 $W(G-S)\leqslant|S|$，因此该定理不能证明彼得森图是非汉密尔顿图。但彼得森图是非汉密尔顿图。

下面介绍判定一个图是汉密尔顿图的充分条件。

定理 7.2.2　设 $G=\langle V, E\rangle$ 是有 n 个结点的简单图。

(1) 如果对任意两个结点 u，$v\in V$，均有

$$\deg(u)+\deg(v)\geqslant n-1$$

则在 G 中存在一条汉密尔顿路；

(2) 如果对任意两个结点 u，$v\in V$，均有

$$\deg(u)+\deg(v)\geqslant n$$

则 G 是汉密尔顿图。

证明　(1) 首先用反证法证明图 G 连通。假设图 G 不连通，则图 G 至少有 2 个连通分支 G_1 和 G_2，令 $G_1=\langle V_1, E_1\rangle$，$G_2=\langle V_2, E_2\rangle$，$|V_1|=n_1$，$|V_2|=n_2$。在 G_1 中取一个结点 v_1，$\deg(v_1)\leqslant n_1-1$；在 G_2 中取一个结点 v_2，$\deg(v_2)\leqslant n_2-1$。于是

$$\deg(v_1)+\deg(v_2)\leqslant(n_1-1)+(n_2-1)=n_1+n_2-2=n-2$$

这与"$\deg(u)+\deg(v)\geqslant n-1$"相矛盾。因此图 G 连通。

其次用构造法证明存在汉密尔顿路。

构建包含 p 个结点的基础路径 L，L 上的结点序列为 v_1，v_2，…，v_p，并满足条件：基础路径 L 不重复地经过路上的 p 个结点，且端点 v_1 和 v_p 只能邻接路上的结点。

STEP 1：若 v_1 和 v_p 的邻接点不在 L 上，则扩展 L，更新 L 的端点，直到满足端点 v_1 和 v_p 只能邻接路上的结点为止(见图 7.2.3)。若 $p=n$，则汉密尔顿路找到了，否则 $p<n$，转 STEP 2。

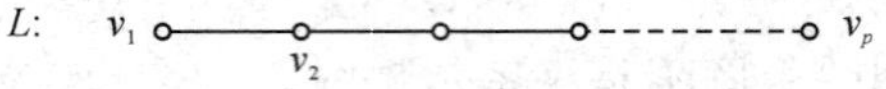

L:　v_1 ○—○—○—○- - - - -○ v_p（v_2）

图 7.2.3

STEP 2：证明有一个回路 L_1 包含基础路径 L。因为 v_1 和 v_p 只邻接 L 上的结点，所以分以下两种情况讨论：

① 若 v_1 邻接 v_p，则找到回路 v_1，v_2，…，v_p，v_1，见图 7.2.4。

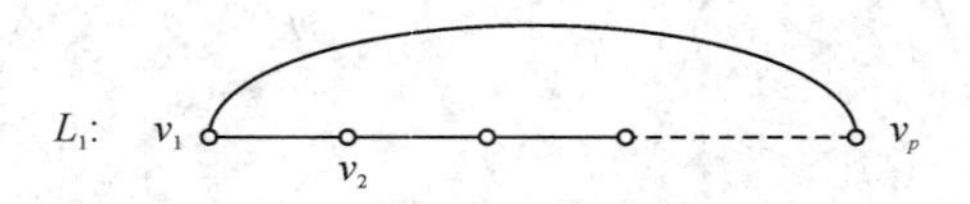

图 7.2.4

② 若 v_1 不邻接 v_p，则设 v_1 邻接 k 个结点$\{\underbrace{v_l, v_m, \cdots, v_j, \cdots, v_t}_{k}\}$，其中 $2\leqslant l, m, \cdots, j, \cdots, t\leqslant p-1$。

如果 v_p 邻接 v_{l-1}，v_{m-1}，…，v_{j-1}，…，v_{t-1} 中的任意一个结点，则找到回路。例如，v_1 邻接 v_j，而 v_p 邻接 v_{j-1}，则找到回路 v_1，v_2，…，v_{j-1}，v_p，v_{p-1}，…，v_j，v_1，见图 7.2.5。

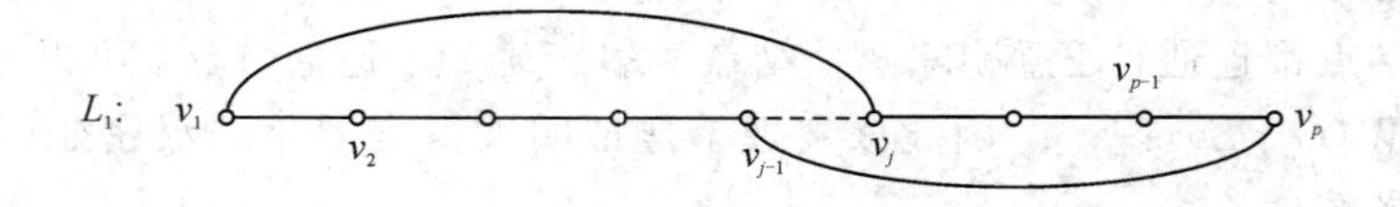

图 7.2.5

如果 v_p 不邻接 v_{l-1}，v_{m-1}，…，v_{j-1}，…，v_{t-1} 中的任意一个结点，则 $\deg(v_p)\leqslant p-1-k$，$\deg(v_1)=k$，于是 $\deg(v_p)+\deg(v_1)\leqslant p-1-k+k=p-1<n-1$，这与前提条件"$\deg(u)+\deg(v)\geqslant n-1$"相矛盾。因此，$v_p$ 必然邻接 v_{l-1}，v_{m-1}，…，v_{j-1}，…，v_{t-1} 中的任

意一个结点。回路 L_1 一定存在。

STEP 3：打开回路，得到基本路径 L_2。

因为图 G 是连通图，L_1 上一共有 p 个结点，$p<n$，所以一定存在结点 v_x，与 L_1 上除 v_1 和 v_p 之外的结点 v_k 相邻接，如图 7.2.6 所示。

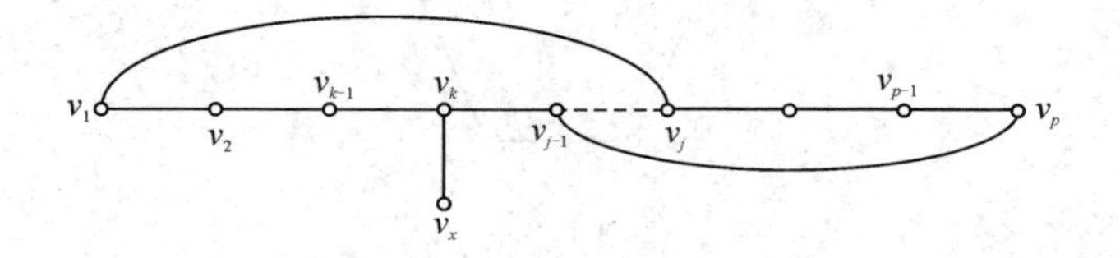

图 7.2.6

打开 v_{k-1} 和 v_k，得到一条包含 $p+1$ 个结点的路 L_2（见图 7.2.7）。令 $L_2=L$，$v_{k-1}=v_1$，$v_x=v_p$，重复 STEP 1。

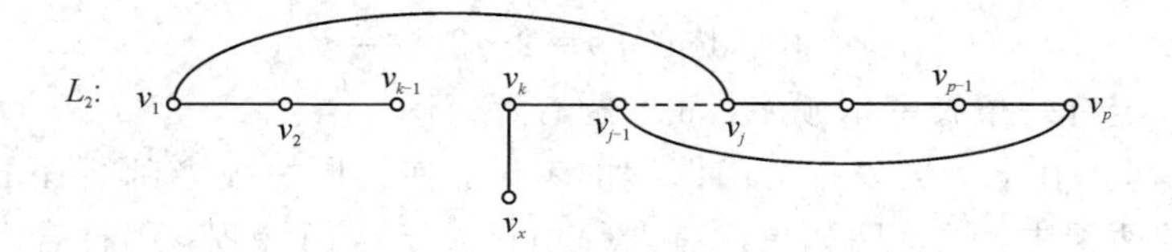

图 7.2.7

(2) 由定理 7.2.2(1)可知，当 $\deg(u)+\deg(v)\geqslant n$ 时，存在汉密尔顿路 $v_1, v_2, \cdots, v_n$，现证明存在汉密尔顿回路。

若 v_1 和 v_n 邻接，则找到汉密尔顿回路，该回路为 $v_1, v_2, \cdots, v_n, v_1$。

若 v_1 和 v_n 不邻接，则假设 v_1 邻接 k 个结点 $\{\underbrace{v_l, v_m, \cdots, v_j, \cdots, v_t}_{k}\}$，其中 $2\leqslant l, m, \cdots, j, \cdots, t\leqslant n-1$。能够证明 v_n 必然邻接 $v_{l-1}, v_{m-1}, \cdots, v_{j-1}, \cdots, v_{t-1}$ 中的某一个结点，否则 $\deg(v_n)\leqslant n-1-k$，$\deg(v_1)=k$，于是 $\deg(v_n)+\deg(v_1)\leqslant n-1-k+k=n-1<n$，这与"$\deg(u)+\deg(v)\geqslant n$"相矛盾，因此回路存在。例如，$v_1$ 邻接 v_j，而 v_n 邻接 v_{j-1}，则回路为 $v_1, v_2, \cdots, v_{j-1}, v_n, v_{n-1}, \cdots, v_j, v_1$，见图 7.2.8。

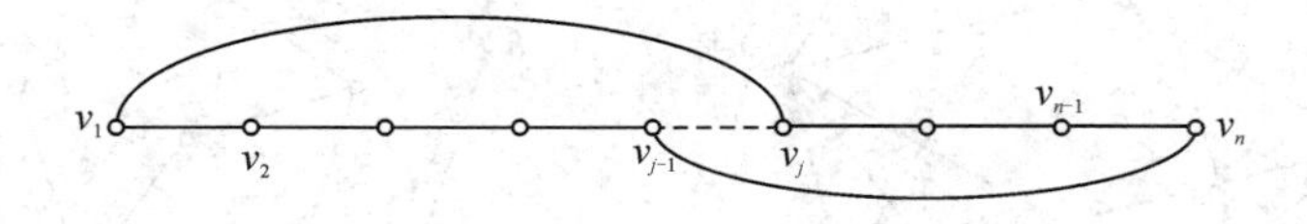

图 7.2.8

用定理 7.2.2 能够判定一个图是汉密尔顿图，或者有汉密尔顿回路。例如，K_5 一定是汉密尔顿图，因为对 K_5 中任意一个结点 v，有 $\deg(v)=4$，从而 K_5 中任意两个结点度数之和大于 5，所以 K_5 是汉密尔顿图。当 $n\geqslant 3$ 时，完全图 K_n 是汉密尔顿图。

若满足定理 7.2.2，则能够判定一个图是汉密尔顿图，但若不满足定理 7.2.2，也不能判定一个图不是汉密尔顿图。如图 7.2.9 所示，任意两个结点度数之和等于 4，不满足定理 7.2.2，但很明显，该图是汉密尔顿图。对于汉密尔顿图的判定，到目前为止还没有有效的充要条件。我们可以应用必要条件判定一个图不是汉密尔顿图，或者用充分条件判定一个图是汉密尔顿图。

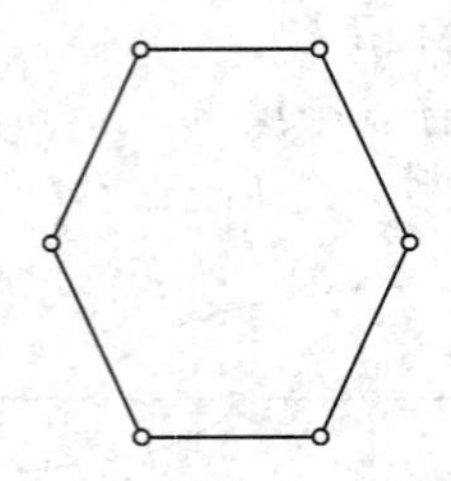

图 7.2.9

例 7.2.2 某地有 5 处景点。若每处景点均有两条道路与其他景点相通，问是否可经过每处景点恰好一次而游完这 5 处？

解 将景点作为结点，道路作为边，则得到一个有 5 个结点的无向图。

由题意，对每个结点 v_i，有 $\deg(v_i)=2(i\in\mathbf{N}_5)$，则对任意两点 v_i、$v_j(i, j\in\mathbf{N}_5)$，均有

$$\deg(v_i)+\deg(v_j)=2+2=4=5-1$$

由此可知此图一定有一条汉密尔顿路，故本题有解。

例 7.2.3 考虑在七天内安排 7 门课程的考试，使得同一位老师所任的 2 门课程的考试不排在接连的两天中，试证明如果没有老师担任多于 4 门课程，则符合上述要求的考试安排总是可能的。

证明 将课程作为结点，若 2 门课程由不同的老师担任，则为 2 个结点之间连一条边。安排考试的问题可以转化为一个 7 个结点的无向图。因为没有老师担任 4 门课程，所以该无向图中每个结点的度数至少是 3，于是任意 2 个结点的度数之和至少是 6。由定理 7.2.2(1)知，该图中存在汉密尔顿路，所以沿着汉密尔顿路安排考试，满足要求的考试安排总是存在的。

例 7.2.4 判定图 7.2.10(a)不是汉密尔顿图。

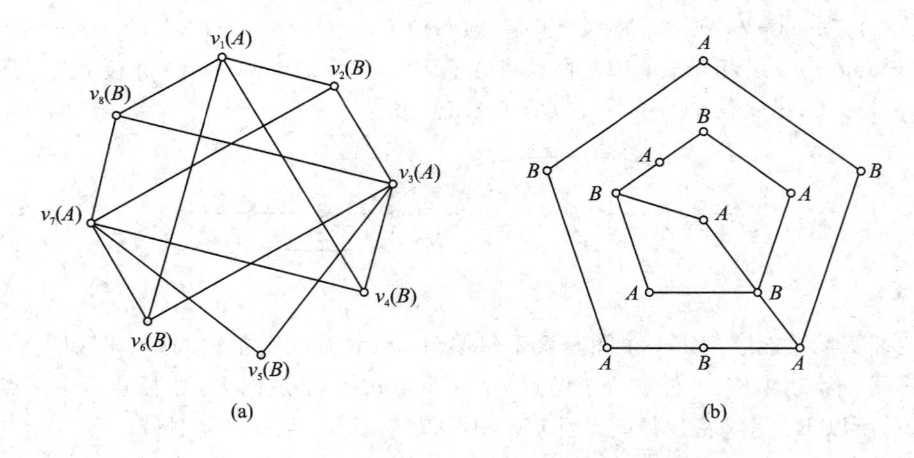

图 7.2.10

解 任取一结点，用 A 标记，所有与它相邻接的结点标 B。继续不断地用 A 标记所有邻接于 B 的结点，用 B 标记所有邻接于 A 的结点，若有两个 A 或者两个 B 相邻接，则中间插入一个结点，用另一个字母标记。如图 7.2.11 所示，对于 K_3 用 A 和 B 进行标记，有两

个 B 相邻接，则在两个 B 中间插入一个结点，并标记为 A。总之，让 A 结点只与 B 结点邻接，B 结点只与 A 结点邻接，最后统计 A 和 B 的数量。若 A 与 B 的数量相差两个以上，则说明该图不是汉密尔顿图。

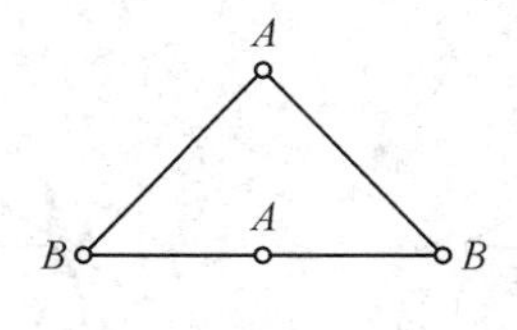

图 7.2.11

如果图中有一条汉密尔顿路，则必交替通过结点 A 和 B。因此或者结点 A 和 B 数目一样，或者两者相差 1 个。若 A 和 B 差 2 个以上，则说明有结点 A 或者结点 B 被重复走了，与汉密尔顿路的定义不符。

如图 7.2.10(a)所示，用 A 和 B 对它的结点进行标记，有 3 个 A 和 5 个 B，因此图 7.2.10(a)不是汉密尔顿图。

例 7.2.4 的方法只是必要条件，只能用来证明一个图不是汉密尔顿图。如图7.2.10(b)所示，例 7.2.1 中已证明过该图不是汉密尔顿图，但对它进行 A 和 B 的标记，却有 $7A$ 和 $6B$。

货郎担问题 作为汉密尔顿回路的自然推广是著名的货郎担问题。问题是这样叙述的：设有一个货郎，从他所在的城镇出发去 $n-1$ 个城镇。要求经过每个城镇恰好一次，然后返回原地，问他的旅行路线怎样安排才最经济？从图论的观点来看，该问题就是：在一个带权完全图中找一条权最小的汉密尔顿回路。货郎担问题的本质是求取具有最小成本的周游路线问题。

有很多实际问题可归结为货郎担问题。例如邮路问题就是一个货郎担问题。假定有一辆邮车要到 n 个不同的地点收集邮件，这种情况可以用 $n+1$ 个结点的图来表示。一个结点表示此邮车出发并要返回的那个邮局，其余的 n 个结点表示要收集邮件的 n 个地点。由地点 i 到地点 j 的距离则由边(i, j)上所赋予的权重来表示。邮车所行经的路线是一条周游路线，希望求出具有最小长度的周游路线。

货郎担问题要从图 G 的所有$(n-1)!$ 条周游路线中找出具有最小成本的周游路线，其中枚举法求得最优解的时间复杂度为 $O(n!)$。当结点数较多时，其计算复杂度是不能接受的。求解货郎担问题有很多算法，如分支界定法、改良圈算法、贪心算法以及修改最小生成树算法等。这里介绍一种近似最优解算法：贪心算法。

STEP 1：由任意选择的结点开始，找与该点最靠近(即边权最小)的点，形成有一条边的初始路径。

STEP 2：设 v 表示最新加到这条路上的结点，从不在路上的所有结点中选一个与 v 最靠近的结点，把连接 v 与这一结点的边加到这条路上。重复上述操作，直到 G 中所有结点包含在路上。

STEP 3：将连接起始点与最后加入的结点之间的边加到这条路上，就得到一个圈，即为问题的近似解。

例 7.2.5　一个售货员住在 a 城，为推销货物，希望访问 b、c、d、e 城。要求每城只访问 1 次，最后回到 a 城。若这 5 座城间的距离如图 7.2.12(a)所示，试找出完成该旅行的最短路线。

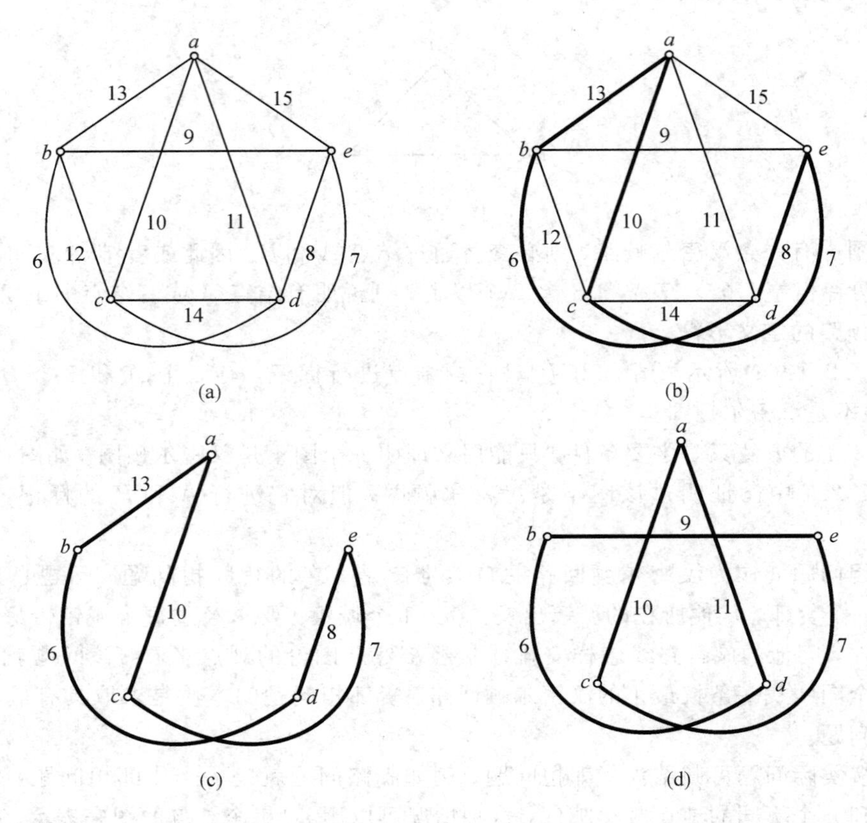

图 7.2.12

解　根据贪心算法的步骤，如图 7.2.12(b)所示，从 a 结点出发，选择边权最小的 (a, c)，将 c 结点加入到路线中，权重为 10；从 c 结点出发，选择边权最小的 (c, e)，将 e 结点加入到路线中，权重为 7；从 e 结点出发，选择边权最小的 (e, d)，将 d 结点加入到路线中，权重为 8；从 d 结点出发，选择边权最小的 (d, b)，将 b 结点加入到路线中，权重为 6；最后连接 (b, a) 边，权重为 13。整个汉密尔顿圈如图 7.2.12(c)所示。所求出近似汉密尔顿圈的权重为 $10+7+8+6+13=44$。而用枚举法求出的最优汉密尔顿圈如图 7.2.12(d)所示，其权重为 43。

7.3　二　分　图

定义 7.3.1　若能将无向图 $G=\langle V, E\rangle$ 的结点集 V 划分成两个不相交的非空子集 V_1 和 V_2，使得 G 中任何两条边的端点一个属于 V_1，一个属于 V_2，则称 G 为二分图(二部图，偶图)。V_1 和 V_2 称为互补结点子集。此时，可将图 G 记成 $G=\langle V_1, V_2, E\rangle$。

若 V_1 中的每个结点和 V_2 中的每个结点均有且仅有一条边相关联，则称二分图 G 为完

全二分图。当 $|V_1|=m$，$|V_2|=n$ 时，完全二分图 G 记为集 $K_{m,n}$。

例 7.3.1　判断图 7.3.1(a)、(b)、(c)是否是二分图。

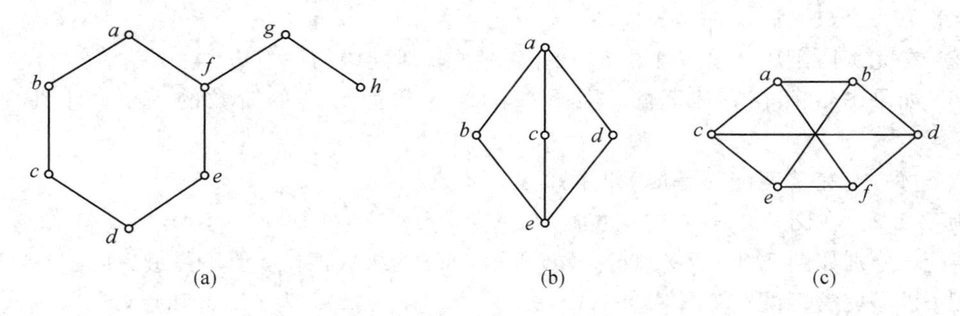

图 7.3.1

解　由二分图的定义可知，二分图的结点可以被分为两个集合，集合内部没有边，集合之间才有边相连。因此得到图 7.3.1(a)、(b)、(c)的同构形式，如图 7.3.2(a)、(b)、(c)所示。其中图 7.3.1(b)为 $K_{2,3}$，图 7.3.1(c)为 $K_{3,3}$。

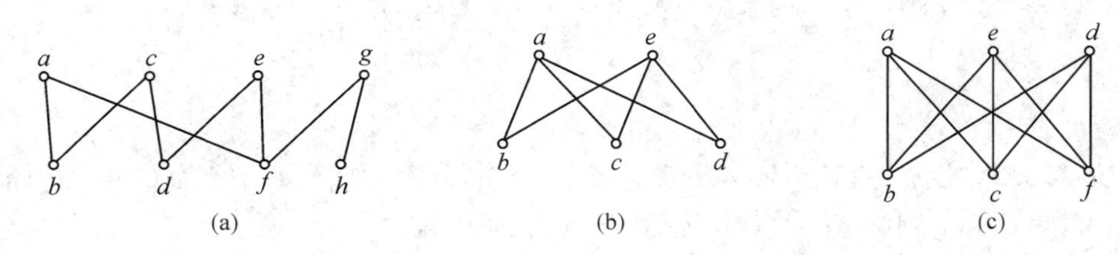

图 7.3.2

定理 7.3.1　一个无向图 $G=\langle V, E\rangle$ 是二分图，当且仅当 G 中所有回路的长度均为偶数。

例如，图 7.3.3(a)、(b)均不是二分图，因为它们都包括长度为 3 的回路。

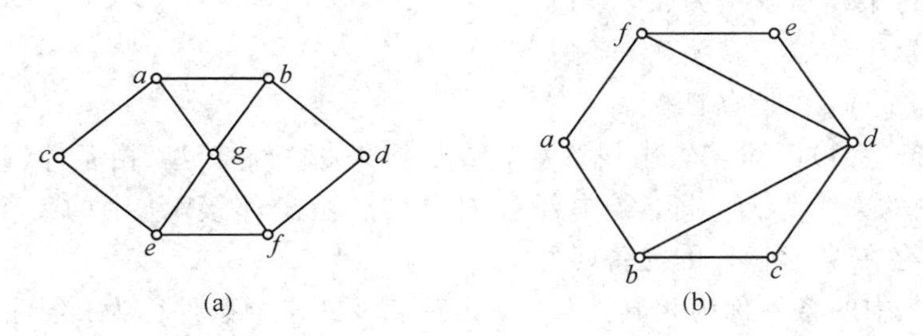

图 7.3.3

定义 7.3.2　无向图 $G=\langle V, E\rangle$，$M\subseteq E$，若 M 中任意两条边都不相邻，则称 M 为 G 中的匹配。若 M 中再添加任意一条边就不是 G 中的匹配了，则称 M 为极大匹配。边数最多的匹配称为最大匹配。最大匹配中边的条数称为 G 的匹配数，记为 $\beta_1(G)$，简称 β_1。

设 M 为 G 中的一个匹配，$v\in V(G)$，若存在 M 中的边与 v 相关联，则称 v 为 M 饱和点，否则称 v 为 M 非饱和点。若 G 中每个结点都是 M 饱和点，则称 M 为完美匹配。

显然：

(1) 极大匹配不是任何其他匹配的子集。

(2) 一个图的极大匹配可能是不唯一的。

(3) 一个图的最大匹配可能是不唯一的。

(4) 每一个最大匹配都是极大匹配，反之不真。

(5) 在完美匹配中，图 G 中的每个结点都关联匹配中的一条边。

(6) 如果图 G 存在完美匹配，则图 G 的匹配数为图 G 的阶数的一半，且图 G 为偶数阶。

(7) 每一个完美匹配都是最大匹配，反之不真。

例 7.3.2 在图 7.3.4(a)中，边集 $M_1=\{e_1, e_9\}$，$M_2=\{e_7, e_5\}$，$M_3=\{e_8, e_6, e_3\}$为图 G 的匹配，分别如图 7.3.4(b)、(c)、(d)所示。M_2 为极大匹配，但不是最大匹配。M_3 为最大匹配，也是完美匹配。在图 7.3.4(b)中，$\{v_1, v_2, v_4, v_5\}$为 M_1 饱和点，$\{v_3, v_6\}$为 M_1 非饱和点。图 7.3.4(a)的匹配数为 3。

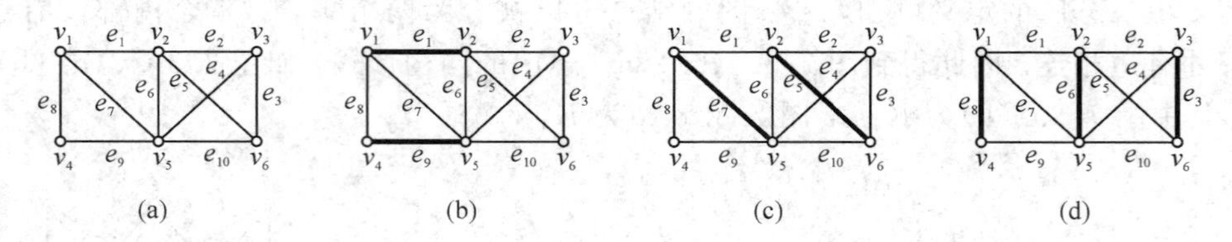

图 7.3.4

定义 7.3.3 设 $G=\langle V_1, V_2, E\rangle$是一个二分图，$|V_1|\leqslant|V_2|$，$M$ 为 G 中一个最大匹配，若$|M|=|V_1|$，则称 M 为 G 中 V_1 到 V_2 的完备匹配。

当$|V_1|=|V_2|$时，完备匹配是完美匹配。

定理 7.3.2 设二分图 $G=\langle V_1, V_2, E\rangle$，$|V_1|\leqslant|V_2|$，$G$ 中存在 V_1 到 V_2 的完备匹配当且仅当 V_1 中任何 k 个结点至少邻接 V_2 中的 k 个结点。

定理 7.3.3 设二分图 $G=\langle V_1, V_2, E\rangle$，如果存在 $t>0$，使得

(1) V_1 中每个结点至少关联 t 条边；

(2) V_2 中每个结点至多关联 t 条边，

则 G 中存在 V_1 到 V_2 的完备匹配。

证明 由条件(1)可知，V_1 中任意 k 个结点至少关联 kt 条边。由条件(2)知，这 kt 条边至少关联 V_2 中的 k 个结点，即 V_1 中任意 k 个结点至少邻接 V_2 中的 k 个结点。由定理 7.3.2知，G 中存在 V_1 到 V_2 的完备匹配。

定理 7.3.2 中的条件称为相异性条件，定理 7.3.3 中的条件称为 t 条件。满足 t 条件的二分图一定满足相异性条件，但满足相异性条件不一定满足 t 条件。相异性条件是二分图存在完美匹配的充分必要条件，而 t 条件只是充分条件，不是必要条件。

例 7.3.3 某学校有 3 个课外小组：物理组、化学组、生物组。有张、王、李、赵、陈 5 名同学。已知：

(1) 张、王为物理组成员，张、李、赵为化学组成员，李、赵、陈为生物组成员；

(2) 张为物理组成员，王、李、赵为化学组成员，王、李、赵、陈为生物组成员；

(3) 张为物理组和化学组成员，王、李、赵、陈为生物组成员。

问在以上 3 种情况下能否选出 3 名不兼任的组长？

解　设 v_1、v_2、v_3、v_4、v_5 分别表示张、王、李、赵、陈 5 名同学，u_1、u_2、u_3 分别表示物理组、化学组、生物组。3 种情况下对应的二分图如图 7.3.5(a)、(b)、(c)所示。

图 7.3.5(a)满足 $t=2$ 的 t 条件，所以存在从 $V_1=\{u_1, u_2, u_3\}$到 $V_2=\{v_1, v_2, v_3, v_4, v_5\}$ 的完备匹配。图 7.3.5(a)中的粗边所示的匹配就是其中一个，即选张为物理组组长、李为化学组组长、赵为生物组组长。

图 7.3.5(b)满足相异性条件，也存在完备匹配。图 7.3.5(b)中的粗边所示的匹配就是其中一个。

图 7.3.5(c)不满足相异性条件，因此不存在完备匹配，故选不出 3 名不兼任的组长。

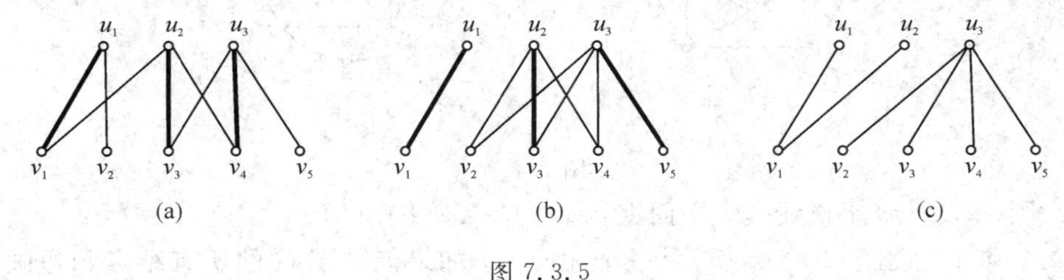

图 7.3.5

7.4　平　面　图

图的平面性问题有着许多实际的应用。例如，电路设计经常要考虑布线是否可以避免交叉，以减少元件间的互感影响。为安全起见，一般要求建筑物中地下水管、煤气管和电缆管等不交叉。为了交通畅通，希望道路在设计时尽量减少交叉。这些问题实际上与图的平面表示有关。

例 7.4.1　$K_{3,3}$和 K_5 如图 7.4.1 所示，能否分别将 $K_{3,3}$和 K_5 转变成与其等价的，除了在结点处相交，其他地方没有交点的图？

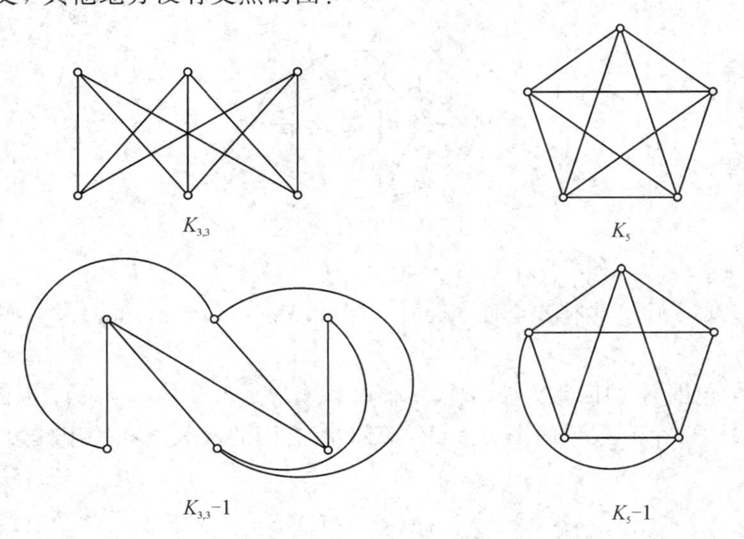

图 7.4.1

解　如图 7.4.1 所示，$K_{3,3}-1$ 和 K_5-1 都可以画到一个面上，使得图中的边除了在结点处相交，其他地方没有交点，然而 $K_{3,3}$ 和 K_5 却不行。

例 7.4.2　有 6 个结点的图如图 7.4.2(a)所示，能否转变成与其等价的，除了在结点处相交，其他地方没有交点的图？

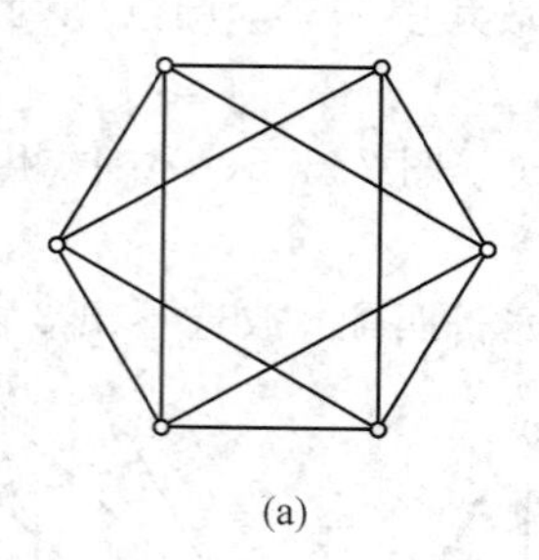

(a)

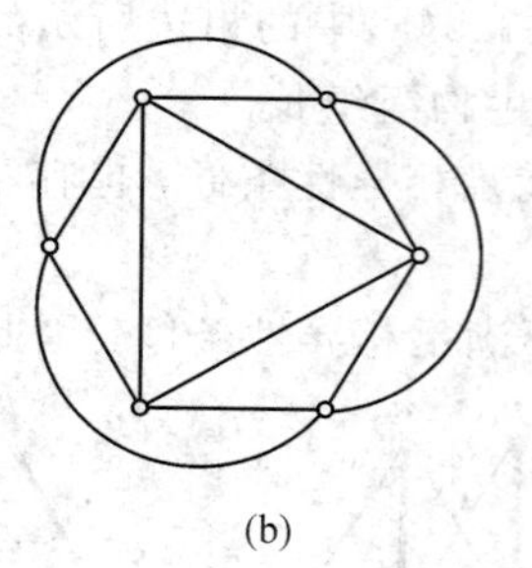

(b)

图 7.4.2

解　图 7.4.2(a)能画到一个平面上，如图 7.4.2(b)所示。

定义 7.4.1　设图 $G=\langle V, E\rangle$ 是一个无向图，如果能把图 G 的所有结点和边画在平面上，且使得任何两条边除了端点外没有其他的交点，就称图 G 是一个平面图，否则称图 G 为非平面图。

例如，图 7.4.2(a)是平面图，而 $K_{3,3}$ 和 K_5 是典型的非平面图。

定义 7.4.2　设 G 是一个平面图，由 G 的边所包围的区域(其内部不包含图的结点，也不包含图的边)称为 G 的一个面。包围一个面 r 的所有边所组成的回路称为面 r 的边界。边界的长度称为该面的次数，记为 $\deg(r)$。如果面的面积有限，则该面称为有限面，否则称为无限面。如果两个面的边界至少有一条公共边，则称这两个面是相邻接的，否则是不相邻接的。

例 7.4.3　找出图 7.4.3 中所有的面，并计算每个面的次数。

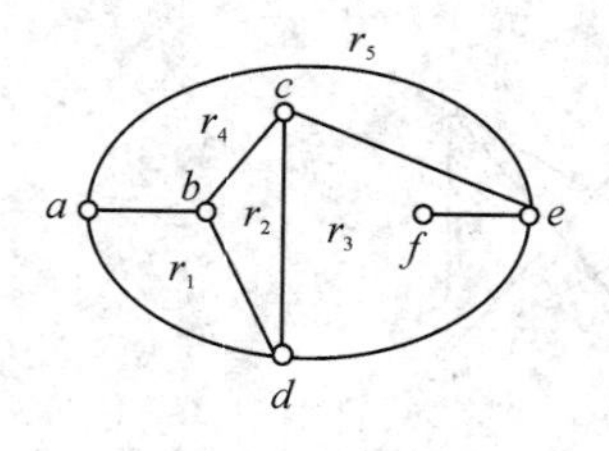

图 7.4.3

解　在图 7.4.3 中，共有 5 个面。$\deg(r_1)=3$，$\deg(r_2)=3$，$\deg(r_3)=5$，$\deg(r_4)=4$，$\deg(r_5)=3$。

以 r_3 为例，包围 r_3 的回路为 (c, d)，(d, e)，(e, f)，(f, e)，(e, c)，因此 $\deg(r_3)=5$。

定理 7.4.1　一个有限平面图 $G=\langle V, E\rangle$，所有面的次数之和等于其边数的两倍，即

$$\sum_{r}\deg(r) = 2|E|$$

证明　因为任何一条边，或者是两个面的公共边(如图 7.4.3 中的 (a, b) 是 r_1 和 r_4 的公共边)，在算面的次数时要被计算两次，或者在一个面的内部(如 (f, e) 在 r_3 和内部)，在

计算面的次数时要算回路，也被计算两次，所以所有面的次数之和等于其边数的两倍。

例如图 7.4.3，$\sum_r \deg(r)=3+3+5+4+3=18$，$|E|=9$，因此 $\sum_r \deg(r)=2|E|$。

定理 7.4.2(Euler 定理)　设图 G 是连通平面图，有 v 个结点、e 条边和 r 个面，则 Euler 公式

$$v-e+r=2$$

成立。

证明　用数学归纳法证明。

(1) 当 $e=0$ 时，连通平面图 $v=1$，$r=1$，$v-e+r=2$。

(2) 当 $e=1$ 时，连通平面图 G 有两种可能性。图 7.4.4(a)中，$v=2$，$r=1$，$v-e+r=2$。图 7.4.4(b)中，$v=1$，$r=2$，$v-e+r=2$。

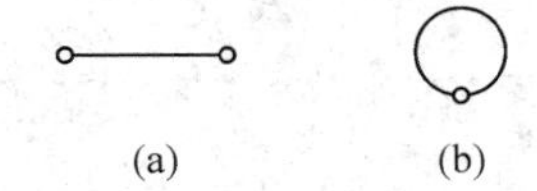

图 7.4.4

(3) 设 G 中有 k 条边时，欧拉公式成立，即 $v_k-e_k+r_k=2$。

(4) 当 G 中有 $k+1$ 条边时，分两种情况讨论。

在 k 条边的图 G 中增加一条边，使它依旧成为连通平面图，只有两种可能：

① 增加一个新结点 v，并增加一条边 (a, v)，如图 7.4.5(a)所示。此时，v_k 和 e_k 都增加 1，而面数保持不变，故

$$(v_k+1)-(e_k+1)+r_k=v_k-e_k+r_k=2$$

② 不增加结点，用一条边 (u, v) 连接两个已有的结点，如图 7.4.5(b)所示。此时，e_k 和 r_k 增加 1，而 v_k 保持不变，故

$$v_k-(e_k+1)+(r_k+1)=v_k-e_k+r_k=2$$

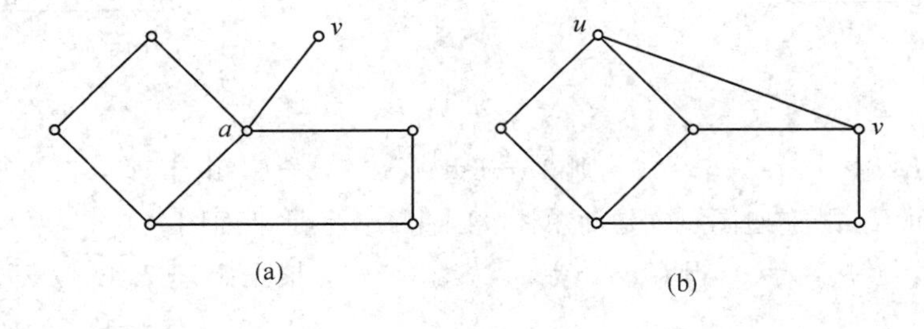

图 7.4.5

根据数学归纳法原理，定理得证。

推论　设图 G 是有 p 个连通分支的平面图，则欧拉公式

$$v-e+r=p+1$$

成立。

证明 假设这 p 个连通分支是 G_1，G_2，…，G_p，并设 G_i 的结点数、边数和面数分别是 v_i、e_i 和 r_i，则 $\sum_{i=1}^{p} v_i = v$，$\sum_{i=1}^{p} e_i = e$。因为外部无限面每个 G_i 公用，所以 $\sum_{i=1}^{p} r_i = r + p - 1$。又每个连通分支都是连通平面图，从而有 $v_i - e_i + r_i = 2$，所以

$$v - e + r = \sum_{i=1}^{p} v_i - \sum_{i=1}^{p} e_i + \sum_{i=1}^{p} r_i = v - e + r + p - 1 = 2 + p - 1 = p + 1$$

定理 7.4.3 设图 G 是有 v 个结点、e 条边的连通简单平面图，若 $v \geqslant 3$，则 $e \leqslant 3v - 6$。

证明 设 G 有 r 个面，因为图 G 为简单图，没有平行边和环，且 $v \geqslant 3$，所以每个面的次数大于等于 3，从而 $\sum_{i=1}^{r} \deg(r_i) \geqslant 3r$，又由定理 7.4.1 知 $\sum_{i=1}^{r} \deg(r_i) = 2e$，所以 $2e \geqslant 3r$，$r \leqslant \frac{2}{3}e$，将其代入 Euler 公式，得

$$2 = v - e + r \leqslant v - e + \frac{2}{3}e$$

化简后即得 $e \leqslant 3v - 6$。

定理 7.4.4 如果 G 是每个面至少由 $k\,(k \geqslant 3)$ 条边围成的连通简单平面图，则 $e \leqslant \frac{k(v-2)}{k-2}$，这里 e 和 v 为图 G 的边数和结点数。

注意 定理 7.4.3 和定理 7.4.4 是连通简单平面图的必要条件，而非充分条件；换言之，满足 $e \leqslant 3v - 6$ 的图不一定是平面图，因此上述定理可以用来证明一个图不是平面图。

例 7.4.4 如图 7.4.6 所示，证明 K_5、$K_{3,3}$ 和彼得森图不是平面图。

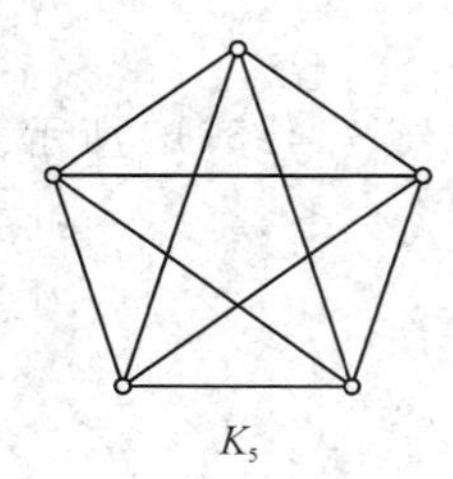

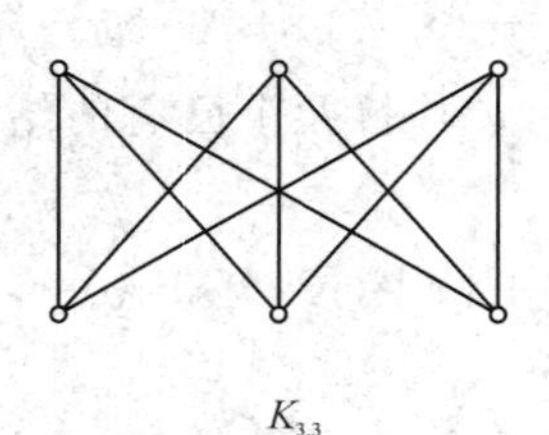

图 7.4.6

证明 在 K_5 中，$v=5$，$e=10$，则 $3v-6=9$，$e>3v-6$，由定理 7.4.3 知 K_5 不是连通简单平面图。而 K_5 是连通图，也是简单图，因此 K_5 不是平面图。

在 $K_{3,3}$ 中，$v=6$，$e=9$，则 $3v-6=12$，$e \leqslant 3v-6$，根据定理 7.4.3，不能证明 $K_{3,3}$ 不是平面图。在 $K_{3,3}$ 中每个面至少由 4 条边围成，即 $k=4$，从而 $\frac{k(v-2)}{k-2} = \frac{4(6-2)}{4-2} = 8$，故 $e > \frac{k(v-2)}{k-2}$，由定理 7.4.4 知 $K_{3,3}$ 不是连通简单平面图。而 $K_{3,3}$ 是连通图，也是简单图，因此 $K_{3,3}$ 不是平面图。

在彼得森图中，$v=10$，$e=15$，每个面至少由 5 条边围成，即 $k=5$，从而 $\frac{k(v-2)}{k-2} =$

$\frac{5(10-2)}{5-2}=\frac{40}{3}$，故 $e>\frac{k(v-2)}{k-2}$，由定理 7.4.4 知彼得森图不是连通简单平面图。而彼得森图是连通图，也是简单图，因此彼得森图不是平面图。

由例 7.4.4 可知，定理 7.4.3 和定理 7.4.4 是判断一个图为平面图的必要条件，只能判定某些图是非平面图。当结点数和边数较多时，应用以上定理判定一个图是非平面图会相当困难。1930 年，Kuratowski 给出了判定一个图为平面图的充要条件。

定义 7.4.3　给定两个图 G_1 和 G_2，如果它们是同构的，或者通过反复插入或除去度数为 2 的结点，使 G_1 和 G_2 同构，则称 G_1 和 G_2 是在 2 度结点内同构的(或称 G_1 和 G_2 同胚)。

如图 7.4.7 所示，插入一个新的度数为 2 的结点，使一条边分成两条边，或者删去一个度数为 2 的结点，使原本的与该结点关联的两条边变成一条边，都不会影响图的平面性。图 7.4.7(a)、(b)都是 2 度结点内同构。

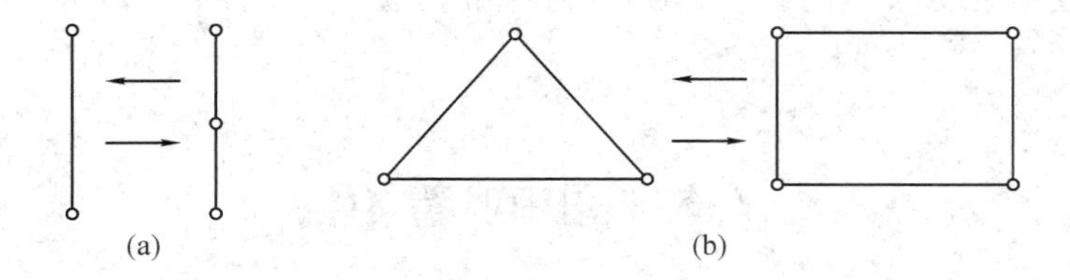

图 7.4.7

定理 7.4.5(Kuratowski 定理)　一个图是平面图的充要条件是它不包含与 $K_{3,3}$ 或 K_5 2 度结点内同构的子图。

使用定理 7.4.5 的方法就是找子图，若子图能与 $K_{3,3}$ 或 K_5 2 度结点内同构，则说明原图不是平面图。若没有这样的子图，则说明原图是平面图。

例 7.4.5　证明图 7.4.8(a)不是平面图。

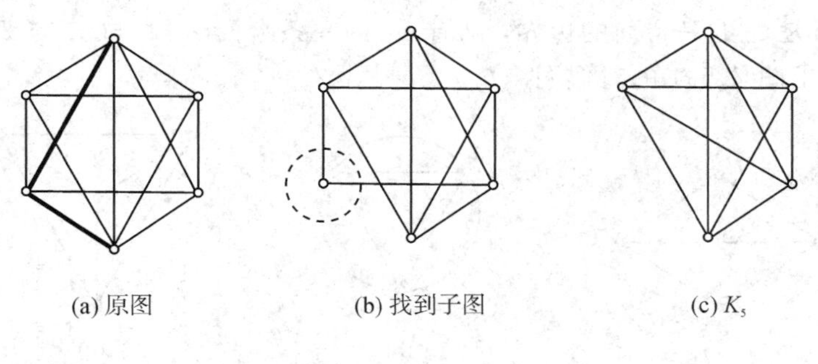

图 7.4.8

证明　按照图示给出的方法，先找出原图的子图，如图 7.4.8(b)所示。删除图7.4.8(a)中加粗的边，图 7.4.8(b)中出现了一个 2 度结点，删除该结点(注意：删除 2 度结点时，边保留)，得到图 7.4.8(c)。图 7.4.8(c)是一个 K_5。由定理 7.4.5 知，图 7.4.8(a)不是平面图。

例 7.4.6　证明彼得森图不是平面图。

证明过程详见图 7.4.9。

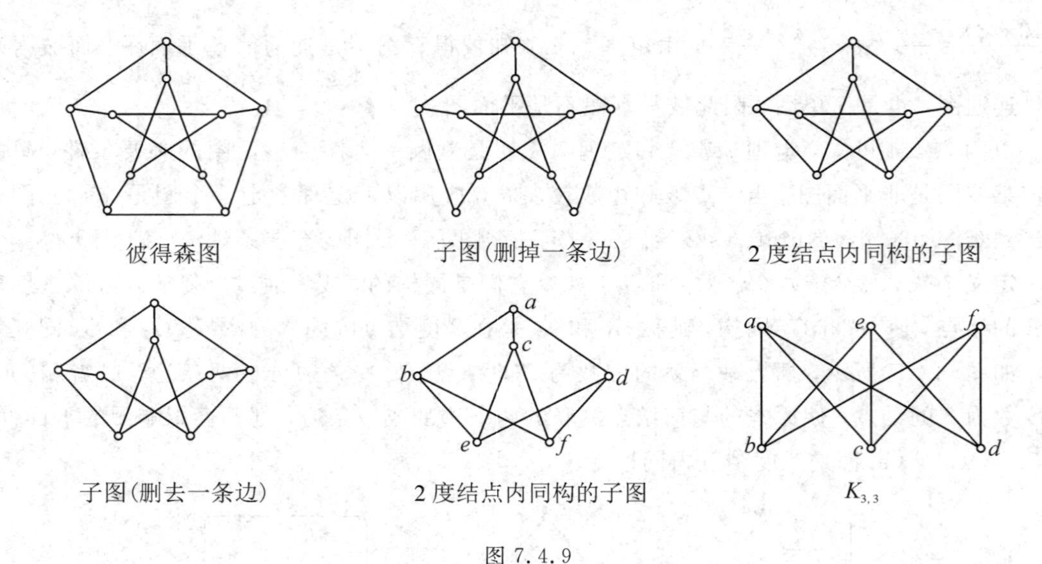

彼得森图　子图(删掉一条边)　2度结点内同构的子图

子图(删去一条边)　2度结点内同构的子图　$K_{3,3}$

图 7.4.9

7.5 图的着色

一、对偶图与线图

定义 7.5.1　给定平面图 G，它具有面 F_1，F_2，…，F_m，满足以下条件的图 G^* 称为图 G 的对偶图：

(1) 图 G 的每个面 F_i 内设置 G^* 的一个结点；

(2) 若图 G 的面 F_i 和 F_j 有公共边界 e_k，则有 G^* 的一条边 e_k^*，并且 e_k 与 e_k^* 交叉一次；

(3) 若 e_k 只是 G 的一个面的边界，则有 G^* 的一条自回路 e_k^* 与 e_k 交叉一次。

例 7.5.1　求图 7.5.1 的对偶图。

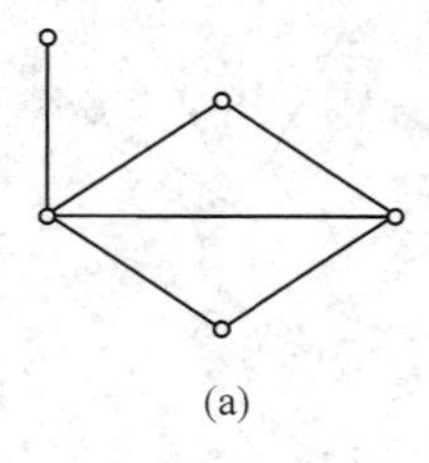
(a)

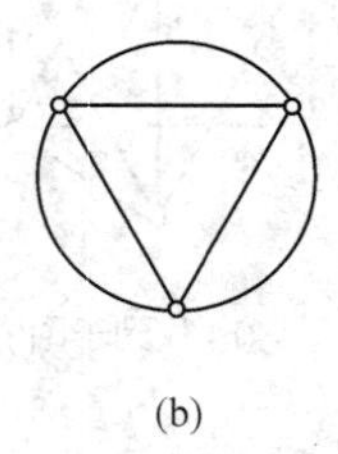
(b)

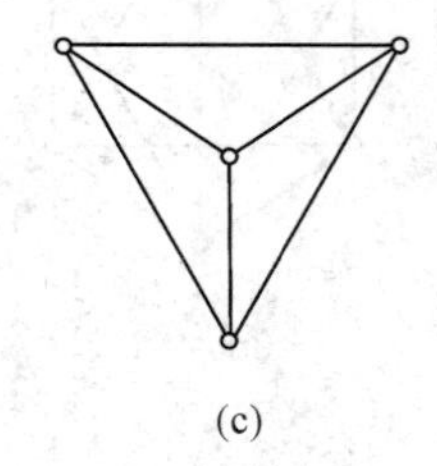
(c)

图 7.5.1

解　以图 7.5.1(a)为例，根据定义 7.5.1(1)，图 G 的每个面 F_i 内设置 G^* 的一个结点，图 G 一共有 3 个面，那么 G^* 有 3 个结点，用实心圆点表示，如图 7.5.2(a)所示。

根据定义 7.5.1(2)，若 F_i 和 F_j 有公共边界 e_k，则有 G^* 的一条边 e_k^*，并且 e_k 与 e_k^* 交叉一次，用虚线表示 G^* 中的边，如图 7.5.2(b)所示。

根据定义 7.5.1(3)，若 e_k 只是 G 的一个面的边界，则有 G^* 的一条自回路 e_k^* 与 e_k 交叉一次，用虚线表示 G^* 中的自回路，如图 7.5.2(c)所示。

最后，整理对偶图，如图 7.5.2(d)所示。

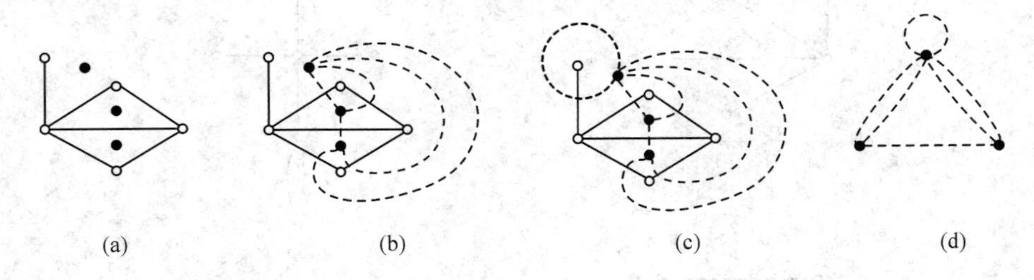

图 7.5.2

图 7.5.1(b)、(c)的对偶图如图 7.5.3 所示。

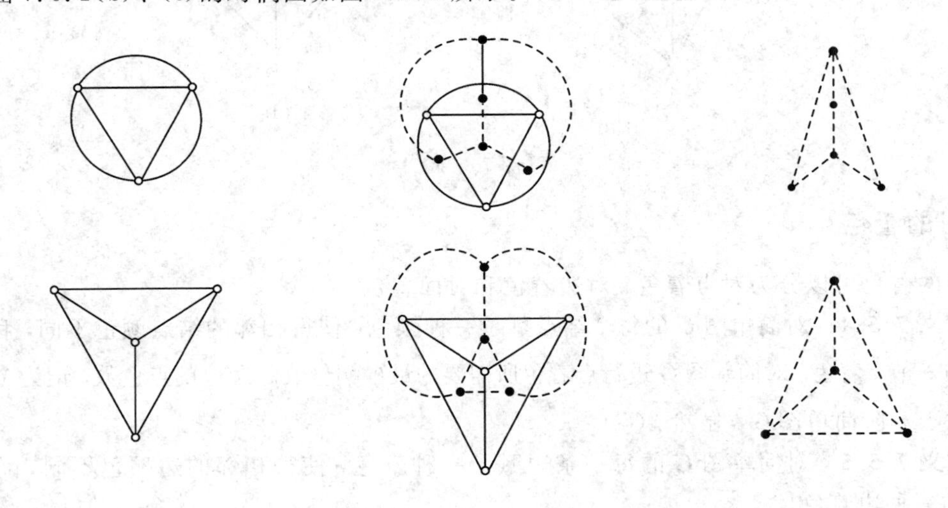

图 7.5.3

对偶图具有以下一些性质：

(1) G 有对偶图的充要条件是 G 为平面图，并且其对偶图是唯一的；

(2) 若 G 是连通平面图，则 $(G^*)^*=G$；

(3) 若 G 是平面图，则 G^* 是连通图。

定义 7.5.2　如果图 G 的对偶图 G^* 同构于 G，则 G 称为自对偶图。

例如，图 7.5.1(c)为自对偶图，自己和自己的对偶图同构。

定理 7.5.1　连通平面图 $G=(v, e)$ 与其对偶图 $G^*=(v^*, e^*)$ 的结点数、边数和面数 (r 和 r^*)存在以下对应关系：

$$e=e^*,\quad r=v^*,\quad v=r^*$$

定义 7.5.3　设图 G 为简单图，构造图 $L(G)$，G 中的边和 $L(G)$ 中的结点一一对应，如果 G 中的边 e_1 和 e_2 相邻，则在 $L(G)$ 中 e_1 和 e_2 相对应的两个结点间连一条边，称 $L(G)$ 为线图。

例 7.5.2　求图 7.5.4(a)、(b)的线图。

解　若两条边关联于同一个结点，则这两条边相邻接。根据线图的定义，图 7.5.4(a)、

(b)的线图如图 7.5.4(c)、(d)所示。

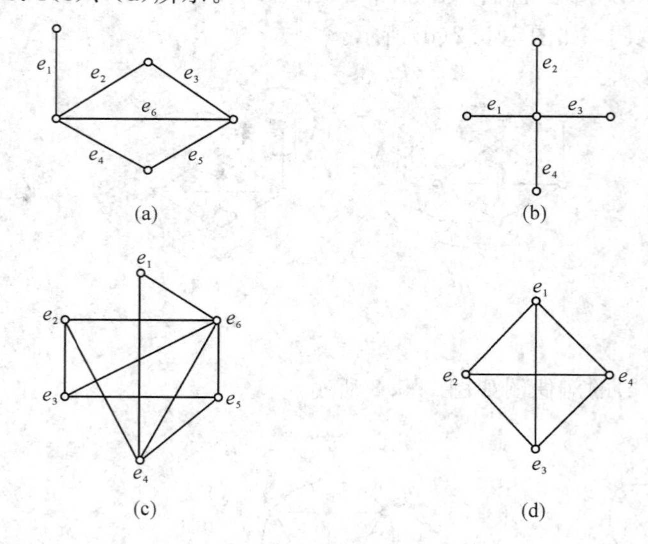

图 7.5.4

二、图的着色

图的着色可以分为对点着色、对边着色和对面着色。

定义 7.5.4 对简单图 G 的每个结点赋予一种颜色，使得相邻的结点颜色不同，称为对图 G 的一种点着色。对简单图 G 进行点着色所需要的最少颜色数称为 G 的点色数，记为 $\chi(G)$。

对于 n 阶简单图 G，显然 $\chi(G)\leqslant n$。

定义 7.5.5 对简单图 G 的每一条边赋予一种颜色，使得相邻的边颜色不同，称为对图 G 的一种边着色。

定义 7.5.6 对无桥平面图 G 的每个面赋予一种颜色，使得相邻的面颜色不同，称为对图 G 的一种面着色。

利用对偶图，可以把对平面图 G 的面着色问题转变成对其对偶图 G^* 的点着色问题。利用线图，可将图的边着色问题转化为对线图的点着色问题。因此我们重点研究对点着色。

当图 G 为零图时，$\chi(G)=1$；当图 G 为完全图时，$\chi(K_n)=n$；当图 G 为二分图时，$\chi(G)=2$。

确定一个图的结点色数 $\chi(G)$是一个难题，目前尚未找到有效的方法。近似算法是常见的方法，尽量求出色数的近似解。

下面介绍韦尔奇·鲍威尔法，用于求解结点色数。

输入：简单图 G。

输出：图 G 的点着色方案。

STEP 1：将图 G 中的所有结点按照度数不增的顺序排成一个序列。

STEP 2：使用一种新颜色，对序列中的第一个结点进行着色，并按照顺序在序列中对已着色结点不邻接的所有结点着同一种颜色。删除着色后的结点，得到新序列。

STEP 3：重复 STEP 2，直到序列为空。

例 7.5.3　使用韦尔奇·鲍威尔法对图 7.5.5(a)进行着色。

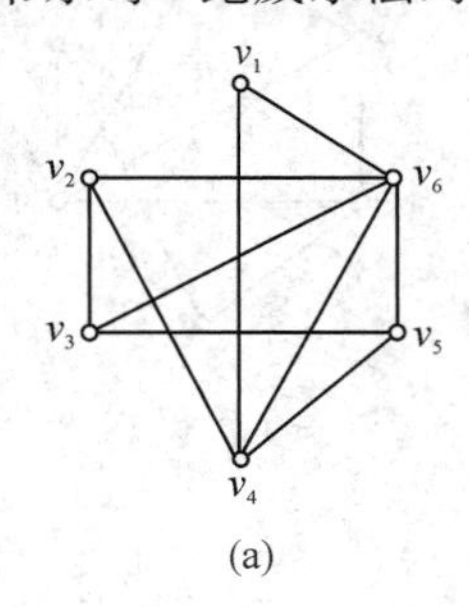

(a)

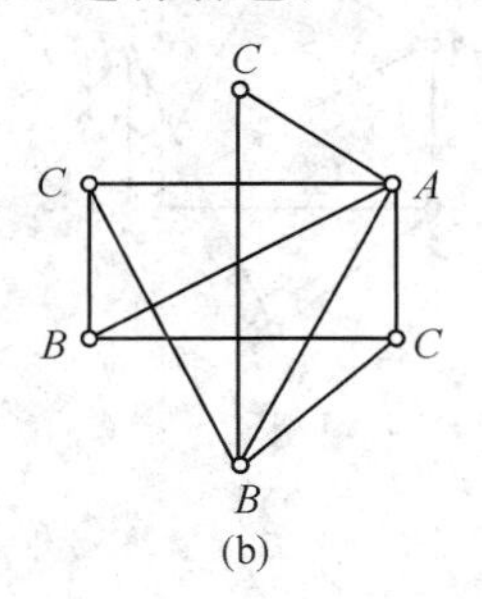

(b)

图 7.5.5

解　首先对结点按照度数不增的原则进行排序，排序结果为 v_6、v_4、v_2、v_3、v_5、v_1。

对 v_6 着颜色 A。依次查看序列，每个结点都与 v_6 邻接，所以只对 v_6 着色。删除 v_6，得到新序列 v_4、v_2、v_3、v_5、v_1。

对 v_4 着颜色 B。因为 v_3 与 v_4 不邻接，所以对 v_3 着颜色 B。又 v_1 与 v_3 不邻接，但与 v_4 邻接，所以不能对 v_1 着颜色 B。删除 v_4 和 v_3，得到新序列 v_2、v_5、v_1。

对 v_2 着颜色 C。因为 v_5 与 v_2 不邻接，所以对 v_5 着颜色 C。又 v_1 与 v_5 和 v_2 都不邻接，所以对 v_1 着颜色 C。删除 v_2、v_5、v_1，序列为空，所有结点被着色。

图 G 的着色方案如图 7.5.5(b)所示，$\chi(G)=3$。

韦尔奇·鲍威尔法并不总能得到最少颜色数的着色方案。例如，图 7.5.6(a)中，每个结点的度数都是 3，若按照 v_1、v_5、v_2、v_6、v_3、v_7、v_4、v_8 的次序排列，用韦尔奇·鲍威尔法得到的着色方案如图 7.5.6(b)所示，求出的色数为 $\chi(G)=4$；若按照 v_1、v_2、v_3、v_4、v_5、v_6、v_7、v_8 的次序排列，用韦尔奇·鲍威尔法得到的着色方案如图 7.5.6(c)所示，求出的色数为 $\chi(G)=2$。

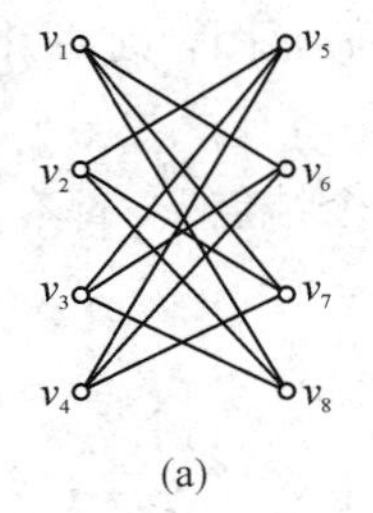

(a)

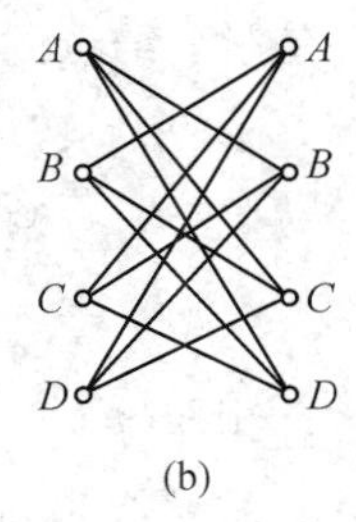

(b)

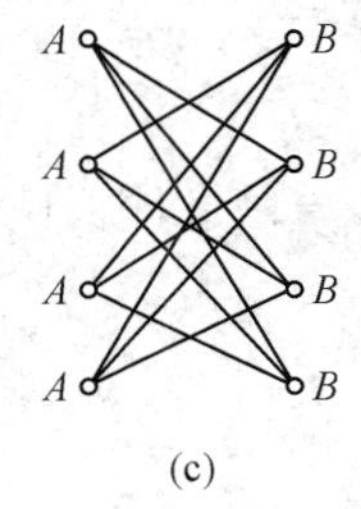

(c)

图 7.5.6

例 7.5.4　有六种化工原料，其中 a 和 b 不能放在一个仓库中，否则要发生化学反应，类似 b 和 c、b 和 e、c 和 e、c 和 d、d 和 f、b 和 e、a 和 e、f 和 e 也不能放在一个仓库中，请问至少需要多少个仓库存放这些化学原料？

解　用结点代表药品，如果两种药品不能放在一个仓库中，则在代表两种药品的结点之间连一条边，得到图 7.5.7(a)。问题转化为对图 7.5.7(a)的结点着色问题，该图的点色数为 3，如图 7.5.7(b)所示。因此，至少需要 3 个仓库。

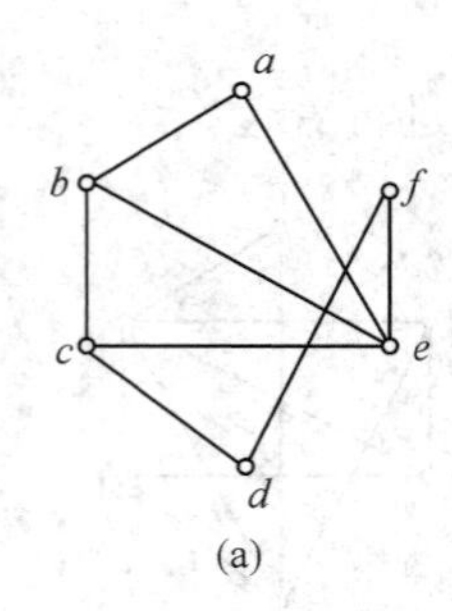

(a)

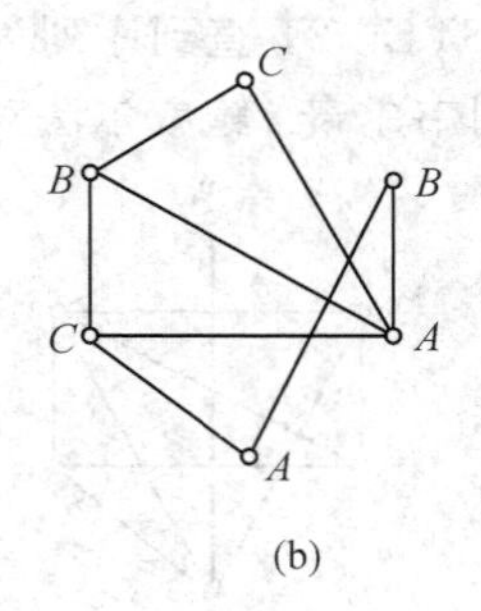

(b)

图 7.5.7

下面介绍著名的平面图着色问题——四色问题。

四色问题又称四色猜想、四色定理，是世界近代三大数学难题之一。四色问题最先是由一位名叫古德里(Francis Guthrie)的英国大学生提出的。

四色问题的内容是"任何一张地图只用四种颜色就能使具有共同边界的国家着上不同的颜色。"也就是说，在不引起混淆的情况下，一张地图只需采用四种颜色来标记。

1852 年，古德里在一家科研单位搞地图着色工作时，发现每幅地图都可以只用四种颜色着色。这个现象能不能从数学上加以严格证明呢？他和正在读大学的弟弟决心试一试，但是却没有任何进展。

他的弟弟就这个问题的证明请教了他的老师——著名数学家德·摩根，德·摩根也没有找到解决这个问题的途径，于是写信向自己的好友——著名数学家哈密顿爵士请教，但直到 1865 年哈密顿逝世，问题也没有解决。

1879 年，肯普宣布证明了四色定理。但在 1890 年，希伍德指出肯普的证明存在漏洞，而且他使用肯普的方法证明了"五色定理"。

电子计算机问世后，大大加快了四色猜想证明的进程。1976 年，数学家阿佩尔(Appel)和哈肯(Haken)用电子计算机证明了地图四色猜想的正确性。

定理 7.5.2 设 G 为一个至少具有三个结点的连通简单平面图，则 G 中必有一个结点 u，使得 $\deg(u)\leqslant 5$。

证明 设 $G=\langle V, E\rangle$，$|V|=v$，$|E|=e$，若 G 中的每一个结点 u，都有 $\deg(u)\geqslant 6$，则由

$$\sum_{i=1}^{v}\deg(v_i)=2e$$

知 $2e\geqslant 6v$，从而 $e\geqslant 3v>3v-6$，这与定理 7.4.3 相矛盾，故 $\deg(u)\leqslant 5$。

7.6 典型例题解析

例 7.6.1 图 7.6.1 中，既不是欧拉图，也不是汉密尔顿图的是(   )。

相关知识 欧拉图、汉密尔顿图的判定

分析与解答 欧拉图中存在一条回路，经过图的每边一次且仅一次。汉密尔顿图中存在一条回路，经过图中的每个结点一次且仅一次。图 7.6.1(a)既是欧拉图也是汉密尔顿图。

图 7.6.1(b)不是欧拉图(存在度数为奇数的结点)，也不是汉密尔顿图(删除一个结点，产生两个连通分支)。图 7.6.1(c)是欧拉图，但不是汉密尔顿图。图 7.6.1(d)不是欧拉图，是汉密尔顿图。答案为图 7.6.1(b)。

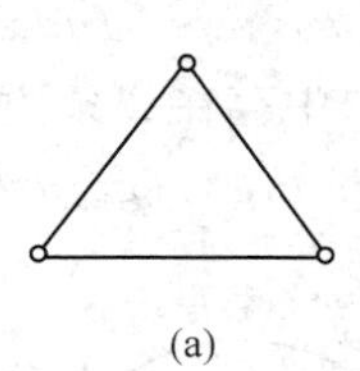
(a)
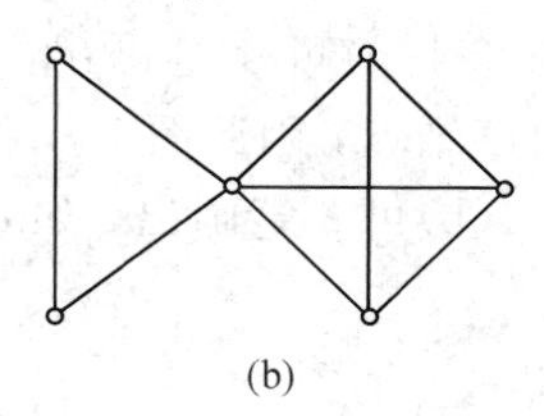
(b)
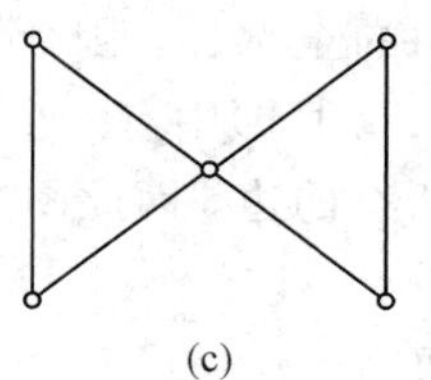
(c)
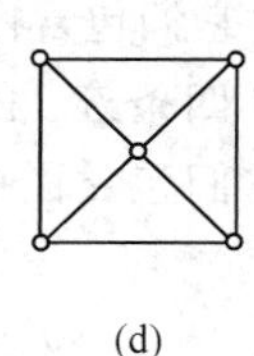
(d)

图 7.6.1

例 7.6.2　图 7.6.2 中，不是平面图的是(　　)。

相关知识　平面图的判定

分析与解答　图 7.6.2(d)是 $K_{3,3}$，是典型的非平面图，其他图都可平面化。答案为图 7.6.2(d)。

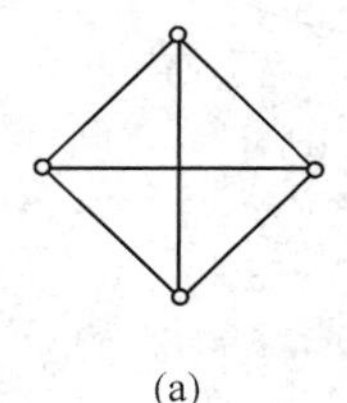
(a)
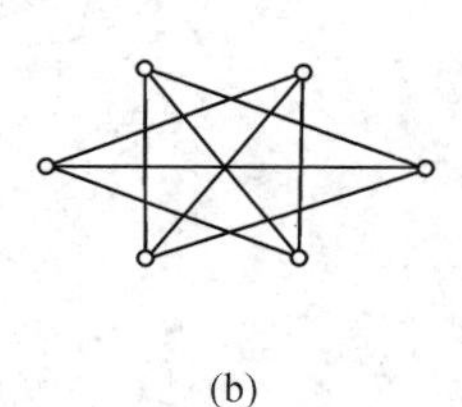
(b)
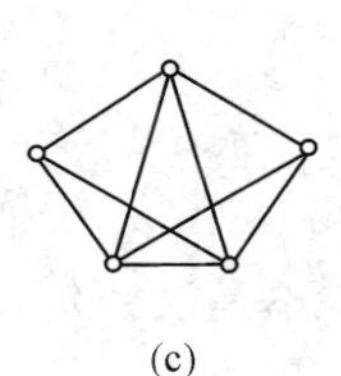
(c)
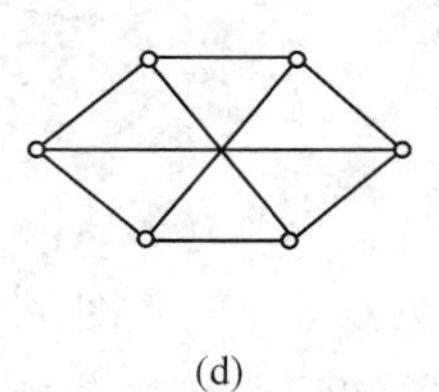
(d)

图 7.6.2

例 7.6.3　图 7.6.3 中，不是二分图的是(　　)。

相关知识　二分图的判定

分析与解答　若图中存在长度为奇数的回路，则图不是二分图。答案为图 7.6.3(c)。

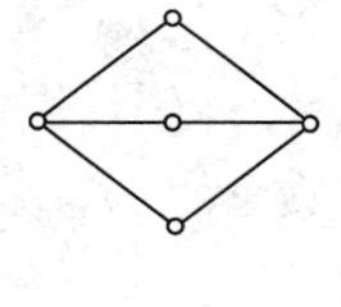
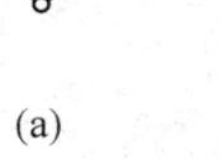
(a)
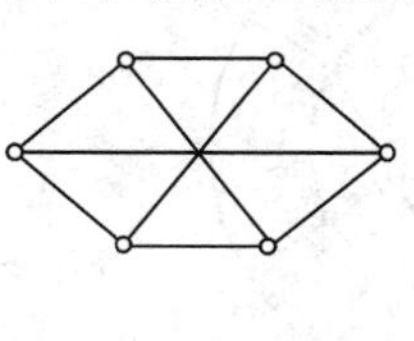
(b)
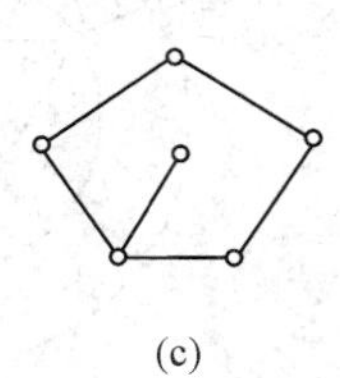
(c)
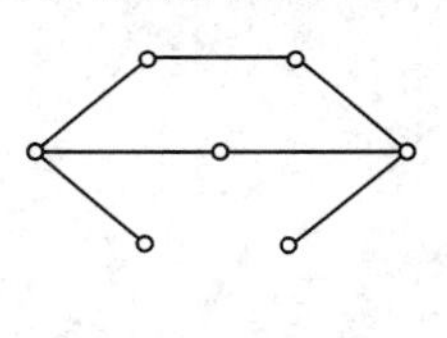
(d)

图 7.6.3

例 7.6.4　完全图 K_n 是几笔画图？说明理由。

相关知识　欧拉图

分析与解答　应用欧拉图的判定定理，若图中每个结点度数均为偶数，则可一笔画出。若有偶数个奇数结点，则可 $n/2$ 笔画出。

当 $n=1$ 时，K_n 为平凡图。

当 $n\neq1$ 且为奇数时，对于 K_n 中的任意一个结点 v，$\deg(v)=n-1$ 为偶数，所以 K_n 为欧拉图，可以一笔画出。

当 $n\neq1$ 且为偶数时，对于 K_n 中的任意一个结点 v，$\deg(v)=n-1$ 为奇数，所以 K_n 中有 $n/2$ 对奇数结点，因此可 $n/2$ 笔画出。

例 7.6.5　图 7.6.4(a)、(b)各需要几笔画出？

相关知识　欧拉路

分析与解答　图 7.6.4(a)中有 8 个奇数度结点，由此可知图 7.6.4(a)中存在 4 条边不重合的迹，它们包含图中的全部边，因此图 7.6.4(a)可 4 笔画出，如 *aei*，*kgc*，*badcbfjilkj*，*dhefghl* 四条迹。图 7.6.4(b)中有 4 个奇数度结点，因此图 7.6.4(b)中存在 2 条边不重合的迹，它们包含图中所有的边，因此图 7.6.4(b)可 2 笔画出，如 *eabiadhg*，*fgcjdcbfeh* 两条迹。

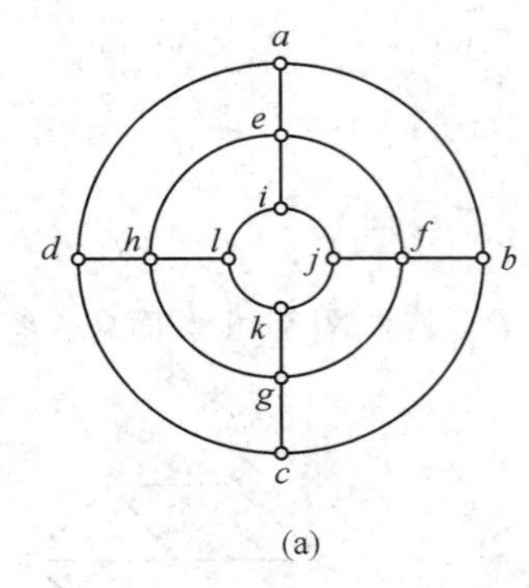

(a)

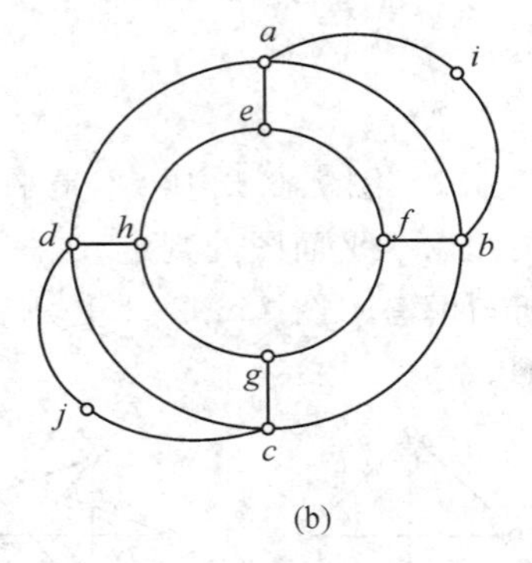

(b)

图 7.6.4

例 7.6.6　证明图 7.6.5 不是汉密尔顿图。

相关知识　汉密尔顿图

分析与解答　设 $V_1=\{a, c, e, h, j, l, p\}$，删去 V_1 中的所有结点，得到的图有 9 个连通分支，即 $W(G-V_1)=9>7=|V_1|$，由定理 7.2.1 知，图 7.6.5 不是汉密尔顿图。

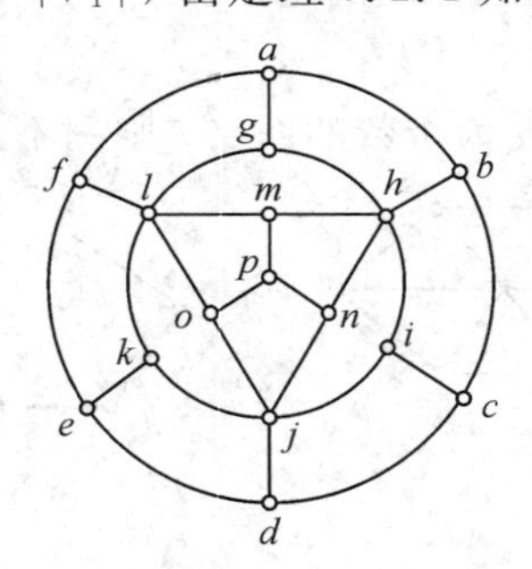

图 7.6.5

例 7.6.7　设图 G 为含有 n 个结点的简单无向图。

(1) 若 G 的边数 $m=\frac{1}{2}(n-1)(n-2)+2$，则 G 为汉密尔顿图；

(2) 若 G 的边数 $m=\frac{1}{2}(n-1)(n-2)+1$，则 G 是否一定为汉密尔顿图。

相关知识　汉密尔顿图

分析与解答　汉密尔顿图存在的充分条件是图中任意两个结点度数之和大于或者等于 n。根据定理 7.2.2 进行证明。

(1) 首先证明 G 中任何两个不相邻的结点的度数之和均大于等于 n，否则存在 v_i、v_j

不相邻，且 $d(v_i)+d(v_j)\leqslant n-1$。令 $V_1=\{v_i, v_j\}$，$G_1=G-V_1$，则 G_1 是$(n-2)$阶简单图，它的边数 m'满足：

$$m'\leqslant\frac{1}{2}(n-2)(n-3)+(n-1)=\frac{1}{2}(n-1)(n-2)+1$$

这与"G 的边数 $m=\frac{1}{2}(n-1)(n-2)+2$"相矛盾。所以，$G$ 中任何两个不相邻的结点的度数之和均大于等于 n。由定理 7.2.2 可知，G 是汉密尔顿图。

(2) 如果图 G 的边数 $m=\frac{1}{2}(n-1)(n-2)+1$，那么 G 不一定为汉密尔顿图。例如 4 个结点、4 条边的图 7.6.6 就不是汉密尔顿图。

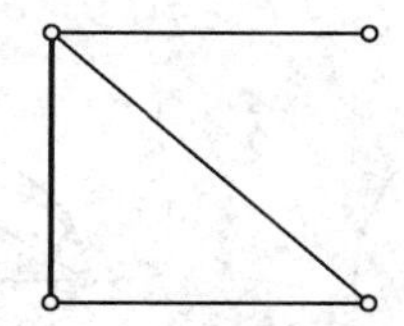

图 7.6.6

例 7.6.8　证明：若 G 是含有奇数个结点的二分图，则 G 不是汉密尔顿图。用此结论证明图 7.6.7 不是汉密尔顿图。

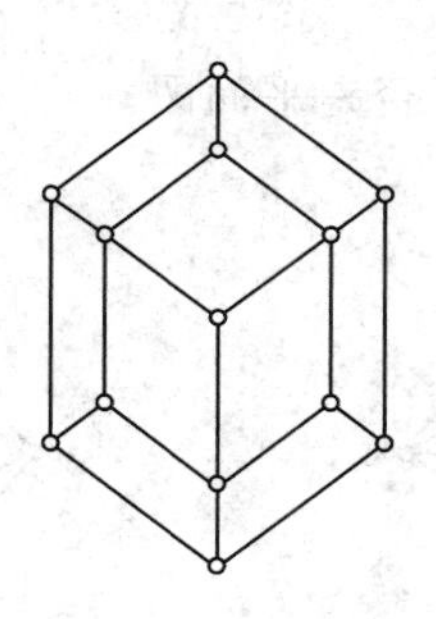

图 7.6.7

相关知识　二分图，汉密尔顿图

分析与解答　设 V_1 和 V_2 为二分图 G 的互补结点子集。因为 G 有奇数个结点，所以 $|V_1|\neq|V_2|$，不妨设$|V_1|<|V_2|$，并设$|V_1|=r$，$|V_2|=s$。将 V_1 删除，可以得到 s 个连通分支，因为 $r<s$，所以 $W(G-V_1)=s>r=|V_1|$，由定理 7.2.1 可知，图 G 不是汉密尔顿图。

图 7.6.7 中没有奇数长的回路，因此该图是二分图。这个图有 13 个结点，因此它不是汉密尔顿图。

例 7.6.9　判定图 7.6.8(a)、(b)、(c)、(d)是否是平面图。

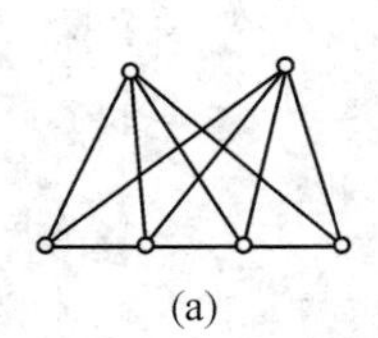

(a)

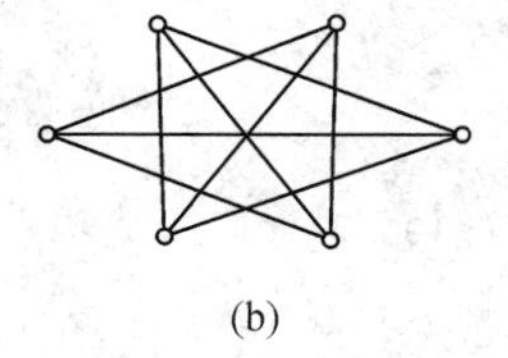

(b)

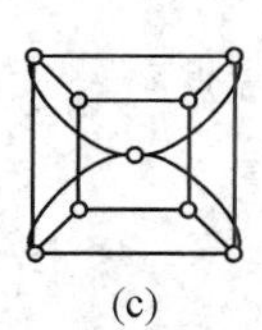

(c)

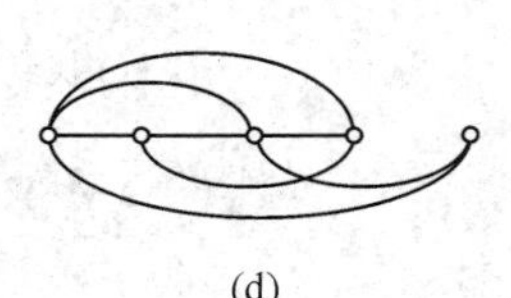

(d)

图 7.6.8

相关知识　平面图

分析与解答　根据平面图的定义，先尝试将所有边画到一个平面上。这四个图都可以画到一个平面上，使得边只在结点处相交，其他地方没有交点，如图 7.6.9(a)、(b)、(c)、(d)所示。因此图 7.6.8(a)、(b)、(c)、(d)都是平面图。

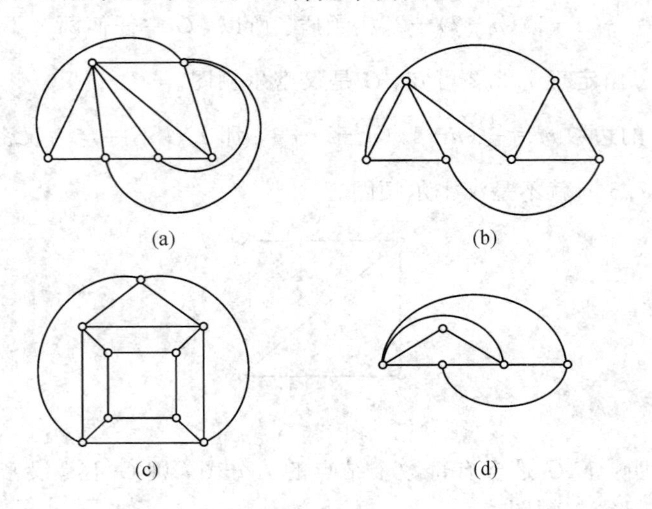

图 7.6.9

例 7.6.10　判定图 7.6.10(a)是否是平面图。

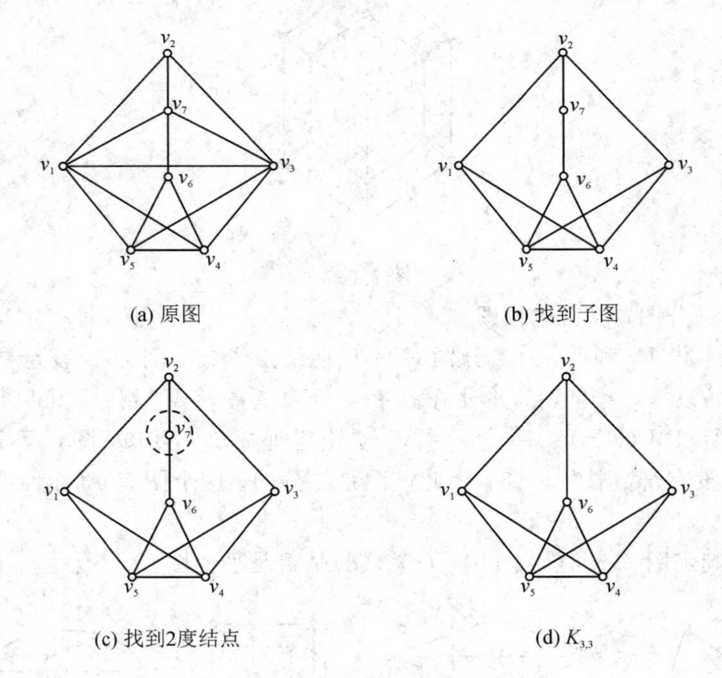

图 7.6.10

相关知识　平面图

分析与解答　根据Kuratowski定理，在图7.6.10(a)中寻找与$K_{3,3}$或K_5 2度结点内同构的子图。图7.6.10(b)为图7.6.10(a)的子图，找到2度结点v_7(见图7.6.10(c))，除去v_7得到$K_{3,3}$(见图7.6.10(d))。

例7.6.11　设简单平面图G中结点数$n=7$，边数$m=15$，证明：G是连通的。

相关知识　平面图

分析与解答　根据连通图，平面图的边数证明。

假设G为非连通图，那么至少存在$k(k\geqslant 2)$个连通分支，即G_1，G_2，…，G_k。每个G_i都是连通、简单、平面图。设G_i的结点数为n_i，边数为m_i，$i=1,2,\cdots,k$。

若存在$n_j=1$，则k必为2。因为只有G为一个平凡图并上一个K_6才能使其边数为15，但K_6不是平面图，这与“G为平面图”相矛盾，所以不存在$n_j=1$。

若存在$n_j=2$，则G_j中至多有一条边(因为G为简单图)，另外5个结点构成K_5时边数最多，但其值也仅为10条边，这与“G有15条边”相矛盾。

综上可知，n_i必大于等于3，$i=1,2,\cdots,k$。由定理7.4.3可知

$$m_i\leqslant 3n_i-6,\ i=1,2,\cdots,k$$

求和得

$$m\leqslant 3n-6k$$

将$n=7$，$m=15$代入上式，得

$$15\leqslant 21-6k$$

从而推出$k\leqslant 1$，这与“$k\geqslant 2$”相矛盾。

至此证明了G必为连通图。

例7.6.12　证明当每个结点的度数大于等于3时，不存在有7条边的连通简单平面图。

相关知识　平面图

分析与解答　根据欧拉公式进行证明。

设G为连通、简单、平面图，有v个结点、e条边、r个面。若$e=7$，由欧拉公式$v-e+r=2$可得$v+r=7+2=9$，而每个面至少由3条边围成，则有$3r\leqslant 2e$，即$r\leqslant\frac{2}{3}e$。又对任何结点v，$\deg(v)\geqslant 3$，则有$3v\leqslant 2e$，即$v\leqslant\frac{2}{3}e$。因此

$$v+r\leqslant\frac{2}{3}e+\frac{2}{3}e=\frac{4}{3}e=\frac{28}{3}$$

这与“$v+r=9$”相矛盾。所以命题成立。

例7.6.13　证明：若G是自对偶的平面图，则G中的边数e与结点数v有如下关系：$e=2v-2$。

相关知识　对偶图，平面图

分析与解答　用对偶图以及同构图的定义进行证明。

设G^*是G的对偶图，因为$G\cong G^*$，所以G必为连通的平面图。由定理7.5.1知，$e=e^*$，$r=v^*$，$v=r^*$。于是$v=v^*=r$，将其代入欧拉公式$v-e+r=2$，可得

$$v-e+v=2v-e=2$$

故

$$e=2v-2$$

例 7.6.14 利用韦尔奇·鲍威尔法给图 7.6.11(a)、(b)、(c)的结点正常着色，请问每个图至少需要几种颜色？

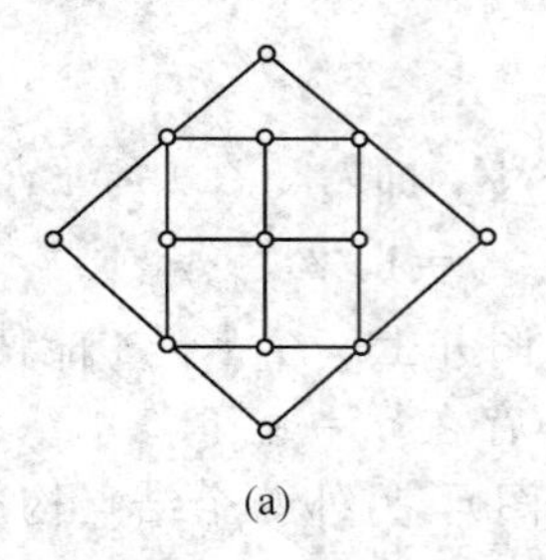
(a)

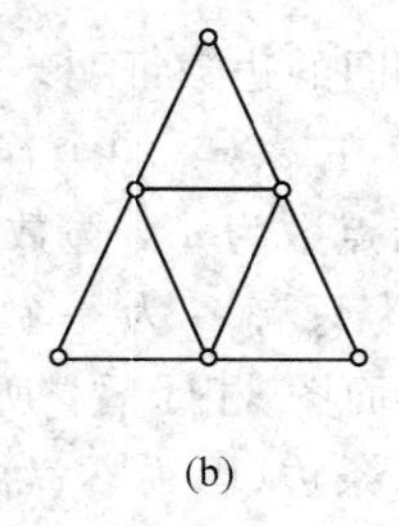
(b)

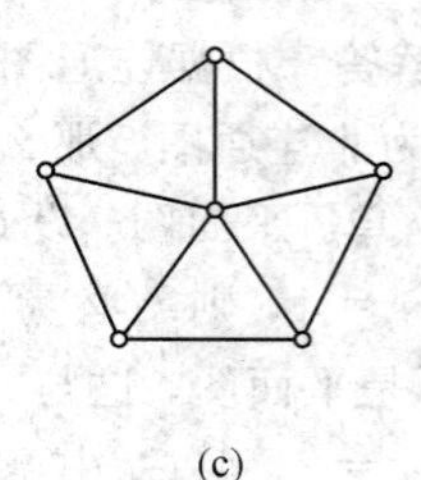
(c)

图 7.6.11

相关知识 图的着色

分析与解答 韦尔奇·鲍威尔法的应用。

使用韦尔奇·鲍威尔法对图进行着色，图 7.6.11(a)需要 2 种颜色，图 7.6.11(b)需要 3 种颜色，图 7.6.11(c)需要 4 种颜色。

例 7.6.15 有 8 种化学药品 A、B、C、D、P、R、S、T 要放进储藏室保管。出于安全原因，下列各组药品不能放在同一室：$A-R$，$A-C$，$A-T$，$R-P$，$P-S$，$S-T$，$T-B$，$B-D$，$D-C$，$R-S$，$R-B$，$P-D$，$S-C$，$S-D$，问储藏室这 8 种药品至少需要多少个房间？

相关知识 图的着色

分析与解答 将药品转化为图的结点，若不能同一房间储存，则连一条边，对图进行着色。

以 8 种化学药品作为结点，若两种药品不能储存在同一个室内，则它们之间有一条边，这样构成图 7.6.12，本题转化为对图 7.6.12 进行点着色，并求色数。采用韦尔奇·鲍威尔法，图 7.6.12 的色数为 3。因此，储藏这 8 种药品至少需要 3 个房间。

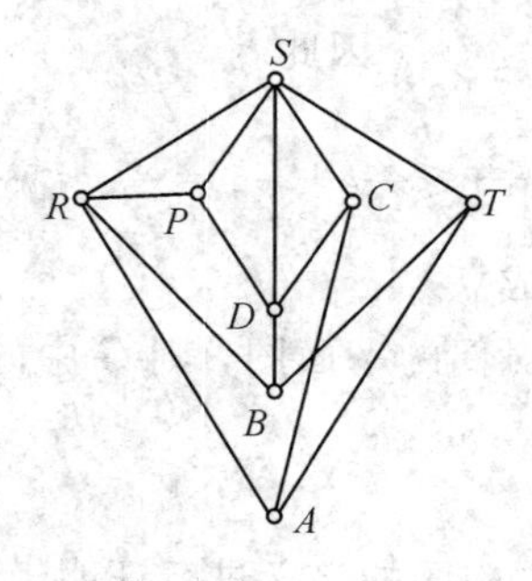

图 7.6.12

上机实验 5 特殊图形的判定

1. 实验目的

本章学习了欧拉图、汉密尔顿图、平面图、二分图以及对偶图，通过本实验巩固特殊图形的判定定理，实现对图形性质的自动判定。

2. 实验内容

(1) 从文件读入 v 个结点、e 条边的图 G，判定 G 中是否存在欧拉回路，若存在，则用 Fleury 算法找出该回路。

(2) 判定图 G 是否为汉密尔顿图。

(3) 判定图 G 是否为二分图。

(4) 用欧拉公式判定图 G 是否为平面图。

(5) 如图 7.7.1 所示，售货员要到 n 个城市去推销商品，已知各城市之间的路程(代价)用带权邻接矩阵表示，试选择一条路，从第一个城市出发经过每个城市一遍，最后回到出发城市所耗费的代价最小。

(6) 编程实现韦尔奇·鲍威尔法，并计算图 7.6.12 的色数。

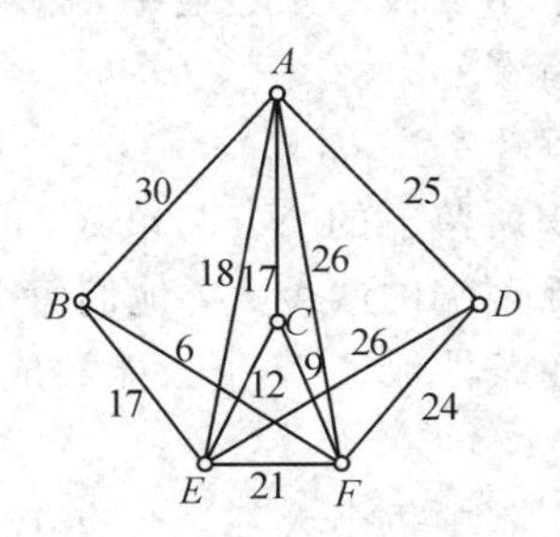

图 7.7.1

习 题 7

7.1 判断图是否存在欧拉路、欧拉回路。

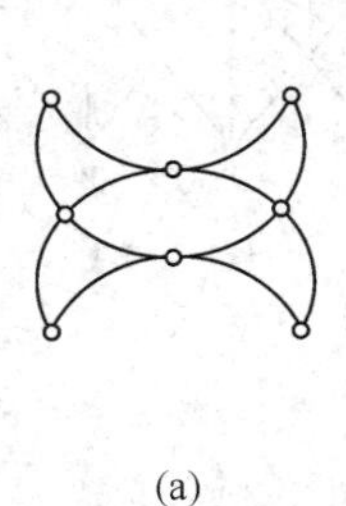

(a)

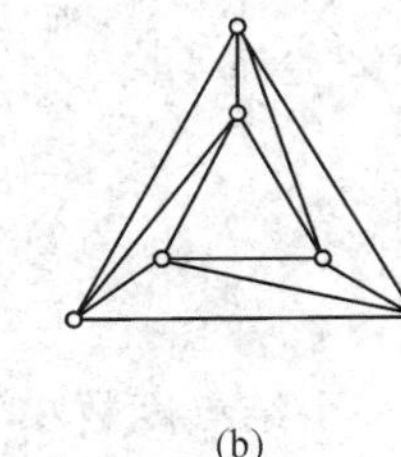

(b)

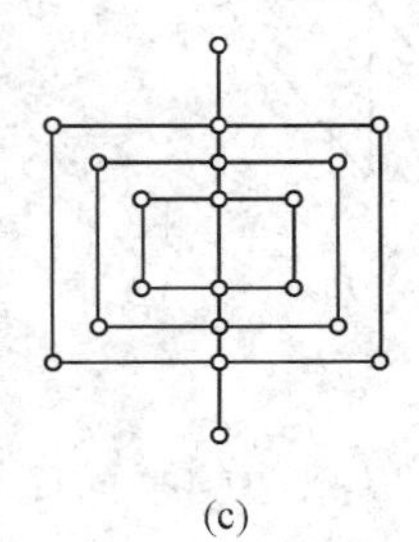

(c)

题 7.1 图

7.2　n 满足什么条件时，完全图 K_n 是欧拉图？

7.3　判断图是否存在欧拉路、欧拉回路。

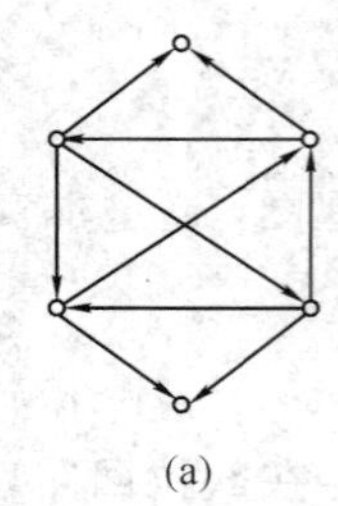

(a)

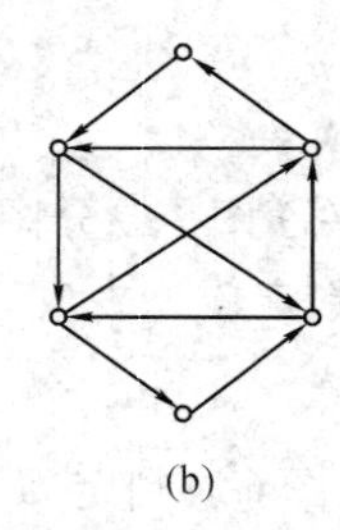

(b)

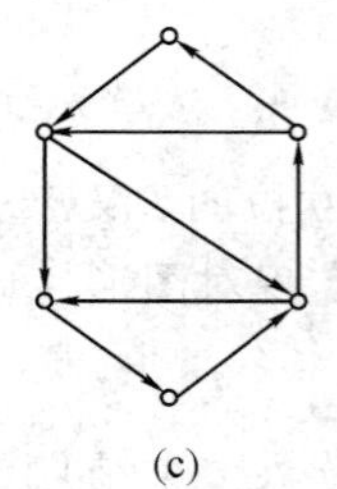

(c)

题 7.3 图

7.4　画出一个图，使其满足以下条件：

(1) 具有欧拉回路和汉密尔顿回路；

(2) 具有欧拉回路，但没有汉密尔顿回路；

(3) 不具有欧拉回路，但具有汉密尔顿回路；

(4) 既不具有欧拉回路，也不具有汉密尔顿回路。

7.5　设 G 是一个具有 N 个结点的简单无向图，$N \geqslant 3$，G 的结点表示 N 个人，G 的边表示他们之间的友好关系，若两个结点被一条边连结，并且仅当对应的人是朋友。

(1) 结点的度数能做怎样的解释？

(2) G 是连通图能做怎样的解释？

(3) 假定任意两人合起来认识所留下的 $N-2$ 个人，证明 N 个人能站成一排，使得中间每个人两旁站着自己的朋友，而两端的两个人，他们每个人旁边只站着他的一个朋友。

(4) 证明对于 $N \geqslant 4$，(3)中的条件保证 N 个人能站成一圈，使每个人的两旁站着自己的朋友。

7.6　某次会议有 20 人参加，其中每个人都至少有 10 个朋友，这 20 人围一圆桌入席，要想使与每个人相邻的两位都是朋友是否可能？为什么？

7.7　证明彼得森图为非汉密尔顿图。

7.8　找出图中各分图的所有匹配、极大匹配、最大匹配，并说明图中是否存在完美匹配。

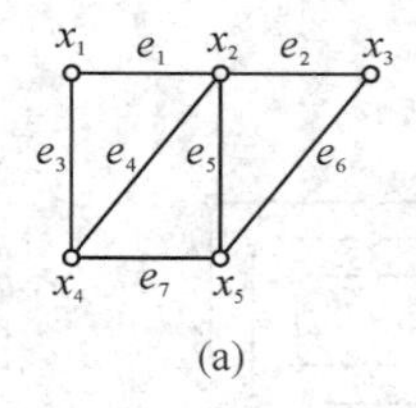

(a)

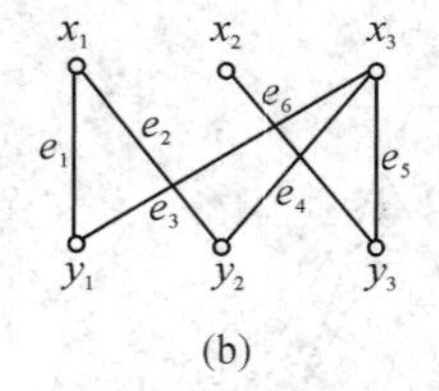

(b)

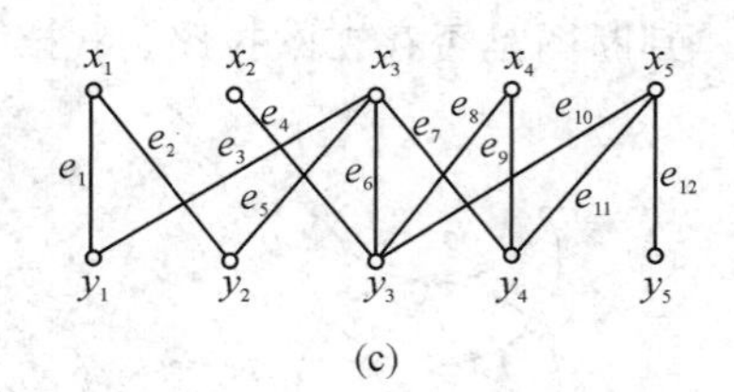

(c)

题 7.8 图

7.9　小于 30 条边的平面简单图有一个结点度数小于等于 4。

7.10　设 G 是有 11 个或更多结点的图，证明 G 或 $\overline{G}$ 是非平面图。

7.11　证明图中各分图不是平面图。

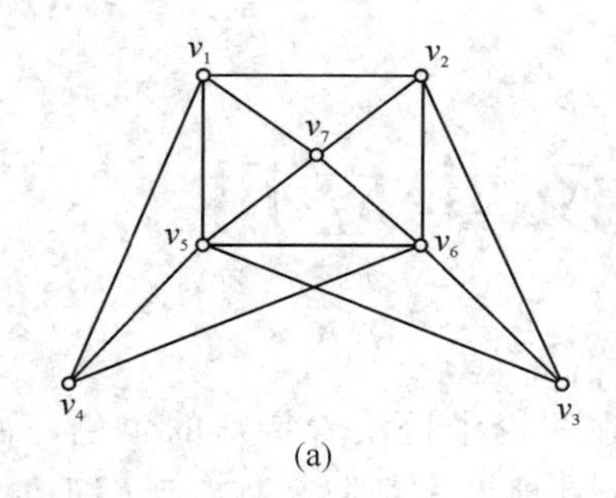

(a)

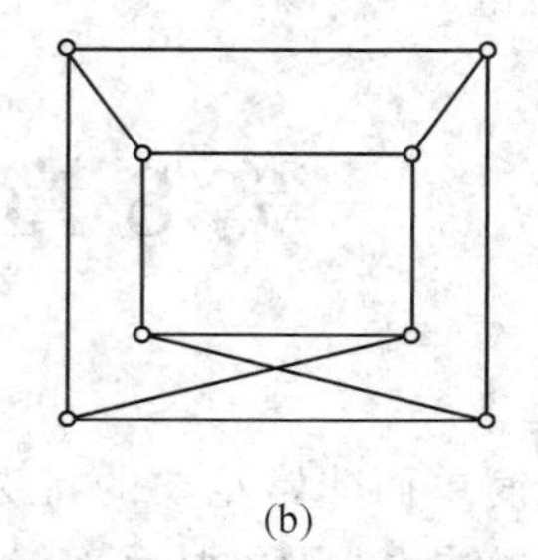
(b)

题 7.11 图

7.12　画出图的对偶图。

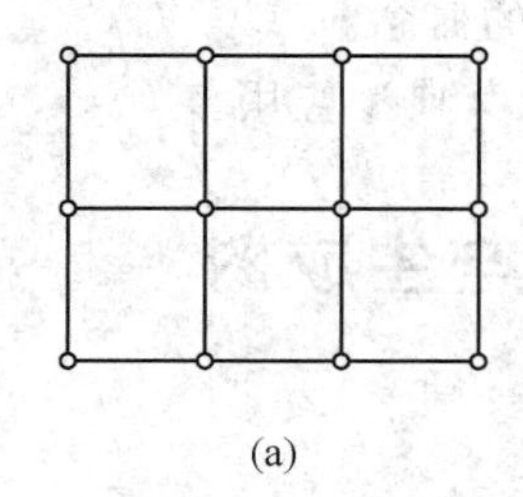
(a)

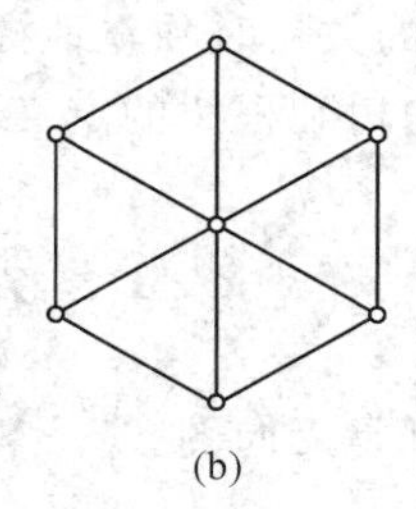
(b)

题 7.12 图

7.13　一个班的学生共计选修 A、B、C、D、E、F 6 门课程，其中一部分人同时选修了 D、C、A，一部分人同时选修了 B、C、F，一部分人同时选修了 E 和 B，还有一部分人同时选修了 A 和 B。期中考试要求每天考一门课，6 天内考完，而且为了减轻学生负担，要求每人都不会连续两天参加考试。试设计一个考试日程表。

7.14　有 6 名研究生进行论文答辩，答辩委员会成员分别是 A={张教授，王教授，李教授}、B={李教授，赵教授，刘教授}、C={赵教授，刘教授，田教授}、D={张教授，刘教授，王教授}、E={张教授，王教授，田教授}、F={王教授，李教授，张教授}，这次论文答辩必须安排多少个不同的时间？

第8章　树及其应用

树是一类简单而非常重要的特殊图，不仅在图论中扮演着特殊的角色，而且在算法设计与分析、数据结构、网络技术等计算机科学及其他许多领域都有广泛而重要的应用。

1847年德国学者基尔霍夫(Gustav Robert Kirchhoff，1824—1887)就用树的理论来研究电网络。1857年英国数学家凯莱(Arthur Cayley，1821—1895)在计算有机化学中C_2H_{2n+2}的同分异构体的数目时独立地提出了树的概念。

本章主要介绍无向树和根树的定义、性质及其典型应用。

8.1　无向树与生成树

本节所讨论的图都是无向图。

一、无向树

定义 8.1.1　一个连通无回路的无向图称为无向树，简称树，记作T。树中度数为1的结点称为树叶(或终端结点)，度数大于1的结点称为分支点(或内点，或非终端结点)。一个无回路的无向图称为森林，它的每个连通分支是树。

根据这个定义，简单图K_1也是树，称作平凡树，它是一棵既无树叶又无分支点的特殊树，而且树必定不含平行边和自回路，即树一定是简单平面图。

例 8.1.1　图8.1.1(a)是树；图8.1.1(b)存在回路，因而不是树；图8.1.1(c)是森林。图8.1.1(a)中，a、b、c、f、h、i都是树叶，而d、e、g都是分支点。

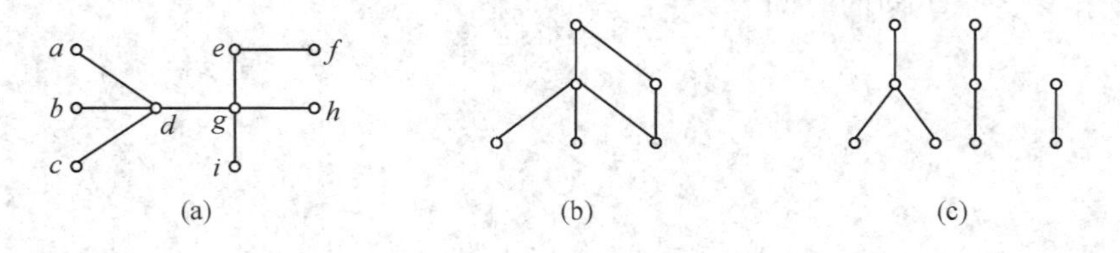

图 8.1.1

定理 8.1.1　设$T=\langle V, E\rangle$是n个结点、m条边的无向图，则下列命题等价：

(1) T是树，即T连通且无回路；

(2) T无回路且$m=n-1$；

(3) T连通且$m=n-1$；

(4) T无回路，但任意增加一条边产生唯一一条回路；

(5) T连通，但删去任一边后便不连通，即T的每条边都是割边；

(6) T无回路中每对结点之间恰有一条路。

证明　(1)⇒(2)：

只需证 $m=n-1$。因为 T 是树，所以 T 是连通平面图，且只有一个面，由欧拉公式，有 $n-m+1=2$，所以 $m=n-1$。

(2)⇒(3)：

只需证 T 连通。若 T 不连通，并且有 k 个连通分支 T_1，T_2，…，$T_k(k\geqslant 2)$，则每个连通分支都连通无回路，分别记 T_i 的结点数和边数为 n_i 和 $m_i(1, 2, \cdots, k)$，由前述证明知有 $m_i=n_i-1(1, 2, \cdots, k)$，从而

$$n=n_1+n_2+\cdots+n_k$$

$$m=m_1+m_2+\cdots+m_k=(n_1-1)+(n_2-1)+\cdots+(n_k-1)=n-k<n-1$$

这与"$m=n-1$"相矛盾，所以 T 连通。

(3)⇒(4)：

设 T 连通且 $m=n-1$。

当 $n=2$ 时，$m=n-1=1$，故 T 无回路。如果任增加一条边，则产生唯一一条回路。

设 $n=k-1$ 时命题成立。

当 $n=k$ 时，因为 T 连通，$m=n-1$，故对每个结点 u 有 $\deg(u)\geqslant 1$，可以证明至少有一个结点 u_0，使 $\deg(u_0)=1$，若不然，即对所有结点 u 有 $\deg(u)\geqslant 2$，则有 $2m\geqslant 2n$，即 $m\geqslant n$，这与假设"$m=n-1$"相矛盾。删去 u_0 及关联的边得到一个新图 T_1，由归纳假设可知无回路。在 T_1 中加入 u_0 及关联的边又得到图 T，可知 T_1 无回路。若在连通图 T 中增加一条边 (u, v)，则该边与 T 中 u 到 v 的边构成一条回路，且该回路必是唯一的，否则若删去此新边，T 中必有回路，得出矛盾。

(4)⇒(5)：

若 T 不连通，则存在结点 u 与 v，在 u 与 v 之间没有路，因而增加一条新边 (u, v) 不会产生回路，与假设矛盾。又由于 T 无回路，故删去任一边后图不连通。

(5)⇒(6)：

因为 T 连通，故每对结点之间有路，若存在两个结点，在它们之间有多于一条的路，则 T 中必有回路，删去该回路上任一条边，图仍是连通的，与(5)矛盾。

(6)⇒(1)：

每对结点之间有路，则 T 必连通。若有回路，则回路上任意两点间有两条路，与(6)矛盾。

定理 8.1.2　若 $T=\langle V, E\rangle$ 是树，且 $|V|\geqslant 2$，则 T 至少有两片树叶。

证明　设 T 有 k 片树叶，则

$$\sum_{v\in V}\deg(v)\geqslant k+2(|V|-k)$$

因为 T 是树，故 $|E|=|V|-1$，由握手定理知

$$\sum_{v\in V}\deg(v)=2|E|=2(|V|-1)$$

所以 $2(|V|-1)\geqslant k+2(|V|-k)$，于是 $k\geqslant 2$。

例 8.1.2　已知树 T 中有 2 个 2 度顶点和 1 个 3 度顶点，其余顶点都是树叶，则 T 有多少个结点？

解　设 T 有 n 个结点、m 条边，则由握手定理和 $m=n-1$，有

$$2(n-1)=2\times2+1\times3+(n-3)$$

解得 $n=6$，即 T 共有 6 个结点。

二、生成树

有些连通无向图本身不是树，但它的某些子图是树。一个图可能有许多子图是树，其中重要的一类是生成树。

定义 8.1.2　若连通图无向图 G 的生成子图 T 是一棵树，则称 T 为 G 的生成树。G 在 T 中的边称为 T 的树枝，G 不在 T 中的边称为 T 的弦。T 中所有弦的集合导出的子图称为 T 的补或余树，记为 $\bar{T}$。

例 8.1.3　图 8.1.2 中，图(b)是图(a)的一棵生成树，图(c)是图(b)的补。

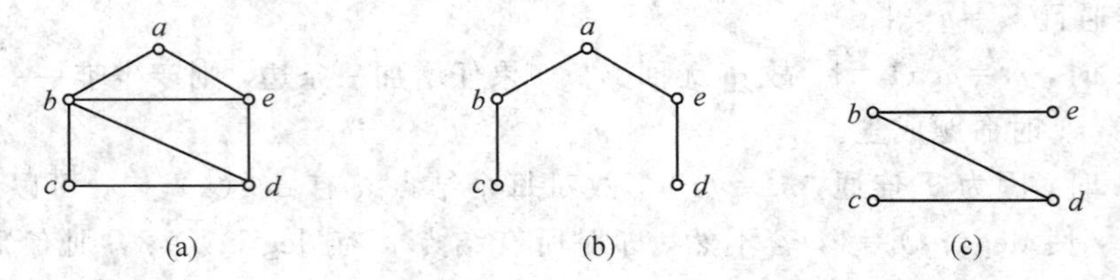

图 8.1.2

一般地，图的生成树不唯一。

例 8.1.4　图 8.1.3 中，图(b)、图(c)均是图(a)的生成树，图(d)不是图(a)的生成树。

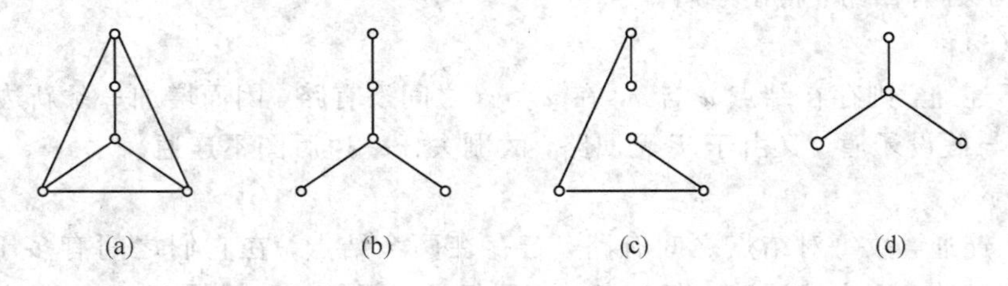

图 8.1.3

定理 8.1.3　无向图 $G=\langle V, E\rangle$ 有生成树当且仅当 G 是连通的。

证明　先证充分性。若 G 中无回路，则 G 本身就是一棵生成树。若 G 中有回路，删去回路上的一条边得到图 G_1，G_1 仍是连通的，且与 G 有相同的结点集。若 G_1 还有回路，就再删去此回路上的一条边得到图 G_2，G_2 仍是连通的，且与 G 有相同的结点集。依此下去，直到得到连通图 T，T 无回路且与 G 有相同的结点集。T 就是 G 的生成树。

再证必要性。$T=\langle V_T, E_T\rangle$ 是 G 的生成树，则 $V_T=V$。由树的定义知 T 是连通的，所以 G 是连通的。

推论　设 G 是 n 个结点、m 条边的连通无向图，则 $m\geqslant n-1$。

证明　因为 G 连通，所以 G 中必有生成树 T，而 G 的边数不小于 T 的边数，所以 $m\geqslant n-1$。

显然，为了得到 G 的生成树，需要删去 G 的 $m-(n-1)=m-n+1$ 条边。数 $m-n+1$

称为连通图 G 的秩或圈秩。

生成树有一定的实际意义。

例 8.1.5　某地要兴建 5 个工厂，拟修筑道路连接这 5 处。经勘测，其道路可依图8.1.4 的无向边铺设。为使这 5 处都有道路相通，问至少要铺几条路？

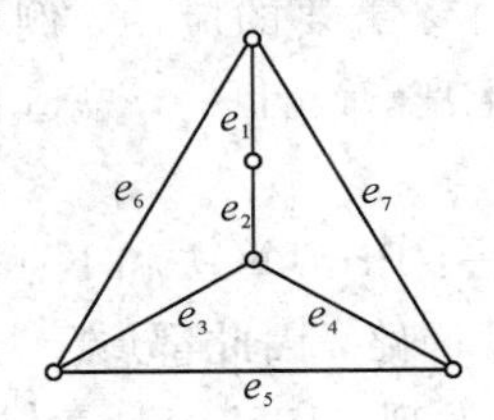

图 8.1.4

解　本题实际上是求 G 的生成树的边数问题。一般情况下，设连通图 G 有 n 个结点、m 条边。由树的性质知，T 有 n 个结点、$n-1$ 条树枝、$m-n+1$ 条弦。在图 8.1.4 中，$n=5$，则 $n-1=5-1=4$，所以至少要修 4 条路。

定理 8.1.3 的证明其实给出了无向连通图的生成树的一种算法，称为"破圈法"。

例 8.1.6　求如图 8.1.5 所示的图 G 的一棵生成树。

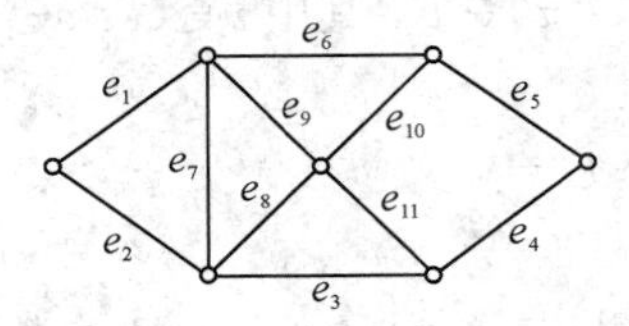

图 8.1.5

解　图 8.1.6(a)～(e)给出了用破圈法得到图 G 的生成树的过程。从图 G 开始，依次删去 e_7、e_9、e_{10}、e_{11}、e_4 5 条边，至图 8.1.6(e)得到了图 G 的一棵生成树。值得注意的是，破圈的方式不同，得到的生成树也可能不同，图 8.1.6(f)也是图 G 的一棵生成树。虽然图 8.1.6(e)和(f)是图 G 的两棵不同的生成树，但它们的结点数和边数分别相等。

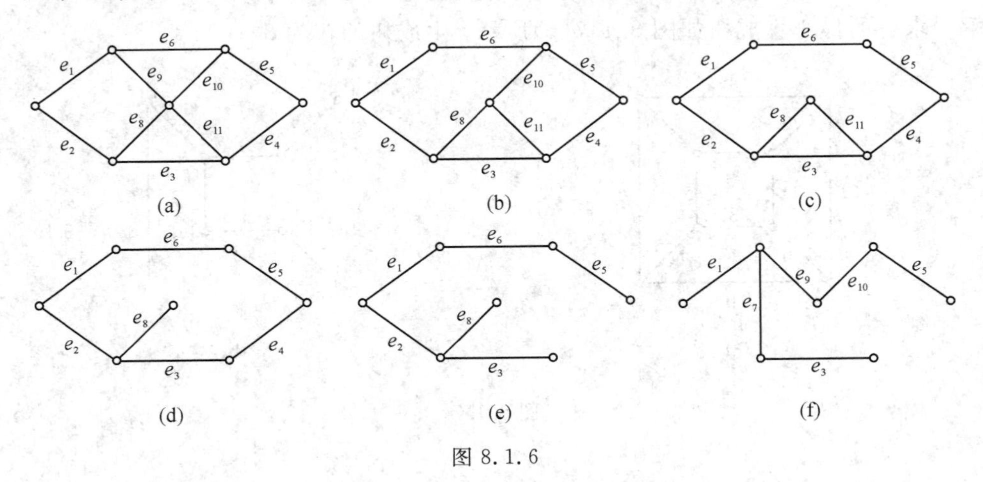

图 8.1.6

三、最小生成树

定义 8.1.3 设连通无向赋权图 $G=\langle V, E\rangle$，T 是 G 的一棵生成树，T 的各边权之和称为 T 的权，记为 $w(T)$。G 中具有最小权的生成树 T_G 称为 G 的最小生成树。

最小生成树在实际问题中有着许多重要的应用。例如，要建设若干城市之间的公路交通网，已知两城市之间直达公路的距离，设计一个总造价最小的公路交通网，就是求最小生成树。

下面介绍两种最小生成树的算法：Prim 算法和 Kruskal 算法。它们的本质都是树的生成过程，这个过程中要一直避免出现回路，因此都属于“避圈法”。Prim 算法于 1930 年由捷克数学家亚尔尼克(Voitech Jarmik)发现；1957 年，美国计算机科学家普里姆(Robert Clay Prim)独立发现了该算法；1959 年，迪杰斯特拉(Edger Wybe Dijkstra)再次发现了该算法。因此，普里姆算法又称为 DIP 算法。Kruskal 算法由克鲁斯卡尔(Joseph Bemard Kruskal)在 1956 年发表。

设 $G=\langle V, E\rangle$ 是有 n 个结点、m 条边的连通无向赋权图。

Prim 算法如下：

STEP 1：任取 $v_1\in V$，置 $U=\{v_1\}$，并置最小生成树的边集 $E_T=\{\}$。

STEP 2：选取边权最小的边 $(u, v)\in E$，其中 $u\in U$，$v\in V-U$，置 $E_T=E_T\cup\{(u, v)\}$，并置 $U=U\cup\{v\}$。

STEP 3：重复 STEP 2，直至 $U=V$。

Kruskal 算法如下：

STEP 1：取 $e_1\in E$，使 e_1 的边权 $w(e_i)$ 最小，并置边数 $i=1$。

STEP 2：当 $i=n-1$ 时算法停止，否则转向 STEP 3。

STEP 3：设已选的边为 e_1，e_2，…，e_i，在 $E-\{e_1, e_2, \cdots, e_i\}$ 中选取边 e_{i+1}，使得 e_{i+1} 是与 e_1，e_2，…，e_i 不构成回路且权值最小的边。

STEP 4：置 i 为 $i+1$，转向 STEP 2。

例 8.1.7 求图 8.1.7(a)中赋权图的最小生成树。

解 求得的最小生成树如图 8.1.7(b)所示，生成树的权为 34。

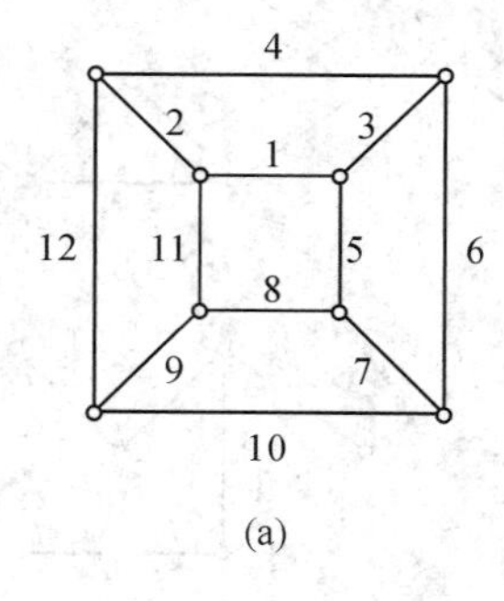

(a)

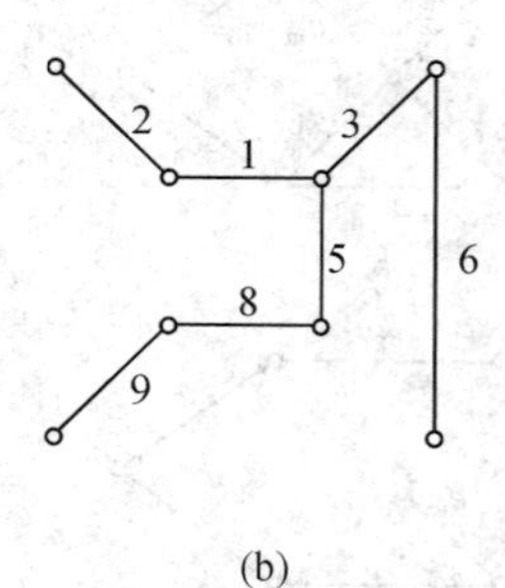

(b)

图 8.1.7

8.2　根树及其应用

根树有很多应用，例如，语言学中用于语法分析的语法树，计算机存储器中文件系统的目录，描述数据结构和算法的 m 叉树，面向对象方法中类及对象的继承树、组合树，软件项目设计中模块之间调用的层次关系，大型组织的组织机构图，用来描述家族成员关系的家谱树等。

一、有向树与根树

定义 8.2.1　如果有向图 D 在不考虑边的方向时是一棵无向树，则称 D 为有向树。

定义 8.2.2　一棵非平凡的有向树 T，如果恰有一个结点的入度为 0，其余所有结点的入度都为 1，则称 T 为根树。入度为 0 的结点称为根，出度为 0 的结点称为叶，出度不为 0 的结点称为分支点或内点。任何结点的层次(级、高度)是从根出发到该结点的路径长度(边的条数)，亦称为通路长度。所有结点层次的最大值称为根树的高度。

例 8.2.1　图 8.2.1 中，图(a)、图(b)都是有向树，其中图(b)是根树，v_1 是根，v_1、v_2、v_4、v_6、v_8 是分支点，其余结点都是叶，v_1 的层次为 0，v_2、v_3、v_4 的层次为 1，v_5、v_6、v_7、v_8 的层次为 2，v_9、v_{10}、v_{11}的层次为 3。

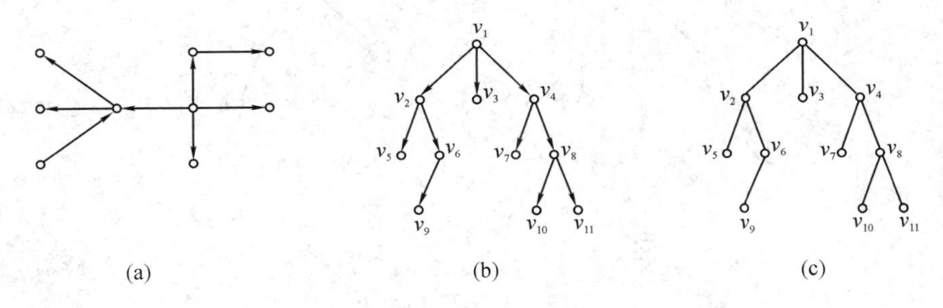

图 8.2.1

对于一棵根树，可以采用根在下叶在上的画法和根在上叶在下的画法，不排除根在左叶在右或根在右叶在左的画法。一般我们习惯上采用根在上叶在下的画法，这样就可以省去根树中向下的箭头，如图 8.2.1(b)中省去边上的方向后就成了图 8.2.1(c)所示的形式。

定义 8.2.3　在根树中，将每一级上的结点都规定某种次序，则称该根树为有序树。若同一级的结点排在同一行，并规定各结点的位置，则这样的根树称为位置树。

为表示根树中结点间的关系，有时可借用家族树中的术语。

定义 8.2.4　在根树中，若从 u 到 v 可达，则称 u 是 v 的祖先，v 是 u 的后裔；又若 $\langle u, v\rangle$是根树中的有向边，则称 u 是 v 的父亲，v 是 u 的儿子；如果两个结点是同一结点的儿子，则称这两个结点是兄弟。

例如图 8.2.1(c)中，v_1 是 v_7、v_8 的祖先，v_4 是 v_7、v_8 的父亲，而 v_7、v_8 是兄弟。

从根树的结构可以看出，树中每一个结点与其后裔以及相关联的边构成了子根树，由此可以得到根树的递归定义。

定义 8.2.5 根树包含一个或多个结点，这些结点中的某一个称为根，其他所有结点被分成有限个子根树。

例如图 8.2.1(c)中，v_4、v_7、v_8、v_{10}、v_{11}及相关联的边构成了根树的子根树，其中 v_4 是该子根树的根。

二、m 叉树与二叉树

定义 8.2.6 在根树中，若每个结点的出度小于或等于 m，则称该树为 m 叉树。如果每个结点的出度恰好等于 0 或 m，则称该树为完全 m 叉树。若完全 m 叉树的所有树叶层次相同，则称该树为正则 m 叉树。

$m=2$ 时的树称为二叉树。二叉树的每个结点 v 至多有两棵子树，分别称为 v 的左子树和右子树，左子树画在结点 v 的左下方，右子树画在结点 v 的右下方。若只有一个子树，则画在左下方和右下方均可。二叉树的结点 v 若有两个儿子，则分别称为 v 的左孩子和右孩子。

例 8.2.2 图 8.2.2 所示为二叉树和三叉树，其中图(a)和图(b)是同一有序二叉树，但却是不同的位置树，图(a)中结点 2 有左儿子 4 而无右儿子，图(b)中结点 2 有右儿子 4 而无左儿子。

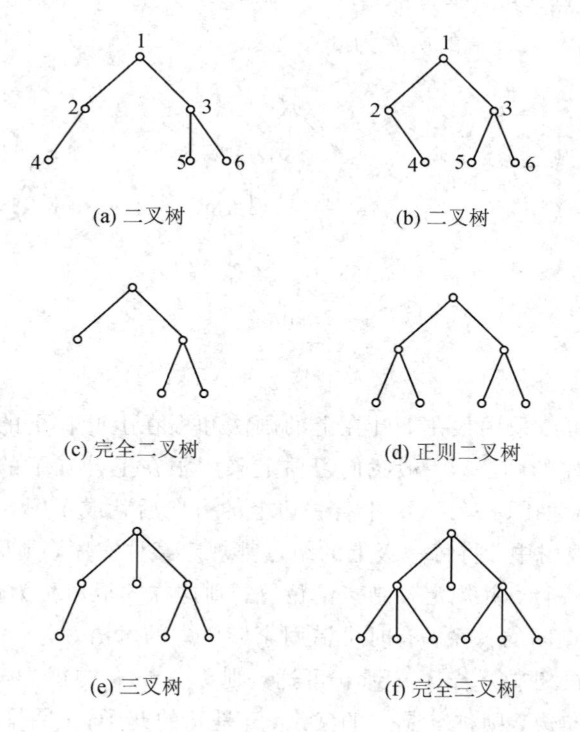

图 8.2.2

定理 8.2.1 若 T 是完全 m 叉树，其叶子数为 t，分支点数为 i，则$(m-1)i=t-1$。

证明 T 所有结点的出度之和为$(m-1)i$。除了根，每个结点的入度为 1，因此所有结点的入度之和为 $t-1$。由握手定理，所有结点的出度之和等于入度之和，故$(m-1)i=t-1$。

例 8.2.3 设有一台计算机，它有一条加法指令，可以计算 3 个数的和，如果要计算 9 个数的和，至少需要执行几次加法指令？

解 若把这 9 个数看作是 9 片树叶，每个分支点看作是一条加法指令，则本题可抽象为求一个完全三叉树的分支点的个数 i 的问题。由定理 8.2.1 知，有 $(3-1)i=9-1$，解得 $i=4$。所以，至少需要执行 4 次加法指令。图 8.2.3 所示为两种可能的执行顺序。

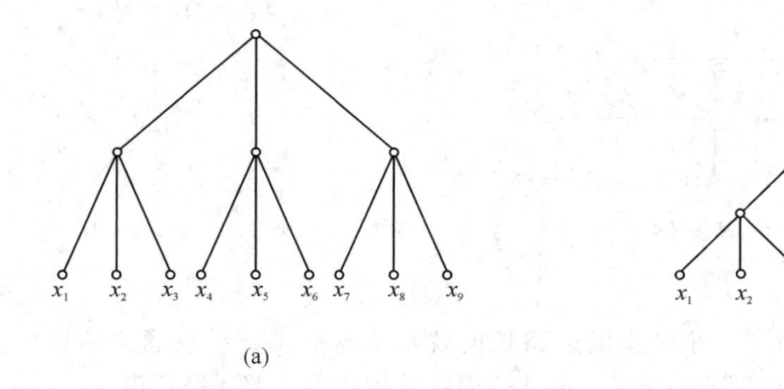

图 8.2.3

许多实际问题都可以用 m 叉树表示，在所有 m 叉树中，应用最广泛的是二叉树。由于二叉树在计算机中易于处理，因此常把 m 叉树和森林转化成二叉位置树来表示。

将 m 叉树转化成二叉位置树的方法如下：

(1) 从根开始，每个父亲只保留与最左边儿子的连线，删除与其他儿子的连线。

(2) 兄弟结点间用从左到右的有向边连接。

(3) 选取直接处于给定结点下面的结点作为左儿子，与给定结点位于同一水平线上，且将右邻它的结点作为右儿子。依此类推。

例 8.2.4 将图 8.2.4(a)化为二叉位置树的过程如图 8.2.4(b)、(c)所示。

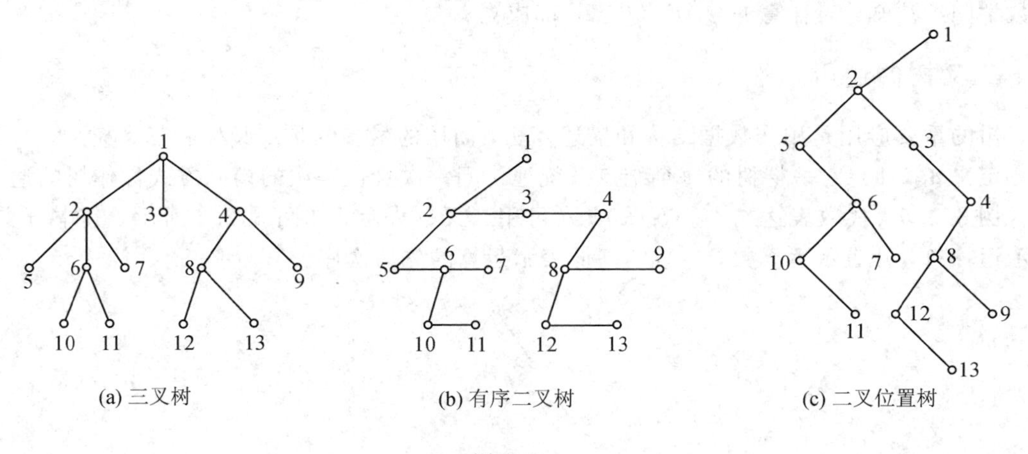

图 8.2.4

上述算法能推广到森林中去。

例 8.2.5 将图 8.2.5(a)化为二叉位置树的过程如图 8.2.5(b)、(c)所示。

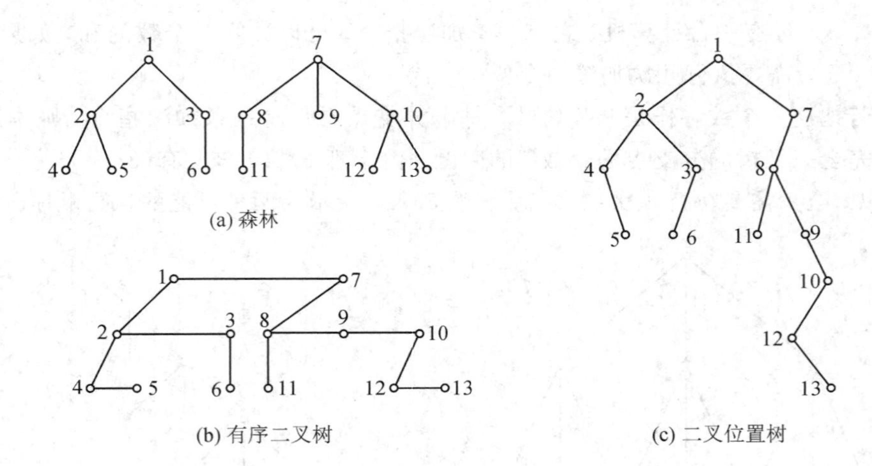

图 8.2.5

定义 8.2.7 在根树中，一个结点的通路长度就是从树根到该结点通路的边数。我们把分支点的通路长度称为内部通路长度，树叶的通路长度称为外部通路长度。

定理 8.2.2 若完全二叉树有 n 个分支点，且内部通路长度的总和为 I，外部通路长度的总和为 E，则 $E=I+2n$。

证明 对分支点数 n 进行归纳。

当 $n=1$ 时，$E=2$，$I=0$，故 $E=I+2n$ 成立。

假设当 $n=k-1$ 时成立，即 $E'=I'+2(k-1)$。

当 $n=k$ 时，若删去一个分支点 v，v 与根的通路长度为 l，且 v 的两个儿子是树叶，得到新树 T'。将 T' 与原树进行比较，它减少了两片长度为 $l+1$ 的树叶和一个长度为 l 的分支点，因为有 $k-1$ 个分支点，故 $E'=I'+2(k-1)$。但在原树中，有 $E=E'+2(l+1)-l=E'+l+2$，所以 $E=E'+l+2=I'+2(k-1)+l+2=I'+l+2k$，而 $I=I'+l$，从而 $E=I+2n$。由数学归纳法知，对任意的 n，$E=I+2n$ 都成立。

三、二叉树的遍历

树的重要应用是用作数据结构和描述算法，而用的最多的是二叉树和三叉树。

定义 8.2.8 对一棵树的每个结点系统地访问一次且仅一次的访问方式称作树的遍历。

例 8.2.6 代数表达式 $a\times(b+c)+d$ 可用二叉树表示，如图 8.2.6 所示，其中分支点表示运算符，叶表示运算数，层数的高低表示运算的先后次序。

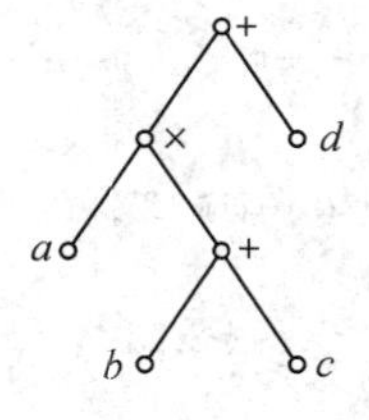

图 8.2.6

例 8.2.7　命题公式$(P\wedge\neg(Q\vee R))\rightarrow((P\vee Q)\wedge(R\wedge S))$可用二叉树表示，如图8.2.7所示。

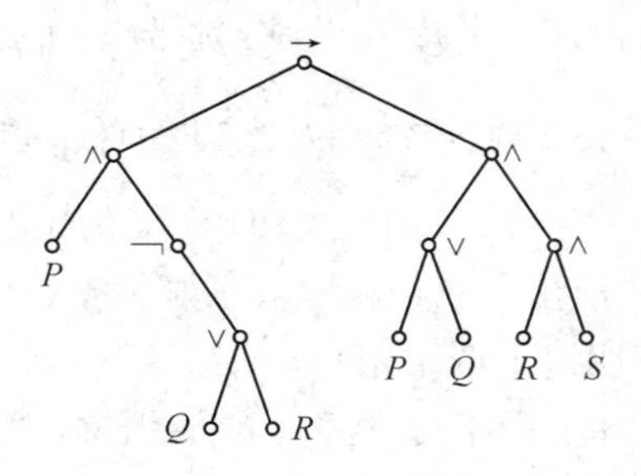

图 8.2.7

对于给定的一棵二叉树，有必要按照一定的规则读出它表示的表达式，或者至少要清楚对同一级的结点是从左边先读还是从右边先读。根据一定的规则，即按照一种算法访问树的结点就得到一个字符串或式子，这意味着树描述了一个字符串或式子，这种描述称为波兰(Polish)表示。根据结点与相对的根被访问的先后次序不同，对结点的访问算法分别称为对二叉树关于根的前序遍历、中序遍历及后序遍历算法。

1. 前序遍历算法

STEP 1：访问根。

STEP 2：若左子树存在，则前序遍历左子树(按前序遍历算法访问左子树)。

STEP 3：若右子树存在，则前序遍历右子树(按前序遍历算法访问右子树)。

对图 8.2.6 所示的树按前序遍历，得到结点序列为$+$、$\times$、a、$+$、b、c、d，即在每个局部范围的排列顺序都是：根在最前面，接着是左子树，最后是右子树。前序遍历因为运算符在运算数之前，故称此种表示法为前缀表示或波兰表示。

2. 中序遍历算法

STEP 1：若左子树存在，则中序遍历左子树(按中序遍历算法访问左子树)。

STEP 2：访问根。

STEP 3：若右子树存在，则中序遍历右子树(按中序遍历算法访问右子树)。

对图 8.2.6 所示的树按中序遍历，得到结点序列为a、$\times$、$+$、b、c、$+$、d，即在每个局部范围的排列顺序都是：左子树在最前面，接着是根，最后是右子树。中序遍历因为运算符在运算数之间，故称此种表示法为中缀表示。

3. 后序遍历算法

STEP 1：若左子树存在，则后序遍历左子树(按后序遍历算法访问左子树)。

STEP 2：若右子树存在，则后序遍历右子树(按前序遍历算法访问右子树)。

STEP 3：访问根。

对图 8.2.6 所示的树按后序遍历，得到结点序列为a、b、c、$+$、$\times$、d、$+$，即在每个局部范围的排列顺序都是：左子树在最前面，接着是右子树，最后是根。后序遍历因为运算符在运算数之后，故称此种表示法为后缀表示或逆波兰表示。

四、最优二叉树

定义 8.2.9 设一棵二叉树 T 有 t 片树叶，分别带权 w_1，w_2，…，w_t，则该二叉树称为带权二叉树，$w(T)=\sum_{i=1}^{t} w_i L(w_i)$ 称为该带权二叉树的权，其中 $L(w_i)$ 为带权 w_i 的树叶的通路长度。在所有带权 w_1，w_2，…，w_t 的二叉树中，$w(T)$ 最小的那棵树称为最优二叉树。

1952 年哈夫曼(Huffman)给出了求带权 w_1，w_2，…，w_t 的最优树的方法，因此，最优二叉树也称作哈夫曼树。先证明以下两个定理。

定理 8.2.3 设 T 为带权 $w_1 \leqslant w_2 \leqslant \cdots \leqslant w_t$ 的最优树，则

(1) 带权 w_1、w_2 的树叶 v_1、v_2 是兄弟；

(2) 以树叶 v_1、v_2 为儿子的分支点，其通路长度最长。

证明 设 v 是 T 中通路长度最长的分支点，v 的儿子分别带权 w_x 和 w_y，则 $L(w_x) \geqslant L(w_1)$，且 $L(w_y) \geqslant L(w_2)$。

若 $L(w_x) > L(w_1)$，将 w_x 与 w_1 对调，得到新树 T'，则

$$\begin{aligned} w(T')-w(T) &= (L(w_x)\cdot w_1 + L(w_1)\cdot w_x)-(L(w_x)\cdot w_x + L(w_1)\cdot w_1) \\ &= L(w_x)(w_1 - w_x) + L(w_1)(w_x - w_1) \\ &= (w_x - w_1)(L(w_1) - L(w_x)) < 0 \end{aligned}$$

即 $w(T') < w(T)$，这与“T 是最优树”矛盾，故 $L(w_x) = L(w_1)$。

同理可证 $L(w_y) = L(w_2)$。

因此 $L(w_1) = L(w_2) = L(w_x) = L(w_y)$，分别将 w_1、w_2 与 w_x、w_y 对调，得到一棵最优树，其中带权 w_1 和 w_2 的树叶 v_1、v_2 是兄弟，而且 v_1、v_2 的通路长度最长。

定理 8.2.4 设 T 为带权 $w_1 \leqslant w_2 \leqslant \cdots \leqslant w_t$ 的最优树，若将以带权 w_1 和 w_2 的树叶为儿子的分支点改为带权 $w_1 + w_2$ 的树叶，得到一棵新树 T'，则 T' 也是最优树。

证明 根据题设，有 $w(T) = w(T') + w_1 + w_2$。

若 T' 不是最优树，则必有另一带权 $w_1 + w_2$，w_3，…，w_t 的最优二叉树 T''，对 T'' 中带权 $w_1 + w_2$ 的树叶生成两个儿子，得到新树 $\hat{T}$，则 $w(\hat{T}) = w(T'') + w_1 + w_2$。

因为 T″是带权 $w_1 + w_2$，w_3，…，w_t 的最优树，所以 $w(T'') \leqslant w(T')$。如果 $w(T'') < w(T')$，则 $w(\hat{T}) = w(T'') + w_1 + w_2 < w(T') + w_1 + w_2 = w(T)$，这与“$T$ 是带权 w_1，w_2，…，w_t 的最优树”的假设矛盾，因此 $w(T'') = w(T')$，即 T' 是带权 $w_1 + w_2$，w_3，…，w_t 的最优树。

根据上述两条定理，我们可以得出求最优树的 Huffman 算法，该算法的基本思想如下：

给定实数 w_1，w_2，…，w_t，不妨设 $w_1 \leqslant w_2 \leqslant \cdots \leqslant w_t$。

(1) 令 t 片树叶的权分别为 w_1，w_2，…，w_t；

(2) 连结以 w_1、w_2 为权的两片树叶，得一分支点，记其权为 $w_1 + w_2$；

(3) 在 $w_1 + w_2$，w_3，…，w_t 中选两个最小的数，连结它们对应的结点(不一定为树叶)，得一新的分支点，其权为它的两个儿子的权之和；

(4) 重复(3)，直到形成 $t-1$ 个分支点和 t 片树叶为止。

例 8.2.8　求带权 7、8、9、12、16 的最优树。

解　全部过程见图 8.2.8。

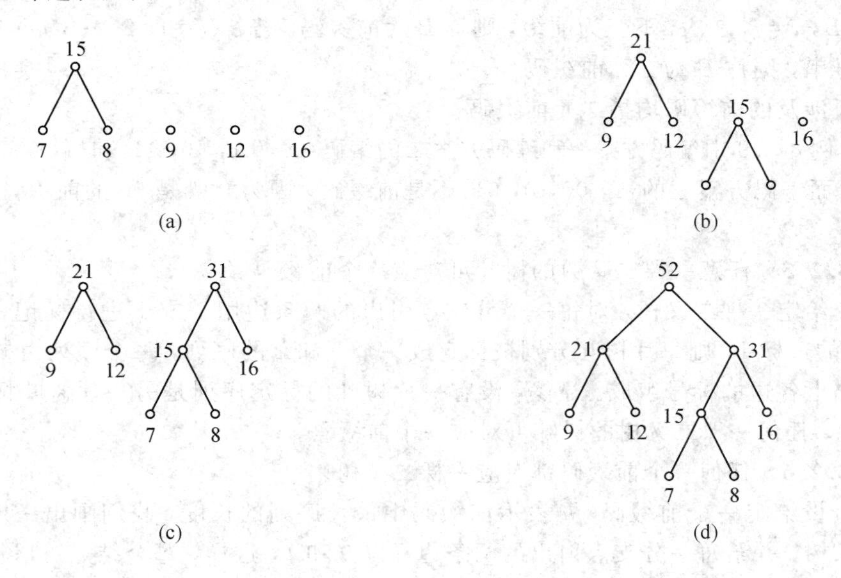

图 8.2.8

五、前缀码和哈夫曼码

前缀码也是二叉树的一个应用问题。

在通信中，常用 0 和 1 的字符串作为英文字母的传送信息。为了减少信息量，一般要求消息编码后的总长度尽可能短，以提高传输效率，减少差错可能，所以常采用不等长的编码。由于字母使用的频繁程度不同，人们希望用较短的二进制序列去表示出现频率高的字母，这时还需要考虑的一个问题是如何对接收到的字符串进行译码。

例 8.2.9　信息“a banana”共有 8 个字符，由 4 种不同的字符组成，其中 a 出现 4 次，b 出现 1 次，n 出现 2 次，空格(下面用□表示)出现 1 次，采用二进制方式对这 4 种字符进行编码。

编码方案一：用二进制编码 00、01、10 和 11 分别表示 a、b、n 和空格，则信息“a banana”编码为 0011010010001000，总长度为 16。此时每个符号编码后的长度相同，因此这种编码方式称作定长编码方式。

编码方案二：用二进制编码 1、000、01 和 001 分别表示 a、b、n 和空格，则信息“a banana”编码为 10010001011011，总长度为 14。此时各符号编码后的长度存在差异，因此这种编码方式称作变长编码方式。

编码方案三：用二进制编码 1、00、0 和 01 分别表示 a、b、n 和空格，则信息“a banana”编码为 1010010101，总长度为 10。虽然编码后的长度变得更短，但随之而来产生了问题：接收端如何对收到的符号串进行译码？例如接收端收到符号串 001 时，无法确定消息的内容应该是 n□、ba 还是 nna。

因此，在编码时必须考虑接收端不产生译码的二义性，这就需要引入前缀码的概念。

定义 8.2.10 设$\beta=\alpha_1\alpha_2\cdots\alpha_n$是长度为$n$的字符串，称$\alpha_1$，$\alpha_1\alpha_2$，…，$\alpha_1\alpha_2\cdots\alpha_{n-1}$分别为$\beta$的长度为1，2，…，$n-1$的前缀。设$B=\{\beta_1, \beta_2, \cdots, \beta_m\}$为一个符号串集合，若对于任意的$\beta_i$，$\beta_j\in B$，$i\neq j$，$\beta_i$、$\beta_j$不互为前缀，则称$B$为前缀码。若$\beta_i(i=1, 2, \cdots, m)$都是由0、1组成的符号串，则称$B$为二元前缀码。

以下所涉及的前缀码均指二元前缀码。

例如，例8.2.9中编码方案一和编码方案二的编码{00，01，10，11}和{1，000，01，001}是前缀码，而编码方案三的{1，00，0，01}不是前缀码，因为0既是00的前缀，也是01的前缀。

定理 8.2.5 任意一棵二叉树的树叶可对应一个前缀码。

证明 给定一棵二叉树，对每一个分支点引出的两条边用0或1进行标记，左侧的边标0，右侧的边标1，则每片树叶分别被标定成一个0和1的序列，每个序列由树根到相应树叶的通路上各边的标号组成。显然，没有一片树叶的标定序列是另一片树叶标定序列的前缀，因此，任何一棵二叉树的树叶可对应一个前缀码。

定理 8.2.6 任何一个前缀码都对应一棵二叉树。

证明 设给定一个前缀码，h表示前缀码中最长序列的长度。我们画出一棵长度为h的正则二叉树，并给每一分支点射出的两条边标以0和1，这样，每个结点可以标定一个0和1的序列，它由树根到该结点通路上各条边的标号所确定。因此，对于长度不超过h的每一0和1的序列必对应一个结点。对应于前缀码中每一序列的结点都有一个标记，将标记结点的所有后裔和射出的边全部删去，这样得到一棵二叉树，再删去其中未加标记的树叶，得到一棵新的二叉树，它的树叶就对应给定的前缀码。

例 8.2.10 例8.2.9中编码方案一和编码方案二两种编码方式对应的二叉树如图8.2.9(a)、(b)所示。

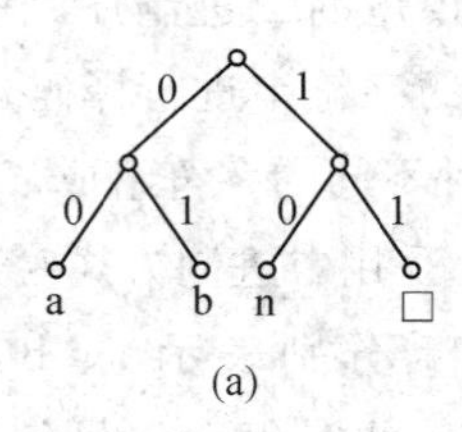

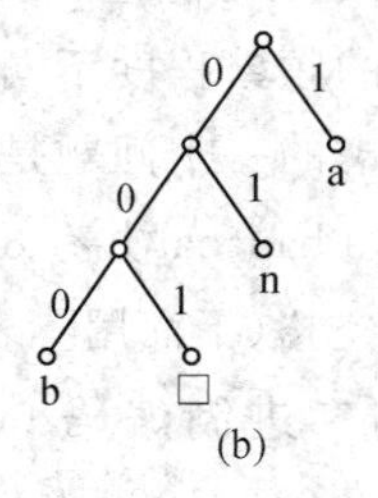

图 8.2.9

假设一个前缀码编码方案中包括t个符号，每个符号在消息中出现的次数为w_i，其编码长度为w_i，$i=1, 2, \cdots, t$，则消息的总长度为$\sum_{i=1}^{t} w_i l_i$。编码的目标是希望$\sum_{i=1}^{t} w_i l_i$的值尽可能小，达到这个最小值的前缀码称作最优前缀码。由于哈夫曼树也对应了一个前缀码，因此这个前缀码就称作哈夫曼码，哈夫曼码是最优前缀码。

例 8.2.11 信息“a banana”中，a出现了4次，b出现了1次，n出现了2次，空格出现了1次，采用哈夫曼算法对其编码，所得最优二叉树如图8.2.10(a)所示，所以例8.2.9中编码方案二就是其哈夫曼码。本例所得的最优二叉树不是唯一的，例如图8.2.10(b)也是一棵最优二叉树，相应的编码方案也随之不同，但构造出来的不同的树的权是相同的。

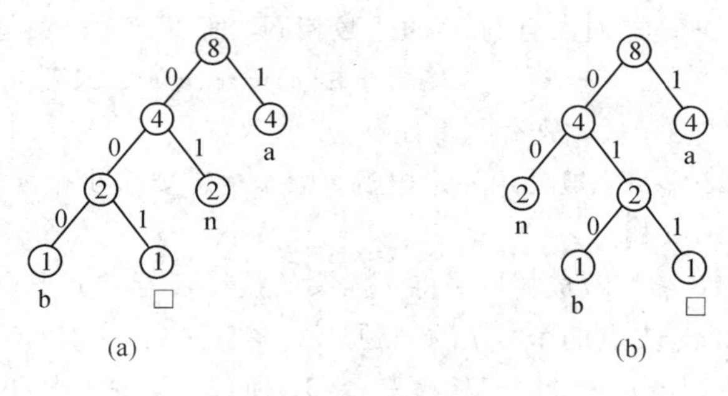

图 8.2.10

8.3　典型例题解析

例 8.3.1　证明任意一棵树都是二分图。

相关知识　二分图，树

分析与解答　二分图中结点集分为两部分，其任一边的端点必分别在这两部分中。因为树中没有回路，所以可依次将其结点划分到两个结点集中。

从树的任一结点 v 出发，将 v 标记为 0，与其相邻的结点标记为 1，然后再将标记为 2 的结点的相邻结点标记为 1，依此类推，直到所有结点标记完为止。所有标记为 1 的结点组成的集合记为 V_1，所有标记为 2 的结点组成的集合记为 V_2。下面证明树的任一边的两个端点必分别在 V_1 与 V_2 中。若不然，则存在边 $e=(u, w)$，其两个结点在同一集合中，不妨设在 V_1 中。由上述标记法可知，存在 v 到 u 的路径 P_1，v 到 w 的路径 P_2，则 $e=(u, w)$、P_1 与 P_2 构成回路，矛盾，所以树的任一边的两个端点必分别在 V_1 与 V_2 中。故任意一棵树都是二分图。

例 8.3.2　设 T 是一棵非平凡的无向树，其最大度 $\Delta(T)\geqslant k$，证明 T 中至少有 k 片树叶。

相关知识　树，度数，握手定理

分析与解答　由树的结点与边数的关系以及握手定理可得边数与结点度数之间的关系，从而得出结论。

设 T 有 n 个结点、x 片树叶。因为 T 是树，所以其边数为 $n-1$。又因为 T 中除树叶外其余结点的度数都至少为 2，所以由握手定理可得

$$2(n-1)=\sum_{v\in V}\deg(v)\geqslant x+\Delta(T)+2(x-x-1)$$

整理可得 $x\geqslant\Delta(T)\geqslant k$。

例 8.3.3　设 $G=\langle V, E\rangle$ 是一个无向赋权图，且各边的权不相等，$V=V_1\cup V_2$，$V_1\cap V_2=\varnothing$，$V_1\neq\varnothing$，$V_2\neq\varnothing$。证明：V_1 与 V_2 之间的最短边一定在 G 的最小生成树 T 上。

相关知识　赋权图，最小生成树，回路

分析与解答　若 V_1 与 V_2 之间的最短边 e 不在 G 的最小生成树 T 上，而最小生成树 T 一定包含连接 V_1 与 V_2 之间的最短边 e'，且 $w(e')>w(e)$，那么在 T 中删去 e' 而加上 e，构成权值更小的生成树，矛盾。

设 e 是 V_1 与 V_2 之间的最短边，若 e 不在 G 的最小生成树 T 上，则 $T+e$ 有唯一的回路 C。因为 T 是最小生成树，所以 C 上除 e 之外一定有 V_1 与 V_2 之间的另一边 e'，而

$w(e')>w(e)$。$T+e-e'$是连通图且与 T 的边数相同，所以 $T+e-e'$也是 G 的生成树。而

$$w(T+e-e')=w(T)+w(e)-w(e')<w(T)$$

这与"T 是最小生成树"相矛盾，故命题得证。

例 8.3.4　设有 28 盏灯，拟公用一个电源，则至少需要多少个 4 插头的接线板？

相关知识　完全 m 叉树

分析与解答　把 28 盏灯看成树叶，将 4 插头的接线板看成分支点，这样本问题可理解为求一个完全四叉树的分支点的个数 i 的问题。

由定理 8.2.1，有$(4-1)i=28-1$，解得 $i=9$。所以，至少需要 9 个 4 插头的接线板。

例 8.3.5　一台模型机共有 7 条指令，各指令的使用频率分别为 35%、25%、20%、10%、5%、3%、2%。要求操作码的平均长度最短，请设计操作码的编码，并计算所设计操作码的平均长度。

相关知识　最优二叉树，前缀码，哈夫曼码

分析与解答　将 7 条指令看成 7 片树叶，指令使用频率作为权，要求操作码的平均长度最短，即求操作码的哈夫曼码，操作码的平均长度就是相应最优二叉树的权。

首先组合 0.02+0.03，并寻找 0.05，0.05，0.10，0.20，0.25，0.35 的最优树，然后组合 0.05+0.05，依此类推。这个过程综合为

$$\begin{array}{ccccccc}
\underline{0.02} & \underline{0.03} & 0.05 & 0.10 & 0.20 & 0.25 & 0.35 \\
 & \underline{0.05} & \underline{0.05} & 0.10 & 0.20 & 0.25 & 0.35 \\
 & & \underline{0.10} & \underline{0.10} & 0.20 & 0.25 & 0.35 \\
 & & & \underline{0.20} & \underline{0.20} & 0.25 & 0.35 \\
 & & & & 0.40 & \underline{0.25} & \underline{0.35} \\
 & & & & & \underline{0.40} & \underline{0.60} \\
 & & & & & & 1
\end{array}$$

对应的最优树如图 8.3.1 所示。

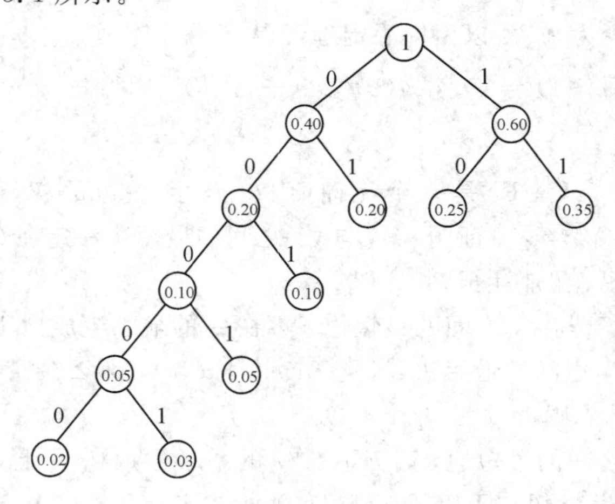

图 8.3.1

所以，使用频率分别为 35%、25%、20%、10%、5%、3%、2%的指令的编码分别为 11，10，01，001，0001，00001，00000，平均码长为

$$(0.35+0.25+0.20)\times 2+0.10\times 3+0.05\times 4+(0.03+0.02)\times 5=2.35$$

注意　该题的最优树不唯一，所以编码方案不唯一。

上机实验 6　树的有关算法

1. 实验目的

本章学习了无向树、有向树、根树的基本概念、理论、算法及应用。通过本实验巩固树与根树的基本概念，熟悉树的有关算法，能够解决一些树的实际问题。

2. 实验内容

编写程序，实现如下功能：

(1) 给定无向简单图的邻接矩阵，确定这个图是不是树。

(2) 给定赋权无向连通图，分别用 Kruskal 算法和 Prim 算法求该图的最小生成树。

(3) 给定根树的邻接矩阵和这棵树里的一个结点，求出这个结点的父亲、儿子、祖先、后裔和层数。

(4) 给定二叉树，求对应的前缀码。

(5) 给定一组符号的频率，用哈夫曼码来求这些符号的最优编码。

习　题　8

8.1　证明：当且仅当连通图的每条边均为割边时，该连通图才是一棵树。

8.2　设树 T 有 3 个 3 度结点、1 个 2 度结点，其余均为 1 度结点。

(1) 求该树有几个 1 度结点；

(2) 画出两棵满足上述要求的不同构的树。

8.3　一棵无向树 T 有 n_i 个 i 度结点，$i=2, 3, \cdots, k$，其余结点都是树叶，问 T 有几片树叶？

8.4　设无向图 G 是由 $k(k\geqslant 2)$ 棵树构成的森林，至少在 G 中添加多少条边才能使 G 成为一棵树？

8.5　试画出 4 个结点和 5 个结点的所有非同构的无向树。

8.6　设 G 为 $n(n\geqslant 5)$ 个结点的简单图，证明 G 或 $\overline{G}$ 中必有回路。

8.7　设无向图 $G=(n, m)$ 为 $k(k\geqslant 2)$ 个连通分支的森林，证明 $m=n-k$。

8.8　设 $G=\langle V, E\rangle$ 是连通图，$e\in E$，试证明：e 是 G 的割边当且仅当 e 包含在 G 的每棵生成树中。

8.9　求所示图的一棵最小生成树，并求出该最小生成树的权。

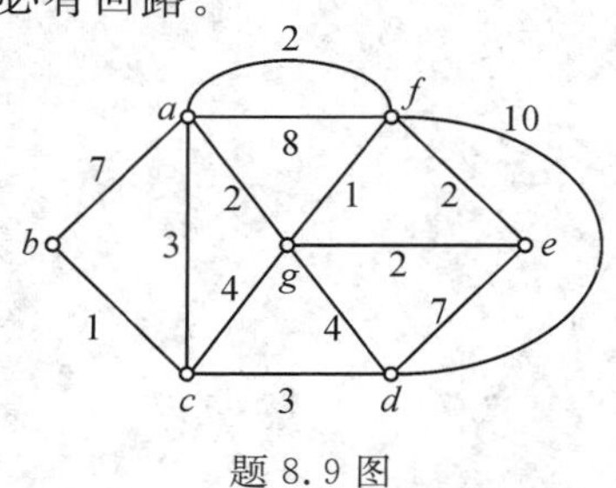

题 8.9 图

8.10　从简单有向图 G 的邻接矩阵怎样判定 G 是否是根树？若是根树，怎样确定 G 的树根和树叶？

8.11　证明：一棵有向树 T 是根树，当且仅当 T 中有且仅有一个结点的入度为 0。

8.12　一棵二叉树 T 有 n 个结点，试问 T 的高度 h 最大是多少？最小是多少？

8.13　证明一棵正则 m 叉树若带有

(1) n 个结点，则带有 $i=(n-1)/m$ 个分支点和 $t=((m-1)n+1)/m$ 片树叶；

(2) i 个分支点，则带有 $n=mi+1$ 个结点和 $t=(m-1)i+1$ 片树叶；

(3) t 片树叶，则带有 $n=(mt-1)/(m-1)$ 个顶点和 $i=(t-1)/(m-1)$ 个分支点。

8.14　能否画出带有 84 片树叶而且高度为 3 的正则 m 叉树，其中 m 为正整数？

8.15　存在树叶数为 76 的正则三叉树吗？为什么？

8.16　如图所示，求所给树的二叉树。

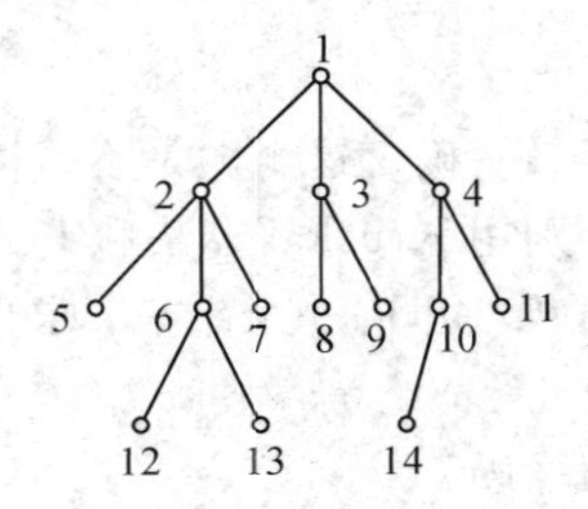

题 8.16 图

8.17　用有序树表示下列命题公式：

(1) $((A\vee B)\rightarrow C)\leftrightarrow(D\vee A)$；

(2) $(A\rightarrow B)\wedge\neg((C\vee B)\leftrightarrow A)$。

8.18　求算式 $((a+(b\times c)\times d)-e)\div(f+g)+(h\times i)\times j$ 的前缀表示、中缀表示和后缀表示。

8.19　分别对应于下列无括号表达式(波兰表示)构造一标记二叉树，这些表达式是用给出的算法遍历树得到的。

(1) $-\ -\ -\ a\ b\ c\ d$(前序遍历)；

(2) $-\ a\ -\ b\ -\ c\ -\ d$(中序遍历)；

(3) $a\ b\ c\times d\ c\times\div+$(后序遍历)。

8.20　试画出带有权 2、3、5、7、11、13、17、19 的最优树，并求该最优树的权，给出对应的前缀码。

第 9 章　组合数学基础

组合数学是一个历史悠久的数学分支，其起源于数学游戏。例如幻方问题：给定自然数 1，2，…，n^2，将其排列成 n 阶方阵，要求每行、每列和每条对角线上 n 个数字之和都相等。这样的 n 阶方阵称为 n 阶幻方。每一行(或列、或对角线)之和称为幻方的和。图 9.0.1 是一个 3 阶幻方，其幻和等于 15。对这样的问题存在如下几个问题：

(1) 存在性问题，即 n 阶幻方是否存在？

(2) 计数问题，即如果存在，对某个确定的 n，这样的幻方有多少种？

(3) 构造问题(枚举问题)，即如何构造 n 阶幻方？

(4) 组合优化问题，即在多个候选方案中选择一个某种目标下最优的方案。

8	1	6
3	5	7
4	9	2

2	7	6
9	5	1
4	3	8

图 9.0.1

9.1　排列与组合

一、两个基本法则

1. 加法法则

如果完成一件事情有两种途径，第一种途径有 m 种方法，第二种途径有 n 种方法，只要选择任何途径中的某一种方法，就可以完成这件事情，并且这些方法两两互不相同，则完成这件事情共有 $m+n$ 种方法。

特别要指出的是，使用加法法则时两种途径中的方法不能重复，即某一种方法只能属于其中的一种途径，而不能同时属于两种途径。

加法法则可用集合语言描述为：有限集合 A 有 m 个元素，B 有 n 个元素，且 A 与 B 不相交，则 A 与 B 的并集共有 $m+n$ 个元素。

用概率语言可描述为：事件 A 有 m 种产生方式，事件 B 有 n 种产生方式，则事件“A 或 B”有 $m+n$ 种产生方式。这里要求 A 与 B 各自所含的基本事件是互相不同的。

例 9.1.1　一班有 30 名学生，二班有 32 名学生，从中选出一名代表，问共有多少种选法？

解　用集合 A 表示一班学生，B 表示二班学生，则选出的学生要么属于 A，要么属于

B。根据加法法则，共有 30＋32＝62 种选法。

例 9.1.2 现有一批设备需要用一个小写英文字母或一个阿拉伯数字进行编号，问总共可能编出多少种号码？

解 英文字母共有 26 个，数字 0～9 共 10 个，由加法法则知，总共可以编出 26＋10＝36 种号码。

2. 乘法法则

如果完成一件事情需要两步，而第一步有 m 种方法，第二步有 n 种方法，则完成该件事情共有 $m \cdot n$ 种方法。

乘法法则可用集合语言描述为：设有限集合 A 有 m 个元素，B 有 n 个元素，且 A 与 B 不相交，$a \in A$，$b \in B$，记 (a, b) 为序偶，所有有序对构成的集合称为 A 和 B 的积集(或笛卡尔乘积)，记作 $A \times B$，即

$$A \times B = \{(a, b) \mid a \in A, b \in B\}$$

那么，$A \times B$ 共有 $m \cdot n$ 个元素。

例 9.1.3 某班有男生 25 人，女生 20 人，现要求从中分别选出男女生各 1 名，问共有多少种选法？

解 根据乘法法则，共有 25 × 20＝500 种选法。

例 9.1.4 对程序进行命名，需要用 3 个字符，其中首字符要求用字母 A～G 或 U～Z，后两个字符要求用数字 1～9，问最多可以给多少种程序命名？

解 由加法法则知，首字符共有 7＋6＝13 种选法。再由乘法法则知，最多可以产生 13×9×9＝1053 种不同的程序名。

二、排列与组合的计算

1. 不同元素不允许重复的排列数和组合数

从 n 个不同元素中不重复地取 r 个元素的排列数和组合数分别为

$$\mathrm{P}_n^r = \mathrm{P}(n, r) = n(n-1)\cdots(n-r+1) = \frac{n!}{(n-r)!}$$

$$\mathrm{C}_n^r = \mathrm{C}(n, r) = \binom{n}{r} = \frac{\mathrm{P}_n^r}{r!} = \frac{n!}{(n-r)!r!}$$

不同元素不允许重复的排列问题也可以描述为：将 r 个有区别的球放入 n 个不同的盒子，每盒不超过一个，则总的放法数为 $\mathrm{P}(n, r)$。同样，这种情况下的组合问题可描述为：将 r 个无区别的球放入 n 个不同的盒子，每盒不超过一个，则总的放法数为 $\mathrm{C}(n, r)$。

2. 不同元素允许重复的排列

从 n 个不同元素中允许重复地选 r 个元素的排列，称之为 r 元重复排列，其排列的个数记为 $\mathrm{RP}(\infty, r)$。这种情况下排列数的意义是：将 r 个不相同的球放入 n 个有区别的盒子，每个盒子中的球数不加限制而且同盒子的球不分次序。显然此时 $\mathrm{RP}(\infty, r) = n^r$。

不同元素允许重复的排列可用集合语言描述为：设无穷集合 $S = \{\infty \cdot e_1, \infty \cdot e_2, \cdots, \infty \cdot e_n\}$，即 S 中共含有 n 类元素，每个元素有无穷多个，从 S 中取 r 个元素的排列数，即为

$RP(\infty, r)$。

3. 不尽相异元素的全排列

有限重复的排列可描述为：设 $S=\{n_1 \cdot e_1, n_2 \cdot e_2, \cdots, n_t \cdot e_t\}$，即元素 e_i 有 n_i 个 $(i=1, 2, \cdots, t)$，且 $n_1+n_2+\cdots+n_t=n$，则此 n 个元素的全排列数为

$$RP(n, n)=\frac{n!}{n_1! \ n_2! \ \cdots n_t!}$$

不尽相异元素的部分排列与组合数需借助后面介绍的生成函数进行计算。

4. 相异元素不允许重复的圆排列

例 9.1.5 把 n 个有标号的珠子排成一个圆圈，共有多少种不同的排法？

解 这是典型的圆排列问题。对于围成圆圈的 n 个元素，同时按同一方向旋转，即每个元素都向左(或向右)转动一个位置，虽然元素的绝对位置发生了变化，但相对位置未变，即元素间的相邻关系未变，这样的圆排列认为是同一种，否则便是不同的圆排列。可从下面两种角度计算圆排列数。

方法一：先令 n 个相异元素任意排成一行(称为线排列)，共有 $n!$ 种排法，再将其首尾相接围成一圆，当圆转动一个角度时，对应另一个线排列，当每个元素又转回到原先的位置时，相当于 n 个不同的线排列，故圆排列数为

$$CP(n, n)=\frac{P(n, n)}{n}=(n-1)!$$

方法二：先取出某一元素 k，放于圆上某确定位置，再将余下的 $n-1$ 个元素做成一个线排列，首尾置于 k 的两侧构成一个圆排列，同样可得到 $CP(n, n)=(n-1)!$。

例 9.1.6 从 n 个相异元素中不重复地取 r 个元素围成圆排列，求不同的排列总数 $CP(n, r)$。

解 要完成这个圆排列，需先从 n 个元素中取 r 个，再将其组成圆排列，故

$$CP(n, r)=\frac{P(n, r)}{r}=\frac{n!}{r(n-r)!}=\frac{n!}{r(n-r)!}$$

例 9.1.7 将5个标有不同序号的珠子穿成一环，共有多少种不同的穿法？

解 这是典型的项链排列问题。首先5个不同元素的圆排列共有 $(5-1)!=24$ 种。其次，对于圆排列而言，将所穿的环翻过来，是另一种圆排列，但对于项链排列，这仍然是同一个排列，故不同的排法共有 $24/2=12$ 种。

一般情形，从 n 个不同珠子中取 r 个穿成一个项链，共有

$$\frac{P(n, r)}{2r}=\frac{n!}{2r(n-r)!}$$

种不同的穿法。

5. 不同元素允许重复的组合问题

设 $S=\{\infty \cdot e_1, \infty \cdot e_2, \cdots, \infty \cdot e_n\}$，从 S 中允许重复取 r 个元素构成组合，称为 r 可重复组合，其组合数记为 $RC(\infty, r)$。

设取出的 r 个元素从小到大为 $a_1, a_2, \cdots, a_r$，即 a_i 满足：

$$1 \leqslant a_1 \leqslant a_2 \leqslant \cdots \leqslant a_r \leqslant n$$

令 $b_i=a_i+(i-1)$，$i=1,2,\cdots,r$，则 $1\leqslant b_1<b_2<\cdots<b_r\leqslant n+(r-1)$ 对应一个从 $n+r-1$ 个不同元素中不允许重复地取 r 个元素的组合。反之，后者的一种组合也与前者的一种组合相对应。所以，两种组合一一对应，从而

$$\mathrm{RC}(\infty, r)=\mathrm{C}(n+r-1, r)=\frac{(n+r-1)!}{r!\ (n-1)!}$$

例 9.1.8 不同的 5 个字母通过通信线路进行传输，每两个相邻字母之间至少插入 3 个空格，但要求空格的总数必须等于 15，问共有多少种不同的传输方式？

解 将问题分为三步求解：

(1) 先排列 5 个字母，全排列数为 $\mathrm{P}(5, 5)=5!$。

(2) 在两个字母间各插入 3 个空格，将 12 个空格均匀地放入 4 个间隔内，有 1 种方案。

(3) 将余下的 3 个空格插入 4 个间隔，即将 3 个相同的球放入 4 个不同的盒子，盒子的容量不限，其方案数即为从 4 个相异元素中可重复地取 3 个元素的组合数 $\mathrm{RC}(\infty, 3)=\mathrm{C}(4+3-1, 3)=20$。

所以，总的方案数为

$$L=5!\times 1\times 20=2400\ (\text{种})$$

6. 不尽相异元素任取 r 个的组合问题

不尽相异元素任取 r 个的组合问题可描述为：设集合 $S=\{n_1\cdot e_1, n_2\cdot e_2, \cdots, n_t\cdot e_t\}$，$n_1+n_2+\cdots+n_t=n$，从 S 中任取 r 个，求其组合数 $\mathrm{RC}(n, r)$。

设多项式

$$\prod_{i=1}^{t}\sum_{j=0}^{n_i}x^j=\prod_{i=1}^{t}(1+x+x^2+\cdots+x^{n_i})=\sum_{r=0}^{n}a_r x^r$$

则 $\mathrm{RC}(n, r)$ 就是多项式中 x^r 的系数，即 $\mathrm{RC}(n, r)=a_r$。

例 9.1.9 整数 360 有几个正约数？

解 将 360 分解为素因子的幂的乘积：

$$360=2^3\times 3^2\times 5$$

可以看到 360 的正约数有

$$1=2^0\times 3^0\times 5^0$$
$$2=2^1\times 3^0\times 5^0$$
$$3=2^0\times 3^1\times 5^0$$
$$5=2^0\times 3^0\times 5^1$$
$$2^2=2^2\times 3^0\times 5^0$$
$$\vdots$$
$$360=2^3\times 3^2\times 5$$

即从集合 $S=\{2, 2, 2, 3, 3, 5\}$ 的 6 个元素中任取 0 个，1 个，…，6 个的组合数之和，亦即构造多项式

$$\begin{aligned}P_6(x)&=(1+x+x^2+x^3)(1+x+x^2)(1+x)\\&=1+3x+5x^2+6x^3+5x^4+3x^5+x^6\end{aligned}$$

求各项系数之和：

$$L = \sum_{i=0}^{6} \mathrm{RC}(6, i) = 1+3+5+6+5+3+1 = 24$$

该问题有一个简单方法，即求多项式 $P_6(x)$ 的系数之和实际上就是求 $P_6(1)$，亦即

$$P_6(1)=4\times3\times2=24$$

该问题有一个一般结论，即设正整数可因子分解为 $n=p_1^{\alpha_1}p_2^{\alpha_2}\cdots p_k^{\alpha_k}$，则 n 的正约数个数为

$$L=(\alpha_1+1)\cdots(\alpha_2+1)(\alpha_k+1)$$

9.2　生成函数

有些排列组合问题用前面讲的方法计算较麻烦，而利用生成函数方法较为容易。生成函数方法是一个重要的工具，其在求解递推关系的解、整数分拆以及证明组合恒等式等方面都有较多的应用。

一、生成函数的定义

定义 9.2.1　对于数列 $\{a_0, a_1, a_2, \cdots, a_n, \cdots\}$，无穷级数

$$G(x)= a_0+a_1x+a_2x^2+\cdots+a_nx^n+\cdots$$

称为该数列的生成函数或母函数。

设 $G(x)=a_0+a_1x+a_2x^2+\cdots+a_nx^n+\cdots$ 和 $H(x)=b_0+b_1x+b_2x^2+\cdots+b_nx^n+\cdots$ 是两个生成函数，显然只有当 $a_n= b_n(n=0, 1, 2, \cdots)$ 时有 $G(x)=H(x)$。

例 9.2.1　设 m 是正整数，数列 $\mathrm{C}(n, r)$，$r=0, 1, 2, \cdots, n$ 的生成函数是

$$\begin{aligned} G(x)&=\mathrm{C}(n, 0)+\mathrm{C}(n, 1)x+\mathrm{C}(n, 2)x^2+\cdots+\mathrm{C}(n, n)x^n \\ &=(1+x)^n \end{aligned}$$

例 9.2.2　无限数列 $\{1, 1, 1, \cdots, 1, \cdots\}$ 的生成函数是

$$G(x)=1+x+x^2+\cdots+x^n+\cdots=\frac{1}{1-x}$$

例 9.2.3　无限数列 $\{0, 1, 1, \cdots, 1, \cdots\}$ 的生成函数是

$$G(x)=x+x^2+\cdots+x^n+\cdots=xG(x)=\frac{x}{1-x}$$

例 9.2.4　无限数列 $\{0, 1, 2, \cdots, n, \cdots\}$ 的生成函数是

$$G(x)=x+2x^2+\cdots+nx^n+\cdots=\frac{x}{(1-x)^2}$$

从上述例子可以看出，生成函数可定义在有限数列上，也可定义在无限数列上。

根据生成函数的定义，一个数列与唯一的一个生成函数对应，反之，一个生成函数也只对应一个数列。

要注意的是，这里将母函数只看作一个形式幂级数，为的是利用其有关运算性质完成计数问题，故不考虑作为级数的收敛问题，而且认为它始终是可“逐项微分”和“逐项积分”的。

定理 9.2.1 设 $S=\{n_1 \cdot e_1, n_2 \cdot e_2, \cdots, n_m \cdot e_m\}$，且 $n_1+n_2+\cdots+n_m=n$，则 S 的 r 可重组合的母函数为

$$G(x)=\prod_{i=1}^{m}\left(\sum_{j=0}^{n_i} x^j\right)=\sum_{r=0}^{n} a_r x^r$$

其中，r 可重组合数为 x^r 的系数 a_r，$r=0, 1, 2, \cdots, n$。

定理 9.2.1 将无重复组合与重复组合统一进行处理，这样使得处理可重组合的枚举问题变得更为简单。

二、生成函数的性质

由于一个数列和一个生成函数一一对应，因此利用这种对应关系，可以构造出某些特定数列的母函数的有限封闭形式。特别地，还能得到某些序列的求和公式。

设数列 $\{a_k\}$、$\{b_k\}$、$\{c_k\}$ 的母函数分别为 $A(x)$、$B(x)$、$C(x)$，且都可逐项微分和积分。

定理 9.2.2 若 $b_k=\sum_{i=0}^{k} a_i$，则

$$B(x)=\frac{A(x)}{1-x}$$

证明 等式 $b_k=\sum_{i=0}^{k} a_i$ 的两端都乘以 x^k，即

$$\begin{aligned}
&k=0 \quad 1: b_0=a_0\\
&k=1 \quad x: b_1=a_0+a_1\\
&k=2 \quad x^2: b_2=a_0+a_1+a_2\\
&\qquad\vdots\\
&k=n \quad x^n: b_n=a_0+a_1+a_2+\cdots+a_n\\
&\qquad\vdots
\end{aligned}$$

将上面所有式子相加，得

$$B(x)=\frac{a_0}{1-x}+\frac{a_1 x}{1-x}+\frac{a_2 x^2}{1-x}+\cdots=\frac{A(x)}{1-x}$$

根据该定理，可得到很多数列的生成函数。设

$$A(x)=1+x+x^2+\cdots+x^n+\cdots=\frac{1}{1-x} \quad (a_k=1)$$

$$b_k=\sum_{i=0}^{k} a_i=k+1$$

可得

$$B(x)=1+2x+3x^2+\cdots=\sum_{k=0}^{\infty}(k+1)x^k=\frac{A(x)}{1-x}=\frac{1}{(1-x)^2}$$

即

$$B(x)=\sum_{k=0}^{\infty} kx^k+\sum_{k=0}^{\infty} x^k=\left(\sum_{k=0}^{\infty} x^k\right)\left(\sum_{k=0}^{\infty} x^k\right)=\frac{1}{(1-x)^2}$$

同理，令 $c_k = \sum_{i=0}^{k} b_i = 1 + 2 + \cdots + (k+1)$，可得

$$C(x) = 1 + 3x + 6x^2 + 10x^3 + 15x^4 + \cdots = \sum_{k=0}^{\infty} \frac{(k+1)(k+2)}{2} x^k = \frac{1}{(1-x)^3}$$

即

$$C(x) = B(x)A(x) = (1+2x+3x^2+\cdots)(1+x+x^2+\cdots) = \frac{1}{(1-x)^3}$$

当然，由此还容易证明：

$$\begin{aligned} D(x) &= C(x)A(x) = (1 + 3x + 6x^2 + 10x^3 + \cdots)(1 + x + x^2 + \cdots) \\ &= \sum_{k=0}^{\infty} \frac{(k+1)(k+2)(k+3)}{6} x^k = \frac{1}{(1-x)^4} \end{aligned}$$

定理 9.2.3　若 $\sum_{i=0}^{\infty} a_i$ 收敛，且 $b_k = \sum_{i=k}^{\infty} a_i$，则

$$B(x) = \frac{A(1) - xA(x)}{1-x}$$

证明　由条件知 b_k 存在，根据 b_k 的定义，有

$$\begin{aligned} b_0 &= a_0 + a_1 + a_2 + \cdots = A(1) \\ b_1 &= a_1 + a_2 + a_3 + \cdots = A(1) - a_0 \\ &\vdots \\ b_k &= a_k + a_{k+1} + a_{k+2} + \cdots = A(1) - a_0 - a_1 - a_2 - \cdots - a_{k-1} \\ &\vdots \end{aligned}$$

给 b_k 对应的等式两端都乘以 x^k 并分别按左右求和，得

$$左端 = \sum_{k=0}^{\infty} b_k x^k = B(x)$$

$$\begin{aligned} 右端 &= A(1) + x[A(1) - a_0] + x^2[A(1) - a_0 - a_1] + x^3[A(1) - a_0 - a_1 - a_2] + \cdots \\ &= A(1)[1 + x + x^2 + \cdots] - a_0 x[1 + x + x^2 + \cdots] - a_1 x[1 + x + x^2 + \cdots] - \cdots \\ &= \frac{A(1)}{1-x} - \frac{x(a_0 + a_1 x + a_2 x^2 + \cdots)}{1-x} \\ &= \frac{A(1)}{1-x} - \frac{xA(x)}{1-x} \\ &= \frac{A(1) - xA(x)}{1-x} \end{aligned}$$

定理 9.2.4　若 $b_k = ka_k$，则 $B(x) = xA'(x)$。

证明

$$\begin{aligned} B(x) &= \sum_{k=0}^{\infty} b_k x^k = \sum_{k=0}^{\infty} ka_k x^k = x \sum_{k=1}^{\infty} ka_k x^{k-1} \\ &= x \sum_{k=1}^{\infty} (a_k x^k)' = x\Big(\sum_{k=1}^{\infty} a_k x^k\Big)' \\ &= x[A(x) - a_0]' = xA'(x) \end{aligned}$$

定理 9.2.5 若 $b_k=\frac{a_k}{1+k}$，则

$$B(x)=\frac{1}{x}\int_0^x A(x)\mathrm{d}x$$

证明

$$B(x)=\sum_{k=0}^{\infty}b_kx^k=\sum_{k=0}^{\infty}\frac{a_k}{1+k}x^k=\sum_{k=0}^{\infty}a_k\frac{1}{x}\int_0^x x^k\mathrm{d}x=\frac{1}{x}\int_0^x\left(\sum_{k=0}^{\infty}a_kx^k\right)\mathrm{d}x$$
$$=\frac{1}{x}\int_0^x A(x)\mathrm{d}x$$

定理 9.2.6 若 $c_k=\sum_{i=0}^{k}a_ib_{k-i}$，则 $C(x)=A(x)B(x)$。

证明 因为

$$c_0=a_0b_0$$
$$c_1=a_0b_1+a_1b_0$$
$$c_2=a_0b_2+a_1b_1+a_2b_0$$
$$\vdots$$
$$c_n=a_0b_n+a_1b_{n-1}+\cdots+a_nb_0$$

给 c_k 对应的等式两端都乘以 x^k 后左右两边分别求和，得

$$\begin{aligned}C(x)&=a_0b_0+(a_0b_1+a_1b_0)x+(a_0b_2+a_1b_1+a_2b_0)x^2+\cdots\\&\quad+(a_0b_n+a_1b_{n-1}+\cdots+a_nb_0)x^n+\cdots\\&=a_0(b_0+b_1x+b_2x^2+\cdots)+a_1x(b_0+b_1x+b_2x^2+\cdots)\\&\quad+a_2x^2(b_0+b_1x+b_2x^2+\cdots)+\cdots\\&=(a_0+a_1x+a_2x^2+\cdots)(b_0+b_1x+b_2x^2+\cdots)\end{aligned}$$

所以

$$C(x)=A(x)B(x)$$

例 9.2.5 有 2 个红球、1 个白球和 1 个黄球，问有多少种不同的组合方案？

解 设 r、w、y 分别代表红球、白球和黄球，则

$$\begin{aligned}&(1+r+r^2)(1+w)(1+y)\\&=1+(r+w+y)+(r^2+ry+rw+yw)+(r^2y+r^2w+ryw)+r^2yw\end{aligned}$$

由此可得，除一个球也不取的情况外，有

(1) 取一个球的组合数为 3，分别为红、黄、白三种；

(2) 取两个球的组合数为 4，分别为两红，一黄一红，一白一红，一黄一白；

(3) 取三个球的组合数为 3，分别为两红一黄，两红一白，一红一黄一白；

(4) 取四个球的组合数为 1，即两红一黄一白。

设取 r 球的组合数为 c_r，则序列 c_0，c_1，c_2，c_3，c_4 的生成函数为

$$\begin{aligned}G(x)&=(1+x+x^2)(1+x)(1+x)\\&=1+3x+4x^2+3x^3+x^4\end{aligned}$$

所以共有 1+3+4+3+1=12 种方案。

9.3 递推关系

递推关系是组合数学中求解计数问题的一种常用而重要的方法。实际问题中很多的组合计数问题都可以归结为求解某个数列的通项公式，如果能够计算出该数列通项公式的递推关系，并求解出该递推关系，则可得到计数结果。

一、递推关系的基本概念

设$\{a_0, a_1, a_2, \cdots, a_n, \cdots\}$是一个数列，通项与前面若干项的一个关系式称为该数列的递推关系。当给定递推关系和适当的初值后就唯一确定了一个数列。

例 9.3.1　Fibonacci 数列$\{1, 1, 2, 3, 5, 8, \cdots\}$的递推关系可表示为

$$a_n = a_{n-1} + a_{n-2}(n \geqslant 2), \quad a_0 = 1, \quad a_1 = 1$$

例 9.3.2　Hanoi 塔问题是组合数学中一个著名的问题。有 n 个圆盘按从小到大的顺序依次套在柱 A 上，如图 9.3.1 所示。规定每次只能从一根柱子上搬动一个圆盘到另一根柱子上，且要求在搬动过程中不允许大盘放在小盘上，而且只有 A、B、C 三根柱子可供使用。用 a_n 表示将 n 个盘从柱 A 移到柱 C 上所需搬动圆盘的最少次数，计算数列$\{a_n\}$的递推关系。

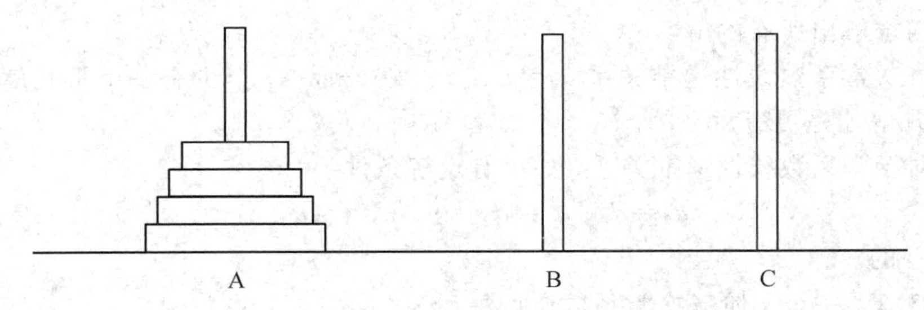

图 9.3.1

解　易知，$a_1 = 1$，$a_2 = 3$，对于任何 $n \geqslant 3$，现设计搬动圆盘的算法如下：

第一步，将套在柱 A 的上部的 $n-1$ 个盘按要求移到柱 B 上(见图 9.3.2)，共搬动了 a_{n-1} 次；

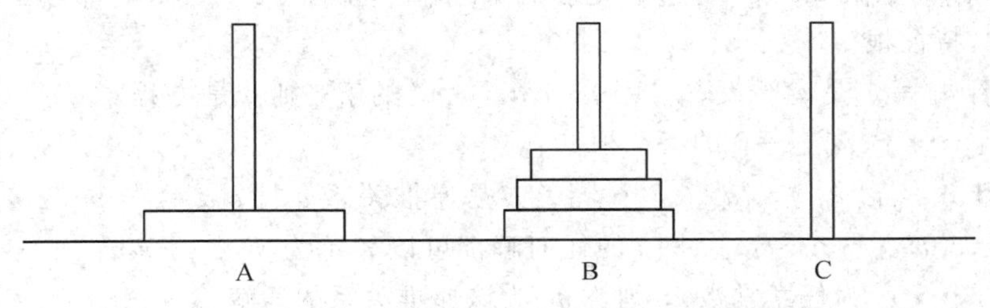

图 9.3.2

第二步，将柱 A 上的最大一个盘移到柱 C 上，只需要搬动一次；

第三步，再从柱 B 将 $n-1$ 个盘按要求移到柱 C 上，要用 a_{n-1} 次。

根据加法法则，数列$\{a_n\}$的递推关系为

$$a_n=2a_{n-1}+1,\quad a_1=1$$

对该递推关系进行求解，得到

$$a_n=2^n-1$$

可以看到 Hanoi 塔问题是 n 的指数函数，如 $n=60$，则 $2^{60}=1.15292\times10^{18}$，假如一秒搬动一个圆盘，要完成 60 个圆盘的 Hanoi 塔问题，需要 3.656×10^{10} 年。本例中 60 和 2 都不大，但是 2^{60} 却很大，这就是所谓的"指数爆炸"现象。在算法设计中，如果一个算法复杂度是问题规模 n 的指数函数，则这样的算法通常都是坏算法。

二、常系数线性递推关系

定义 9.3.1 递推关系 $a_n+c_1a_{n-1}+\cdots+c_ka_{n-k}=f(n)(c_k!=0)$ 的系数 c_1，c_2，…，c_k 为常数时，该递推关系称为 k 阶常系数线性递推关系。此处的 $f(n)$ 称为自由项。当 $f(n)=0$ 时，递推关系称为齐次递推关系，否则称为非齐次递推关系。

如 Fibonacci 数列的递推关系是二阶常系数齐次递推关系，Hanoi 塔问题的递推关系是一阶常系数非齐次递推关系。

对这样的递推关系，有几个基本问题：

(1) 该递推关系有没有解？

(2) 如果有解，有多少个解？

(3) 如何求解出所有的解？

显然，齐次常系数线性递推关系 $a_n=c_1a_{n-1}+\cdots+c_ka_{n-k}$ 至少有一个平凡解 $a_n=0$，但是它的非平凡解才是更有意义的。

其次，对于常系数线性递推关系，如果有定解条件

$$a_0=d_0,\ a_1=d_1,\ \cdots,\ a_{k-1}=d_{k-1}$$

其解必是唯一的。

定义 9.3.2 一个 k 阶齐次常系数递推关系为

$$a_n+c_1a_{n-1}+\cdots+c_ka_{n-k}=f(n)\quad(c_k\neq0)$$

则多项式 $c(x)=x^k+c_1x^{k-1}+\cdots+c_{k-1}x+c_k$ 称为该递推关系的特征多项式，相应的代数方程 $c(x)=0$ 称为特征方程，特征方程的解称为特征根。

定理 9.3.1 数列 $a_n=q^n$ 是递推关系 $a_n+c_1a_{n-1}+\cdots+c_ka_{n-k}=0$ 的非零解的充分必要条件是 q 为其特征根。

证明 若 $a_n=q^n$ 是 $a_n+c_1a_{n-1}+\cdots+c_ka_{n-k}=0$ 的解，则 q 是方程 $c(x)=0$ 的根，即 q 是 $a_n+c_1a_{n-1}+\cdots+c_ka_{n-k}=0$ 的特征根。

定义 9.3.3 若 $\{a_n^{(1)}\}$，$\{a_n^{(2)}\}$，…，$\{a_n^{(s)}\}$ 是递推关系 $a_n+c_1a_{n-1}+\cdots+c_ka_{n-k}=0$ 的不同解，且 $a_n+c_1a_{n-1}+\cdots+c_ka_{n-k}=0$ 的任何解都可以表示为 $r_1a_n^{(1)}+r_2a_n^{(2)}+\cdots+r_sa_n^{(s)}=a_n$（其中 r_1，r_2，…，r_s 为任意常数），则称 a_n 为该递推关系的通解。

三、求解递推关系的特征根法

特征根法是求解常系数递推关系的一种简单且有效的方法。该方法通过求解递推关系的特征方程得到其特征根，利用特征根求得其通解。

定理 9.3.2　设 q_1，q_2，…，q_k 是 $a_n+c_1a_{n-1}+\cdots+c_ka_{n-k}=0$ 的互不相同的特征根，则其通解为

$$a_n=A_1q_1^n+A_2q_2^n+\cdots+A_kq_k^n$$

其中 A_1，A_2，…，A_k 为任意待定常数。

证明　首先若 q_i 是特征根，则由定理 9.3.1 知 q_i^n 是该递推关系的解。而 a_n 是 q_i^n 的线性组合，显然是其解。

其次，再证任意一个解都可以表示为 q_i^n 的线性组合的形式。设 b_n 是

$$a_n+c_1a_{n-1}+\cdots+c_ka_{n-k}=0$$

的满足定解条件的任意一个解。令 $b_n=\sum_{i=1}^{k}A_iq_i^n$，代入初始条件

$$a_0=d_0,\ a_1=d_1,\ \cdots,\ a_{k-1}=d_{k-1}$$

可得关于 A_i 的线性方程组

$$\begin{cases}A_1q_1^0+A_2q_2^0+\cdots+A_kq_k^0=d_0\\A_1q_1^1+A_2q_2^1+\cdots+A_kq_k^1=d_1\\\qquad\vdots\\A_1q_1^{k-1}+A_2q_2^{k-1}+\cdots+A_kq_k^{k-1}=d_{k-1}\end{cases}$$

该线性方程组的系数行列式为范德蒙(Vandermonde)行列式：

$$D=\begin{vmatrix}1&1&\cdots&1\\q_1&q_2&\cdots&q_k\\q_1^2&q_2^2&\cdots&q_k^2\\\vdots&\vdots&&\vdots\\q_1^{k-1}&q_2^{k-1}&\cdots&q_k^{k-1}\end{vmatrix}=\prod_{1\leqslant i<j<\leqslant k}(q_j-q_i)\neq0$$

当 q_i 互不相同时，该线性方程组有唯一解。即 b_n 一定可以表示 q_i^n 的线性组合形式。由于 b_n 是任意一个解，故 a_n 是通解。

例 9.3.3　求递推关系 $a_n-6a_{n-1}+5a_{n-2}+12a_{n-3}=0$ 的通解。

解　其特征方程为

$$x^3-6x^2+5x+12=0$$

解之得特征根为

$$q_1=-1,\ q_2=3,\ q_3=4$$

故通解为

$$a_n=A(-1)^n+B3^n+C4^n$$

其中 A、B、C 为任意常数。

若加上定解问题，设初值为 $a_0=4$，$a_1=9$，$a_2=35$，代入通解，得

$$\begin{cases}A+B+C=4\\-A+3B+4C=9\\A+9B+16C=35\end{cases}$$

解得 $A=1$，$B=2$，$C=1$ 故

$$a_n=(-1)^n+2\cdot3^n+4^n$$

例 9.3.4 求递推关系 $a_n-2a_{n-1}-a_{n-2}+2a_{n-3}=0$ 满足 $a_0=1$，$a_1=2$，$a_2=0$ 的解。

解 其特征方程为

$$x^3-2x^2-x+2=0$$

解之得特征根为

$$q_1=-1,\ q_2=1,\ q_3=2$$

故通解为

$$a_n=A(-1)^n+B1^n+C2^n=A(-1)^n+B+C2^n$$

根据初值条件 $a_0=1$，$a_1=2$，$a_2=0$，得

$$\begin{cases}A+B+C=1\\-A+B+2C=2\\A+B+4C=0\end{cases}$$

解得

$$A=-\frac{2}{3},\ B=2,\ C=-\frac{1}{3}$$

故

$$a_n=\frac{2}{3}(-1)^{n+1}+\frac{2^n}{3}+2$$

例 9.3.5 求递推关系 $a_n-4a_{n-1}+4a_{n-2}=0$ 的通解。

解 其特征方程为 $x^2-4x+4=0$，特征根是二重根 $q_1=q_2=2$，按单根情形，通解为 $a_n=A_1 2^n+A_2 2^n=A2^n$，即只有一个待定常数，不可能满足两个初始条件 $a_0=d_0$，$a_1=d_1$。

不难发现，按特征根确定的这两个解 $a_n^{(1)}=2^n$ 和 $a_n^{(2)}=2^n$ 是线性相关的，即

$$D=\begin{vmatrix}a_0^{(1)} & a_0^{(2)}\\a_1^{(1)} & a_1^{(2)}\end{vmatrix}=\begin{vmatrix}2^0 & 2^0\\2^1 & 2^1\end{vmatrix}=0$$

若令 $a_n^{(2)}=n2^n$，可以验证 $a_n^{(2)}$ 也是一个解，且与 $a_n^{(1)}=2^n$ 线性无关。同时，可以证明通解为

$$a_n=A_1 2^n+A_2 n2^n$$

一般情况下，设 q 是 k 重根，则递推关系的通解为

$$a_n=(A_1+A_2 n+\cdots+A_k n^{k-1})q^n$$

四、求解递推关系的生成函数法

生成函数也可用于递推关系的求解，对某些较为复杂的递推关系，利用生成函数方法进行求解是十分有效的。

一般地，假设数列 $\{a_n\}$ 的母函数为

$$G(x)=\sum_{n=0}^{\infty}a_n x^n$$

根据数列 $\{a_n\}$ 的递推关系，将问题转换为关于 $G(x)$ 的方程，并解出 $G(x)$，再将 $G(x)$ 展开成 x 的幂级数，则 x_n 的系数便是 a_n 的解析表达式，即为递推关系的解。

例 9.3.6　求递推关系 $a_n-5a_{n-1}+6a_{n-2}=2^n(n\geqslant 2)$的解。

解　令 $G(x)=\sum_{n=0}^{\infty}a_nx^n$，用 x^n 乘以递推关系的两端，即

$$(a_n-5a_{n-1}+6a_{n-2})x^n=2^nx^n$$

亦即

$$a_nx^n-5a_{n-1}x^n+6a_{n-2}x^n=(2x)^n$$

并对 n 从 2 到∞求和，得

$$\sum_{n=2}^{\infty}a_nx^n-5\sum_{n=2}^{\infty}a_{n-1}x^n+6\sum_{n=2}^{\infty}a_{n-2}x^n=\sum_{n=2}^{\infty}(2x)^n$$

亦即

$$\sum_{n=2}^{\infty}a_nx^n-5x\sum_{n=1}^{\infty}a_nx^n+6x^2\sum_{n=0}^{\infty}a_nx^n=\sum_{n=2}^{\infty}(2x)^n$$

$$G(x)-a_0-a_1x-5x(G(x)-a_0)+6x^2G(x)=\frac{1}{1-2x}-1-2x$$

解得

$$G(x)=\frac{a_0+(a_1-5a_0)x}{1-5x+6x^2}+\frac{4x^2}{(1-5x+6x^2)(1-2x)}$$

将 $G(x)$分解为部分分式之和，并把每项展开成 x 的幂级数，有

$$\begin{aligned}G(x)&=\frac{c_1}{1-3x}+\frac{c_2}{1-2x}+\frac{-2}{(1-2x)^2}\\&=c_1\sum_{n=0}^{\infty}(3x)^n+c_2\sum_{n=0}^{\infty}(2x)^n-2\sum_{n=0}^{\infty}(n+1)(2x)^n\\&=\sum_{n=0}^{\infty}[c_13^n+c_22^n-(n+1)2^{n+1}]x^n\\&=\sum_{n=0}^{\infty}a_nx^n\end{aligned}$$

得递推关系的通解为

$$a_n=c_13^n+c_22^n-(n+1)2^{n+1}$$

其中，c_1、c_2 为任意常数。

若给定初值条件 $a_0=1$，$a_1=-2$，则 c_1、c_2 满足下列方程组

$$\begin{cases}c_1+c_2-2=1\\3c_1+2c_2-8=-2\end{cases}$$

解得 $c_1=0$，$c_2=3$。

因此，满足此初值条件的递推关系的解为

$$a_n=3\cdot 2^n-(n+1)2^{n+1}=(1-2n)2^n$$

例 9.3.7　求 Fibonacci 数列的递推关系。

解　Fibonacci 数列为

$$F_n=F_{n-1}+F_{n-2}\text{，}F_1=F_2=1\text{，}F_0=0$$

记生成函数为

$$G(x)=\sum_{n=0}^{\infty}F_nx^n$$

根据递推关系，有

$$\begin{aligned}G(x)&=0+x+\sum_{n=2}^{\infty}(F_{n-1}+F_{n-2})x^n\\&=x+x\sum_{n=2}^{\infty}F_{n-1}x^{n-1}+x^2\sum_{n=2}^{\infty}F_{n-2}x^{n-2}\\&=x+xG(x)+x^2G(x)\end{aligned}$$

所以

$$G(x)=\frac{x}{1-x-x^2}$$

下面将 $G(x)$ 展开成幂级数。由于

$$G(x)=\frac{1}{\sqrt{5}}\left(\frac{1}{1-\frac{1+\sqrt{5}}{2}x}-\frac{1}{1-\frac{1-\sqrt{5}}{2}x}\right)$$

令

$$\alpha=\frac{1+\sqrt{5}}{2}\text{，}\quad\beta=\frac{1-\sqrt{5}}{2}$$

于是

$$G(x)=\frac{1}{\sqrt{5}}\sum_{n=0}^{\infty}(\alpha^n-\beta^n)x^n$$

故

$$F_n=\frac{1}{\sqrt{5}}(\alpha^n-\beta^n)=\frac{1}{\sqrt{5}}\left[\left(\frac{1+\sqrt{5}}{2}\right)^n-\left(\frac{1-\sqrt{5}}{2}\right)^n\right]$$

9.4 容斥原理

容斥原理又称为包含排斥原理，它是组合数学中解决有限集计数问题的一个基本原理。先看这样一个简单问题：

例 9.4.1 不超过 20 的正整数中是 2 或者 3 的倍数的数有多少个？

解 不超过 20 的 2 的倍数有 2、4、6、8、10、12、14、16、18、20，共计 10 个；3 的倍数有 3、6、9、12、15、18，共计 6 个；合计 16 个。但实际上是 2 或者 3 的倍数的数只有 13 个，其中 6、12、18 三个数既是 2 的倍数，又是 3 的倍数，在计数中被重复算了一次，因此在计算 2 或者 3 的倍数时应该减去，即 10+6−3=13。

在这个问题的解决过程中就用到了基本的容斥原理。

定理 9.4.1　设 A 和 B 是任意两个有限集合，则

$$|A\cup B|=|A|+|B|-|A\cap B|$$

证明　若 $A\cap B=\varnothing$，则

$$|A\cup B|=|A|+|B|$$

若 $A\cap B\neq\varnothing$，则有

$$A\cup B=(A-B)\cup B,\quad (A-B)\cap B=\varnothing$$

故

$$|A\cup B|=|A-B|+|B|$$

同时

$$A=(A-B)\cup(A\cap B)$$
$$(A-B)\cap(A\cap B)=\varnothing$$

从而

$$|A|=|A-B|+|A\cap B|$$

因此

$$|A\cup B|=|A|+|B|-|A\cap B|$$

根据定理 9.4.1，有如下推论。

推论 1　设 U 为全集，$A\subseteq U$，则 $|\overline{A}|=|U|-|A|$。

证明　$$|U|=|A\cup\overline{A}|=|A|+|\overline{A}|-|A\cap\overline{A}|=|A|+|\overline{A}|$$

故

$$|\overline{A}|=|U|-|A|$$

推论 2　设 U 为全集，A 和 B 是任意两个有限集合，则

$$|\overline{A}\cap\overline{B}|=|U|-|A|-|B|+|A\cap B|$$

证明　由于

$$|\overline{A}\cap\overline{B}|=|\overline{A\cup B}|$$

因此

$$\begin{aligned}|\overline{A}\cap\overline{B}|&=|\overline{A\cup B}|=|U-A\cup B|\\&=|U|-|A\cup B|=|U|-|A|-|B|+|A\cap B|\end{aligned}$$

定理 9.4.1 很容易推广到三个有限集合的情形。

定理 9.4.2　设 A、B、C 是任意有限集合，则

$$|A\cup B\cup C|=|A|+|B|+|C|-|A\cap B|-|A\cap C|-|B\cap C|+|A\cap B\cap C|$$

证明　根据定理 9.4.1，有

$$\begin{aligned}&|A\cup B\cup C|\\&=|A|+|B\cup C|-|A\cap(B\cup C)|\\&=|A|+|B\cup C|-|(A\cap B)\cup(A\cap C)|\\&=|A|+|B|+|C|-|B\cap C|-(|A\cap B|+|A\cap C|-|(A\cap B)\cap(A\cap C)|)\\&=|A|+|B|+|C|-|A\cap B|-|A\cap C|-|B\cap C|+|A\cap B\cap C|\end{aligned}$$

推论 3　设 U 为全集，A、B、C 是任意三个有限集合，则

$$|\overline{A}\cap\overline{B}\cap\overline{C}|=|U|-|A|-|B|-|C|+|A\cap B|+|A\cap C|+|B\cap C|-|A\cap B\cap C|$$

证明过程类似于推论 2，此处不再赘述。

例 9.4.2　1 到 200 的整数中，能被 5 整除且能被 2 或者 3 整除的整数有多少个？

解　设 $U=\{1, 2, \cdots, 200\}$，A 表示 U 中能被 5 和 2 整除的整数集合，B 表示 U 中能被 5 和 3 整除的整数集合，则被 5 整除且能被 2 或者 3 整除的整数个数为

$$|A|+|B|-|A\cap B|=\left\lfloor\frac{200}{5\times 2}\right\rfloor+\left\lfloor\frac{200}{5\times 3}\right\rfloor-\left\lfloor\frac{200}{5\times 3\times 2}\right\rfloor=20+13-6=27$$

例 9.4.3　在 20 人中，有 12 人会说英语，10 人会说德语，5 人既会说英语又会说德语，问有几人既不会说英语又不会说德语？

解　设 A 表示会说英语的人，B 表示会说德语的人，根据已知条件，有

$$|A|=12,\ |B|=10,\ |A\cap B|=5$$

则

$$|A\cup B|=|A|+|B|-|A\cap B|=12+10-5=17$$

故 $|\overline{A}\cap\overline{B}|=20-17=3$。

例 9.4.4　长度为 8 的二进制串中，以 1 开始或者以 00 结束的二进制串有多少个？

解　满足要求的二进制串共有如下三种情形：

1 _ _ _ _ _ _ _：$2^7=128$

_ _ _ _ _ _ 0 0：$2^6=64$

1 _ _ _ _ _ 0 0：$2^5=32$

故这样的二进制串有 $128+64-32=160$ 个。

对于更一般的任意 n 个有限集合的计数有如下容斥原理。

定理 9.4.3　设 A_1，A_2，…，A_n 为 n 个有限集合，则

$$\begin{aligned}&|A_1\cup A_2\cup\cdots\cup A_n|\\&=\sum_{i=1}^{n}|A_i|-\sum_{1\leqslant i<j\leqslant n}|A_i\cap A_j|+\sum_{1\leqslant i<j<k\leqslant n}|A_i\cap A_j\cap A_k|-\cdots\\&\quad+(-1)^{n-1}|A_1\cap A_2\cap\cdots\cap A_n|\\&=\sum_{k=1}^{n}(-1)^{k-1}\sum_{1\leqslant i_1<i_2<\cdots<i_k\leqslant n}|A_{i_1}\cap A_{i_2}\cap\cdots\cap A_{i_k}|\end{aligned}$$

证明　利用数学归纳法证明本定理。

(1) 由定理 9.4.1 知，当 $n=2$ 时，结论成立。

(2) 假设对 $n-1$ 个有限集，本定理结论成立，即

$$\begin{aligned}&|A_1\cup A_2\cup\cdots\cup A_{n-1}|\\&=\sum_{i=1}^{n-1}|A_i|-\sum_{1\leqslant i<j\leqslant n-1}|A_i\cap A_j|+\sum_{1\leqslant i<j<k\leqslant n-1}|A_i\cap A_j\cap A_k|-\cdots\\&\quad+(-1)^{n-2}|A_1\cap A_2\cap\cdots\cap A_{n-1}|\end{aligned}$$

那么，对于 n 个有限集，有

$$
\begin{aligned}
&|A_1 \cup A_2 \cup \cdots \cup A_n| \\
=&|A_1 \cup A_2 \cup \cdots \cup A_{n-1}| + |A_n| - |(A_1 \cup A_2 \cup \cdots \cup A_{n-1}) \cap A_n| \\
=&|A_1 \cup A_2 \cup \cdots \cup A_{n-1}| + |A_n| - |(A_1 \cap A_n) \cup (A_2 \cap A_n) \cup \cdots \cup (A_{n-1} \cap A_n)| \\
=&\sum_{i=1}^{n} |A_i| - \sum_{1 \leqslant i < j \leqslant n} |A_i \cap A_j| + \sum_{1 \leqslant i < j < k \leqslant n} |A_i \cap A_j \cap A_k| - \cdots \\
&+ (-1)^{n-2} |A_1 \cap A_2 \cap \cdots \cap A_{n-1}| + |A_n| \\
&- \Big(\sum_{i=1}^{n-1} |A_i \cap A_n| - \sum_{1 \leqslant i < j \leqslant n-1} |A_i \cap A_j \cap A_n| \\
&+ \sum_{1 \leqslant i < j < k \leqslant n-1} |A_i \cap A_j \cap A_k \cap A_n| - \cdots (-1)^{n-2} |A_1 \cap A_2 \cap \cdots \cap A_{n-1} \cap A_n| \Big) \\
=&\sum_{i=1}^{n} |A_i| - \sum_{1 \leqslant i < j \leqslant n} |A_i \cap A_j| \\
&+ \sum_{1 \leqslant i < j < k \leqslant n} |A_i \cap A_j \cap A_k| - \cdots + (-1)^{n-1} |A_1 \cap A_2 \cap \cdots \cap A_n| \\
=&\sum_{k=1}^{n} (-1)^{k-1} \sum_{1 \leqslant i_1 < i_2 < \cdots < i_k \leqslant n} |A_{i_1} \cap A_{i_2} \cap \cdots \cap A_{i_k}|
\end{aligned}
$$

由数学归纳法原理知定理结论成立。

定理 9.4.4　设 S 为有限集合，A_1，A_2，…，A_n 为 S 的子集，则

$$
\begin{aligned}
&|\overline{A_1} \cap \overline{A_2} \cap \cdots \cap \overline{A_n}| \\
=&|S| - \sum_{i=1}^{n} |A_i| + \sum_{1 \leqslant i < j \leqslant n} |A_i \cap A_j| - \sum_{1 \leqslant i < j < k \leqslant n} |A_i \cap A_j \cap A_k| \\
&+ \cdots + (-1)^n |A_1 \cap A_2 \cap \cdots \cap A_n|
\end{aligned}
$$

证明　利用德·摩根定律和集合运算性质，得

$$
\begin{aligned}
&|\overline{A_1} \cap \overline{A_2} \cap \cdots \cap \overline{A_n}| \\
=&|\overline{A_1 \cup A_2 \cup \cdots \cup A_n}| \\
=&|S - (A_1 \cup A_2 \cup \cdots \cup A_n)| \\
=&|S| - |A_1 \cup A_2 \cup \cdots \cup A_n|
\end{aligned}
$$

再将定理 9.4.3 的结论代入上式，即证得本定理结论成立。

定理 9.4.4 称为逐步淘汰原理，其意义在于计算不具有 n 种性质的计数，即 P_1，P_2，…，P_n 为 n 种性质，A_i 为 S 中具有性质 P_i 的子集，$i=1$，2，…，n，则 S 中不具有性质 P_1，P_2，…，P_n 的元素计数为 $|\overline{A_1} \cap \overline{A_2} \cap \cdots \cap \overline{A_n}|$。

例 9.4.5　要安排 6 个人值班，从周一至周六每人值一天班，要求甲不安排在周一，乙不安排在周二，丙不安排在周三，共有多少种不同的安排值班的方案？

解　设符合要求的值班方案的个数为 N，以 A、B、C 分别表示 S 中安排甲在周一值班、乙在周二值班、丙在周三值班的方案集合，用 S 表示安排 6 个人值班的全部方案集合，

则$|S|=6!=720$，且有

$$\begin{aligned}N&=|S-A\cup B\cup C|\\&=|S|-|A|-|B|-|C|+|A\cap B|+|A\cap C|+|B\cap C|-|A\cap B\cap C|\end{aligned}$$

其中

$$|A|=|B|=|C|=5!=120$$
$$|A\cap B|=|A\cap C|=|B\cap C|=4!=24$$
$$|A\cap B\cap C|=3!=6$$

故

$$N=720-120\times3+24\times3-6=426$$

例 9.4.6　1～2000的整数中，至少能被2、3、5中的两个数整除的整数有多少个？

解　记$S=\{1, 2, \cdots, 2000\}$，A、B、C分别表示S中能被2×3、2×5、3×5整除的整数集合，所求的整数个数为N，则

$$\begin{aligned}N&=|A\cup B\cup C|\\&=|A|+|B|+|C|-|A\cap B|-|A\cap C|-|B\cap C|+|A\cap B\cap C|\\&=\left\lfloor\frac{2000}{2\times3}\right\rfloor+\left\lfloor\frac{2000}{2\times5}\right\rfloor+\left\lfloor\frac{2000}{3\times5}\right\rfloor-3\left\lfloor\frac{2000}{2\times3\times5}\right\rfloor+\left\lfloor\frac{2000}{2\times3\times5}\right\rfloor\\&=333+200+133-3\times66+66=534\end{aligned}$$

错排问题是容斥原理的一个经典应用例子。实际应用中经常需要考虑如下的错排问题。

例 9.4.7(错排问题)　n个对象的全排列中有多少种排法使它们都不在原来的位置上？

实际上，n个对象的一个全排列$a_1a_2\cdots a_n$满足对所有的$1\leqslant i\leqslant n$有$a_1\neq i$，那么这样的一个全排列称为这n个对象的一个错排。错排问题就是错排的计数问题，n个元素的错排数记为D_n。

最早研究错排问题的是尼古拉·伯努利和欧拉，因此历史上也称之为伯努利-欧拉的装错信封的问题。这个问题有许多具体的版本。如在写信时将n封信装到n个不同的信封里，有多少种全部装错信封的情况？n个人各写一张贺卡互相赠送，自己写的贺卡不能送给自己，有多少种赠送方法？这些都是典型的错排问题。

解　记A_i为至少一个对象在原来位置的排列集合，由于对象i固定在位置i，其他对象没有限制，则对任意i，$|A_i|=(n-1)!$。

同样地，固定对象i和$j(i\neq j)$，其他对象无限制，有$|A_i\cap A_j|=(n-2)!$。

依次类推，有

$$|A_i\cap A_j\cap A_k|=(n-3)!$$
$$\vdots$$
$$|A_1\cap A_2\cap\cdots\cap A_n|=(n-n)!=1$$

而满足条件的两两相交的集合有$\binom{n}{2}$个，三个相交的集合有$\binom{n}{3}$个……n个相交的集合有$\binom{n}{n}=1$个，应用容斥原理，有

$$
\begin{aligned}
&|A_1 \cup A_2 \cup \cdots \cup A_n| \\
&= \sum_{i=1}^{n} |A_i| - \sum_{1 \leqslant i < j \leqslant n} |A_i \cap A_j| + \sum_{1 \leqslant i < j < k \leqslant n} |A_i \cap A_j \cap A_k| - \cdots \\
&\quad + (-1)^{n-1} |A_1 \cap A_2 \cap \cdots \cap A_n| \\
&= \binom{n}{1}(n-1)! - \binom{n}{2}(n-2)! + \binom{n}{3}(n-3)! - \cdots + (-1)^{n-1}\binom{n}{n}1! \\
&= n! \left[1 - \frac{1}{2!} + \frac{1}{3!} - \cdots + (-1)^{n-1}\frac{1}{n!}\right]
\end{aligned}
$$

这是所有没有错排的个数，而全排列的个数是 $n!$，所以错排的个数是

$$
n! - |A_1 \cup A_2 \cup \cdots \cup A_n| = n! \left[\frac{1}{2!} - \frac{1}{3!} - \cdots + (-1)^n \frac{1}{n!}\right]
$$

9.5　抽屉原理

抽屉原理又称为鸽巢原理，它是组合数学中的一个最基本的原理，其形式十分简单，但是应用广泛。

定理 9.5.1(抽屉原理的基本形式)　将 $n+1$ 个物品放入 n 个抽屉，则至少有一个抽屉中的物品数不少于两个。

定理 9.5.1 的结论显而易见，实际上使用反证法很容易证明该结论。

例如，有 13 只鸽子飞入 12 个鸽笼，则至少有一个鸽笼的鸽子数不少于 2 只。图 9.5.1 给出了三种可能出现的情况，但是不论出现哪种情况，只要鸽子数比鸽笼数多，结论就是确定的。

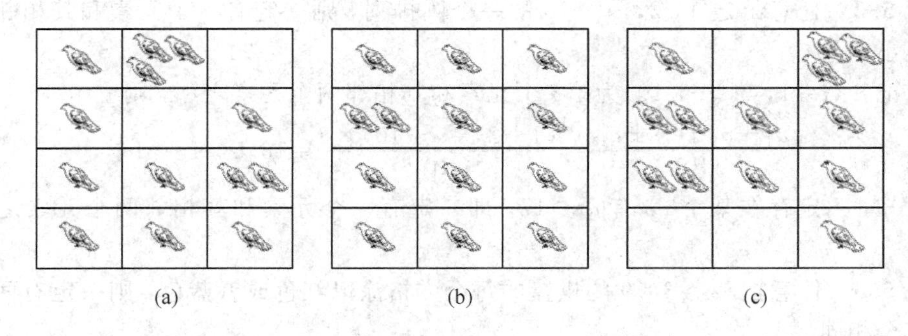

图 9.5.1

例 9.5.1　根据抽屉原理，有如下论断：

(1) 366 个人中至少有两个人的生日是同一天。

(2) 从 10 双手套中任意取出 11 只，至少有 2 只手套是成对的。

(3) 在有 n 个代表参加的某次会议上，每位代表认识其他一些代表，则至少有两个人认识的人数相同。

(4) 任给 5 个不同的整数，则其中至少有 3 个数的和能被 3 除尽。

(5) 3 个人中至少有两个人的性别是相同的。

(6) 13个人中至少有两个人是同一个月出生的。

(7) 边长为2的正三角形中任意放5个点，则至少有两个点之间的距离不大于1。

(8) 从1到10中任意取出6个数，则其中有两个数的和是11。

(9) 任意三个整数，一定有两个数的和为偶数。

基本抽屉原理有如下推广形式：

定理9.5.2 有n个抽屉，将$m(m>n)$个物品放入这些抽屉，则至少有一个抽屉中的物品数不少于

$$\left\lfloor\frac{m-1}{n}\right\rfloor+1=\left\lceil\frac{m}{n}\right\rceil$$

个。

推论1 将$n(r-1)+1$个物品放入n个抽屉，则至少有一个抽屉中的物品数不少于r个。

推论2 有n个正整数m_1，m_2，…，m_n，满足

$$\frac{m_1+m_2+\cdots+m_n}{n}>r-1$$

则至少存在一个m_i，有$m_i\geqslant r$。

定理9.5.3(抽屉原理的一般形式) m_1，m_2，…，m_n均为正整数，将$m_1+m_2+\cdots+m_n-n+1$个物品放入n个抽屉，则至少存在一个i，第i个抽屉至少有m_i个物品，其中$i=1$，2，…，n。

证明 使用反证法。

假设对每一个i，第i个抽屉中的物品数不超过m_i-1，则物品总数至多有$m_1+m_2+\cdots+m_n-n$个，与已知矛盾，故定理得证。

例9.5.2 任意给定1，2，…，10的一个圆排列，则一定有一个元素和其相邻两个元素之和不小于17。

解 记$a_i(i=1，2，\cdots，10)$为第i个元素和其相邻两个元素之和，则

$$\frac{a_1+a_2+\cdots+a_{10}}{10}=\frac{(1+2+\cdots+10)\times 3}{10}=16.5>17-1$$

由推论2知，一定存在某个i，有$a_i\geqslant 17$，即一定有一个元素和其相邻两个元素之和不小于17。

例9.5.3 任意把一个3×9的棋盘的每个方格涂以红色或者蓝色，则一定有两列方格的涂色完全相同。

解 对3×1棋盘用红色或者蓝色涂色，共有$2^3=8$种涂色方法。将8种涂色方法看作8个抽屉，把9列方格看作物品，则根据基本抽屉原理，一定有两列方格的涂色完全相同。

例9.5.4 1到10中任意取六个数，则有两个数之和为11。

解 设有5个不同集合$S_1=\{1，10\}$，$S_2=\{2，9\}$，$S_3=\{3，8\}$，$S_4=\{4，7\}$，$S_5=\{5，6\}$，在1～10中任取六个数相当于从S_1到S_5任取六个数，根据抽屉原理，一定有两个数来自同一个集合，这两个数的和为11。

例9.5.5 某会议上有n位参会者，每位参会者至少认识其余参会者中的一人，则至少有两位参会者认识的人数相同。

解　n 位参会者认识的人数有 1，2，…，$n-1$，由抽屉原理知至少有两位参会者认识的人数相同。

9.6　典型例题解析

例 9.6.1　某次会议上有 21 位男性、14 位女性，现需要从中选出 4 人，要求选出的人中有男有女，问最多有多少种不同的选法？

相关知识　排列组合数的计算

分析与解答　根据排列组合的加法和乘法法则直接计算。

选出的人中有 $i(i=1, 2, 3)$ 位女性的选法有 $\binom{21}{4-i}\binom{14}{i}$ 种，由加法法则，有

$$\begin{aligned}N &= \sum_{i=1}^{3}\binom{21}{4-i}\binom{14}{i}\\ &= \binom{21}{3}\binom{14}{1}+\binom{21}{2}\binom{14}{2}+\binom{21}{1}\binom{14}{3}\\ &= 18620+19110+7644\\ &= 45374\end{aligned}$$

例 9.6.2　有 1 克重的砝码 2 枚，2 克重的砝码 3 枚，5 克重的砝码 2 枚，要求这 7 枚砝码只许放在天平的一端。

(1) 能称几种重量的物品？

(2) 可以称 11 克重的物品吗？如果可以，称 11 克重的物品的方案有几种？

相关知识　生成函数

分析与解答　根据生成函数的定义和意义，写出对应问题的生成函数，找出对应的方案数。

该问题的生成函数为

$$\begin{aligned}G(x) &= (1+x+x^2)(1+x^2+x^4+x^6)(1+x^5+x^{10})\\ &= 1+x+2x^2+x^3+2x^4+2x^5+3x^6+3x^7+2x^8+2x^9+2x^{10}\\ &\quad +3x^{11}+3x^{12}+2x^{13}+2x^{14}+x^{15}+2x^{16}+x^{17}+x^{18}\end{aligned}$$

从得到的生成函数可看出，可以称 18 种不同重量的物品，而且能够称 11 克重的物品，称 11 克重的物品的方案有 3 种。

对这个问题，如果要求进一步给出 3 种 11 克重物品称重方案，则将不同重量的砝码对应为 x、y、z，可得到具体的 3 种取法方案。

例 9.6.3　求解递推关系：

$$\begin{cases}a_n = 9a_{n-1} - 27a_{n-2} + 27a_{n-3}\\ a_0 = 2,\ a_1 = 6,\ a_2 = 0\end{cases}$$

相关知识　递推关系，特征方程

分析与解答　根据递推关系的特征根法直接计算。

该递推关系的特征方程为

$$x^3-9x^2+27x-27=0$$

特征根为 $x_1=x_2=x_3=3$，故

$$a_n=c_1\cdot 3^n+c_2\cdot n\cdot 3^n+c_3\cdot n^2\cdot 3^n$$

其中 c_1、c_2、c_3 为待定常数。由定解条件得

$$\begin{cases}c_1=2\\3c_1+3c_2+3c_3=6\\9c_1+18c_2+36c_3=0\end{cases}$$

解得 $c_1=2$，$c_2=1$，$c_3=-1$，所以

$$a_n=2\cdot 3^n+n\cdot 3^n-n^2\cdot 3^n=(2+n-n^2)\cdot 3^n$$

例 9.6.4 证明：把 1，2，…，10 这 10 个数随机地写在一个圆周上，证明：一定存在某三个相邻的数，其和大于 17。

相关知识 抽屉原理

分析与解答 抽屉原理的应用需要找到抽屉和物品的对应，然后应用定理可直接得到结论。

把圆圈从某处断开，则圆圈变成 10 个数 1，2，3，…，10 的一个排列，设其为 a_1，a_2，…，a_{10}，则所有三个相邻数的情形为

$$a_1, a_2, a_3; a_2, a_3, a_4; \cdots; a_9, a_{10}, a_1; a_{10}, a_1, a_2$$

将此 10 组共 30 个数相加，有

$$\begin{aligned}&(a_1+a_2+a_3)+(a_2+a_3+a_4)+\cdots+(a_9+a_{10}+a_1)+(a_{10}+a_1+a_2)\\&=(a_1+a_2+a_3+\cdots+a_{10})\times 3=(1+2+3+\cdots+10)\times 3=165\end{aligned}$$

由于$\left\lceil\frac{165}{10}\right\rceil=17$，因此由抽屉原理知，必有某三个相邻数之和大于或等于 17。

例 9.6.5 某人写信时将写给 n 个人的 n 封信装入 n 个不同的信封里，问以下情况有多少种可能：

(1) 没有任何一个人得到自己的信；

(2) 至少有一人得到自己的信；

(3) 至少有两人得到自己的信。

相关知识 容斥原理，错排问题

分析与解答 本问题是错排问题的应用，将本问题和错排问题对应，在此基础上根据错排问题灵活应用处理有关情况。

记 S 为 n 封信任意装法组成的集合，则 $|S|=n!$。

设 A_i 是第 i 个人的信装入自己信封的所有装法组成的集合，则

$$R_k=|A_{i_1}A_{i_2}\cdots A_{i_k}|=(n-k)!$$

(1) 设没有任何一个人得到自己的信的装法数为 L_1，由问题知这是一个错排问题，即

$$\begin{aligned}L_1&=n!\left[1-\frac{1}{1!}+\frac{1}{2!}-\cdots+(-1)^n\frac{1}{n!}\right]\\&=n!\left[\frac{1}{2!}-\cdots+(-1)^n\frac{1}{n!}\right]\end{aligned}$$

(2) 设所求装法数为 L_2，则

$$L_2 = |A_1 \cup A_2 \cup \cdots \cup A_n| = \binom{n}{1}R_1 - \binom{n}{2}R_2 + \cdots + (-1)^{n-1}\binom{n}{n}R_n$$

$$= n!\left[1 - \frac{1}{2!} + \frac{1}{3!} - \cdots + (-1)^{n-1}\frac{1}{n!}\right]$$

可以看到，本问题和(1)中问题所对应的装法集合是对立的，故

$$L_2 = |S| - L_1 = n!\left[1 - \frac{1}{2!} + \frac{1}{3!} - \cdots + (-1)^{n-1}\frac{1}{n!}\right]$$

(3) 设所求装法数为 L_3，恰有一人得到自己信的不同装法有 $C_n^1 D_{n-1}$ 种，所以

$$\begin{aligned} L_3 &= L_2 - C_n^1 D_{n-1} \\ &= n!\left[1 - \frac{1}{2!} + \frac{1}{3!} - \cdots + (-1)^{n-1}\frac{1}{n!}\right] \\ &\quad - n(n-1)!\left[1 - \frac{1}{1!} + \frac{1}{2!} - \cdots + (-1)^{n-1}\frac{1}{(n-1)!}\right] \\ &= n!\left[\frac{1}{1!} - \frac{2}{2!} + \frac{2}{3!} - \cdots + (-1)^{n-2}\frac{2}{(n-1)!} + (-1)^{n-1}\frac{1}{n!}\right] \end{aligned}$$

习　题　9

9.1　甲，乙，丙，丁，…共 n 个人排成一字长队，甲与乙两人之间恰好相隔两人，则此 n 个人共能排出多少种不同的队列？

9.2　9 个人围坐两桌(分为 1 号桌和 2 号桌)，其中要求 1 号桌坐 5 人，2 号桌坐 4 人，两个桌子固定不动，那么共有多少种不同的坐法？

9.3　10 个男孩和 5 个女孩站成一排，如果没有 2 个女孩相邻，问有多少种排法？

9.4　10 个男孩和 5 个女孩站成一个圈，如果没有 2 个女孩相邻，问有多少种排法？

9.5　安排 7 个人到一个圆桌旁，一共有多少种方式？

9.6　如果这 7 人中有两人坚持要坐在一起，那么共有多少种安排方式？

9.7　有 3 个红球、2 个黑球、2 个白球，问：

(1) 共有多少种不同的选取方法？

(2) 每次从中任取 3 个，有多少种不同的取法？

9.8　把 18 个足球分给甲、乙、丙三个班，要求甲班和乙班都至少分得 3 个，至多分得 10 个，丙班至少分得 2 个，求不同的分配方法数。

9.9　把一张面值为一百元的人民币兑换为十元、二十元和五十元的人民币，有多少种兑换方法？

9.10　求下列数列 $\{a_n\}_{n\geqslant 0}$ 的生成函数：

(1) $a_n = n+5$；

(2) $a_n = n(n-1)$；

(3) $a_n = n(n+1)(n+2)$。

9.11　求解下列递推关系：

(1) $a_n-9a_{n-2}=0$；

(2) $a_n-6a_{n-1}-7a_{n-2}=0$；

(3) $a_n-6a_{n-1}+8a_{n-2}=0$；

(4) $a_n-4a_{n-1}=2^n$；

(5) $a_n-7a_{n-1}+12a_{n-2}=5\cdot 2^n-4\cdot 3^n$；

(6) $a_n-8a_{n-1}+15a_{n-2}=3\cdot 4^n$。

9.12　求解下列递推关系：

(1) $\begin{cases}a_n+6a_{n-1}+9a_{n-2}=0\\ a_0=0,\ a_1=1\end{cases}$；

(2) $\begin{cases}a_n+a_{n-2}=0\\ a_0=0,\ a_1=2\end{cases}$；

(3) $\begin{cases}a_n+2a_{n-1}-2a_{n-2}-4a_{n-3}=0\\ a_0=3,\ a_1=2,\ a_2=8\end{cases}$；

(4) $\begin{cases}a_n=3a_{n-1}+3^n-1\\ a_0=0\end{cases}$；

(5) $\begin{cases}a_n=5a_{n-1}-6a_{n-2}+4^{n-1}\\ a_0=1,\ a_1=3\end{cases}$；

(6) $\begin{cases}a_n=4a_{n-1}-3a_{n-2}\\ a_0=3,\ a_1=5\end{cases}$；

(7) $\begin{cases}a_n=5a_{n-1}-6a_{n-2}\\ a_0=4,\ a_1=9\end{cases}$；

(8) $\begin{cases}a_n=4a_{n-1}-5a_{n-2}+2a_{n-3}+2^n\\ a_0=4,\ a_1=10,\ a_2=19\end{cases}$；

(9) $\begin{cases}a_n=5a_{n-1}-8a_{n-2}+4a_{n-3}\\ a_0=2,\ a_1=3,\ a_2=7\end{cases}$。

9.13　利用递推关系求和：

(1) $S_n=\sum\limits_{k=0}^{n}(k^2+k+1)$；

(2) $S_n=\sum\limits_{k=0}^{n}(k^2-k)$；

(3) $S_n=\sum\limits_{k=0}^{n}k(k+1)(k+2)$。

9.14　某人上有 n 级台阶的楼梯，每步只准上 1 级台阶或 3 级台阶，以 a_n 表示该人上有 n 级台阶的楼梯的不同方法数。求数列 $\{a_n\}_{n\geqslant 1}$ 的通项满足的递推关系，并求解此递推关系。

9.15　求不超过 80 的素数个数。

9.16　求整除 88 200 的正整数的个数。

9.17　求从 1 到 500 的整数中能被 3 和 5 整除但不能被 7 整除的数的个数。

9.18　在一次会议上有 7 位嘉宾寄存他们的帽子，在取回他们的帽子时，以下条件下的取法数分别是多少？

(1) 没有一位嘉宾取回的是他自己的帽子；

(2) 至少有一位嘉宾取回的是他自己的帽子；

(3) 至少有两位嘉宾取回的是他自己的帽子。

9.19　证明：把 1，2，…，15 这 15 个数随机地写在一个圆周上，证明：一定存在某三个相邻的数，其和大于 24。

9.20　有 100 个人参加考试，采用百分制评分，100 人共得分 5100 分，试证明其中至少有两人的得分相同。

9.21　证明：边长为 2 的正方形中任意选取 5 个点，则其中必有两个点之间的距离不超过$\sqrt{2}$。

9.22　证明：边长为 1 的等边三角形中任意选取 10 个点，则其中必有两个点之间的距离不超过$\frac{1}{3}$。

9.23　证明：在任意给出的 $n+1(n\geqslant 2)$ 个正整数中，一定有两个数，它们的差能被 n 整除。

9.24　假设 n 是大于 1 的奇数，证明在 2^1-1，2^2-1，…，2^n-1 中，一定有一个数能被 n 整除。

9.25　证明：在任意给出的 11 个整数中，一定存在 6 个整数，它们的和是 6 的倍数。

9.26　证明：在一个 14 人参加的会议上，一定有 3 个人互相都认识或者有 5 个人互相都不认识。

9.27　某学生在 37 天里共做了 60 道数学题，已知他每天至少做一道题，求证：必存在连续的若干天，在这些天里该学生恰好做了 13 道数学题。

9.28　把一袋糖果随意地分给 10 个小朋友，每人至少一块，求证：必有若干个小朋友，他们所得的糖果数之和是 10 的倍数。

参 考 文 献

[1] ROSEN K H. 离散数学及其应用[M]. 徐六通，杨娟，吴斌，译. 北京：机械工业出版社，2015

[2] 左孝凌，李为鑑，刘永才. 离散数学[M]. 上海：上海科学技术文献出版社，1982

[3] 左孝凌，李为鑑，刘永才. 离散数学：理论·分析·题解[M]. 上海：上海科学技术文献出版社，1988

[4] 耿素云，屈婉玲，王捍贫. 离散数学教程[M]. 北京：北京大学出版社，2004

[5] 耿素云，屈婉玲，张立昂. 离散数学题解[M]. 5 版. 北京：北京大学出版社，2013

[6] 刘铎. 离散数学及应用[M]. 北京：清华大学出版社，2018

[7] 许胤龙，孙淑玲. 组合数学引论[M]. 合肥：中国科学技术大学出版社，2018

[8] 徐俊明. 图论及其应用[M]. 合肥：中国科学技术大学出版社，2004

[9] 魏雪丽. 离散数学及其应用[M]. 北京：机械工业出版社，2008

[10] 傅彦，顾小丰. 离散数学及其应用[M]. 北京：高等教育出版社，2013

[11] 姜建国，岳建国. 组合数学[M]. 西安：西安电子科技大学出版社，2007

[12] 卢开澄，卢华明. 组合数学[M]. 北京：清华大学出版社，2016